FIRE SCIENCE AND ENGINEERING DESIGN SECOND EDITION

消防科学与工程设计

（第2版）

邢志祥　郝永梅　杨克　主编

清华大学出版社

北京

内 容 简 介

本书分为火灾基础、建筑防火与消防系统设计、石油化工防火与消防系统设计3个部分。内容涉及火灾发生发展与蔓延的基础知识、燃烧与灭火原理、建筑火灾特性、石油化工火灾的特性、建筑耐火等级、建筑防火、建筑消火栓给水系统设计、自动喷水灭火系统设计、气体灭火系统设计、建筑防排烟设计、火灾自动报警系统设计、建筑灭火器的配置设计、性能化防火设计、石油化工企业总体布局防火设计、石油化工工艺与设备防火设计、固定顶油罐灭火系统设计、浮顶油罐灭火系统设计、球罐灭火系统设计、油罐的消防冷却设计等。

本书可以作为高等院校消防、安全、建筑、化学工程等专业的教材，也可供从事消防工作的技术人员及管理人员参考。

图书在版编目（CIP）数据

消防科学与工程设计/邢志祥，郝永梅，杨克主编.—2版.—北京：清华大学出版社，2022.3
ISBN 978-7-302-57554-2

Ⅰ.①消…　Ⅱ.①邢…②郝…③杨…　Ⅲ.①消防－基本知识②消防－安全系统工程－系统设计
Ⅳ.①TU998.1

中国版本图书馆CIP数据核字（2021）第026659号

责任编辑：柳　萍　赵从棉
封面设计：常雪影
责任校对：赵丽敏
责任印制：宋　林

出版发行：清华大学出版社
　　　　网　　　址：http://www.tup.com.cn, http://www.wqbook.com
　　　　地　　　址：北京清华大学学研大厦A座　　　　　　邮　　编：100084
　　　　社 总 机：010-83470000　　　　　　　　　　　　邮　　购：010-62786544
　　　　投稿与读者服务：010-62776969，c-service@tup.tsinghua.edu.cn
　　　　质量反馈：010-62772015，zhiliang@tup.tsinghua.edu.cn
印 装 者：北京鑫海金澳胶印有限公司
经　　销：全国新华书店
开　　本：185mm×260mm　　　印　　张：22.5　　　　字　　数：548千字
版　　次：2014年6月第1版　　2022年4月第2版　　　印　　次：2022年4月第1次印刷
定　　价：68.00元

产品编号：083608-01

PREFACE

火灾是人类常遇的灾害之一，由此引发的生命和财产损失巨大。建筑火灾与石油化工火灾是工业生产和人类活动中容易发生的火灾类型，建筑防火灭火系统与石油化工消防系统是预防和控制建筑与石油化工火灾的关键安全技术与工程措施。建筑与石油化工的消防科学与工程技术是消防系统设计的基础。

本书集合了国内在消防工程教学与研究领域具有特色的多所高校（常州大学、中国人民警察大学、南京工业大学、沈阳航空航天大学等）多年从事消防工程教学与科研的经验，结合近年来消防工程技术的发展状况编写而成。在编写过程中，编者力求将消防科学与工程学的基本理论方法同建筑与石油化工具体消防问题相结合，既注重提高消防科学相关的理论水平，又注重解决消防工程的实际问题，尤其注重提高建筑与石油化工消防工程的设计能力。本书可供安全工程、消防工程专业师生学习和参考，也可供从事消防安全技术与管理的人员使用。

全书共19章，编写分工为：常州大学邢志祥教授编写第13～16章；常州大学郝永梅教授编写第1，2，12章；常州大学欧红香教授编写第17章；常州大学杨克副教授编写第18，19章；中国人民警察大学刘立文教授编写第5，6章；沈阳航空航天大学田宏教授编写第7，8，10，11章；南京工业大学王志荣教授编写第3，4，9章。邢志祥教授、郝永梅教授、杨克副教授担任主编并负责全书统稿工作，常州大学硕士研究生张成燕对全书进行了排版和校对，在此表示感谢。在编写过程中参阅了大量文献资料，在此对原著作者表示感谢。由于编者水平有限，书中难免存在疏漏与错误之处，敬请读者批评指正。

编　者

2021 年 12 月

目 录

CONTENTS

第1部分 火 灾 基 础

第 3 部分　石油化工防火与消防系统设计

第 **1** 部分

火灾基础

第 1 章

绪 论

1.1 火与人类文明

在人类文明发展史上,没有一项发明能像火影响那么大,从夸父追日到普罗米修斯偷火,从"长明灯"到"拜火教",从钻木燧石到火柴的产生,在人类文明前进的每一步,火的作用和影响都不容忽视。火给人类带来了进步,人类之所以区别于其他动物的其中一个重要原因就在于人类会使用火,火的使用是人类走向文明的重要标志。恩格斯说:"在人类学会了摩擦取火以后,人才第一次使无生命的自然力为自己服务。"

从原始人到现代人智慧产生的每一步都离不开火,可以说认识和掌握自然火是人类智慧启迪的第一步;而人类在火光中得到光明、在寒冷中取得温暖、利用火抵御野兽侵袭是火对人类智慧启迪的第二步;继而人类掌握了用火烧烤食物的方法,摆脱了茹毛饮血的时代,使人类大脑在吃熟食过程中更加发达,人类从此揭开了认识自然、改变自然的新篇章。由此可以说,是火将人类带进了文明时代。

自人类学会使用火之后,生产能力不断提高,社会也随之进步与发展。18 世纪西方工业革命的形成,主要是由于蒸汽机的发明。蒸汽机的产生则是人类在使用火(燃料燃烧)方面积累了大量知识和经验的结果。随着社会生产的发展,火的使用也越来越广泛,使用量(即能源消耗量)也越来越大。冶金、能源、化工、交通运输、机械制造、纺织、造纸、食品、国防等轻重工业,以及人们的日常生活都与火有着密切的关系。因此,人类的物质文明与火的使用是密切相关的。没有火就没有人类社会的进步,也就没有今天高度发达的物质文明。

火促进了人类的进步,给人类带来了文明,但火若失去控制,也能给人类造成灾难。世界上每年发生的各种火灾与爆炸事故(建筑火灾、森林火灾、工业性火灾与爆炸)不知要毁掉多少生命、财产与资源。为了预防与减少火灾造成的损失,提高火灾防治的科学性,在燃烧学、流体力学、测量和计算机等学科基础上发展起一门新兴的交叉学科——火灾科学。

在《火灾统计管理规定》中,对火灾的定义是:凡在时间或空间上失去控制的燃烧所造成的灾害,都为火灾。俗话说"水火无情",火可以使人们辛勤劳动创造的财富顷刻之间化为灰烬;也可以吞噬整座建筑,烧光精心备置的设备设施,从而失去经营的基础。火灾是威胁经济建设、企业经营和人民安居乐业的大灾害,对其必须认真对待、严加防范。

1.2 火灾发生的特点与发生趋势

火灾是火失去控制而蔓延的一种灾害性燃烧现象。火灾发生的必要条件是可燃物、热源和氧化剂(多数情况为空气)。火灾是各种灾害中发生最频繁且极具毁灭性的灾害之一，其直接经济损失约为地震的 5 倍，仅次于干旱和洪涝。

1.2.1 火灾发生的特点

1. 严重性

火灾易造成重大的伤亡事故和经济损失，使国家和人民财产蒙受巨大损失，严重影响生产的顺利进行，甚至迫使工矿企业停产，通常需较长时间才能恢复。有时火灾与爆炸同时发生，损失更为惨重。

2. 复杂性

发生火灾的原因往往比较复杂，主要是因为着火源众多、可燃物广泛等。此外，由于建筑结构的复杂性和多种可燃物的混杂，也给灭火和调查分析带来很多困难。

3. 突发性

火灾事故往往是在人们意想不到的情况下突然发生的，虽然存在发生事故的征兆，但目前对火灾事故的监测、报警等手段的可靠性、实用性不足，另外，至今还有相当多的人对火灾事故的规律及其征兆了解甚微，从而导致耽误救援时间。

1.2.2 火灾发生的趋势

(1) 火灾发生既有确定性又有随机性。

火灾作为一种燃烧现象，其发生具有确定性，同时又具有随机性。可燃物着火引起火灾，必须具备一定的条件，遵循一定的规律。条件不具备，物质无论如何也不会燃烧；条件具备时，火灾必然会发生。但在一个地区、一段时间内，什么单位、什么地方、什么时间发生火灾，往往是很难预测的，即对于一场具体的火灾来说，其发生又具有随机性。火灾的随机性是由于火灾发生原因极其复杂所致，因此我们必须时时警惕，防止火灾发生。

(2) 火灾的发生是自然因素和社会因素共同作用的结果。

火灾的发生首先与建筑科技、消防设施、可燃物燃烧特性，以及火源、天气、风速、地形、地物等物理化学因素有关。但火灾的发生绝对不是纯粹的自然现象，它还与人们的生活习惯、文化修养、操作技能、教育程度、法律知识，以及规章制度、文化经济等社会因素有关。因此，消防工作是一项复杂的、涉及各个方面的系统工程。

(3) 火灾的发生频率随时代进步而增大。

统计资料表明，尽管随着社会经济的发展、科学技术的进步，人们对火灾的抗御能力不断提高，但随着高层建筑、大型化工企业、大型商贸大厦、大型宾馆、大型饭店和写字楼、大型集贸市场等的涌现，新工艺、新设备、新型装饰材料的广泛使用，用火用电量激增，火灾的发生频率也相应增加。据统计，美国由于火灾造成的损失平均 7 年翻一番。我国的火灾形势也相当严峻，2007—2012 年，一次死亡 10 人以上或者重伤 50 人以上的群死群伤火灾全国共发生 29 起。其中约 40% 发生在市场、商场、宾馆、饭店、歌舞厅等公共场所，约 26% 发生在石油化工、易燃易爆场所。违反安全操作规程和违章用火、用电、用气引起的火灾由改革开放初期的不足 20% 上升到目前的 80%。频繁的火灾不仅给国家财产和公民人身安全、财产带来巨大损失,还在一定程度上影响到经济建设和社会安定。

1.3　火灾分类

1.3.1　按照燃烧对象分类

《火灾分类》(GB/T 4968—2008,2008 年 11 月 4 日发布,2009 年 4 月 1 日实施)中规定,火灾根据可燃物的类型和燃烧特性,分为 A,B,C,E,F 六大类。

1.A 类火灾:固体物质火灾

固体物质火灾指由普通固体可燃物燃烧引起的火灾,又称为 A 类火灾。固体物质是火灾中最常见的燃烧对象,主要有木材及木制品、纸张、纸板、家具,棉花、布料、服装、床上用品,粮食,合成橡胶,合成纤维,合成塑料、电工产品、化工原料、建筑材料、装饰材料等,种类极其繁杂。

固体可燃物的燃烧方式有熔融蒸发式燃烧、升华燃烧、热分解式燃烧和表面燃烧 4 种类型。大多数固体可燃物的燃烧是热分解式燃烧。固体可燃物种类繁多、用途广泛、性质差异较大,导致固体物质火灾危险性差别较大,评定时要从多方面进行综合考虑。

2.B 类火灾:液体或可熔化的固体物质火灾

液体或可熔化的固体物质火灾指由油脂及一切可燃液体引起的火灾,又称为 B 类火灾。油脂包括原油、汽油、煤油、柴油、重油、动植物油;可燃液体主要有酒精、苯、乙醚、丙酮等各种有机溶剂。

液体燃烧的过程是液体可燃物首先受热蒸发变成可燃蒸气,然后可燃蒸气扩散,并与空气掺混形成预混可燃气,着火燃烧后在空间形成预混火焰或扩散火焰。轻质液体的蒸发属于相变过程,重质液体的蒸发时常伴随热分解过程。评定可燃液体的火灾危险性的物理量是闪点。闪点低于 28℃ 的可燃液体属甲类火险物质,例如汽油;闪点高于或等于 28℃、低于 60℃ 的可燃液体属乙类火险物质,例如煤油;闪点高于或等于 60℃ 的可燃液体属丙类火险物质,例如柴油、植物油。

3.C 类火灾:气体火灾

气体火灾指由可燃气体引起的火灾,又称为 C 类火灾。

可燃气体的燃烧方式分为预混燃烧和扩散燃烧。可燃气与空气预先混合好的燃烧称为预混燃烧,可燃气与空气边混合边燃烧称为扩散燃烧。失去控制的预混燃烧会产生爆炸,这是气体火灾中最危险的燃烧方式。可燃气体的火灾危险性用爆炸下限进行评定。爆炸下限小于 10% 的可燃气为甲类火险物质,例如氢气、乙炔、甲烷等;爆炸下限大于或等于 10% 的可燃气为乙类火险物质,例如一氧化碳、氨气、某些城市煤气。应当指出,绝大部分可燃气属于甲类火险物质,极少数才属于乙类火险物质。

4.D 类火灾:金属火灾

金属火灾指由可燃金属燃烧引起的火灾,又称为 D 类火灾。

例如锂、钠、钾、钙、锶、镁、铝、锆、锌、钚、钍和铀,由于此类金属为薄片状、颗粒状或呈熔融状态时很容易着火,所以称它们为可燃金属。可燃金属引起的火灾之所以从 A 类火灾中分离出来单独作为 D 类火灾,是因为这些金属在燃烧时,燃烧热很大,为普通燃料的 5～20 倍,火焰温度较高,有的甚至达到 3000℃以上;并且在高温下金属性质活泼,能与水、二氧化碳、氮、卤素及含卤化合物发生化学反应,使常用灭火剂失去作用,必须采用特殊的灭火剂灭火。

5. E 类火灾:带电火灾

带电火灾指物体带电燃烧的火灾,又称 E 类火灾,例如,变压器等设备的电气火灾等。

6. F 类火灾:烹饪物火灾

烹饪物火灾指烹饪器具内的烹饪物引起的火灾,又称为 F 类火灾,例如,动物油脂或植物油脂引起的火灾。

1.3.2 按照火灾损失严重程度分类

根据 2007 年 6 月 26 日公安部下发的《关于调整火灾等级标准的通知》,新的火灾等级标准由原来的特大火灾、重大火灾、一般火灾三个等级调整为特别重大火灾、重大火灾、较大火灾和一般火灾四个等级。

1. 特别重大火灾

特别重大火灾是指造成 30 人以上死亡,或者 100 人以上重伤,或者 1 亿元以上直接财产损失的火灾。

2. 重大火灾

重大火灾是指造成 10 人以上、30 人以下死亡,或者 50 人以上、100 人以下重伤,或者 5000 万元以上、1 亿元以下直接财产损失的火灾。

3. 较大火灾

较大火灾是指造成 3 人以上、10 人以下死亡,或者 10 人以上、50 人以下重伤,或者 1000 万元以上、5000 万元以下直接财产损失的火灾。

4. 一般火灾

一般火灾是指造成 3 人以下死亡,或者 10 人以下重伤,或者 1000 万元以下直接财产损失的火灾。

说明:"以上"包括本数,"以下"不包括本数。

此外,根据起火原因,火灾又可分为由违反电器、燃气等安装规定、抽烟、玩火、用火不慎、自然原因等造成的火灾。随着社会和经济的发展,这些火灾的发生越来越普遍,也引起了人们越来越多的关注。

第 2 章

燃烧与灭火原理

2.1 燃烧基本原理

燃烧可从着火方式、持续燃烧形式、燃烧物形态、燃烧现象等不同角度做不同的分类。掌握燃烧类型等有关常识,对了解物质燃烧机理有重要意义。

1. 燃烧类型分类

按照燃烧形成的条件和发生瞬间的特点,可分为着火和爆炸。

1) 着火

可燃物在与空气共存条件下,当达到一定温度时,与引燃源接触即能引起燃烧,并在引火源离开后仍能持续燃烧,这种持续燃烧的现象称为着火。着火就是燃烧的开始,并且以出现火焰为特征。着火是日常生活中最常见的燃烧现象。可燃物的着火方式一般分为以下几类。

(1) 点燃(或称强迫着火)

点燃是指由于从外部能源,诸如电热线圈、电火花、炽热质点、点火火焰等得到能量,使混气的局部范围受到强烈的加热而着火。这时火焰就会在靠近点火源处被引发,然后依靠燃烧波传播到整个可燃混合物中,这种着火方式习惯上称为引燃。大部分火灾都是因引燃所致。

(2) 自燃

自燃是指可燃物质在没有外部火花、火焰等引火源的作用下,因受热或自身发热并蓄热所产生的自然燃烧,即物质在无外界引火源的条件下,由于其本身内部所发生的生物、物理或化学变化而产生热量并蓄积,使温度不断上升,自然燃烧起来的现象。自燃点是指可燃物发生自燃的最低温度。

① 化学自燃:这类着火现象通常不需要外界加热,而是在常温下依据自身的化学反应发生的,因此习惯上称为化学自燃。例如,火柴受摩擦而着火,炸药受撞击而爆炸,金属钠在空气中的自燃,烟煤因堆积过高而自燃等。

② 热自燃:将可燃物和氧化剂的混合物预先均匀地加热,随着温度的升高,当混合物加热到某一温度时便会自动着火(这时着火发生在混合物的整个容积中),这种着火方式习惯上称为热自燃。

必须指出,化学自燃和热自燃都是既有化学反应的作用,又有热的作用;而热自燃和点燃的差别只是整体加热和局部加热的不同而已,绝不是"自动"和"受迫"的差别。

2)爆炸

爆炸是指物质由一种状态迅速地转变成另一种状态,并在瞬间以机械功的形式释放出巨大的能量,或气体、蒸气瞬间发生剧烈膨胀等现象。爆炸最重要的一个特征是爆炸点周围发生剧烈的压力突变,这种压力突变就是爆炸产生破坏作用的原因。作为燃烧类型之一的爆炸主要指化学爆炸。因此,在燃烧学中所谓"着火""自燃""爆炸"其实质是相同的,只是在不同场合下叫法不同而已。

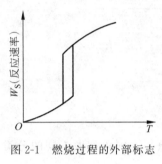

图 2-1 燃烧过程的外部标志

2. 着火条件

通常所谓的着火是指混合物反应自动加速,并自动升温以致引起空间某个局部最终在某个时间有火焰出现的过程。这个过程反映了燃烧反应的一个重要标志,即由空间的这一部分到另一部分或由时间的某一瞬间到另一瞬间化学反应的作用在数量上有突跃的现象,可用图 2-1 表示。

如果在一定的初始条件下,系统不可能在整个时间区段保持低温水平的缓慢反应态,而将出现一个剧烈加速的过渡过程,使系统在某个瞬间达到高温反应态(即燃烧态),那么这个初始条件便称为着火条件。

这里有几点要注意。

(1) 系统达到着火条件并不意味着已经着火,只是系统已具备了着火的条件。在此应注意条件的含义。

(2) 着火这一现象是就系统的初态而言的,它的临界性质不能错误地解释为化学反应速率随温度的变化有突跃的性质。例如,图 2-1 中横坐标所代表的温度不是反应进行的温度,而是系统的初始温度。

(3) 着火条件不是一个简单的初温条件,而是化学动力学参数和流体力学参数的综合体现。对一定种类可燃预混气而言,在封闭情况下,其着火条件可由下列函数关系表示:

$$f(T_0, h, P, d, u_\infty) = 0$$

式中:T_0 为环境温度;h 为对流换热系数;P 为预混气压力;d 为容器直径;u_∞ 为环境气流速度。

2.2 谢苗诺夫自燃理论

2.2.1 谢苗诺夫自燃理论的基本出发点

一方面,任何反应体系中的可燃混气会进行缓慢氧化而放出热量,使体系温度升高;另一方面,体系又会通过器壁向外散热,使体系温度降低。热自燃理论认为,着火是反应放热因素与散热因素相互作用的结果。如果反应放热占优势,体系就会出现热量积累,温度升高,反应加速,发生自燃;相反,如果散热因素占优势,则体系温度下降,将不能自燃。

实际上,可燃混合物的燃烧都在有限容积内进行,在反应释热的同时又必然会向外界散热,这样就不仅使反应物的温度降低,而且会在容器内部造成反应物温度场不均匀,从而使容器内各处的反应速率和浓度不相同,致使在反应系统中不仅存在化学反应过程和热量交换过程,还存在质量交换过程(由浓度梯度而产生的扩散),这就使所研究的问题变得相当复杂。我们仅定性地探讨有散热情况的着火条件,设有一个内部充满可燃混气的容器,容器外环境温度为 T_0,为使问题简化,特作如下一些假设:

(1) 设容器体积为 V,表面积为 S,其壁温与环境温度相同。随着反应的进行,壁温升高,且与混气温度相等。

(2) 反应过程中混气的瞬时温度为 T,且容器中各点的温度、浓度相等。开始时混气温度 T 与环境温度 T_0 相等。

(3) 容器中既无自然对流,也无强迫对流。

(4) 环境与容器之间有对流换热,对流换热系数为 h,且不随温度变化。

(5) 着火前反应物浓度变化很小,即 $C_A = C_{A0} =$ 常数,或 $f = f_\infty =$ 常数,C_A 为摩尔浓度,f 为质量分数,C_{A0} 和 f_∞ 分别为初始摩尔浓度和初始质量分数。物质自燃示意图如图 2-2 所示。

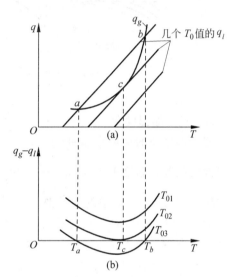

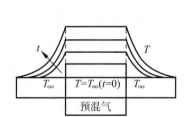

图 2-2 密闭容器中预混气自燃的简化示意图

图 2-3 着火时的谢苗诺夫热平衡
(a) 热平衡;(b) 过剩能

2.2.2 理论分析

用 q_g 表示放热速率

$$q_g = \Delta H_c V K_n C_A^k e^{-\frac{E}{RT}}$$

式中:q_g 为放热速率,$kg/(m^3 \cdot s)$;ΔH_c 为反应热,J/mol;V 为容器体积,m^3;K_n 为指前因子;C_A^k 为反应物浓度,mol/m^3;E 为反应活化能,J/mol;R 为气体常数;T 为当地温度,K。

q_l 表示热损失速率,则可写出如下的能量守恒方程式:

$$\rho c V dT/dt = q_g - q_l \tag{2-1}$$

如果保持压力不变,则 q_g 为温度的指数函数,q_l 为温度的线性函数,其斜率为 hS(h 为对流换热系数,S 为容器表面积),如图 2-3(a)所示。当 hS 固定时,相应于 3 个壁温 T_0 的 3 个不同的 q_l 的函数见图 2-3(a)。对应于图 2-3(a)的 3 个值,式(2-1)的右边随温度的变化表示在图 2-3(b)中。

（1）壁面温度较低的情况

如 $T_0 = T_{03}$ 时，曲线 q_g 和 q_l 相交于 a 和 b 两点，在 a 点和 b 点，$\dfrac{\mathrm{d}T}{\mathrm{d}t} = 0$。如果起始 $t = 0$ 的反应混合物的温度小于 T_a，根据式(2-1)，$q_g - q_l$（即 $\dfrac{\mathrm{d}T}{\mathrm{d}t}$）为正，而 $\mathrm{d}(q_g - q_l)/\mathrm{d}t$ 为负，就是说开始时温度低于 T_a 的混合气以随时间不断减小的速率缓慢加热到 $T = T_a$。4 个不同的起始温度下的加热曲线示意见图 2-4(a)。

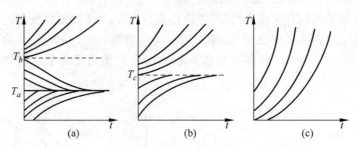

图 2-4　可燃混气系统的温度-时间变化曲线
(a) 亚临界；(b) 临界；(c) 超临界

如果混气的起始温度在 $T_a \sim T_b$，$q_g - q_l$ 为负，则混气最终冷却到 T_a。在图 2-4(a)中示出了不同起始温度值的这种冷却曲线。

如果混气的起始温度大于 T_b，则 $\dfrac{\mathrm{d}T}{\mathrm{d}t}$ 和 $\dfrac{\mathrm{d}^2 T}{\mathrm{d}t^2}$ 两者均为正，这时反应气体的温度以一种加速的速率增加，如图 2-4(a)中的 4 条曲线所示。由这一讨论可知，两个平衡点 a 和 b 的性质是不同的，a 是稳定点，而 b 是伪稳定点。即如果气体温度等于 T_a，则即使有扰动，系统也会维持这个温度。而当反应器的温度为 T_b 时，则不存在这样的情况。点 b 是个平衡点，但对反应器温度的任何向下扰动将导致趋向 T_a 的冷却，而任何向上的温度扰动将导致无限加速的加热。为了表示 b 是伪稳定平衡点，在 $T = T_b$ 时，反应器的状态在图 2-4(a)中用虚线表示。

（2）壁面温度较高的情况

例如，在图 2-3 中当 $T = T_{01}$ 时，曲线 q_g 和 q_l 线不会相交，因此 $q_g - q_l$ 总为正。这时气体温度上升，如图 2-4(c)所示。

（3）壁面温度中等的情况

在图 2-3(a)中，随着 T_{03} 不断增高，点 a 和 b 逐渐接近，最后合到点 c，相应于临界壁面温度 T_{02}，这时的热平衡曲线和加热曲线分别见图 2-3(b)和图 2-4(b)。

在上述讨论中隐含着一个自燃的重要准则：壁温 T_{02} 是个极限值，超过这个温度，反应就会不断加速直至着火，该温度称为临界环境温度，用 $T_{a,cr}$ 表示。这时对应的温度 T_c 是体系出现温度加速上升的临界温度，称为该给定容器中反应气体混合物的自燃温度（或自燃点）。必须强调指出，$T_{a,cr}$ 和 T_c 并不是给定燃料-氧化剂混合物的基本特性，它们受装这种混合气体容器容积的影响很大。

在临界点 c，曲线 q_g 和 q_l 相切。因此，着火界限、压力、温度和成分的相互关系可由以下两方程给出：

$$(q_g)_c = (q_l)_c \tag{2-2}$$

$$\left(\frac{\mathrm{d}q_g}{\mathrm{d}T}\right)_c = \left(\frac{\mathrm{d}q_l}{\mathrm{d}T}\right)_c \tag{2-3}$$

在上述分析中,压力和传热系数保持恒定,由此可推导出临界环境温度。进一步分析可知,保持压力和环境温度恒定,由式(2-2)和式(2-3),可求出临界传热系数;或者保持环境温度和传热系数恒定,可求出临界反应压力。这两种情况示于图2-5和图2-6中。

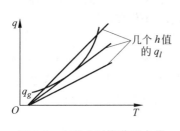

图2-5　在着火时谢苗诺夫热平衡的第二种表示

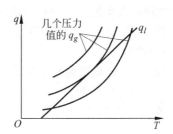

图2-6　在着火时谢苗诺夫热平衡的第三种表示

由前面的讨论可以看出,临界点c与很多因素有关,它不仅与可燃混气的性质有关,还与外界条件有关。因此临界点c不是只由物质性质决定的物化常数,它还应由体系的产热速率和散热速率决定(因为临界点c为q_g和q_l相切所得的切点)。也就是说体系的产热速率影响因素和散热速率影响因素决定着物质的自燃点。下面定性地分析产热速率和散热速率的影响因素。

1. 产热速率的影响因素

1) 发热量

根据发热原因不同,发热量包括氧化反应热、分解反应热、聚合反应热、生物发酵热、吸附(物理吸附或化学吸附)热等。发热量越大,越容易自燃;发热量越小,则发生自燃所需要的蓄热条件越苛刻(即保温条件越好或散热条件越差),因而越不容易自燃。

由图2-3、图2-5和图2-6可见,发热量增大,产热速率曲线上升,切点c的位置左移,因而自燃点降低;反之自燃点升高。

2) 温度

一个可燃体系如果在常温下经过一定时间能发生自燃,则说明该可燃物在所处的散热条件下的自燃点在常温之下;一个可燃体系如果在常温下经过无限长时间也不能自燃,那么根据热着火理论,则说明该可燃物在所处的散热条件下的最低自燃点高于常温。对于后一种可燃体系来说,若升高温度,则化学反应速率提高,释放出的热量也随之提高,因而也有可能发生自燃。例如一个可燃体系在25℃的环境中长时间没有发生自燃,升高到40℃发生了自燃,则说明该可燃物在此散热条件下的最低自燃点约为40℃。

3) 催化物质

催化物质能够降低反应的活化能,所以可以加快反应速率。空气中的水蒸气或可燃物中的少量水分是许多自燃过程的催化剂,例如轻金属粉末在潮湿的空气中容易自燃,湿稻草堆垛等也易自燃。但过量的水会因导热系数大和热容量大使自燃难以发生(某些遇湿自燃物质除外)。自燃点较高的物质含有少量的低自燃点物质时,这些低自燃点物质可认为是一种催化物质,例如红磷中少量的黄磷、乙炔中少量的磷化氢都能促进自燃的加速进行。

在图 2-3(a)、图 2-5、图 2-6 中,活化能降低,反应速率加快,因此曲线 q_g 上升,自燃点 c 的位置左移,即自燃点降低,用图示法可以直观地说明存在上述现象的原因。

4)比表面积

在散热条件相同的情况下,某种物质发生反应的比表面积越大,则与空气中氧气的接触面积越大,反应速率越快,越容易发生自燃。例如,边长为 1cm 的立方体,比表面积为 $6cm^2$,若把同样大小的立方块粉碎成边长只有 0.01cm 的小颗粒(近似为立方体),则它的比表面积将增大到 $600cm^2$。所以粉末状的可燃物比块状的可燃物容易自燃。

5)新旧程度

一般情况下,氧化发热的物质表面必须是没有完全被氧化的,即新鲜的物质才能自燃。例如,新开采的煤堆积起来易发生自燃;刚制成的金属粉末,表面活性较大,也比较容易自燃。但也存在相反的情况,如存放时间较长的硝化棉要比刚制成的硝化棉更容易分解放热引起自燃。

6)压力

体系所受到的压力越大,即参加反应的反应物密度越大,单位体积产生的热量越多,体系越易积累热量,发生自燃。所以压力越大,自燃点越低。

2. 散热速率的影响因素

1)导热作用

一个可燃体系的导热系数越小,则散热速率越小,越易在体系中心蓄热,促进反应进行而导致自燃。相同的物质,如果呈粉末状或纤维状,则粉末或纤维之间的空隙会含有空气,由于空气导热系数较低,具有一定的隔热作用,则这样的可燃体系就容易蓄热自燃。

2)对流换热作用

从可燃体系内部经导热到达体系表面的热流由空气对流导走。空气的流动对可燃体系起着散热作用,而通风不良的场所容易蓄热自燃。例如,浸油脂的纱团或棉布堆放在不通风的角落就可能自燃,而在通风良好的地方就不容易自燃。

3)堆积方式

大量堆积的粉末或叠加的薄片物体有利于蓄热,其中心部位近似于绝热状态,因此很易发生自燃。例如桐油布雨伞、雨衣,在仓库中大量堆积时就很容易发生自燃。

堆积方式的评价参数是表面积/体积,此比值越大,散热能力越强,自燃点越高。

2.2.3 着火理论中的着火感应

着火感应期(又称着火延迟或诱导期)的直观意义是指混气由开始发生反应到燃烧出现的一段时间。

在热着火理论中,着火感应期的定义是:当混气系统已达着火条件的情况下,由初始状态达到温度开始骤升的瞬间所需的时间,用 τ 表示。在图 2-7(a)中,它是系统从温度 T_∞ 升到着火温度 T_c 所需的时间。为了直观看出 τ 的大小,需要画出系统温度随时间变化的 T-t 曲线图,见图 2-7(b)。

1. T-t 曲线图

作 T-t 曲线图的依据是式(2-1),即系统的能量守恒方程 $\rho_\infty cV \dfrac{\mathrm{d}T}{\mathrm{d}t} = q_g - q_l$。下面以

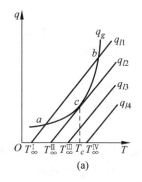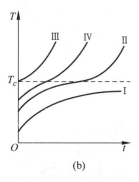

图 2-7　q-T 曲线和 T-t 曲线

状态 $q_g - q_{l2}$ 为例，来说明曲线图的特点和画法。

系统的温度在达到 T_c 以前，因为放热速率大于散热速率（$q_g > q_{l2}$），见图 2-7(a)，系统的温度 T 随时间 t 增加，即 $\dfrac{\mathrm{d}T}{\mathrm{d}t} > 0$，但 $q_g - q_{l2}$ 却随温度的增加越来越小，所以系统温度增加速率越来越慢，即升温速率是减速的，也即 $\dfrac{\mathrm{d}^2 T}{\mathrm{d}t^2} < 0$，曲线向下凹。

系统温度升至 T_c 时，有 $q_g - q_{l2} = 0$，因而 $\dfrac{\mathrm{d}T}{\mathrm{d}t} = 0$，$\dfrac{\mathrm{d}^2 T}{\mathrm{d}t^2} = 0$。

系统温度超过 T_c 后，因为重新出现 $q_g > q_{l2}$，系统又开始升温，$\dfrac{\mathrm{d}T}{\mathrm{d}t} > 0$，而且 $q_g - q_{l2}$ 差值越来越大，系统的升温速率是加速的，即 $\dfrac{\mathrm{d}^2 T}{\mathrm{d}t^2} > 0$。由于曲线在点 c 前后，其二阶导数由 $\dfrac{\mathrm{d}^2 T}{\mathrm{d}t^2} < 0$ 变到 $\dfrac{\mathrm{d}^2 T}{\mathrm{d}t^2} > 0$，曲线在 c 点出现拐点，拐点以后曲线向上凸。

这样 $q_g - q_{l2}$ 状态的 T-t 曲线如图 2-7(b)中曲线 II 所示，曲线 II 与 T_c 直线交点所对应的时间 τ 就是着火感应期。

仿照作曲线 II 的方法，可以把 $q_g - q_{l1}$ 状态所对应的 T-t 曲线画出来，如曲线 I 所示。曲线 I 永远达不到着火温度 T_c，这意味着着火感应期为无穷大。实际上，在 $q_g - q_{l1}$ 状态下，系统只能在 T_a 温度进行缓慢化学反应。

$q_g - q_{l3}$ 状态所对应的 T-t 曲线为曲线 III：到达着火温度 T_c 要比曲线 II 早些。这说明随着 T_∞ 的升高，τ 将不断缩短。

$q_g - q_{l4}$ 状态所对应的 T-t 曲线为曲线 IV。它意味着系统的初始温度已经达到着火温度 T_c。

2. 着火感应期的数学表达式

在着火感应期内反应物的浓度由初始浓度 f_∞ 变为相应于着火温度 T_c 下的浓度 f_c，由定义，混气的着火感应期 τ 为

$$\tau = \frac{\rho_\infty (f_\infty - f_c)}{W_{s\infty}} \tag{2-4}$$

又因为

$$f_\infty - f_c = \frac{C_V}{\Delta H_c}(T_c - T_\infty)$$

$$W_{s\infty} = K_{os}\rho_\infty^n \exp(-E/RT_\infty)$$

所以

$$\tau = \frac{\rho_\infty C_V(T_c - T_\infty)}{\Delta H_c K_{os}\rho_\infty^n \exp(-E/RT_\infty)} \tag{2-5}$$

3. 影响着火感应期 τ 的因素

由式(2-5)可以看出:当混气着火温度 T_c 高,环境温度 T_∞ 低,以及活化能 E 高时,都会使着火感应期变长,而大的混气发热量 ΔH_c 和高的混气反应速率都会使着火感应期变短。

2.2.4 谢苗诺夫理论的应用

如果试图使容器中的气体混合物发生自燃,就会发现,临界(着火)温度 T_c 是容器中压力的强函数。例如,如果容器中的简单反应混合物在 1atm[①] 时,其自燃温度为 100℃,则直观上可以预测,在较高的压力下,例如 2atm 时,同一容器中的同一混气将在低得多的温度下着火。着火温度和其他变量,如混合物成分、初始温度、容器尺寸等的定性关系也同样可以直观地预测。

如图 2-3 所示,临界点 c 是混合物从稳态反应过渡到爆炸反应的标志。假定化学反应速率服从阿伦尼乌斯定律,则式(2-2)和式(2-3)变为

$$\Delta H_c V K_0 C_f^a \cdot C_{ox}^b e^{-E/RT_c} = hS(T_c - T_{a,cr}) \tag{2-6}$$

$$\Delta H_c V K_0 C_f^a \cdot C_{ox}^b e^{-E/RT_c}\left(\frac{E}{RT_c^2}\right) = hS \tag{2-7}$$

式中: C_f 和 C_{ox} 分别为燃料和氧化剂的摩尔浓度。

两式相除得

$$T_c - T_{a,cr} = \frac{RT_c^2}{E} \tag{2-8}$$

将上式代入式(2-6)得

$$\Delta H_c V K_0 C_f^a \cdot C_{ox}^b e^{-E/RT_c} = hSRT_c^2/E \tag{2-9}$$

对理想气体,设 P_c, P_f 和 P_{ox} 分别代表总压和燃料及氧化剂的分压,则有

$$C_f = \frac{P_f}{RT_c} = \frac{X_f P_c}{RT_c} \tag{2-10}$$

$$C_{ox} = \frac{P_{ox}}{RT_c} = \frac{X_{ox}P_c}{RT_c} = \frac{(1-X_f)P_c}{RT_c} \tag{2-11}$$

式中: X_f, X_{ox} 分别为燃料和氧化剂的摩尔分数。

将式(2-10)和式(2-11)代入式(2-9),整理得

$$\frac{\Delta H_c V K_0 P_c^n}{R^{n+1} T_c^{n+2}} X_f^a (1-X_f)^{n-a} e^{-E/RT_c} = hS/E \tag{2-12}$$

或

① 1atm＝101 325Pa。

$$\frac{P_c^n}{T_c^{n+2}} = \frac{hSR^{n+1}\mathrm{e}^{E/RT_c}}{\Delta H_c VK_0 X_f^a (1-X_f)^{n-a}} \tag{2-13}$$

式中：n 为反应级数，$n=a+b$。

式(2-13)两边取对数得

$$\ln \frac{P_c^n}{T_c^{n+2}} = \frac{1}{n}\ln\left[\frac{hSR^{n+1}}{\Delta H_c VK_0 X_f^a (1-X_f)^{(n-a)}}\right] + \frac{E}{nRT_c} \tag{2-14}$$

该方程称为谢苗诺夫方程。以 $\ln \dfrac{P_c^n}{T_c^{n+2}}$ 为纵坐标，以 $\dfrac{1}{T_c}$ 为横坐标，可得到一条斜率为 $\dfrac{E}{nR}$ 的直线，如图 2-8 所示。

由上面的讨论可知，谢苗诺夫理论为测量反应活化能提供了一个巧妙的方法。如果 h，S，ΔH_c，V，K_0 和 X_f 为已知，也可在平面图上得到式(2-14)中 P_c 与 T_c 的关系曲线，以分隔能够着火的状态和不能着火的状态，如图 2-9 所示。

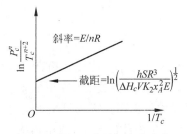

图 2-8　临界压力随温度的变化

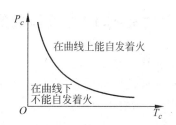

图 2-9　临界压力随临界温度的变化

图 2-9 表明，临界温度 T_c 是临界压力的强函数。在低压时，自燃着火温度很高；反之，在高压时，自燃着火温度较低。

同理，若保持总压不变（P_c 为常数），由式(2-12)可得出自燃着火温度 T_c 和可燃气体浓度 X_f 的函数关系。以 T_c 为纵坐标，X_f 为横坐标，可得一条曲线。T_c 和 X_f 的实际曲线关系如图 2-10 所示。

如果保持着火温度 T_c 不变，由式(2-12)同样可得自燃着火压力 P_c 与可燃气体浓度 X_f 的函数关系。P_c-X_f 的实际曲线关系如图 2-11 所示。

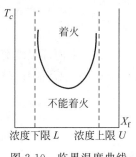

图 2-10　临界温度曲线

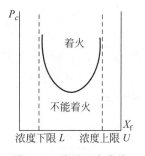

图 2-11　临界压力曲线

由图 2-10 和图 2-11 可以看出，自燃着火存在一定的极限，超过极限，就不能着火。这些极限包括以下几种。

1）浓度极限

存在着火浓度下限 L 和浓度上限 U。如果混合物太贫燃或太富燃,则不管温度多高都不会着火。

2）温度极限

由图 2-10 可以看出,在压力保持不变的条件下,降低温度,两个浓度极限相互靠近,使着火范围变窄;当温度低至某一临界值时,两极限合二为一;再降低温度,任何比例的混合气均不能着火。这一临界温度值就称为该压力下的自燃温度极限。

3）压力极限

由图 2-11 可以看出,在温度保持不变的条件下,降低压力,两个浓度极限互相靠近,使着火范围变窄;当压力降至某一临界值时,两极限合二为一,再降低压力,任何比例的混合气均不能自燃。这一临界压力就称为该温度下的自燃压力极限。

很显然,不同的混合气体,其浓度极限、温度极限和压力极限是不相同的。

2.3　弗兰克-卡门涅茨基自燃理论

在谢苗诺夫自燃理论中,假定体系内部各点温度相等。对于气体混合物,由于温度不同的各部分之间的对流混合,可视为体系内温度均一;对于毕渥特数 B_i 较小的堆积固体物质,也可以认为物体内部温度大致相等。上述两种情况均可由谢苗诺夫自燃理论进行分析。但当 B_i 较大($B_i>10$ 时),体系内部各点温度相差较大,在这种情况下,谢苗诺夫自燃理论中温度均一的假设显然不成立,如图 2-12 所示。

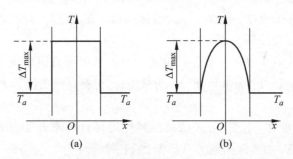

图 2-12　自动加热体系内的温度分布示意图

(a) 谢苗诺夫模型；(b) 弗兰克-卡门涅茨基模型

弗兰克-卡门涅茨基自燃模型考虑到了 B_i 较大条件下物质体系内部温度分布的不均匀性。该理论以体系最终是否能得到稳态温度分布作为自燃着火的判断准则,提出了热自燃的稳态分析方法。

2.3.1　理论分析

可燃物质在堆放情况下,空气中的氧将与之发生缓慢的氧化反应,反应放出的热量一方面使物体内部温度升高,另一方面通过堆积体边界向环境散失。如果体系不具备自燃条件,则从物质堆积开始,内部温度逐渐升高,经过一段时间后,物质内部温度分布趋于稳定,这时化学反应放出的热量与边界传热向外流失的热量相等。如果体系具备了自燃条件,则从物质堆积开始,经过一段时间后(称为着火延滞期),体系着火。很显然,在后一种情况下,体系自燃着火之前,物质内部不可能出现不随时间而变化的稳态温度分布。因此,体系能否获得稳态温度分布就成为判断物质体系能否自燃的依据。

为便于分析,作如下假设。

(1) 反应速率由阿伦尼乌斯方程描述,即

$$Q'''_c = \Delta H_c K_n C^n_{AO} \cdot \exp(-E/RT) \tag{2-15}$$

式中:$Q'''_c, \Delta H_c, K_n, C^n_{AO}, E, R$ 分别为放热速率、反应热、指前因子、反应物浓度、反应活化能和气体常数;T 为当地温度。

(2) 物质着火前,反应物消耗量很小,可假定反应物浓度 C^n_{AO} 为常数。

(3) 体系的毕渥特数 B_i 相当大,因此可假定体系的边界温度与外界环境温度 T_a 相等。

(4) 体系的热力学参数为常数,不随温度改变。

根据传热学理论,任何形状的物体内部的温度分布均服从下列导热方程:

$$\frac{\partial^2 T}{\partial x^2} + \frac{\partial^2 T}{\partial y^2} + \frac{\partial^2 T}{\partial z^2} + \frac{Q'''}{K} = \frac{1}{\alpha} \frac{\partial T}{\partial t} \tag{2-16}$$

式中:x, y, z 分别为沿直角坐标 x, y, z 轴上的坐标;t 为时间,s;K 为导热系数,W/(m·k);α 为热扩散系数,$m^2 \cdot s^{-1}$。

体系的边界条件为:在边界面 $z = f(x, y)$ 上,$T = T_a$(环境温度);在最高温度处,$\frac{\partial T}{\partial x} = 0, \frac{\partial T}{\partial y} = 0, \frac{\partial T}{\partial z} = 0$。

根据前面的分析,体系不具备自燃条件时,温度分布最终趋于稳态,$\frac{\partial T}{\partial t} = 0$,所以式(2-16)为

$$\frac{\partial^2 T}{\partial x^2} + \frac{\partial^2 T}{\partial y^2} + \frac{\partial^2 T}{\partial z^2} + \frac{Q'''}{K} = \frac{1}{\alpha} \frac{\partial T}{\partial t} \tag{2-17}$$

引入下列无因次温度 θ 和无因次距离 x_1, y_1, z_1:

$$\theta = (T - T_a)(RT_a^2/E) \tag{2-18}$$

$$x_1 = x/x_0, \quad y_1 = y/y_0, \quad z_1 = z/z_0 \tag{2-19}$$

这里 x_0, y_0, z_0 是体系的特征尺寸,分别定义为体系在 x, y, z 轴方向上的长度。

将式(2-18)和式(2-19)代入式(2-17)并整理,得

$$\frac{\partial^2 \theta}{\partial x_1^2} + \left(\frac{x_0}{y_0}\right)^2 \frac{\partial^2 \theta}{\partial y_1^2} + \left(\frac{x_0}{z_0}\right)^2 \frac{\partial^2 \theta}{\partial z_1^2} = \frac{\Delta H_c K_n C^n_{AO} E x_0^2}{KRT_0^2} e^{-E/RT} \tag{2-20}$$

由于 $T - T_0 \leqslant T_0$,上式中的指数项可以通过当 z 为小量时,用 $(1+Z)^{-1} = 1-Z$ 的等式来简化,即

$$e^{-E/RT} = e^{-E/R(T+T_0-T_0)} = e^{-(E/RT_0)[1+(T-T_0)/T_0]^{-1}}$$

$$\approx e^{-(E/RT_0)[1-(T-T_0)/T_0]} = e^{\theta} \cdot e^{-E/RT_0}$$

将上式代入式(2-20),得

$$\frac{\partial^2 \theta}{\partial x_1^2} + \left(\frac{x_0}{y_0}\right)^2 \frac{\partial^2 \theta}{\partial y_1^2} + \left(\frac{x_0}{z_0}\right)^2 \frac{\partial^2 \theta}{\partial z_1^2} = -\delta \exp \theta \tag{2-21}$$

式中,

$$\delta = \frac{x_0^2 E \cdot \Delta H_c K_n C_{AO}^n}{KRT_a^2} e^{-E/RT_a} \tag{2-22}$$

相应的边界条件为：在边界面 $z_1 = f_1(x_1, y_1)$ 上，$\theta = 0$；在最高温度处，$\frac{\partial \theta}{\partial x_1} = 0, \frac{\partial \theta}{\partial y_1} = 0$，$\frac{\partial \theta}{\partial z_1} = 0$。

显然，式(2-21)的解完全受 $\frac{x_0}{y_0}, \frac{x_0}{z_0}$ 和 δ 控制，即物体内部的稳态温度分布取决于物体的形状和 δ 的大小。当物体的形状确定后，其稳态温度分布则仅取决于 δ。

分析式(2-22)可知，δ 表征物体内部化学放热和通过边界向外传热的相对大小。因此，当 δ 大于某一临界值 δ_{cr} 时，式(2-21)无解，即物体内部不能得到稳态温度分布。很显然，δ 仅取决于体系的外形，可由对式(2-21)的分析得知。

当 $\delta = \delta_{cr}$ 时，与体系有关的参数均为临界参数，此时的环境温度称为临界环境温度 $T_{a,cr}$，由式(2-22)，有

$$\delta_{cr} = \frac{x_{0c}^2 E \cdot \Delta H_c K_n C_{AO}^n}{KRT_{a,cr}^2} e^{-E/RT_{a,cr}} \tag{2-23}$$

如果物质以无限大平板、无限长圆柱体、球体和立方体等简单形状堆积，则内部导热均可归纳为一维导热形式，建立如图 2-12(b) 所示的坐标系，则相应的稳态导热方程为

$$\frac{d^2 T}{dx^2} + \frac{\beta}{x} \frac{dT}{dx} + \frac{Q'''}{K} = 0 \tag{2-24}$$

式中：$\beta = 0$，对厚度为 $2x_0$ 的平板；

$\beta = 1$，对半径为 x_0 的无限长圆柱；

$\beta = 2$，对半径为 x_0 的球体；

$\beta = 3.28$，对边长为 $2x_0$ 的立方体。

相应的，对式(2-24)无量纲化，得

$$\frac{d^2 \theta}{dx_1^2} + \frac{\beta}{x_1} \frac{d\theta}{dx_1} = -\delta e^{\theta} \tag{2-25}$$

δ 的表达式与式(2-22)相同。

对这些简单外形，经过数学求解，得出各自的临界自燃准则参数 δ_{cr} 为：

对无限大平板，$\delta_{cr} = 0.88$；

对无限长圆柱体，$\delta_{cr} = 2$；

对球体，$\delta_{cr} = 3.32$；

对立方体，$\delta_{cr} = 2.52$。

当体系的 $\delta > \delta_{cr}$ 时，体系自燃着火。

2.3.2　自燃临界准则参数 δ_{cr} 的求解

对具有简单几何外形的物质，其 δ_{cr} 值可以通过数学方法求解。这里介绍无限大平板物质、无限长圆柱体物质和球体物质的 δ_{cr} 值求解方法。

1. 无限大平板

无限大平板的无因次导热方程和边界条件分别为

$$\frac{\mathrm{d}^2\theta}{\mathrm{d}x_1^2} + \delta \mathrm{e}^\theta = 0 \tag{2-26}$$

$$x_1 = 1 \text{ 时}, \quad \theta = 0 \tag{2-27}$$

$$x_1 = -1 \text{ 时}, \quad \theta = 0 \tag{2-28}$$

由式(2-26)可得,当 $x_1 \geq 0$ 时,

$$x_1 = -\frac{1}{\sqrt{2a\delta}} \ln \frac{1 - \sqrt{1 - \mathrm{e}^\theta/a}}{1 + \sqrt{1 - \mathrm{e}^\theta/a}} + b$$

当 $x_1 < 0$ 时,

$$x_1 = \frac{1}{\sqrt{2a\delta}} \ln \frac{1 - \sqrt{1 - \mathrm{e}^\theta/a}}{1 + \sqrt{1 - \mathrm{e}^\theta/a}} + b$$

式中, a , b 为待定积分常数。

应用边界条件式(2-27)、式(2-28),分别得

$$1 = -\frac{1}{\sqrt{2a\delta}} \ln \frac{1 - \sqrt{1 - 1/a}}{1 + \sqrt{1 - 1/a}} + b$$

和

$$-1 = \frac{1}{\sqrt{2a\delta}} \ln \frac{1 - \sqrt{1 - 1/a}}{1 + \sqrt{1 - 1/a}} + b$$

两式相减并整理,得

$$\delta = \frac{1}{2a}\left(\ln \frac{1 - \sqrt{1 - 1/a}}{1 + \sqrt{1 - 1/a}} \right)^2 \tag{2-29}$$

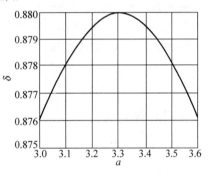

图 2-13 给出了 δ 随 a 的变化关系,从图中可以看出,存在一个 δ 的最大值,当 δ 大于此最大值时, a 无解,相应的稳态导热方程也无解,因此,此最大值即是所要求的自燃临界准则参数 δ_{cr}。图中 $\delta_{cr} \approx 0.88$。

图 2-13 δ 随 a 的变化关系

2. 无限长圆柱体和球体

无限长圆柱体和球体的稳态导热方程和边界条件分别为

$$\frac{\mathrm{d}^2\theta}{\mathrm{d}x_1^2} + \frac{\beta}{x_1}\frac{\mathrm{d}\theta}{\mathrm{d}x_1} + \delta \mathrm{e}^\theta = 0 \tag{2-30}$$

$$x_1 = 1 \text{ 时}, \quad \theta = 0$$

$$x_1 = 0 \text{ 时}, \quad \frac{\mathrm{d}\theta}{\mathrm{d}x_1} = 0$$

用数值计算方法可以得到它们的临界值 δ_{cr} ,为此引入以下两个新变量:

$$X = x_1\sqrt{\delta \mathrm{e}^{\theta_0}}$$

$$Y = \theta_0 - \theta$$

式中, θ_0 是内部最大温度,这时式(2-30)变为

$$\frac{\mathrm{d}^2 Y}{\mathrm{d}X^2} + \frac{\beta}{X}\frac{\mathrm{d}Y}{\mathrm{d}X} = 1 \tag{2-31}$$

相应的边界条件为

$$X = \sqrt{\delta e^{\theta_0}}, \quad Y = \theta_0$$

或

$$\delta = X^2 e^{-\theta_0}, \quad Y = \theta_0$$

式(2-30)的近似解可用级数来表示,即:

对于无限长圆柱体,

$$Y = \frac{1}{4}x^2 - \frac{1}{64}x^4 + \frac{1}{768}x^6 + \cdots \tag{2-32}$$

对于球体,

$$Y = \frac{1}{6}x^2 - \frac{1}{120}x^4 + \frac{1}{1890}x^6 + \cdots \tag{2-33}$$

这样,如果 θ_0 已知(也即 Y 已知),则用图解法解式(2-32)或式(2-33)可得 X,由 θ_0 和 X 可求得 δ。可以假定一系列的 θ_0,相应地得到一系列的 δ 值,取其中最大的 $\delta_{\max}$ 即为临界值 δ_{cr}。计算结果如下:

无限长圆柱体,$\delta_{cr} = 2.00$;球体,$\delta_{cr} = 3.32$。

2.3.3 应用

应用弗兰克-卡门涅茨基自燃模型,并辅之以一定的实验手段,可以研究各种物质体系发生自燃的条件。这对于防止物质发生自燃和确定火灾原因,无疑是有意义的。

整理式(2-23),并两边取对数得

$$\ln \frac{\delta_{cr} T_{a,cr}^2}{x_{0c}^2} = \ln \frac{E \cdot \Delta H_c K_n C_{AO}^n}{KR} - \frac{E}{RT_{a,cr}} \tag{2-34}$$

此式表明对特定的物质,右边第一项 $\ln \dfrac{E \cdot \Delta H_c K_n C_{AO}^n}{KR}$ 为常数,$\ln(\delta_{cr} \cdot T_{a,cr}^2 / x_{0c}^2)$ 是 $1/T_{a,cr}$ 的线性函数。对于许多系统,这种线性关系是成立的。对于给定几何形状的材料,$T_{a,cr}$ 和 x_{0c}(即试样特征尺寸)之间的关系可通过实验确定。例如,将一个立方体形状的材料试样置于一个恒温炉内加热升温,并用热电偶在试样的中心检测温度,就能测出给定尺寸试样在不同温度下自身加热的程度或着火趋向。对一定尺寸的立方体(边长为 $2x_0$),通过实验可确定 $T_{a,cr}$ 值,图2-14给出了其中一个例子。一旦确定了各种尺寸立方体的 $T_{a,cr}$ 值,将 $\delta_{cr} = 2.52$ 代入,便可以由 $\ln \dfrac{\delta_{cr} T_{a,cr}^2}{x_{0c}^2}$ 对 $1/T_{a,cr}$ 作图。木质绝缘纤维板各种试样的数据已表示在图2-15中,其试样的形状分别为立方块($\delta_{cr} = 2.52$)、半无限大平板($\delta_{cr} = 0.88$)、八角块($\delta_{cr} = 2.65$)。从图中可以看出,这种材料在图中所包括的温度范围内时,弗兰克-卡门涅茨基自燃模型的近似性很好,若是外推不太长,由此模型可以初步地预测这个范围以外的自燃行为。从图中还可以看出,同种材料的试样形状并不影响图中的线性关系,这是与式(2-34)符合的。对不同的试样形状,作图得出的直线斜率和截距相同,说明此直线完全由试样材料的性质所决定。且由得到的直线斜率 k 可以求出材料的活化能,因为

$$k = -\frac{E}{R}$$

所以

$$E = -kR$$

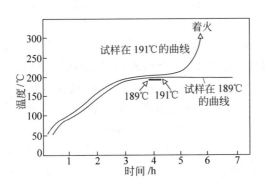

图 2-14　对棱长 50mm 的立方体地面粮堆
临界着火温度进行的测定

（当 $T_a = 191℃$ 时，5h 后着火，但当 $T_a = 189℃$ 时
不会着火，因此可认为 $T_a = 190℃$）

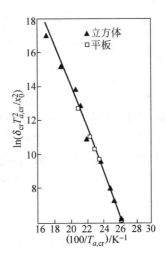

图 2-15　各种形状的木质绝缘纤维板的
自燃数据之间的关系

下面通过例子说明应用弗兰克-卡门涅茨基自燃模型预测物质发生自燃的可能性。

例 2-1　经实验得到立方堆活性炭的数据见表 2-1。由外推法计算，该材料以半无限大平板形式堆放时，在 40℃ 有自燃着火危险的最小堆积厚度。

解　根据提供的实验数据可得出表 2-2。

利用表 2-2 作图，见图 2-16。

表 2-1　立方堆活性炭数据

立方堆半边长，x_0/mm	临界温度，$T_{a,cr}$/K	立方堆半边长，x_0/mm	临界温度，$T_{a,cr}$/K
25.40	408	12.50	432
18.60	418	9.53	441
16.00	426		

表 2-2　试验数据表

$\ln(2.52 T_{a,cr}^2)/x_{0c}^2$	$\dfrac{1000}{T_{a,cr}}$
6.47	2.45
7.15	2.39
8.01	2.35
8.59	2.31
	2.27

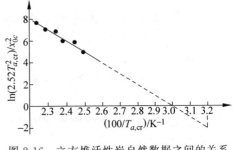

图 2-16　立方堆活性炭自然数据之间的关系

从图 2-16 中得出，当 $T_{a,cr} = 40℃（313K）$ 时，$\ln(\delta_{cr} \cdot T_{a,cr}^2)/x_{0c}^2 = -2.2$。

对"半无限大平板"堆积方式，$\delta_{cr}=0.88$，所以

$$\ln \frac{0.88 \times 313^2}{x_{0c}^2} = -2.2$$

由此得到

$$x_{0c} = 839\text{mm}$$

即在环境温度为 40℃时，为避免自燃，以"半无限大平板"形式堆积的活性炭厚度不能大于 $2x_{0c}=1.678\text{m}$。

可以想象，很难用实验方法确定厚度为 1.678m 的物质的自燃温度 $T_{a,cr}$，况且自燃不是瞬间发生的，而是呈现出一个延滞期。对可燃气体-空气混合物来说，延滞期很少超过 1s。对于固体堆来说，其自燃延滞期可能是若干小时，或若干天甚至若干个月，这要看所储存的材料多少及环境温度的高低。如果材料堆大，则发生自燃的温度就低，相应的自燃延滞期就长。表 2-3 给出了各种尺寸的立方堆活性炭的自燃延滞期。从表中可以看出，$x_{0c}=601\text{mm}$ 时，自燃延滞期为 68h。所以，对于尺寸更大的堆积固体，自燃延滞期更长。即使实验条件和经费允许，人们也不愿意花如此长的时间来做实验。因此，弗兰克-卡门涅茨基自燃模型为人们提供了一种很好的方法。凭借此方法，我们可以通过小规模实验来确定大量堆积固体发生自燃的条件，为预防堆积固体自燃和确定自燃火灾的原因提供坚实的理论依据。

表 2-3 立方堆活性炭堆的着火

线性尺寸，$2x_{0c}$/mm	临界温度，$T_{a,cr}$/℃	自燃延滞期，t_i/h
51	125	1.3
76	113	2.7
102	110	5.6
152	99	14
204	90	24
601	60	68

2.4 链锁反应着火理论

2.4.1 链锁反应过程

1. 基本概念

（1）链锁反应：由一个单独分子变化而引起一连串分子变化的化学反应。

（2）自由基：在链锁反应体系中存在的一种活性中间物，是链锁反应的载体。

2. 过程

链锁反应一般由 3 个步骤组成：链引发，链传递，链终止。

1）链引发

借助于光照、加热等方法使反应物分子断裂产生自由基的过程，称为链引发。

2）链传递

链传递是自由基与反应物分子发生反应的步骤。在链传递过程中，旧自由基消失的同时产生新的自由基，从而使化学反应能继续下去。

3）链终止

自由基如果与器壁碰撞，或者两个自由基复合，或者与第三个惰性分子相撞后失去能量而成为稳定分子，则链被终止。例如：

$$H_2 + Br_2 \longrightarrow 2HBr$$

$$M + Br_2 \longrightarrow 2Br \cdot + M \qquad （链引发）$$

$$\left. \begin{array}{l} Br \cdot + H_2 \longrightarrow HBr + H \cdot \\ H \cdot + Br_2 \longrightarrow HBr + Br \cdot \\ H \cdot + HBr \longrightarrow H_2 + Br \cdot \end{array} \right\} （链传递）$$

$$M + 2Br \cdot \longrightarrow Br_2 + M \qquad （链终止）$$

2.4.2　链锁反应分类

链锁反应分为直链反应和支链反应。

1. 直链反应

直链反应在链传递过程中每消耗一个自由基的同时又生成一个自由基，直至链终止。例如：

$$H_2 + Cl_2 \longrightarrow 2HCl \qquad （总反应）$$

$$（1）M + Cl_2 \longrightarrow 2Cl \cdot + M \qquad （链引发）$$

$$\left. \begin{array}{l} （2）Cl \cdot + H_2 \longrightarrow HCl + H \cdot \\ （3）H \cdot + Cl_2 \longrightarrow HCl + Cl \cdot \\ （4）H \cdot + HCl \longrightarrow H_2 + Cl \cdot \\ \qquad\qquad\qquad \vdots \end{array} \right\} （链传递）$$

$$（5）M + 2Cl \cdot \longrightarrow Cl_2 + M \qquad （链终止）$$

上述链式反应中，一旦形成 $Cl \cdot$，（2），（3）反应就会反复进行。在整个链传递过程中，$Cl \cdot$ 始终保持不变。在链传递过程中，自由基数目保持不变的反应称为直链反应。

2. 支链反应

所谓支链反应，就是指一个自由基在链传递过程中，生成最终产物的同时产生两个或两个以上的自由基。自由基的数目在反应过程中是随时间增加的，因此反应速率是加速的。现以 H_2 和 O_2 的反应来说明支链反应的特点。

$$2H_2 + O_2 \longrightarrow 2H_2O \qquad （总反应）$$

$$（1）M + H_2 \longrightarrow 2H \cdot + M \qquad （链引发）$$

$$\left. \begin{array}{l} （2）H \cdot + O_2 \longrightarrow H \cdot + 2O \cdot \\ （3）O \cdot + H_2 \longrightarrow H \cdot + OH \cdot \\ （4）OH \cdot + H_2 \longrightarrow H \cdot + H_2O \end{array} \right\} （链传递）$$

$$\left. \begin{array}{l} （5）H \cdot \longrightarrow 器壁破坏 \\ （6）OH \cdot \longrightarrow 器壁破坏 \\ （7）OH \cdot + H \cdot \longrightarrow H_2O \end{array} \right\} （链终止）$$

将反应（2），（3），（4）相加可得

$$H \cdot + 3H_2 + O_2 \longrightarrow 2H_2O + 3H$$

这就是说，一个自由基 $H \cdot$ 参加反应后，经过一个链传递形成最终产物 H_2O 的同时产生

3个H·，这3个H·又开始形成另外3个链，而每个H·又将产生3个H·。这样，随着反应的进行，H·的数目不断增加，因此反应不断加速。H·数目增加情况如图 2-17 所示。

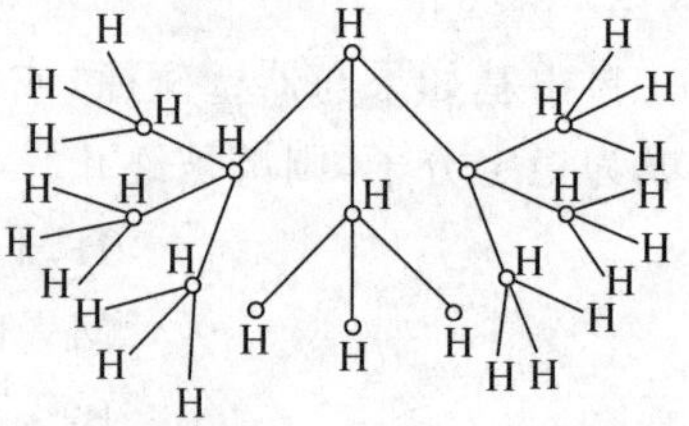

图 2-17　氢原子数目增加示意图

2.4.3　链锁反应的着火条件

1. 链锁反应中的化学反应速率

链锁反应理论认为，反应自动加速并不一定要依靠热量的积累，也可以通过链锁反应逐渐积累自由基的方法使反应自动加速，直至着火。系统中自由基数目能否发生积累是链锁反应过程中自由基增长因素与自由基销毁因素相互作用的结果。自由基增长因素占优势，系统就会发生自由基积累。

在链引发过程中，由于引发因素的作用，反应分子会分解成自由基。自由基的生成速度用 W_1 表示，由于引发过程是个困难过程，故 W_1 一般比较小。

在链传递过程中，自由基数目增加。例如 H· 在链传递过程中 1 个生成 3 个。显然 H· 浓度 n 越大，自由基数目增长越快。设在链传递过程中自由基增长速度为 W_2，$W_2 = fn$，f 为分支链生成自由基的反应速率常数。由于分支过程是由稳定分子分解成自由基的过程，需要吸收能量，因此温度对 f 的影响很大。温度升高，f 值增大，即活化分子的百分数增大，W_2 也就随之增大。链传递过程中因分支链引起的自由基增长速度 W_2 在自由基数目增长中起决定作用。

在链终止过程中，自由基与器壁相碰撞或者自由基之间相复合而失去能量，变成稳定分子，自由基本身随之销毁。设自由基销毁速率为 W_3。自由基浓度 n 越大，碰撞机会越多，销毁速率 W_3 越大，即 W_3 正比于 n，写成公式为 $W_3 = gn$，g 为链终止反应速率常数。由于链终止反应是复合反应，不需要吸收能量（实际上是放出较小的能量），在着火条件下，g 与 f 相比较小，因此可认为温度对 g 的影响较小，将 g 近似看作与温度无关。

整个链锁反应中自由基数目随时间变化的关系为

$$\mathrm{d}n/\mathrm{d}t = W_1 + W_2 - W_3 = W_1 + fn - gn = W_1 + (f-g)n \tag{2-35}$$

令 $\varphi = f - g$，则上式可写成

$$\mathrm{d}n/\mathrm{d}t = W_1 + \varphi n \tag{2-36}$$

设 $t=0$ 时，$n=0$，积分上式得

$$n = \frac{W_1}{\varphi}(\mathrm{e}^{\varphi t} - 1) \tag{2-37}$$

如果用 a 表示在链传递过程中 1 个自由基参加反应生成最终产物的分子数（如氢氧反应的链传递过程中，消耗 1 个 H·，生成 2 个 H_2O 分子，则 $a=2$），那么反应速率，即最终产物的生成速率为

$$W_{产} = aW_2 = afn = \frac{afW_1}{\varphi}(\mathrm{e}^{\varphi t} - 1) \tag{2-38}$$

2. 链锁反应着火条件

在链引发过程中，自由基生成速率很小，可以忽略。引起自由基数目变化的主要因素是链传递过程中链分支引起的自由基增长速率 W_2 和链终止过程中的自由基销毁速率 W_3。

W_2 与温度关系密切，而 W_3 与温度关系不大。不难理解，随着温度的升高，W_2 越来越大，自由基更容易积累，系统更容易着火。下面分析不同温度 W_2 和 W_3 的相对关系，从而找出着火条件。

1）$\varphi < 0$

系统处于低温时，W_2 很小，W_3 相对 W_2 而言较大，因此 $\varphi = f - g < 0$。由式(2-38)，反应速率为

$$W_{\not r} = \frac{afW_1}{-|\varphi|}(e^{-|\varphi|t}-1) = \frac{afW_1}{-|\varphi|}\left(\frac{1}{e^{|\varphi|t}}-1\right)$$

当 $t \to \infty$ 时，

$$\frac{1}{e^{|\varphi t|}} \to 0$$

所以

$$W_{\not r} = \frac{afW_1}{|\varphi|} = 常数 = W_0 \tag{2-39}$$

这说明，在 $\varphi < 0$ 的情况下，自由基数目不能积累，反应速率不会自动加速，只能趋向某一定值，因此系统不会着火。

2）$\varphi = 0$

系统温度升高，W_2 加快，W_3 可视为不随温度变化，这就可能出现 $W_2 = W_3$ 的情况。由式(2-35)可知，反应速率将随时间呈线性增加。

因为

$$\mathrm{d}n/\mathrm{d}t = W_1$$

则

$$n = W_1 t$$

所以

$$W_{\not r} = aW_1 = afn = afW_1 t \tag{2-40}$$

由于反应速率是线性增加的，而不是加速增加，所以系统不会着火。

3）$\varphi > 0$

系统温度进一步升高，W_2 进一步增大，则有 $W_2 > W_3$，即 $\varphi = f - g > 0$。由式(2-38)，反应速率 $W_{\not r}$ 将随时间呈指数形式加速增加，系统会发生着火。

若将以上 3 种情况画在 $W_{\not r}$-t 图上，将很容易找到着火条件。如图 2-18 所示，只有当 $\varphi > 0$ 时，即分支链形成的自由基增长速率 W_2 大于链终止过程中自由基销毁速率 W_3 时，系统才可能着火。$\varphi = 0$ 是临界条件，此时对应的温度为自燃温度，在此自燃温度以上，只要有链引发发生，系统就会自燃。

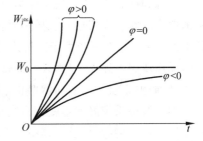

图 2-18 不同 φ 值条件下的反应速率

2.4.4 链锁反应理论中的着火感应期

链锁反应中的着火感应期，有以下 3 种情况。

（1）$\varphi < 0$ 时，系统的化学反应速率趋向一常量，系统化学反应速率不会自动加速，系统不会着火，着火感应期 $\tau = \infty$。

（2）$\varphi > 0$ 时，着火感应期 τ 减小，其关系可由下式得到：

$$W_{产} = \frac{afW_1}{\varphi}(e^{\varphi\tau} - 1)$$

当 φ 较大时，$\varphi \approx f$，并可以略去上式中的 1。

将上式取对数得

$$\tau = \frac{1}{\varphi}\ln\frac{W_{产}}{aW_1}$$

实际上，$\ln\dfrac{W_{产}}{aW_1}$ 随外界影响变化很小，可以认为是常数，所以有

$$\tau = \frac{常数}{\varphi} \quad 或 \quad \tau\varphi = 常数 \tag{2-41}$$

（3）$\varphi = 0$ 是一种极限情况，其着火感应期是指 $W_{产} = W_0$ 的时间。

2.4.5 链锁反应理论对着火极限的影响

热着火理论的主要观点为，热自燃的发生是在着火感应期内化学反应的结果，是热量不

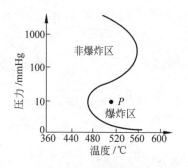

图 2-19 氢-氧化学计量混合物的爆炸极限

断积累而造成反应速率的自动加速。这一理论可以解释很多现象，例如，对大多数碳氢化合物与空气的作用都符合。但是也有很多实验结果是热理论所不能解释的。如对氢和氧的混合气体，临界着火温度和临界着火压力之间的关系如图 2-19 所示，即氢氧反应有 3 个着火极限，现用链锁反应理论进行解释。

设第一、二极限之间的爆炸区内有一点 P，保持体系温度不变而降低系统压力，P 点则向下垂直运动，此时因氢氧混合气体压力较低，自由基扩散较快，氢自由基很容易与器壁碰撞，自由基销毁主要发生在器壁上。压力越低，自由基销毁速率越大，当压力下降到某一值后，自由基销毁速率 W_3 有可能大于链传递过程中由于链分支而产生的自由基增长速率 W_2，于是系统由爆炸转为不爆炸，爆炸区与非爆炸区之间就出现了第一极限。如果在混气中加入惰性气体，则能阻止氢自由基向器壁扩散，导致下限下移。

如果保持系统温度不变而升高系统压力，P 点则向上垂直移动。这时因氢氧混合气体压力较高，自由基在扩散过程中，与气体内部大量稳定分子碰撞而消耗掉自己的能量，自由基结合成稳定分子，因此自由基主要销毁在气相中。混气压力增加，自由基气相销毁速率增加，当混气压力增加到某一值时，自由基销毁速率 W_3 可能大于链传递过程中因链分支而产生的自由基增长速率 $W_2(f - g < 0)$，于是系统由爆炸转为不爆炸。爆炸区与非爆炸区之间就出现了第二个极限。

压力再增高，又会发生新的链锁反应，即

$$H \cdot + O_2 + M \longrightarrow HO_2 + M$$

HO_2 会在未扩散到器壁之前,又发生如下反应而生成 $OH \cdot$:

$$OH \cdot + H_2 \longrightarrow H_2O + OH \cdot$$

导致自由基增长速率 W_2 增大,于是又会发生爆炸,这就是爆炸的第三个极限。

目前还提出了第三种着火理论,即链锁反应热爆炸理论。这种理论认为反应的初期可能是链锁反应,但随着反应的进行放出热量,最后变为纯粹的热爆炸。

2.5 灭火理论

为了有效地扑灭火灾,需要对已着火系统的灭火问题进行分析。热理论中的灭火分析与链锁反应理论中的灭火分析有所差别,下面分别加以讨论。

2.5.1 热理论中的灭火分析

上述几种热理论着火的经典分析都假定混合气浓度是不变的。但在实际情况下混合气一旦着火,系统内的混合气浓度会因为燃烧的进行而急剧减小。

由于在非绝热情况下,混合气的浓度变化计算比较复杂,为此乌里斯建议通过一个假想的开口系统进行着火与灭火分析。虽然这个开口系统没有多大实际价值,但是通过这一分析,可以看出着火与灭火之间的本质关系。

1. 简单开口系统

设有一个容器,两端是开口的,容器中充满了进行反应的混合气及已燃气,如图 2-20 所

图 2-20 简单开口系统

示。为处理问题方便,作如下简化假设:

(1) 假设混合气的初温为 T_∞,浓度为 f_∞,且反应物一旦进入容器立即迅速反应。

(2) 反应过程中混合气的温度为 T,浓度为 f,并假设由容器出口排出的产物浓度和温度也是 f, T。

(3) 假定容器壁为绝热壁。

(4) 假定反应是单分子或是一级反应。

这个理想模型的好处是,通过热量、质量的输入、输出分析,可以写出形式十分简单的热平衡和质量平衡关系。由这两个关系很容易得到浓度和温度的关系,从而把两个变量转换成一个变量。

2. 简单开口系统的热量平衡和质量平衡

简单开口系统的放热速率近似为

$$q_g = \Delta H_c W''' = \Delta H_c K \rho_\infty f e^{-E/RT} \tag{2-42}$$

系统散热实际上是燃烧产物带走的热量,因此散热速率(指单位体积、单位时间内散失的热量)为

$$q_l = \frac{G C_P}{V}(T - T_\infty) \tag{2-43}$$

式中,G 为质量流量。

系统单位时间反应的物质为

$$g_g = V W''' = V K \rho_\infty f e^{-E/RT} \tag{2-44}$$

系统单位时间反应物的减少为

$$g_l = G(f_\infty - f)$$

由热量平衡和质量平衡,可知在稳态情况下有

$$q_g = q_l, \quad g_g = g_l$$

即

$$\Delta H_c K \rho_\infty f e^{-E/RT} = \frac{G}{V} C_P (T - T_\infty) \tag{2-45}$$

和

$$V K \rho_\infty f e^{-E/RT} = G(f_\infty - f) \tag{2-46}$$

由式(2-45)和式(2-46)可得

$$C_P (T - T_\infty) = \Delta H_c (f_\infty - f)$$

于是有

$$\frac{T - T_\infty}{f_\infty - f} = \frac{\Delta H_c}{C_P} = T_m - T_\infty \tag{2-47}$$

式中,T_m 为系统绝热燃烧温度。

整理式(2-47)又可得

$$f_\infty - f = \frac{T - T_\infty}{T_m - T_\infty} \tag{2-48}$$

对于单分子反应,由于 $f_\infty = 1$,因此上式可简化为

$$f = f_\infty - \frac{T - T_\infty}{T_m - T_\infty} = \frac{T_m - T}{T_m - T_\infty} \tag{2-49}$$

3. 简单系统的放热与散热曲线及灭火分析

由式(2-43)可以得到散热速率与 T 的关系为

$$q_l = \frac{G C_P}{V} (T - T_\infty)$$

将式(2-49)代入式(2-42)可以得到放热速率与 T 的关系为

$$q_g = \Delta H_c K \rho_\infty \cdot \frac{T_m - T}{T_m - T_\infty} e^{-E/RT} \tag{2-50}$$

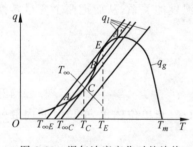

图 2-21　混气浓度变化时的放热
曲线和散热曲线关系

若以放热速率和散热速率为纵坐标,以温度 T 为横坐标,在 q-T 平面图上可以得到放热曲线和散热曲线,如图 2-21 所示。

从图 2-21 中可以看出,由于开口容器中有浓度变化,其中的临界现象就和密闭容器不同了,放热曲线和散热曲线有 3 个交点,其中第 3 个交点 A' 代表高水平的稳定反应状态——稳定燃烧态。由此可见,不考虑浓度变化的着火分析不可能表明系统在燃烧时所处的状态。如果在燃烧发生后使 T_∞ 不断降低,则放热曲线和散热曲线最终会在高温范围内相切,其切点标志着系统将由高水平的稳定反应态向低水平的缓慢反应态过渡,即灭火。这里要注意,灭火和着火都是由稳态向非稳态过渡,但它们是由不同的稳态出发的。因此,它们不是一个现象的正反两

个方面,即着火和灭火不是可逆的过程。系统的灭火点为 T_E,但系统灭火时所要求的初温 $T_{\infty E}$ 却小于系统着火时的初温 $T_{\infty C}$,初温 T_∞ 在 $T_{\infty E}$ 和 $T_{\infty C}$ 之间时,如果系统原来是缓慢反应态,则系统不会自动着火。如果要使已经处于燃烧反应态的系统灭火,其初温必须小于 $T_{\infty E}$,$T_\infty = T_{\infty C}$ 是不能使系统灭火的,也就是说灭火要在更不利的条件下实现。

如果保持环境温度不变,改变系统的散热情况,即改变式(2-43)中 G/V 的比值大小,在 q-T 图上就是改变散热曲线的斜率,也可以得到类似的情况,如图 2-22 所示。当系统在点 A'' 稳定燃烧时,如果增大系统的散热条件,使 q_l 变到 q_{l2} 的位置,即着火位置,系统仍能稳定燃烧。只有使 q_l 变到 q_{l1} 的位置,系统才能灭火,也就是说系统要在比着火时更易散热条件下才能灭火。

如果保持环境温度 T_∞ 和散热条件不变,降低系统混气密度 ρ_∞,根据式(2-42)可知,放热速率 q_g 将变小,放热曲线 q_g 将下移,见图 2-23。

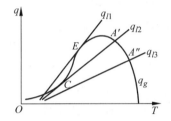

图 2-22　改变系统散热条件使系统灭火

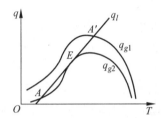

图 2-23　改变系统混气密度使系统灭火

当系统混气密度 ρ_∞ 从 $\rho_{\infty 1}$ 下降到 $\rho_{\infty 2}$ 时,相应的放热曲线由 q_{g1} 下降到 q_{g2}。系统处于 q_{g1}-q_l 状态时,则在 A' 点进行稳定燃烧;系统处于 q_{g2}-q_l 状态时,系统将停止燃烧。

由以上分析可知,系统着火就是由一种低水平的稳定反应态向高水平的稳定反应态的过渡;或者说,由缓慢的氧化态向燃烧态过渡。而灭火则是由高水平的稳定反应态向低水平的稳定反应态过渡,或者说,由燃烧态向缓慢氧化态过渡。发生这种过渡的临界条件可以统一由下式表示:

$$\begin{cases} q_g = q_l \\ \dfrac{\mathrm{d}q_g}{\mathrm{d}T} = \dfrac{\mathrm{d}q_l}{\mathrm{d}T} \end{cases} \tag{2-51}$$

这里要特别强调的是着火与灭火的不可逆性,即当系统着火以后,要使系统灭火,必须使系统处于比着火更不利的条件下才能实现。这种现象称为灭火滞后现象。

更进一步的研究还指出:变动初温 T_∞ 对着火的影响比较大,对灭火的影响比较小;变动混气浓度(或氧的浓度)对灭火的影响比较大,对着火的影响比较小。

综上所述,在热理论中,要使已着火的系统灭火,必须采取下列措施:

(1) 降低系统氧或可燃气浓度。

(2) 降低系统环境温度。

(3) 改善系统的散热条件,使系统的热量更易散发出去。

(4) 降低环境温度和改善散热条件,都必须使系统处于比着火更不利的状态,系统才能灭火,即上面所说的灭火滞后现象。

(5) 降低氧浓度或可燃气浓度,对灭火来讲比降低环境温度的作用更大;相反,对防止着火来讲,降低环境温度的作用大于降低氧浓度或可燃气浓度的作用。

2.5.2 链锁理论中的灭火分析

根据链锁反应着火理论,要使系统不发生着火,或使已着火系统灭火,必须使系统中的自由基增长速率(主要是链传递过程中由于链分支而引起的自由基增长)小于自由基的销毁速率。为此,可采取以下措施:

(1)降低系统温度,以减慢自由基增长速率。

因为在链传递过程中由链分支而产生的自由基增长是一个分解过程,需吸收能量,温度高,自由基增长快,温度低,自由基增长慢,所以降低系统温度可以减慢自由基增长速率。

(2)增加自由基在固相器壁的销毁速率。

自由基碰到固相器壁时,会把大部分能量传递给固相器壁,本身则结合成稳定分子。为增加自由基碰撞固相器壁的机会,可以增加容器的器壁面积对容器体积的比值,或者在着火系统中加入惰性固体颗粒,如砂子、粉末灭火剂等,对链锁反应起抑制作用。

(3)增加自由基在气相中的销毁速率。

自由基在气相中碰到稳定分子后会把本身能量传递给稳定分子,自由基则结合成稳定分子。为此,可在着火系统中喷洒卤代烷等灭火剂;或在材料中加入卤代烷阻燃剂,例如溴阻燃剂。溴阻燃剂在燃烧过程中受热会分解出 HBr,HBr 与 $OH\cdot$ 发生下面一系列反应:

① $OH\cdot + HBr \longrightarrow H_2O + Br\cdot$

② $Br\cdot + RH \longrightarrow HBr + R\cdot$

③ $H\cdot + HBr \longrightarrow H_2 + Br\cdot$

④ $H\cdot + Br\cdot + M \longrightarrow HBr + M$

在燃烧过程中,特别是烃类的燃烧,羟基自由基 $OH\cdot$ 起着重要作用。HBr 在燃烧过程中不断捕捉 $OH\cdot$,使 $OH\cdot$ 的浓度下降;同时 HBr 还能捕捉 $H\cdot$,使 $H\cdot + O_2 \longrightarrow OH\cdot + O\cdot$ 的反应难以进行,同样使 $OH\cdot$ 的浓度减少,从而可以起到灭火的作用。

根据上面热理论以及链锁反应理论对已着火系统的灭火分析,可以总结出以下灭火措施:

1. 冷却灭火

这种方法是将灭火剂(水、二氧化碳等)直接喷射到燃烧物上把燃烧物的温度降低到可燃点以下,使燃烧停止;或者将灭火剂喷洒在火源附近的可燃物上,使其不受火焰辐射热的威胁,避免形成新的着火点。此法为灭火的主要方法。降低着火系统温度,可以使着火系统中的可燃物冷却,液体蒸发速度和固体可燃物裂解释放可燃挥发分的速率都变小;同时着火系统中的自由基增长速率会因降温而减慢。当可燃物冷却到临界温度以下时,燃烧将停止。

2. 隔离灭火

将正在发生燃烧的物质与其周围可燃物隔离或移开,燃烧就会因为缺少可燃物而停止。如将靠近火源处的可燃物品搬走,拆除接近火源的易燃建筑,关闭可燃气体、液体管道阀门,减少和阻止可燃物质进入燃烧区域等。没有可燃物,燃烧就会终止。关闭有关阀门,切断流向着火区的可燃气体和液体的通道;打开有关阀门,使已经燃烧的容器或受到火势威胁的容器中的液体可燃物通过管道导至安全地带;将着火区的固体可燃物移走等;这些都是常见的断绝可燃物的方法。

3. 窒息灭火

这种方法是阻止空气流入燃烧区域,或用不燃烧的惰性气体冲淡空气,使燃烧物得不到足够的氧气而熄灭。如用二氧化碳、氮气、水蒸气等惰性气体灌注容器设备,用石棉毯、湿麻袋、湿棉被、黄沙等不燃物或难燃物覆盖在燃烧物上,封闭起火的建筑或设备的门窗、孔洞等。将水蒸气、二氧化碳等惰性气体引入着火区,使着火区空间氧浓度降低,当氧浓度低于12%,或水蒸气浓度高于35%,或二氧化碳浓度高于30%~35%时,绝大多数燃烧都会停止。

4. 化学抑制灭火

这种方法是将有抑制作用的灭火剂喷射到燃烧区,并参与到燃烧反应过程中,使燃烧反应过程中产生的游离基消失,形成稳定分子或低活性的游离基,使燃烧反应终止。目前使用的干粉灭火剂、1211灭火剂等均属此类灭火剂。要使着火区内的链锁反应受到抑制,必须使自由基在气相或固相壁上大量被销毁,当自由基销毁速率大于自由基增长速率时,燃烧就会停止。

第 3 章

建筑火灾特性

3.1 室内火灾特性

3.1.1 室内火灾的发展过程

建筑物通常都具有多个房间,后文中将这类房间称为"室"。但所谓的"室"应广义理解为其周围有某些壁面限制的空间,在讨论火灾基本现象时,所指的室一般相当于建筑物普通房间那样大小的受限空间,其体积的数量级约为 100m^3,其长、宽、高的比例相差不太大。之所以做出这种限制,是因为火灾现象与其所在空间的大小和几何形状有密切关系。体积较小(例如仪器设备箱),或长度很长(例如铁路、公路隧道),或形状很复杂(例如矿井、巷道)的空间中的火灾燃烧,与普通的供人居住和工作的房间中的火灾燃烧存在一定差别。这些特殊受限场合下的火灾过程具有较多的特殊性,本书只在某些地方对其作少量的讨论。应当指出,不应因为对室作了上述限制就认为它只是指寝室与客房,实际上,仓库、工厂与研究机构常用的分隔间、火车和汽车的车厢、轮船船舱、飞机机舱等也都是代表性的室。

包括一两个房间在内的火灾是建筑物火灾的基本而重要的情形,本节先结合图 3-1 简要说明一下这种火灾的发展过程。

首先应注意的是某种可燃物的着火阶段。在实际室内火灾中,初始火源大多数是固体可燃物起火,当然也存在液体和气体起火,但较为少见。固体可燃物可由多种火源点燃,如掉在沙发或床单上的烟头、可燃物附近异常发热的电器、炉灶的余火等。通常可燃固体先发生阴燃,当其达到一定温度或形成适合的条件时,阴燃便转变为明火燃烧。

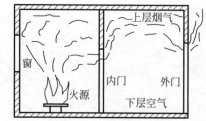

图 3-1 双室内火灾的发展过程

明火出现后,燃烧速率大大增加了,放出的热量迅速增多,在可燃物上方形成温度较高、不断上升的火烟羽流。周围相对静止的空气受到卷吸作用而不断进入羽流内,并与羽流中原有的气体发生掺混。于是随着高度的增加,羽流向上运动,总的羽流的质量不断增加而其平均温度则不断降低。

当羽流受到房间顶棚的阻挡后,便在顶棚下方向四面扩散开来,形成沿顶棚表面平行流动的较薄的热烟气层,一般称为顶棚射流。顶棚射流在向外扩展的过程中,也要卷吸其下方的空气。然而由于其温度高于冷空气的温度,容易浮在上部,所以它对周围气体的卷吸能力比垂直上升的羽流小得多,这便使得顶棚射流的厚度增长不快。当火源功率较大或受限空间的高度较矮时,火焰甚至可以直接撞击在顶棚上。这时在顶棚之下不仅有烟气的流动,而且有火焰的传播,这种情况更有助于火灾蔓延。

当顶棚射流受到房间墙壁的阻挡时,便开始沿墙壁转向下流。但由于烟气温度仍较高,它将下降不长的距离便转向上浮,这是一种反浮力壁面射流。重新上升的热烟气先在墙壁附近积聚起来,达到了一定厚度时又会慢慢向室内中部扩展,不久就会在顶棚下方形成逐渐增厚的热烟气层。通常热气层形成后顶棚射流仍然存在,不过这时顶棚射流卷吸的已不再是冷空气,而是温度较高的烟气。所以顶棚附近的温度将越来越高。

如果该房间有通向外部的开口(如门和窗等,通常称为通风口),则当烟气层的厚度超过开口的拱腹(即其上边缘到顶棚的隔墙)高度时,烟气便可由此流到室外。拱腹越高,形成的烟气层越厚。开口不仅起着向外排烟的作用,而且起着向内吸入新鲜空气的作用,因此开口的大小、高度、位置、个数等都对室内燃烧状况有重要影响。烟气从开口排出后,可能进入外界环境中(如通过窗户),也可能进入建筑物的走廊或与起火房间相邻的房间。当可燃物足够多时,这两者(尤其是后者)都会使火灾进一步蔓延,从而引起更大规模,甚至整个建筑物的火灾。

由此可见,在室内火灾中,存在着可燃物着火、火焰、羽流、热气层(即顶棚射流)、壁面影响和开口流动等多种情况。在受限空间这种特定条件下,它们之间存在着强烈的相互作用。比如,由于可燃物燃烧而产生了火焰和高温烟气,火焰和热烟气限制在室内,使室内空间达到一定温度,同时也加热了该室的各个壁面。整个室内的热量一部分可由壁面向外导热而散失;如果有开口,还有一部分热量会被外流的烟气带走。其余的热量将蓄在室内。若所有向外导出的热量的比例不太大,则室内的温度(即壁面内表面温度)将会升得更高。这样,火焰、热气层和壁面会将大量的热量返送给可燃物,从而可加剧可燃物的汽化(热分解)和燃烧,使燃烧面积越来越大,以至蔓延到其周围的可燃物体上。当辐射传热很强时,离起火物较远的可燃物也会被引燃,火势将进一步增强,室内温度将继续升高。这种相互促进最终转化为一种极为猛烈的燃烧——轰燃。一旦发生轰燃,室中的可燃物基本上都开始燃烧,会造成严重的后果。

现在按时间顺序定性分析一下室内火灾的发展阶段。着火房间内的平均温度是表征火灾强度的一个重要指标,室内火灾的发展过程常用室内平均温度随时间的变化曲线表示,如图 3-2 所示。应当指出,在后面的讨论中还经常用可燃物的质量燃烧速率随时间的变化曲线来分析火灾的发展情况。这两种曲线的形状相似,不过由于后者可以考虑不完全燃烧状况和不同散热状况的影响,因而反映出的问题比前者更全面。

对于通常的可燃固体火灾,室内的平均温度的上升曲线可用图 3-2 中的曲线 A 表示。现在先结

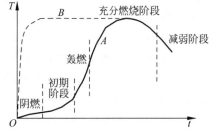

图 3-2 室内火灾中的温升曲线

合曲线 A 说明火灾的阶段性,然后说明图中曲线 B 的意义。室内火灾大体分成 3 个主要阶段,即火灾初期增长阶段(或称为轰燃前火灾阶段)、火灾充分发展阶段(或称为轰燃后火灾阶段)及火灾减弱阶段(或称为火灾的冷却阶段)。

1. 火灾初期增长阶段

刚起火时,火区的体积不大,其燃烧状况与敞开环境中的燃烧差不多。如果没有外来干预,火区将逐渐增大,或者是火焰在原先的着火物体上扩展开了,也或者是起火点附近的其他物体被引燃了。不久,火区的规模便增大到房间的体积对火灾燃烧发生明显影响的阶段。就是说,自这时起,房间的通风状况对火区的继续发展将起重要作用。在这一阶段中,室内的平均温度还比较低,因为总的释热速率不高。不过在火焰和着火物体附近存在局部高温。

如果房间的通风足够好,火区将继续增大,最终将逐渐达到燃烧状况与房间边界的相互作用变得很重要的阶段,即轰燃阶段。这时室内所有可燃物都将着火燃烧,火焰基本上充满全室。轰燃标志着室内火灾由初始增长阶段转为充分发展阶段。由图 3-2 可知,轰燃对应于温度曲线突升的那一小段。与火灾的其他主要阶段相比,轰燃所占时间是比较短暂的。因此有些人通常不把轰燃作为一个阶段看待,而认为它是一个事件,如同点火、熄火等事件一样。

2. 火灾充分发展阶段

火灾燃烧进入这一阶段后,燃烧强度仍在增加,释热速率逐渐达到某一最大值,室内温度经常会升到 800℃ 以上,因而将严重地损坏室内的设备及建筑物本身的结构,甚至造成建筑物的部分毁坏或全部倒塌。而且高温火焰及烟气还会携带着相当多的可燃组分从起火室的开口窜出,可能将火焰扩展到邻近房间或相邻建筑物中。此时,室内尚未逃出的人员是极难生还的。

3. 火灾减弱阶段

火灾减弱阶段是火区逐渐冷却的阶段。一般认为,此阶段是从室内平均温度降到其峰值的 80% 左右时开始的。这是室内可燃物的挥发分大量消耗致使燃烧速率减小的结果。最后明火燃烧无法维持,火焰熄灭,可燃固体变为赤热的焦炭。这些焦炭按照固体碳燃烧的形式继续燃烧,不过燃烧速率已比较缓慢。由于燃烧放出的热量不会很快散失,因此室内平均温度仍然较高,并且在焦炭附近还会存在相当高的局部温度。

以上介绍的是室内火灾的自然发展过程,没有涉及人们的灭火行动。实际上一旦发生火灾,人们总是会尽力扑救的,这些行动可以或多或少地改变火灾发展进程。如果在轰燃前就能把火扑灭,就可以有效地保护人员的生命安全和室内的财产设备,因而火灾初期的探测报警和及时扑救具有重要的意义。火灾进入充分发展阶段后,灭火就比较困难了,但有效的扑救仍可以抑制过高温度的出现和控制火灾的蔓延,从而使火灾损失尽量减少。

曲线 B 是可燃液体(及热融塑料)火灾的温升曲线,其主要特点是火灾初期的温升速率很快,在相当短的时间内,温度可以达到 1000℃ 左右。若火区的面积不变化,则在相当短的时间内,温度可以达到可燃液体着火点,即形成了固定面积的池火,则火灾基本上按定常速率燃烧。若形成流淌火,燃烧强度将迅速增大。这种火灾几乎没有多少探测时间,供初期灭火准备的时间也很有限,加上室内迅速出现高温,极易对人和建筑物造成严重危害。因此防止和扑救这类火灾还应当采取一些特别的措施。

3.1.2 室内火灾的特性

1. 高层建筑火灾的特性

高层建筑的层数多、高度高、体积大、人员集中,其火灾的危险性比普通建筑物的危险性

大得多,主要体现在以下方面:

1) 烟囱效应显著

高层建筑内大都设有多而长的竖井,如楼梯井、电梯井、管道井、风道、电缆井、排风管道等。一旦室内起火,这些竖直通道的烟囱效应会使火烟很容易由建筑物下层蔓延到上层。

2) 起火因素多

高层建筑功能复杂,电气化和自动化程度高,用电设备多,且用电量大,漏电、短路等故障的概率也随之增加,容易形成点火源。另外,建筑物的内部装修材料中可燃化工建材所占比例相当大,一旦发生火灾,不仅火势蔓延迅速,而且会产生大量有毒气体。

3) 受环境影响大

环境空气的流动是影响建筑物内火灾蔓延的重要因素,这在高层建筑上体现得尤为突出。实测表明,若在建筑物高 10m 处的风速为 5m/s,则在 90m 处的风速可达 15m/s。这使起初很微弱的火源有可能变得十分危险,那些在普通建筑内不易蔓延的小火星在高层建筑内部却可发展成灾。

4) 人员集中且难疏散

高层建筑物可容纳成千上万的人,而且通常人员比较复杂。这不仅使起火机会增大,而且给人员的疏散增加了困难。实验表明,在一座 50 层的建筑内通过楼梯将人员全部疏散完毕用了 2h。在火灾情况中,这种疏散速度显然极易造成重大人员伤亡。

5) 火灾扑救难度大

目前普通灭火装备难以满足高层建筑火灾扑救需要,例如一般云梯式消防车只能达到 24m,世界上最先进的云梯车的登高也不过 50m 左右。现在一些发达国家已采用直升机扑救火灾,但其作用有限。一般消防队员徒步跑上六七层楼,其体力已消耗到基本丧失战斗力的程度,若再携带灭火器材必将更加疲惫不堪。因此像过去那样依赖消防队赶来救火的方式已不适用于高层建筑的火灾扑救。

由于这些特点,高层建筑物的火灾防治引起人们的普遍重视。有些专家明确提出,应把这种火灾作为最重要的特殊火灾问题对待(其次是地下建筑火灾、油品火灾等),加强其防治技术和扑救对策的研究。

2.地下建筑火灾的特性

地上建筑与外部环境仅一墙之隔,并且有门、窗与外界相连。发生火灾时,一旦室内温度达到 280℃ 左右,窗玻璃就会破裂,热烟气便可从窗户排入大气。一般热烟气沿窗户上部流出,新鲜空气沿通风口下部流入,这种对流可以限制室内温度的升高。当然在某些情况下,新鲜空气的流入可以助燃,从而加强火势。室内的燃烧特征将根据火区与通风的具体情况而定,不过新鲜空气的冷却作用通常是主要的。

地下建筑没有门窗之类的通风口,它们是经由竖直通道与地面上部的空间相连的。与地上建筑相比,这种通风口的面积要小得多,由此便决定了地下建筑火灾具有以下特点:

1) 散热困难

地下建筑内发生火灾时,热烟气无法通过窗户顺利排出,又由于建筑物周围的材料很厚,导热性能差,对流散热弱,燃烧产生的热量大部分积累在室内,故其内部温度上升得很快。实验表明,起火房间温度可由 400℃ 迅速上升到 800～900℃,容易较快地发生轰燃。

2) 烟气量大

地下建筑火灾燃烧所用的氧气是通过与地面相通的通风道和其他孔洞补充的。这些通道面积狭窄,新鲜空气供应不足,故火灾基本上属于低氧浓度的燃烧,不完全燃烧程度严重,会产生相当多的浓烟。同时,由于室内外气体对流交换不强,大部分烟气积存在建筑物内。这一方面造成室内压力中性面低,即烟气层较厚(对人们的威胁增大);另一方面烟气容易向建筑物的其他区域蔓延。地下建筑的通风口的数量对室内燃烧状况有重要影响。当只有一个通风口时,烟气要从此口流出,新鲜空气也要由此口流入,该处将出现极复杂的流动。当室内存在多个通风口时,一般排烟与进风会分别通过不同的开口流通。一般来说,地下建筑火灾在初期发展阶段与地上建筑物火灾基本相同,但到中后期,其燃烧状况则要根据通风口的空气供应情况而定。

3) 人员疏散困难

由于环境条件的限制,地下建筑的出、入口少,疏散距离长。发生火灾时,人员只能通过限定的出、入口进行疏散,即使在十分紧急的情况下也只能如此。而地面建筑物中的人员可通过多种途径疏散,如通过窗户、房顶、阳台等疏散。热烟气是向上流动的,与火灾中人员疏散的方向相同。在地下建筑火灾中,人员出、入口往往会成为喷烟口,而烟气流动速度比人群疏散速度快。研究认为,在建筑物内,烟气的水平流动速度为 $0.5\sim1.2\mathrm{m/s}$,垂直上升速度比水平流动速度快 $3\sim5$ 倍。如果没有合理的措施,烟气就会对人员造成很大的危害。在地面建筑火灾中,烟气向上升,人员通常是向下跑的,跑到着火层以下就安全了。而在地下建筑火灾中,人员不跑出建筑物总是不安全的。在地下建筑物内,自然采光量很少,有的甚至没有,基本上使用灯光照明,室内的能见度很低。而在火灾中,为了防止火灾蔓延,往往要切断电源,里面会很快达到伸手不见五指的程度,这也将严重妨碍人员的疏散。

4) 火灾扑救难度大

这种困难主要体现在以下几方面:

(1) 地上建筑失火时,人们可以从不同角度观察火灾状况,从而可以选择多种灭火路线。但地下建筑火灾没有这种方便条件,消防人员无法直接观察到火灾的具体位置与情况,这对组织灭火造成很多困难。

(2) 消防人员只能通过地下建筑物设定的出、入口进入,别无他路可走。于是经常只能冒着浓烟往里走,加上照明条件极差,不易迅速接近起火位置。

(3) 由于地下建筑内气体交换不良,灭火时使用的灭火剂应比灭地面火灾时少,且不能使用毒性较大的灭火剂,这就致使火灾不易被迅速扑灭。

(4) 地下建筑的壁面结构对通信设备的干扰很大,无线通信设备在地下建筑中难以使用,故在火灾中地下与地上的及时联络很困难。

3.2 建筑火灾与烟气蔓延

3.2.1 烟气的产生

火灾烟气(smoke)是一种混合物,包括:①可燃物热解或燃烧产生的气相产物,如未燃气、水蒸气、二氧化碳、一氧化碳及多种有毒或有腐蚀性的气体;②由于卷吸而进入的空气;③多种微小的固体颗粒和液滴。目前普遍认为,烟气的这种定义方式包括的范围比某些常见定义宽泛,而且指明了讨论烟气时不能把其中的颗粒与气相产物分割开来。另一种常见的定义是"烟气是可燃物燃烧所产生的可见挥发产物",显然这样说明问题不如前者清楚。

除了极少数情况外,在所有火灾中都会产生大量烟气。由于遮光性、毒性和高温的影响,火灾烟气对人的威胁最大。烟气的存在使建筑物内的能见度降低,这就延长了人员的疏散时间,使他们不得不在高温并含有多种有毒物质的燃烧产物影响下停留较长时间。若烟气蔓延开来,即使人员处于距起火点较远的地方也会受到影响。燃烧造成的氧浓度降低也是一种威胁,不过通常这种影响在起火点附近比较明显。统计结果表明,在火灾中一半以上的死亡者是死于烟气的影响,其中大部分是吸入了烟尘及有毒气体(主要是一氧化碳)昏迷后而致死的。因此研究火灾中烟气的产物、性质、测量方法及烟气的运动与控制等都具有重要的意义。

火灾燃烧可以是阴燃,也可以是有焰燃烧,两种情况下生成的烟气中都含有很多颗粒,但是颗粒生成的模式及颗粒的性质大不相同。碳素材料阴燃生成的烟气与该材料加热到热分解温度所得到的挥发分产物相似。这种产物与冷空气混合时可浓缩成较重的高分子组分,形成含有碳粒和高沸点液体的薄雾。在静止空气条件下,颗粒的中间直径 D_{50}(反映颗粒大小的参数)约为 $1\mu m$,并可缓慢地沉积在物体表面,形成油污。

有焰燃烧产生的烟气颗粒则不同,它们几乎全部由固体颗粒组成。其中一小部分颗粒是在高热通量作用下脱离固体的灰分,大部分颗粒则是在氧浓度较低的情况下,由于不完全燃烧和高温分解而在气相中形成的碳颗粒。即使原始燃料是气体或液体,也能产生固体颗粒。

这两种类型的烟气都是可燃的,一旦被点燃就可能转变为爆炸,这种爆炸往往发生在一些通风不畅的特殊场合。

3.2.2　火灾蔓延

1. 气体可燃物中火灾的蔓延

当可燃气体与空气混合后,就会形成预混可燃混合气,它一旦着火燃烧,就会造成气体可燃物中火灾的蔓延。

预混气的流动状态对燃烧过程有相当大的影响。流动状态不同,就会产生不同的燃烧形态。

处于层流状态的火焰团,可燃混合气流速不高,没有受到扰动,火焰表面光滑,燃烧状态平稳。火焰通过热传导和分子扩散把热量和活化中心(自由基)供给邻近的尚未燃烧的可燃混合气薄层,使火焰传播下去,这种火焰称为层流火焰。

当可燃混合气流速较高或流通截面较大、流量增大时,流体中将产生大小不一数量极多的流体涡团,作无规则的旋转和移动,在流动过程中,穿过流线前后和上下扰动。火焰表面皱折变形,变粗变短,翻滚并发出声响,这种火焰称为湍流火焰。与层流火焰不同,湍流火焰面的热量和活性中心(自由基)未向未燃混合气输送,而是靠流体的涡团运动来激发和强化,受流体运动状态所支配。与层流燃烧相比,湍流燃烧更为激烈,火焰传播速度要大得多。表 3-1 给出了一些燃料和空气预混合气体的层流火焰传播最大速度。

表 3-1　一些燃料和空气预混合气体的层流火焰传播最大速度

物质	层流火焰传播最大速度/(cm/s)	可燃物浓度/%	物质	层流火焰传播最大速度/(cm/s)	可燃物浓度/%
氢气	315	42.2	戊烷	38.5	2.92
甲烷	33.8	9.96	己烷	38.5	2.51
乙烷	40.1	6.28	乙烯	68.3	7.40
丙烷	39.0	4.54	乙炔	170	8.9
丁烷	37.9	4.54	苯	40.7	3.34

此外,预混气的燃烧有可能发生爆轰。发生爆轰时,其火焰传播速度非常快,一般超过声速,产生的压力也非常高,对设备的破坏非常严重。爆轰波实际上是一种激波,该激波是由燃烧产生的压缩波扰动形成的。只有当管路的长度足够长、直径足够大或自由空间的预混气体体积足够大且可燃气体浓度处于爆轰极限范围内时,才能形成激波。表 3-2 给出了氢-氧混合物的爆轰波速度、压强、温度数据。

表 3-2　氢-氧混合物的爆轰波速度、压强、温度数据

混合物	压强,$p/10^5$ Pa	温度,T/K	速度,$v/(m/s)$
$2H_2+O_2$	18.05	3583	2819
$(2H_2+O_2)+5O_2$	14.13	2620	1700
$(2H_2+O_2)+5N_2$	14.39	2685	1822
$(2H_2+O_2)+5H_2$	15.97	2975	3527
$(2H_2+O_2)+5He$	16.32	2097	3160
$(2H_2+O_2)+5Ar$	16.32	3097	1700

2. 液体可燃物中火灾的蔓延

液体可燃物的燃烧可分为喷雾燃烧和波面燃烧,火焰可在油雾中和液面上传播,造成火灾的蔓延。

1) 油雾中火灾的蔓延

当储油罐或输油管道破裂时,大量燃油从裂缝中喷出,形成油雾,一旦着火燃烧,火灾就会蔓延。在这种条件下形成的喷雾条件一般较差,雾化质量不高,产生的液滴直径较大。而且液滴所处的环境温度为室温,所以液滴蒸发速率较小,着火燃烧后形成油雾扩散火焰。图 3-3 所示为油雾扩散燃烧的简化模型。

液滴群火焰传播特性与燃料性质(如分子质量和挥发性)有关,分子质量越小,挥发性越好,其火焰传播速度越接近气体火焰传播速度。影响液滴群火焰传播速度的另一个重要因素为液滴的平均粒径。例如四氢化萘液雾的火焰传播,当液滴直径

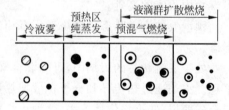

图 3-3　油雾扩散燃烧的简化模型

小于 $10\mu m$ 时,火焰呈蓝色且形成连续表面,传播速度与液体蒸气-空气的预混气体燃烧速度相类似;当液滴直径在 $10\sim40\mu m$ 时,既有连续火焰面形成的蓝色火焰,又夹杂着白色和黄色的发光亮点,火焰区成团块状,表明存在着单个液滴燃烧形成的扩散火焰;当液滴直径大于 $40\mu m$ 时,火焰已不形成连续表面,而是从一颗液滴传到另一颗液滴。火焰能否传播以

及火焰传播速度都将受到液滴间距、液滴尺寸和液体性质的影响。当一颗液滴所放出的热量可以使邻近液滴着火燃烧时,火焰才能传播下去。

2)液面上火灾的蔓延

图 3-4 所示为液面火焰蔓延示意图。可燃液体表面在着火之前会形成可燃蒸气与空气的混合气体。当液体温度超过闪点时,液面上的蒸气浓度处于爆炸浓度范围之内,这时若有点火源,火焰就会在液面上传播。当液体的温度低于闪点时,由于液面上蒸气浓度小于爆炸浓度下限,用一般的点火源是不能点燃的,也就不存在火焰的传播。但是,如果在一个大液面上,某一端有强点火源使低于温度闪点的液体着火,由于火焰向周围液面传递热量,使周围液面的温度有所升高,蒸发速率有所加快,这样火焰就能继续传播蔓延。由于液体温度比较低,这时的火焰传播速度比较慢。图 3-5 示出了几种可燃液体的火焰传播速度与温度的关系,图中曲线上的温度为该液体的闪点温度。从图中可以看出,当液体温度低于闪点时,火焰蔓延速度较慢;当液体温度高于闪点后,蔓延速度急剧加快。

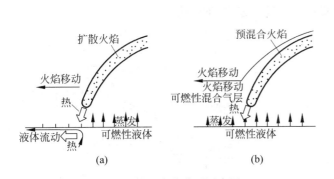

图 3-4 液面火焰蔓延示意图
(a)可燃性液体温度低于闪点;(b)可燃性液体温度高于闪点

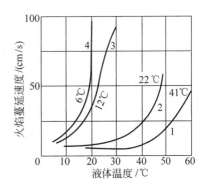

图 3-5 几种可燃液体的液面火焰传播速度与液体温度的关系

3.含可燃液体的固面火灾的蔓延

当可燃液体泄漏到地面,如土壤、沙滩上时,地面就成了含有可燃物的固体表面,一旦着火燃烧就会形成含可燃液体的固面火灾。

含可燃液体的固面火灾的蔓延首先与可燃液体的闪点有关。当液体初温较高,尤其高于闪点时,含可燃液体的固面火灾的蔓延速度较快。随着风速的增大,含可燃液体的固面火灾的蔓延速度减小。当风速增加到某一值后,蔓延速度急剧下降,甚至灭火。

地面沙粒的直径也影响含可燃液体的固面火灾的蔓延。实验表明,随着粒径的增大,火灾蔓延速度不断减小,如图 3-6 所示。

4.固体可燃物火灾的蔓延

固体可燃物的燃烧过程比气体、液体可燃物的燃烧过程要复杂得多,影响因素必然也很多。

固体可燃物一旦着火燃烧后,就会沿着可燃物表面蔓

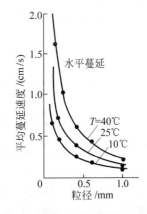

图 3-6 粒径对含可燃液体的固面火灾蔓延速度的影响

延。蔓延速度与材料特性和环境因素有关,其大小决定了火势发展的快慢。

固体的熔点、热分解温度越低,其燃烧速度越快,火灾蔓延速度也越快。表 3-3 列出了某些固体物质的平均燃烧速度。

表 3-3　几种常见固体物质的平均燃烧速度　　　　　　　　　g/(m² · s)

物　质　名　称	平均燃烧速度	物　质　名　称	平均燃烧速度
木材(含水量 14%)	13.9	棉花	2.5
天然橡胶	6.7	纸张	6.7
布质电胶木	8.9	有机玻璃(PMMA)	11.5
酚醛塑料	2.8	人造纤维(含水量 6%)	6

相同的材料在不同的外部环境条件下,火灾蔓延速度也不相同。图 3-7 和图 3-8 分别示出了环境风速和空气压力及氧浓度对硬质纤维板火焰传播速度的影响。从图中可以看出,外界环境中的氧浓度增大,火焰传播速度加快。风速增加也有利于火焰的传播,但风速过大会吹灭火焰。空气压力增加,会提高化学反应速率,加快火焰传播。

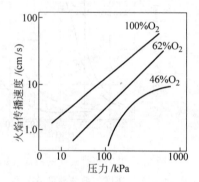

图 3-7　空气压力及氧浓度对硬质纤维
板火焰传播速度的影响

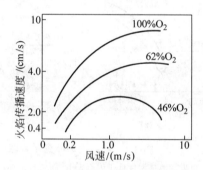

图 3-8　风速及氧浓度对硬质纤维板
火焰传播速度的影响

相同的材料,在相同的外界条件下,火焰沿材料的水平方向、倾斜方向和垂直方向的传播蔓延速度也不相同。

图 3-9 和图 3-10 示出了火焰沿水平材料表面的蔓延示意图。

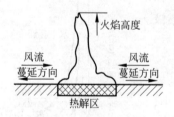

图 3-9　火焰沿水平材料表面的蔓延(1)

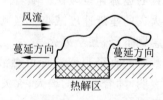

图 3-10　火焰沿水平材料表面的蔓延(2)

从图 3-9 中可以看出,在无风的条件下,火焰形状基本是对称的,由于火焰的上升而夹带的空气流在火焰四周也是对称的。火焰逆着空气流的方向向四周蔓延。火焰向材料表面未燃烧区域的传热方式主要是热辐射,但在火焰根部对流换热占主导地位。

在有风的条件下,火焰顺着风向倾斜,如图 3-10 所示。火焰和材料表面间的热辐射不再对称。在上风侧,火焰逆风流方向传播,表面辐射角系数较小,辐射热可忽略不计,气相热传导是主要的传热方式,因此火焰传播速度非常慢,甚至不能传播。而在下风侧,火焰和材料表面间的传热主要为热辐射和对流换热,并且辐射角系数较大,因此火焰传播速度较快。

图 3-11 表示出火焰沿垂直或倾斜表面的传播蔓延,这是最主要的火焰传播方式。由于浮力作用,火焰覆盖在材料未燃区域的表面,且存在强烈的热辐射和对流换热,因此火焰向上传播速度较快,而向下传播速度较慢。

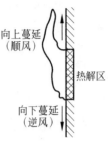

图 3-11　火焰沿垂直或倾斜表面的传播蔓延

5. 塑料等人工合成材料火灾的蔓延

以塑料棒为例,分析其火灾蔓延过程。图 3-12 所示为火沿塑料棒蔓延过程示意图。其中图 3-12(a)表示上端着火,并向下蔓延;图 3-12(b)表示下端着火,向上蔓延。从图中可以看出,在这两种不同的条件下,火焰向塑料棒的传热情况不同,因而火灾的蔓延速度也不相同。当上端着火,火向下蔓延时,高温烟气不流经未燃部分,不存在对流换热,只能通过热辐射和塑料棒的导热传递热量,加热未燃部分,所以火的蔓延速度较慢。当下端着火,向上蔓延时,因燃烧后的高温气流沿着未燃部分的表面向上升腾,因而存在强烈的对流换热作用。未燃部分通过对流传热从高温气体中得到较多的热量,加速了未燃部分的热解、汽化,因此火的蔓延速度较快。

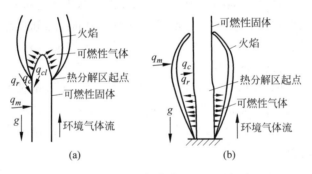

图 3-12　火沿塑料棒蔓延过程示意图
(a) 向下蔓延;(b) 向上蔓延

6. 薄片状固体可燃物火灾的蔓延

纸张、窗帘、幕布等薄片状固体着火燃烧后,其火灾的蔓延规律与一般固体相比有显著的特点。这是因为这种固体可燃物厚度小、面积大、热容量小,受热后升温很快。这种火焰的蔓延速度较快,对整个火灾过程的发展影响较大,应作为早期灭火的主要对象。

特别是窗帘、幕布等可燃物,平时多垂直放置,由于火灾过程中的热浮力作用,火灾蔓延速度会更快。

第 4 章

石油化工火灾的特性

4.1 石油化工企业的生产特点

石油化工是运用化学方法从事产品生产的工业,它是一个多行业、多品种,历史悠久,在国民经济中占重要地位的工业部门。石油化工作为国民经济的支柱产业,与农业、轻工、纺织、食品、材料、建筑及国防等部门有着密切的联系,其产品已经并将继续渗透到国民经济的各个领域。

石油化工企业的生产具有以下特点:

(1) 生产涉及的危险品多。

此类生产使用的原料、半成品和成品种类繁多,且绝大部分是易燃、易爆、有毒、有腐蚀性的化学危险品。因此在生产中,对这些原材料、燃料、中间产品和成品的储存和运输都提出了特殊的要求。

(2) 生产要求的工艺条件苛刻。

有些化学反应在高温、高压下进行,有些要在低温、高真空度的情况下进行。如由轻柴油裂解制乙烯,进而生产聚乙烯的生产过程中,轻柴油在裂解炉中的裂解温度为 800℃;裂解气要在深冷(−96℃)条件下进行分离;分离出的纯度为 99.99% 的乙烯气体在 294MPa 压力下聚合,制成聚乙烯树脂。

(3) 生产规模大型化。

近几十年来,国际上石油化工生产采用大型生产装置是一个明显的趋势。如乙烯装置的生产能力也从 20 世纪 50 年代的 10 万 t/a 发展到 70 年代的 60 万 t/a,目前已经突破 100 万 t/a,大庆石化乙烯改建工程达到 120 万 t/a。

采用大型装置可以明显降低单位产品的建设投资和生产成本,有利于提高劳动生产率。因此,世界各国都在积极发展大型化工生产装置。当然,也不是说石油化工装置越大越好,这里涉及技术、经济的综合效益问题。

(4) 生产方式日趋先进。

现代石油化工企业的生产方式已发生很大变化,从过去的手工操作、间断生产转变为高度自动化、连续化生产;生产设备由敞开式变为密闭式;生产装置由室内改为露天;生产操作由分散控制变为集中控制;同时也由人工手动操作发展到计算机控制。

4.2　石油化工企业火灾危险性分析

　　石油化工企业生产流程复杂,设备种类繁多,工艺操作严格,控制参数多且苛刻,稍有不慎就会酿成灾害。另外,从原料、生产过程到成品等各个环节,都存在着非常大的火灾危险性。这些企业一旦发生火灾,将会造成重大的财产损失和人员伤亡,因此,做好消防工作显得尤为重要。

　　众所周知,石油化工企业具有很大的火灾危险性。如何认识火灾危险性,又怎样防范火灾对人员和设备的破坏,是每个石油化工企业生产、管理人员必须具备的基本技能。下面分别介绍石油化工生产中化工原料和生产过程的火灾危险性,使大家熟悉石油化工企业的火灾危险性,掌握基本消防知识,提高自身的防火、灭火能力。

1. 化工原料的火灾危险性

　　化工原料多为易燃、易爆物品,具有较大的火灾危险性。通常将火灾危险性物品分为爆炸品、可燃气体、燃烧液体、燃烧固体、自燃物品、遇湿易燃物品、氧化剂和有机过氧化物7类。各种物品的火灾危险性具有一定的规律,在使用及保管时,应严格遵循消防安全规定,以确保安全。

1) 爆炸品

　　爆炸是压力急剧上升引起的表观现象,产生的爆炸声、冲击波及火光对生产设备、厂房建筑等会造成严重损坏,对附近的人员会造成严重的伤害。

　　爆炸有物理爆炸、核爆炸和化学爆炸3种形式。物理爆炸是由物理原因所引起的爆炸,例如,蒸汽锅炉因水高速汽化,压力超过设备的强度而引起的锅炉爆炸;装有压缩气体的钢瓶受热爆炸等。钢瓶受热爆炸的预防措施就是防止超压,并经常检查设备的耐压强度。核爆炸是由核反应引起的爆炸,例如,原子弹和核装置的爆炸,这种爆炸一般情况下不会发生。化学爆炸是由于物质发生化学反应而引起的爆炸。化学爆炸可分为两类:一类是可燃气体和助燃气体的混合物遇火星而引起的爆炸;另一类是可燃粉尘与空气的混合物遇火星而引起的爆炸。炸药或其他爆炸物品所引起的爆炸也属于化学爆炸。化学爆炸的特点是反应速度极快,瞬间放出大量的热和产生大量的气体。只有上述三个特点同时具备的化学反应才能发生爆炸。化学爆炸是石油化工常遇到的爆炸类型,是我们应该防范的重点。

　　广义上,把凡是受到摩擦、撞击、震动、高温或其他外界因素的激发,会发生剧烈的化学反应,瞬时产生大量的气体和热量,使周围压力急剧上升的现象,称为爆炸。会对周围环境造成破坏,同时伴有光、声、烟雾等效应的物品,称为爆炸品。

　　爆炸品都具有爆炸性,因其化学性质不稳定,在一定外因的作用下,就可能发生爆炸。

　　对于各种爆炸品而言,除由于本身的化学组成和性质决定它有发生爆炸的可能性外,如果没有一定的外界作用,爆炸是不会发生的。也就是说,任何一种爆炸品的爆炸都需要外界供给它一定量的起爆能。不同的爆炸品所需的起爆能也不同。爆炸品所需的最小起爆能,称为该爆炸品的敏感度。敏感度表示爆炸品在外界能量的作用下发生爆炸的难易程度,包括热敏感度、撞击敏感度、摩擦敏感度、静电敏感度等。爆炸品敏感度的影响因素很多,主要有化学结构、物态、温度、密度、细度、杂质等。在爆炸品的生产、储存、装运和使用过程中,掌握爆炸品敏感度的特性及影响因素,综合考虑各种安全技术措施,对防止火灾爆炸事故的发生具有非常重要的意义。

2）可燃气体

可燃气体是指遇火、受热或与氧化剂接触能着火或发生爆炸的气体,可以采用着火(爆炸)浓度极限和自燃点反映可燃气体的火灾危险性。

当易燃(可燃)气体与空气混合并达到一定浓度时,遇到火源就会发生燃烧(爆炸),这个遇火源能够发生燃烧(爆炸)的浓度范围叫作着火(爆炸)浓度极限,通常用可燃气体在空气中的体积分数来表示。着火(爆炸)浓度极限有上限和下限之分。气体在空气中的浓度低于着火(爆炸)浓度下限或高于着火(爆炸)浓度上限时,都不会发生燃烧或爆炸。只有当可燃气体在空气中的浓度处于着火(爆炸)浓度上限和下限之间时,才会着火(爆炸)。对于可燃气体的着火(爆炸)浓度极限可总结出以下两点。

(1) 着火(爆炸)浓度极限的幅度越大,其火灾(爆炸)危险性就越大。例如,乙炔的着火(爆炸)浓度下限是 25%、上限是 82%,乙烷的着火(爆炸)浓度下限是 3.22%,上限是 12.45%,两者相比较,乙炔的火灾(爆炸)危险性比乙烷大得多。

(2) 着火(爆炸)浓度下限较低的可燃气体,如果泄漏在空气中,即使量不是很大,也容易达到着火(爆炸)范围,因而具有很大的火灾危险。因此,在生产、使用这类物质时,就要特别注意防止"跑、冒、滴、漏"现象。同理,着火(爆炸)浓度上限较高的可燃气体,如果空气进入容器或管道设备中,不需要很大的数量,就能达到着火(爆炸)范围,其危险性也很大。因此,对这类可燃气体的生产、使用,要注意设备的密闭并保持正压,严防空气进入设备内。

3）燃烧液体

某些液体遇火、受热或与氧化剂接触就会着火或爆炸,这类液体称为燃烧液体。闪点低于等于 61℃ 的燃烧液体称为易燃液体,易燃液体在常温下极易着火燃烧。这类物质大多是有机化合物,其中很多属于石油化工产品。闪点高于 61℃ 的燃烧液体称为可燃液体,可燃液体的火灾危险性相对较小。在消防管理上,一般将燃烧液体分为 3 类:甲类液体,指闪点低于等于 28℃ 的液体,如汽油、酒精、丙酮、甲苯等;乙类液体,指闪点在 28~61℃ 的液体,如煤油、松节油、丁酸、冰醋酸等;丙类液体,指闪点高于 61℃ 的液体,如柴油、润滑油、苯胺、乙二酸等。对于不同类型的燃烧液体,采用的消防对策不同,保存、运输的要求也不同。

燃烧液体的火灾危险性可通过其闪点、自燃点、爆炸极限等反映。

燃烧液体受热至一定温度,其表面上的蒸气与空气组成的混合物与明火接触,会发生一闪即灭的燃烧,这种一闪即灭的燃烧现象叫作闪燃。液体能发生闪燃的最低温度叫作闪点。如果液体表面上的蒸气与空气的混合物遇火源能发生持续 5min 以上的燃烧,则这种燃烧叫作着火。发生着火的最低温度叫作燃点或着火点。闪燃是着火的前奏,是火险的警告,所以,闪点是表示液体燃烧难易程度的重要标志。闪点越低,则表示该液体越易着火燃烧。

对于易燃液体,由于燃点和闪点很接近,仅相差 1~5℃,在评定这类液体的火灾危险性时,燃点意义不大,这类液体一般仅标记闪点。而对于可燃液体,特别是闪点在 100℃ 以上的可燃液体,它们的燃点和闪点之间相差 30℃ 以上,这时,燃点就具有实际意义,将这些物质的温度控制在燃点以下,可有效预防火灾的发生。

燃烧液体的爆炸极限有两种表示形式:一种是爆炸浓度极限,用质量分数表示;另一种是爆炸温度极限,用摄氏温度表示。由于液体的蒸气浓度是在一定温度下形成的,因此,液体的爆炸浓度极限就体现着一定的温度极限,它们两者在本质上是一致的,只是表示单位不同。例如,酒精的爆炸浓度极限是 1.8%~3.3%,这个爆炸浓度极限是在 11~40℃时形成的,所以 11~40℃就是酒精的爆炸温度极限。利用液体的爆炸温度极限测定它们在储槽或设备中的蒸气浓度是否有爆炸危险就简便多了。

易燃液体具有以下特点。

(1) 高度易燃性。

易燃液体的主要特征是具有高度易燃性,这类物品非常容易燃烧。例如,汽油只需很微小的一点火花就可点燃,苯的液面与火焰相隔一定距离也会引起燃烧。

(2) 易爆性。

易燃液体的挥发性大,当盛放易燃液体的容器出现破损或密封不良时,挥发出来的易燃蒸气扩散到存放或运载该物品的库房或车厢的整个空间,当其与空气混合,达到爆炸浓度极限时,遇明火或火花即能引起燃烧爆炸。

(3) 高度流动扩散性。

易燃液体的黏度一般都很小,本身极易流动。即使容器只有极细微的裂纹,也会因渗透、浸润及毛细现象等作用渗出容壁外,扩大其表面积,并源源不断地挥发,使空气中的易燃液体蒸气浓度增大,从而增加了燃烧爆炸的危险性。

(4) 受热膨胀性。

易燃液体的膨胀系数比较大,受热后体积容易膨胀,同时其蒸气压也随之升高,从而使密闭容器中内部压力增大,造成"鼓桶",甚至爆裂。在容器爆裂时会产生火花而引起燃烧爆炸。因此,易燃液体应避热存放,灌装时,容器内应至少有 5%以上的空隙,不可灌满。

(5) 忌氧化剂和酸。

易燃液体与氧化剂或有氧化性的酸类(特别是硝酸)接触,会发生剧烈反应而引起燃烧爆炸。这是因为易燃液体都是有机化合物,容易氧化,能与氧化剂发生氧化反应并产生大量的热,使温度升高到燃点引起燃烧爆炸。例如,乙醇与氧化剂高锰酸钾接触会发生燃烧。因此,易燃液体不得与氧化剂或有氧化性的酸类混储、混运。

(6) 毒性。

大多数易燃液体及其蒸气均有不同程度的毒性,例如,甲醇、苯、二硫化碳等。不但人吸入其蒸气会中毒,有的经皮肤吸收也会造成中毒事故,应注意劳动保护。

4) 燃烧固体

凡遇火、受热、撞击、摩擦或与氧化剂接触能着火的固体物质,均称为燃烧固体。燃烧固体可依据燃烧的难易程度分类,燃点低于等于 300℃的燃烧固体称为易燃固体,燃点高于 300℃的燃烧固体称为可燃固体。

易燃固体的火灾危险性很大,可将其分为两级。一级易燃固体燃点低,易于燃烧和爆炸,燃烧速度快,并能放出有剧毒的气体。大致包括:磷及含磷的化合物,如红磷、三硫化磷、五硫化磷等;硝基化合物,如发孔剂、二硝基甲苯,二硝基萘等;其他的如含氮量在 12.5% 以下的硝化棉、氨基化钠、重氮氨基苯、闪光粉等。二级易燃固体的燃烧性能比一级易燃固体差,燃烧速度较慢,燃烧产物的毒性较小。大致包括:各种金属粉末,如镁粉、铝粉、锰粉等;碱金属氨基化合物,如氨基化钠、氨基化钙等;硝基化合物,如硝基芳烃、二硝基丙烷等;硝化棉制品,如硝化纤维漆布、赛璐珞板等;萘及其衍生物,如萘、甲基萘等;其他的如硫黄、生松香、聚甲醛等。

易燃固体具有以下特性:

(1) 容易被氧化,受热易分解或升华,遇明火常会引起强烈、连续的燃烧。

(2) 与氧化剂接触,反应剧烈而发生燃烧爆炸。

(3) 除火种、热源能引起燃烧外,对摩擦、撞击、震动也很敏感。

(4) 有些易燃固体与酸类(特别是氧化性酸)反应剧烈,会发生燃烧爆炸。

(5) 许多易燃固体有毒,或者其燃烧产物有毒或腐蚀性。

5) 自燃物品

自燃物品是指不需要外界明火作用,而是由于物质本身的化学变化(通常是由于缓慢的氧化作用),或受外界温度、湿度的影响,发热并积热达到其燃点而引起自行燃烧的物品。按照自燃的难易程度及危险性的大小,自燃物品分为一级自燃物品和二级自燃物品。一级自燃物品的化学性质比较活泼,在空气中易氧化或分解,从而产生热量并达到自燃。该类物品自燃点低,燃烧猛烈,危害性大,如黄磷、三乙基铝、硝化棉、铝铁熔剂等。二级自燃物品大都是含油类(主要是植物油)的物质,它们的化学性质虽然比较稳定,但在空气中会氧化发热,从而引起自燃,如油布、油纸、含油金属屑等。

由于自燃物品的特性,储存时应注意通风、阴凉、干燥,远离火种、热源,防止阳光直射,并应根据不同性质的自燃物品的要求,分别选择适当的地点,专库储存,严禁与其他化学危险品混储、混运,搬运时应轻装、轻卸,不得撞击、翻滚、倾倒,以防止包装容器损坏。例如,黄磷在储运时应始终浸没在水中,而忌水的三乙基铝等包装必须严密,不得受潮。应结合自燃物品的不同特性和季节气候,经常检查有无异状及异味,包装有无渗漏、破损,发现问题应及时妥善处理。

6) 遇湿易燃物品

遇湿易燃物品是指能与水或潮湿空气中的水分发生剧烈化学反应,放出大量可燃气体和热量,使可燃气体温度猛升到该气体的自燃点,或遇到明火、火花而引起燃烧或爆炸的物质。此类物品与酸类或氧化剂接触也能发生剧烈的化学反应,而且发生燃烧爆炸的危险性比遇水时更大,应予以特别注意。

遇湿易燃物品按照遇湿或受潮后发生反应的剧烈程度及其危险性的大小,分为一级遇湿易燃物品和二级遇湿易燃物品。一级遇湿易燃物品与水或酸反应时反应速率极快,放出大量的易燃气体,发热量大,极易引起燃烧爆炸。主要包括:活泼金属及其合金类,如钾、钠及钾钠合金等;金属氢化物类,如氢化钾、四氢化铝等;硼氢类,如硼氢化钠、硼氢化钾等;碳、磷的化合物,如碳化钙、磷化钙等。二级遇湿易燃物品与水或酸反应时速率较慢,放出易燃气体后也能引起燃烧爆炸,但极少自动燃烧爆炸。

7) 氧化剂和有机过氧化物

本类物品具有强氧化性,易燃烧、爆炸,按其组分分为以下两种。

(1) 氧化剂,指处于高氧化态,具有强氧化性,易分解并放出氧和热量的物质。包含过氧基的无机物,其本身不一定可燃,但能导致可燃物的燃烧,与粉末状可燃物组成爆炸性混合物。它对热、震动或摩擦较为敏感,按其危险性分为一级氧化剂和二级氧化剂。

(2) 有机过氧化物,指分子组成中含有过氧键的有机物,其本身易燃易爆,极易分解,对热、震动和摩擦极为敏感。

2.石油化工生产过程的火灾危险性

石油化工生产过程的火灾危害性影响因素较多,有人为操作、工艺条件方面的,也有行政管理、技术业务方面的,特别是由于采用高温、高压、低温、负压、高流速等工艺条件,更增加了其他行业所不具备的特殊生产过程的火灾危险性。

高温高压可使气体和蒸气的爆炸极限范围变宽,从而使得物料可以在自燃点以上或爆炸极限范围内操作,使得分解爆炸性物质极易敏感,从而使设备材料处于极限状态而增加破裂泄漏的概率。

操作严格、复杂,则易出现误操作。物料配比严格,则易出现进入爆炸浓度极限的爆炸。操作参数窄,则易出现超温超压或生成敏感性物质。装置大型化、自动化和连续化,则易出现系统性爆炸或连续性爆炸,也增大了火灾损失。而且,极易产生因动力系统、仪表系统等公用工程故障所引起的生产装置火灾爆炸。如管理不当,极易出现超负荷、操作失误、应急处理有误,以及设备故障、缺陷等原因导致的火灾爆炸事故。

根据使用或产生的物质,生产的火灾危险性分为甲、乙、丙、丁、戊5类,各种类别火灾危险生产应采取相应的消防措施。

3.石油化工火灾的特点

石油化工企业由于生产或使用物质的火灾危险性,特殊的生产、工艺过程和建、构筑物特点等因素,决定了石油化工火灾具有火灾形式多样,爆炸危险性严重,火灾损失大、影响大,灭火难度大,消防力量耗费多等特点。

1)火灾形式多样

石油化工火灾形式多样,归纳起来有以下特点。

(1)爆炸性火灾多。

爆炸引起火灾或火灾中产生爆炸是石油化工企业火灾的显著特点。生产中所采用的原料、生产的中间产物及最终产品,多数具有易燃易爆的特性,如果具备了物质点燃(引燃)的条件,就能发生爆炸性火灾。生产中所采用的设备大多为压力容器,而且多为密闭或较为密闭的封装形式。如果因为操作等原因使设备内发生超温、超压或异常反应,就会使设备发生爆炸。大量内容物的泄放,也会增加燃烧强度而使火灾更为严重。

另外,石油化工企业造成爆炸性火灾的机会多。例如,生产设备内的气态可燃物因某种原因泄漏到外部,就会在空气中扩散,也极易使可燃气体浓度进入爆炸浓度极限范围,遇有生产用火或非生产明火就会造成爆炸性火灾。

(2)大面积流淌性火灾多。

液体具有良好的流动特性,当其从设备内泄放时,就会四处流淌。特别是容纳流体量较大的设备,当遭受严重破坏时,其内部流体便会急速涌泄而出,造成大面积的流淌状火场局面。大面积流淌性火灾容易发生在储存油品的罐区或桶装油品库房,处理大量可燃液体的生产装置区也有发生这类火灾的案例。

流淌性火灾火势蔓延快,如果不能及时控制,则极易造成大面积燃烧和燃烧中设备爆炸事故。

(3)立体性火灾多。

由于石油化工企业内物质具有易燃易爆和流淌扩散性,生产设备布置具有立体性和建筑的孔洞串通性,一旦初期火灾控制不住,就会使火势上下左右迅速扩展而形成立体性火灾。

立体性火灾对周围相邻建筑的威胁性大,火势蔓延迅速,火灾扑救难度大。特别是框架式结构的生产装置区,大跨度、高举架的生产厂房极易发生立体性火灾。

(4) 火势发展速度快。

生产车间和储存物品的库房是可燃物极为集中的场所,燃烧强度大,火场温度高,辐射热强,加上可燃气体的快速扩散性和流体的流动性、建筑的互通性等条件因素的影响,其火势蔓延速度都较快。实验数据表明,石油化工企业火灾的燃烧速度比普通建筑物火灾的燃烧速度要快1倍以上,燃烧区的温度高达500℃以上。其火焰及热量传递不但会使着火设备温升加快,还会加热相邻设备及可燃物造成爆炸,从而使火势蔓延速度更为加快。

2) 爆炸危险性严重

石油化工企业设备火灾往往是爆炸导致燃烧,燃烧中产生爆炸。爆炸具有极大的危险性。石油化工企业发生爆炸具有以下特性。

(1) 爆炸发生概率高。

石油化工企业中以爆炸性火灾最为常见。根据日本火灾资料统计,石油化工企业的爆炸性火灾发生概率为32.4%,我国的火灾情况与之相似。

(2) 爆炸突发性强。

石油化工企业的爆炸突发性突出地表现在生产设备运行过程中所发生的爆炸事故。生产设备发生的爆炸绝大多数是由于反应失控或设备内形成了爆炸性混合物、化合物,遇摩擦、撞击或其他点火源瞬间引爆引起的,因而呈现诱导时间短、爆炸突发性强且瞬间完成的先兆不明显的爆炸现象。

突发性爆炸事故对人员伤亡威胁很大,使之来不及迅速安全疏散和隐蔽。特别是容器外的爆炸性气体混合物的空间爆炸和通风管道内的粉尘爆炸,危害波及区域更大。因此,必须深入研究防爆炸突发性的安全措施,减少爆炸造成的危害。

(3) 爆炸的连续性危险大。

连续性爆炸是石油化工企业爆炸性火灾的显著特性。一处设备发生爆炸可能引起其他各处设备发生爆炸,第一次爆炸可能为以后的爆炸创造了条件,甚至灭火方法不当也能引起再次爆炸。连续性爆炸对火灾扑救工作危害极大,往往猝然发生,难以预防。

(4) 系统性爆炸危险大。

石油化工企业都是连续性生产工艺过程、连续性操作,工艺过程中的各个设备互相串通,而且都容纳有化学危险物品,相邻设备乃至整个生产系统的联系紧密。倘若其中某一设备发生爆炸,则极易迅速波及相邻设备而导致系统性的连锁式爆炸。轻者可使一个生产单元系统遭受破坏,重者可导致整个生产装置遭受破坏,甚至全厂性危险。

3) 火灾损失大、影响大

石油化工企业火灾造成的损失比公共或民用建筑的火灾损失要大。根据火灾统计资料概算结果,每次石油化工企业火灾的平均经济损失比其他生产企业要高5倍左右。

石油化工企业的火灾除造成直接经济损失和伤亡外,还会造成停产、修复所致的间接损失。火灾造成工厂停工是必然的,其停工的时间和恢复生产所需的费用,则完全由火灾造成的破坏情况决定。尤其是对于生产化工原料、中间体原料的企业,火灾所造成的停产往往还会影响相关企业的待料停工。某些社会急需产品的停产,还会出现市场商品短缺,引起社会性的供需失衡,从而导致社会不稳定。

4）灭火难度大、消防力量耗费多

石油化工企业的火灾特点、火场形式等决定了其火灾扑救难度大和消防力量消耗大。火灾如果在初期得不到控制,则多以大火场的形式出现,如大面积火灾、立体火灾或多火点火灾,而且火势发展迅速猛烈,爆炸危险极大。并且由于燃烧物质和产物的毒性作用,要求参与的灭火人力、物力都较多。在我国石油化工企业的火灾扑救战斗中,数百辆消防车、数百上千名消防员、数百吨灭火药剂等消防力量参与的案例并不鲜见。

火场的毒性物质会给灭火行动造成阻碍,从而降低灭火的时效性。火场的爆炸危险也会妨碍常规灭火战术的实施。灭火剂的种类要有针对性,对一般建筑物火灾,采用射水灭火方法是奏效的;而化工设备火灾多数情况下属于化学危险物质火灾,且燃烧设备的部位、燃烧方式区别很大,形成了极为复杂的火场态势,只有采用相应的灭火剂种类和灭火战术,才能取得预想的结果,否则,不但达不到灭火目的,还有可能导致更严重的后果。

对于生产工艺过程复杂的石油化工企业火灾,采取控制工艺的灭火方法是极为有效的。但其控制技术水平要求高,非一般业务能力所及,因此增加了灭火难度。

第2部分

建筑防火与消防系统设计

第 5 章

建筑耐火等级

5.1 建筑材料的高温性能

建筑材料是指建筑工程中所应用的各种材料,是基本建设的重要物质基础之一。建筑材料按用途分为结构材料、装修材料、功能材料。结构材料在建筑物中起承受各种荷载的作用;装修材料用于美化室内外环境,以便给人们创造一个良好的生活或工作环境;功能材料有保温材料、防水材料等,可以满足保温、隔热、防水等方面的使用要求。

建筑材料品种繁多、性质各异,不同的建筑材料具有与其用途相适应的性质。建筑材料高温下的性能直接影响着建筑物的火灾危险性大小,以及发生火灾后火势蔓延扩大的速度。对于结构材料而言,在火灾高温下的力学性能还直接关系到建筑物在火灾中是否会发生倒塌。因此,必须研究建筑材料在火灾高温下的各种性能。在建筑防火设计中应科学、合理地选用建筑材料,以预防火灾和减少火灾损失。

5.1.1 建筑材料的高温性能综述

在建筑防火方面,建筑材料的高温性能主要包括以下 5 方面。

1. 燃烧性能

建筑材料的燃烧性能是指材料燃烧或遇火时所发生的一切物理、化学变化。其中,着火的难易程度、火焰传播速度以及燃烧时的发热量,均对火灾的发生与发展有影响。

按照国家标准《建筑材料及制品燃烧性能分级》(GB 8624—2012)的规定,建筑材料的燃烧性能分为不燃性、难燃性、可燃性和易燃性 4 级,见表 5-1。

表 5-1　建筑材料燃烧性能级别、名称及检验方法

级 别 符 号	级 别 名 称	试 验 方 法
A	不燃性建筑材料	GB/T 5464—2010
B_1	难燃性建筑材料	GB/T 8625—2005
B_2	可燃性建筑材料	GB/T 8626—2007
B_3	易燃性建筑材料	不试验

不燃性建筑材料是指在火灾发生时不起火、不微燃、不碳化,即使烧红或熔融也不会发生燃烧现象的材料,如砖瓦、玻璃、石材、钢材等。

难燃性建筑材料是指在火灾发生时难起火、难微燃、难碳化,可推迟发火时间或延缓火灾蔓延,当火源移走后燃烧会立即停止的材料,如阻燃后的胶合板、纤维板、塑料板等。

可燃性建筑材料是指火灾发生时立即起火或微燃,且当火源移走后仍能继续燃烧的材料,如木材及大部分有机材料。

易燃性建筑材料是指在火灾发生时立即起火,且火焰传播速度很快的材料,如有机玻璃、赛璐珞、泡沫塑料等。

材料的燃烧性能是按 GB 8624—2012 规定的标准试验方法,由国家专业检测机构检测,来确认其燃烧性能等级。当建筑材料按照 GB/T 8626—2007 试验方法进行试验未通过时,即判定为易燃性建筑材料。

上述标准中所述的建筑材料是指在建筑物构配件中使用的各类成型材料,如各类板材、成型保温材料、饰面材料及地面铺盖材料。

2. 力学性能

对于材料高温下的力学性能,主要研究材料在高温作用下力学性能(强度、弹性模量等)随温度的变化规律。

材料的强度是指材料在外力或应力作用下抵抗破坏的能力,用破坏时的最大应力值表示。材料的实际强度通过标准试验来测定,根据受力方式不同分为抗压强度、抗拉强度、抗剪强度、抗弯强度等。

材料的强度值与测试条件有关,即与试件的形状、尺寸、表面状态、含水程度、温度及加载速度等因素有关。因此,国家规定了标准试验方法,测定材料强度时应严格遵守。

为了合理使用材料,对于以强度为主要指标的材料,通常按材料强度值的高低划分为若干个等级,称为材料的强度等级或标号。脆性材料主要以抗压强度来划分,塑性材料和韧性材料主要以抗拉强度来划分。

3. 隔热性能

在隔绝火灾产生的热量方面,材料的导热性和热容量是重要的影响因素。此外,材料的膨胀、收缩、变形、裂缝、熔化、粉化等也对隔热性能有较大影响。

材料传导热量的性质称为材料的导热性,用导热系数表示。材料的导热系数越小,材料的导热性能越差,隔热性能越好。影响材料导热系数的因素是材料的组成和结构。金属材料的导热系数最大,无机非金属材料次之,有机材料最小。相同组分的材料,晶体材料的导热系数大于非晶体材料。孔隙率越大,材料的导热系数越小,即细小的孔隙或封闭的孔隙有利于降低导热系数。材料含水或含冰时,导热系数剧增,水和冰的导热系数大约分别为空气的 25 倍和 100 倍。一般来说,温度越高,材料的导热系数越大(金属材料和混凝土除外)。

材料热容量是指材料受热时吸收热量、冷却时放出热量的性质。热容量的大小用比热容表示。材料的比热容是单位质量的材料在温度变化 1K 时吸收或放出的热量。

围护结构材料导热系数小,火灾初起阶段散热量小,使室内温度很快升高。而材料比热容大的材料,在火灾时会吸蓄较多的热量,从而延长火灾初起阶段的时间。

4. 发烟性能

材料燃烧时会产生大量的烟,不仅对人身造成危害,还将严重妨碍人员的疏散行动和火灾扑救工作的进行。在许多火灾中,大量死难者并非被烧死的,而是由烟气窒息造成的。

除了发烟量外,火灾中影响生命安全的另一重要因素就是发烟速度,即单位时间、单位质量可燃物的发烟量。

5. 毒害性能

在烟气生成的同时，材料燃烧或热解中还产生一定毒性气体。统计显示，建筑火灾中死亡人员的80%是因烟气中毒而死。因此，对材料潜在毒性必须加以重视。现代建筑中，高分子材料大量用于家具用品、建筑装修、管道及其保温、电缆绝缘等方面，一旦发生火灾，高分子材料不仅燃烧快，还会产生大量有毒浓烟，其危害远远超过一般可燃物。

研究建筑材料在高温下的性能时，要根据材料的种类、使用目的和作用等具体情况确定侧重研究的内容。如对于砖、石、混凝土、钢材等材料，由于它们同属无机材料，具有不燃性，因此研究重点应是高温下的力学性能及隔热性能。而对于塑料、木材等材料，由于其为有机材料，具有可燃性，且在建筑中主要用作装修和装饰材料，所以研究其高温性能时则应侧重于燃烧性能、发烟性能及潜在的毒害性能。

建筑材料的种类很多，为了便于研究其高温性能，可将其分为无机材料、有机材料和复合材料。无机材料一般为不燃材料，有机材料一般为可燃材料，复合材料含有一定的可燃成分。具体分类如下：

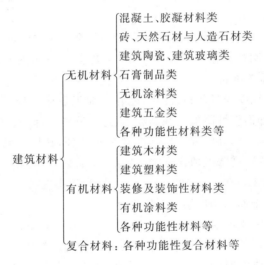

5.1.2　无机材料的高温性能

建筑中使用的无机材料在高温性能方面存在的问题是导热、变形、爆裂、强度降低、组织松懈等，这些问题往往是由于高温时的热膨胀收缩不一致引起的。此外，对于铝材、花岗石、大理石、钠钙玻璃等建筑材料在高温时还要考虑软化、熔融等现象。

1. 建筑钢材的高温性能

建筑钢材可分为钢结构用钢材（各种型材、钢板）和钢筋混凝土结构用钢筋两类。它是在严格的技术控制下生产的材料，具有强度大、塑性和韧性好、品质均匀、可焊可铆、制成的钢结构质量轻等优点。但就防火而言，钢材虽然属于不燃性材料，其耐火性能却很差。

1) 强度

在建筑结构中广泛使用的普通低碳钢在高温下的力学性能如图5-1所示。抗拉强度在250～300℃时达到最大值（由蓝脆现象引起）；温度超过350℃，强度开始大幅度下降。屈服强度在500℃约为常温时的1/2。由此可见，钢材在高温下强度下降很快。此外，钢材的应力-应变曲线形状随温度升高发生很大变化（见图5-2），温度升高，屈服平台降低，且原来呈现的锯齿形状逐渐消失。当温度超过 400℃后,低碳钢特有的屈服点消失。

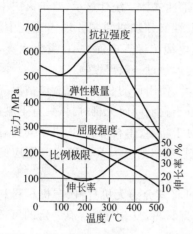

图 5-1　普通低碳钢的高温力学性能

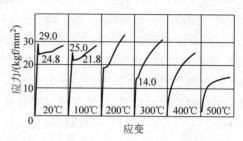

图 5-2　普通低碳钢高温下应力-应变曲线①

普通低合金钢是在普通碳素钢中加入一定量的合金元素冶炼成的。这种钢材在高温下的强度变化与普通碳素钢基本相同,在 200～300℃的温度范围内屈服强度增加;当温度超过 300℃后,屈服强度逐渐降低。

冷加工钢筋是普通钢筋经过冷拉、冷拔、冷轧等加工强化过程得到的钢材,其内部晶格构架发生畸变,强度增加而塑性降低。在高温下,这种钢材内部晶格的畸变随着温度的升高而逐渐恢复正常,冷加工所提高的强度也逐渐减少和消失,塑性得到一定恢复。因此,在相同的温度下,冷加工钢筋强度降低值比未加工钢筋大很多。当温度达到 300℃时,冷加工钢筋强度约为常温时的 1/3;400℃时强度急剧下降,约为常温时的 1/2;500℃时,其屈服强度接近甚至小于未冷加工钢筋在相应温度下的强度。

高强钢丝用于预应力钢筋混凝土结构。它属于硬钢,没有明显的屈服极限。在高温下,高强钢丝的抗拉强度的降低比其他钢筋更快。当温度在 150℃以下时,强度不降低;温度达 350℃时,强度降低约为常温时的 1/2;400℃时,强度约为常温时的 1/3;500℃时,强度不足常温时的 1/5。

预应力钢筋混凝土构件,由于所用的冷加工钢筋和高强钢丝在火灾高温下强度下降明显大于普通低碳钢筋和低合金钢筋,因此其耐火性能远低于非预应力钢筋混凝土构件。

2) 变形

在一定温度和应力作用下,随时间的推移,钢材会发生缓慢塑性变形,即蠕变。蠕变在较低温度时就会产生,在温度高于一定值时比较明显,对于普通低碳钢这一温度为 300～350℃,对于合金钢为 400～450℃。温度越高,蠕变现象越明显。蠕变不仅受温度的影响,也受应力大小的影响,若应力超过了钢材在某一温度下的屈服强度时,蠕变会明显增大。

普通低碳钢的弹性模量、伸长率随温度的变化情况如图 5-1 所示,可见高温下钢材塑性增大,易于产生变形。

钢材在高温下强度降低很快,塑性增大,加之其导热系数大是造成钢结构在火灾条件下

---

① 1kgf≈9.8N。

极易在短时间内破坏的主要原因。试验研究和大量火灾实例表明,处于火灾高温下的裸露钢结构往往在 15min 左右即丧失承载能力,发生倒塌破坏。

为了提高钢结构的耐火性能,通常可采用防火隔热材料(如钢丝网抹灰,浇注混凝土,砌砖块、泡沫混凝土块)包覆、喷涂钢结构防火涂料等方法。

2. 混凝土的高温性能

混凝土比热容大,导热系数小,火灾高温下升温慢,是一种耐火性能良好的材料。

1) 强度

图 5-3 示出了混凝土抗压强度随温度升高而变化的情况。

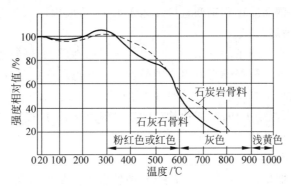

图 5-3 高温下混凝土的抗压强度

当温度超过 300℃ 以后,随着温度的升高,混凝土抗压强度逐渐降低,其主要原因如下。

(1) 混凝土各组成材料的热膨胀不同。在温度较高(超过 300℃)的情况下,水泥石脱水收缩,而骨料受热膨胀。由于胀缩的不一致性,混凝土中产生很大的内应力,不但破坏了水泥石与骨料间的黏结,而且会把包裹在骨料周围的水泥石撑破。

(2) 水泥石内部产生一系列物理化学变化。如水泥主要水化产物 $Ca(OH)_2$、水化铝酸钙等的结晶水排出,使结构变得疏松。

(3) 骨料内部的不均匀膨胀和热分解。如花岗岩和砂岩内石英颗粒膨胀的方向性及晶形转变(在温度达到 573℃,870℃时),石灰岩中 $CaCO_3$ 的热分解(在 825℃),都会导致骨料强度的下降。

骨料在混凝土组成中占绝大部分。骨料的种类不同,性质也不同,直接影响混凝土的高温强度。用膨胀性小、性能较稳定、粒径较小的骨料配制的混凝土在高温下的抗压强度保持较好。

此外,采用高标号水泥、减少水泥用量、减少含水量也有利于保持混凝土在高温下的强度。

在火灾高温条件下,混凝土的抗拉强度随温度上升明显下降,下降幅度比抗压强度大 $10\% \sim 15\%$。当温度超过 600℃ 以后,混凝土的抗拉强度则基本丧失。混凝土的抗拉强度下降的原因是由于在高温下混凝土中的水泥石产生微裂缝。

对于钢筋混凝土结构而言,在火灾高温作用下钢筋和混凝土之间的黏结强度变化对其承载力影响很大。钢筋混凝土结构受热时,其中的钢筋发生膨胀,由于水泥石中产生的微裂缝和钢筋的轴向错动,钢筋与混凝土之间的黏结强度下降。螺纹钢筋表面凹凸不平,与混凝土间机械咬合力较大,因此在升温过程中黏结强度下降较少。

2) 弹性模量

混凝土在高温下弹性模量降低明显,其呈现明显的塑性状态,形变增加。主要原因是:水泥石与骨料在高温时产生弹性形变,两者之间出现裂缝、组织松弛,以及混凝土发生脱水现象,内部孔隙率增加。

3) 混凝土的爆裂

在火灾初期,混凝土构件受热表面层发生的块状爆炸性脱落现象,称为混凝土的爆裂。它在很大程度上决定着钢筋混凝土结构的耐火性能,尤其是预应力钢筋混凝土结构。混凝土的爆裂会导致构件截面减小和钢筋直接暴露于火中,造成构件承载力迅速降低,甚至失去支持能力,发生倒塌破坏。

影响爆裂的因素有混凝土的含水率、密实性、骨料的性质、加热的速度、构件施加预应力的情况以及约束条件等。解释爆裂发生原因的理论有蒸汽压锅炉效应理论和热应力理论。

耐火试验表明,在下列情况下(或构件中)容易发生爆裂:耐火试验初期,急剧加热,混凝土含水率大,预应力混凝土构件,周边约束的钢筋混凝土板,厚度小的构件,梁和柱的棱角处以及工字形梁的腹板部位等。

3. 黏土砖的高温性能

黏土砖经过高温煅烧,不含结晶水等水分,即使含极少量的石英,对制品性能的影响也不大,因而再次受到高温作用时性能保持平稳,耐火性良好。

黏土砖受 $800\sim900℃$ 的高温作用时无明显破坏。耐火试验表明,240mm 厚非承重砖墙可耐火 8h,承重砖墙可耐火 5.5h。

4. 石材的高温性能

石材是一种耐火性较好的材料。石材在温度超过 500℃ 以后,强度降低较明显,含石英质的石材还会发生爆裂。出现这种情况的原因是:石材在受到火灾高温作用时,沿厚度方向存在较大的温度梯度,由于内外膨胀大小不一致而产生内应力,使石材强度降低,甚至破裂;石材中的石英晶体在 573℃ 和 870℃ 还会发生晶形转变,体积增大,导致强度急剧下降,并出现爆裂现象;含碳酸盐的石材(大理石、石灰石)在高温下会发生分解反应,分解生成 CaO,其强度低,且遇水会消解成 $Ca(OH)_2$。

5. 石膏的高温性能

建筑石膏凝结硬化后的主要成分是二水石膏($CaSO_4\cdot2H_2O$),其在高温时发生脱水,要吸收大量的热,延缓了石膏制品的破坏,因此隔热性能良好。但是二水石膏在受热脱水时会产生收缩变形,因而石膏制品容易开裂,失去隔火作用。此外,石膏制品在遇水时也容易发生破坏。

1) 装饰石膏板

装饰石膏板以建筑石膏为主要原料,掺加适量纤维增强材料和外加剂,与水一起搅拌成均匀的料浆,经浇注成型、干燥而成为不带护面纸的装修板材。它质量轻,安装方便,具有较好的防火、隔热、吸声和装饰性,属于不燃性材料,大量用于宾馆、住宅、办公楼、商店、车站等建筑的室内墙面和顶棚装修。

2) 纸面石膏板

纸面石膏板是以建筑石膏为主要原料,掺加纤维和外加剂构成芯材,并与护面纸牢固地结合在一起的建筑板材,属于难燃性材料。按耐火特性可分为普通纸面石膏板和耐火纸面石膏板两种。耐火纸面石膏板在高温明火烧烤时,具有保持不断裂的性能。

纸面石膏板质量轻,强度高,易于加工装修,具有耐火、隔热和抗震等特点,常用于室内非承重墙和吊顶。

6. 石棉水泥材料的高温性能

石棉水泥材料根据用途可分为屋面材料(小块石棉瓦、大块波形石棉瓦)、墙壁材料(加压平板、大型波板)、管材(压力管、外压力管和通风管)、电气绝缘板4种。

石棉水泥材料虽属于不燃材料,但在火灾高温下容易发生爆裂现象,在3min左右即破裂失去隔火作用,并且温度达到500~600℃时强度急剧下降,在高温时遇水冷却便立即发生破坏。造成这种现象的原因是石棉在500~600℃时释放出结晶水,发生分解,导致制品强度急剧下降。

影响石棉水泥材料发生爆裂的因素有:含水率、水泥和石棉的配合比例、密实程度以及制品的厚度等。含水率越大、石棉所占比例越高、密实度越高以及制品的厚度越大,则越容易发生爆裂。

石棉水泥瓦、板除具有质量轻、耐水、不燃烧的特性外,还具有一定的强度和脆性性能,因而是爆炸危险性建筑的轻质泄压屋盖和墙体的理想材料。

7. 玻璃的高温性质

玻璃是以石英砂、纯碱、长石和石灰石等为原料,在1550~1600℃高温下烧至熔融,再经急冷而得到的一种无定形硅酸盐物质。

1)普通平板玻璃

普通平板玻璃大量用于建筑的门窗,虽属于不燃材料,但耐火性能很差,在火灾高温作用下,由于温差会很快破碎。在火灾条件下,门、窗上的玻璃大多在250℃左右会发生破碎。

2)夹丝玻璃

夹丝玻璃是在玻璃成型过程中将经过预热处理的金属丝网加入已软化的玻璃中,经压延辊压制成。常用夹丝玻璃的厚度为6mm。金属丝网在夹丝玻璃中主要起到增加强度的作用。当夹丝玻璃表面受到外力或高温作用时同样会炸裂,但在金属丝网的支撑拉结下,裂而不散。当温度升高到700~800℃后,夹丝玻璃表面发生熔融,会填实已经出现的裂缝,直至整块玻璃软化熔融,顺着金属丝网垂落下来,形成孔洞,才失去隔热阻火作用。

夹丝玻璃属于阻火非隔热型防火玻璃,主要用于防火门、窗上。夹丝玻璃按厚度有6mm和7mm两种规格,其耐火极限:单层夹丝玻璃为0.6h,双层夹丝玻璃为1~2h。

3)复合防火玻璃

复合防火玻璃又称为防火夹层玻璃,它是将两片或两片以上的普通平板玻璃用透明的防火胶黏剂胶结而成的一种阻火隔热型防火玻璃。这种玻璃在正常使用时和普通玻璃一样具有透光性和装饰性;发生火灾后,随着温度的升高,防火胶黏剂不仅能将炸裂的玻璃碎片牢固地黏结在一起而不脱落,而且受热膨胀发泡,厚度增大8~10倍,形成致密的蜂窝状防火隔热层,阻止火焰和热量向外穿透,从而起到阻火隔热作用。复合防火玻璃主要用于防火门、窗和防火隔墙,此外也用于楼梯间、电梯间的某些部位。

复合防火玻璃起防火隔热作用的主要是胶黏剂。胶黏剂由黏料、固化剂、溶剂和其他添加剂等组成。它具有以下性能:正常情况下是透明的,对玻璃有一定的黏结作用;在火灾高温作用时能发泡膨胀,且发泡致密,起隔热作用,并具有一定的强度,对玻璃仍有一定的黏结作用,能防止破裂的玻璃脱落。

8. 岩棉板和矿渣棉板的高温性能

岩棉板和矿渣棉板是新型的轻质隔热防火板材,广泛用于建筑物的屋面、墙体和防火门中。岩棉板以岩棉为基材,矿渣棉板以矿渣棉为基材。岩棉和矿渣棉都是不燃的无机纤维,板材在成型中掺加的有机物含量一般均低于4%,属不燃性材料,可长期在400~600℃的温度下使用。矿渣棉板经进一步深加工,可制成矿渣棉装饰吸声板,广泛用于影剧院、播音室等建筑的墙面和顶棚。

9. 玻璃棉板的高温性能

玻璃棉板是以玻璃棉无机纤维为基材,掺加适量胶黏剂和附加剂,经成型烘干而成的一种新型轻质不燃板材,可长期在300~400℃的环境中使用,在建筑中常用作围护结构的保温、隔热、吸声材料。

10. 硅酸钙板的高温性能

硅酸钙板是将二氧化硅粉状材料、石灰、纤维增强材料和大量的水经过搅拌、凝胶、成型蒸压、养护、干燥等工序制作而成的一种轻质不燃板材,可长期在650℃的条件下使用。在结构耐火方面多用作钢结构耐火保护的被覆材料。

硅酸钙板具有密度小、导热系数小、强度高、不老化、不燃烧等特点,允许用在温度高的场所,广泛应用于冶金、化工、电力、造船、机械等行业中表面温度不高于650℃的各类设备、管道及附件上,进行隔热保温。SC板是一种用于建筑装修的硅酸钙板,常用在厅室作吊顶、隔墙,或用作船舶、车辆的隔层,还可用作现代家具的表面材料。

11. 膨胀珍珠岩板的高温性能

膨胀珍珠岩板是以膨胀珍珠岩为主要骨料,掺加不同种类的胶黏剂,经搅拌、成型、干燥、焙烧或养护而成的一种不燃板材,可长期在900℃温度下使用。这种材料具有密度小、导热系数小、承压能力较强、施工方便、经济耐用等特点,广泛用作热管道、热设备及其他工业管道设备和工业建筑中的保温绝热材料,也常用作建筑围护结构的保温、隔热、吸声材料。因其热稳定性好,多用作钢结构的耐火保护被覆材料。

按掺加胶黏剂种类不同可分为水泥膨胀珍珠岩板、水玻璃膨胀珍珠岩板和磷酸盐膨胀珍珠岩板等种类。

膨胀珍珠岩装饰吸声板常用于影剧院、礼堂、播音室、会议室等公共建筑的音质处理及工厂的噪声控制,也可用于其他民用公共建筑的顶棚、室内墙面装修。按表面构造不同分为不穿孔吸声板、半穿孔吸声板、穿孔吸声板、凹凸吸声板、复合吸声板等。

5.1.3 有机材料的高温性能

有机材料都具有可燃性。由于有机材料在温度低于300℃时就会发生碳化、燃烧、熔融等变化,因此在热稳定性方面一般比无机材料差。有机材料的特点是质量轻、隔热性好、耐热应力作用、不易发生裂缝和爆裂等。

有机材料的燃烧以分解燃烧的形式进行,即在受热时先发生热分解,分解出CO,H_2,C_nH_m等可燃性气体,并与空气中的O_2混合而发生燃烧。

建筑材料中常用的有机材料有木材、塑料、胶合板、纤维板、难燃刨花板等。

1．木材的高温性能

木材具有质量轻、强度大、导热系数小、容易加工、装饰性好、取材广泛等优点,因此作为一种重要的建筑材料,在建筑工程中得到了广泛应用。木材的明显缺点是容易燃烧,在火灾高温下的性能主要表现为燃烧性能和发烟性能。

木材是天然高分子化合物,其主要化学成分是碳、氢和氧元素,还有少量的氮和其他元素,不含其他燃料中常有的硫。木材受热温度超过 100℃ 以后,发生热分解,分解的产物有可燃性气体(CO,CH_4,C_2H_4,H_2,有机酸、醛等)和不燃性气体(水蒸气、CO_2);在温度达到260℃左右,热分解进行得很剧烈,如遇明火,便会被引燃。因此,在防火方面,将 260℃ 作为木材起火的危险温度。在加热温度达到 400～460℃ 时,即使没有火源,木材也会自行着火。

木材的燃烧可分为有焰燃烧和无焰燃烧两个阶段。有焰燃烧是木材所产生的可燃性气体着火燃烧,形成可见的火焰,它是火势蔓延的主要原因。无焰燃烧是木材热分解完后形成的木炭(木材的固体部分)的燃烧(其产物是灰),会导致火势持久。试验研究表明,木材的平均燃烧速度一般为 0.6mm/min,因此在火灾条件下,截面尺寸大的木构件,在短时间内仍可保持所需的承载力,因此木构件往往比未加保护的钢构件耐火时间长。

为克服木材容易燃烧的缺点,可以通过如下 3 种方法有效地对木材进行阻燃处理。

1)加压浸注

加压浸注方法是将木材浸在容器内的阻燃剂溶液中,对容器内加压一段时间,将阻燃剂压入木材细胞中。常用的阻燃剂有磷酸铵、硫酸铵、硼酸铵、氯化铵、硼酸、氯化镁等。

2)常压浸注

常压浸注方法是在常压、室温或加温约 95℃ 状态下将木材浸泡在阻燃剂溶液中。

3)表面涂刷

这种方法是在木材表面涂刷一层具有一定防火作用的防火涂料,形成保护性的阻火膜。

2．塑料的高温性能

塑料是以天然树脂或人工合成树脂为主要原料,加入填充剂、增塑剂、润滑剂和颜料等制成的一种高分子有机物。它具有可塑性好、密度小、强度大、耐油浸、耐腐蚀、耐磨、隔声、绝缘、绝热、易切削等性能,因此,被广泛用作建筑材料。大部分塑料制品容易着火燃烧,燃烧时温度高、发烟量大、毒性大,给火灾中人员的逃生和消防扑救工作带来很大困难。

1)塑料的燃烧过程

(1)加热。

受到火灾高温作用时,热塑性塑料(如聚乙烯、聚氯乙烯、聚苯乙烯等)达到一定温度便开始软化,进而熔融变成黏稠状物质;热固性塑料(如酚醛树脂等),第一次加热时可以软化流动,加热到一定温度,产生化学反应——交链固化而变硬,这种变化是不可逆的。此后,再次加热时,已不能再变软流动了。

(2)分解。

温度继续升高,塑料便发生分解,生成不燃性气体(如卤化氢,N_2,CO_2,H_2O 等)、可燃性气体(烃类化合物等)和碳化残渣。

(3)着火燃烧。

当塑料受热分解产生的可燃性气体与空气混合并达到燃点时,则被引燃而发生燃烧。若无明火,把塑料加热到足够高的温度时,它也会发生燃烧。

2) 塑料的燃烧特点

(1) 火焰温度高。

塑料燃烧时放热量大,火焰温度高。许多塑料着火时,其温度比木材在类似情况下着火的温度高。

(2) 燃烧速度快。

大多数塑料燃烧速度快。不同的塑料,由于比热容、导热系数、燃烧热不同,因而燃烧速度不同,通常燃烧热大、比热容小、导热系数大的塑料燃烧速度较快。例如,聚乙烯的燃烧速度为 $7.6 \sim 30.5 mm/min$,聚苯乙烯的燃烧速度为 $12.7 \sim 63.5 mm/min$。

(3) 发烟量大。

塑料燃烧时会产生大量又浓又黑的烟,远远超过木材燃烧产生的烟,会严重妨碍人员疏散和火灾扑救。

(4) 毒性大。

塑料燃烧产物的毒性比木材等传统材料大得多,其放出的有害气体,因塑料种类不同而不同。只含有碳和氢的塑料(如聚乙烯、聚丙烯)和含有氧的塑料(如有机玻璃、赛璐珞等)燃烧放出的有害气体为 CO_2,CO,含有氮的塑料(如聚酰胺、聚氨酯泡沫塑料)燃烧放出的有害气体是 NH_3,NO_2,HCN 等,而含卤素的塑料(如聚氯乙烯、聚氟乙烯)燃烧产物中含有 Cl_2,HCl,HF,$COCl_2$ 等有害气体。

3. 胶合板的高温性能

胶合板的燃烧性能与胶黏剂有关。使用酚醛树脂、三聚氰胺树脂作胶黏剂的,防火性能好,不易燃烧。使用尿素树脂作黏合剂的,因其中掺有面粉,所以防火性能差,易于燃烧。难燃胶合板,是用浸过磷酸铵、硼酸和氰化亚铅等防火剂的薄板制造的板材,其防火性能好,难燃烧。

4. 纤维板的高温性能

纤维板的燃烧性能取决于胶黏剂。使用无机胶黏剂,可以得到难燃的纤维板。使用各种树脂作胶黏剂,则随着树脂的不同,得到易燃或难燃的纤维板。

5. 难燃刨花板的高温性能

难燃刨花板是具有一定防火性能的木质刨花人造板材,是以木质刨花或木质纤维(如木片、木屑等)为原料,掺加胶黏剂、阻燃剂、防腐剂和防水剂等组料,经压制而成。该种板材由于阻燃剂的阻燃作用,属于难燃性的建筑材料。难燃刨花板广泛用于建筑物的隔墙、墙裙和吊顶等的装饰装修。

5.1.4 复合材料的高温性能

建筑中常用的建筑材料除上面介绍的无机材料和有机材料外,还有将有机材料和无机材料结合起来的复合材料,例如复合板材。复合板材是为满足质轻、隔热、高强度及经济等要求,设计制造的一类新型板材。芯材一般为有机纤维板、泡沫塑料或无机纤维等材料。面材可根据强度和硬度的要求,选用金属板、石棉水泥板、塑料板等。从防火要求来说,面材应采用耐火、难燃及导热性差的板材;芯材最好选用难燃、耐高温的材料。

1. 复合钢板

复合钢板是用泡沫塑料作芯材、用钢板作面材制成的夹芯板材。由于选用泡沫塑料的种类不同,其耐火性能也不同。芯材选用的泡沫塑料一般有如下几种。

1) 聚氨基甲酸酯泡沫塑料

这种塑料由聚醚树脂与异氰酯加入发泡剂,经聚合发泡制成。其表观密度为 $30\sim65kg/m^3$,导热系数为 $0.035\sim0.042W/(m\cdot K)$,最高使用温度为 $120℃$,最低使用温度为 $-60℃$。可用于屋面、墙面绝热,还可用于吸声、包装及衬垫材料。

2) 聚苯乙烯泡沫塑料

这种塑料由聚苯乙烯树脂加发泡剂经加热发泡制成。其表观密度约为 $20.50kg/m^3$,导热系数为 $0.038\sim0.047W/(m\cdot K)$,最高使用温度为 $70℃$。聚苯乙烯泡沫塑料的特点是强度较高,吸水性较小,但其自身可以燃烧,需加入阻燃材料,可用于屋面、墙面绝热,也可用于包装减震材料。

3) 聚氯乙烯泡沫塑料

这种塑料以聚氯乙烯为原料,采用发泡剂分解法、溶剂分解法和气体混入法等制得。其表观密度为 $12\sim72kg/m^3$,导热系数为 $0.031\sim0.045W/(m\cdot K)$,最高使用温度为 $70℃$。聚氯乙烯塑料遇火自行熄灭,故该泡沫塑料可用于安全性要求较高设备的保温。又由于其低温性能良好,故可用于低温保冷方面。

由于复合钢板具有质量轻、强度高、施工安装方便、隔热性能好的特点,因此其使用范围不断扩大。但其耐火性能较差,这是由于钢材的导热系数大,在火灾高温作用下,其中的泡沫塑料的温度会很快升高,会燃烧、分解、熔融,从而使构件强度降低,造成破坏。同时,还会释放出大量有毒烟气,对人体造成危害。

2. 水泥刨花板

水泥刨花板是将刨出的刨花用 5% 的氯化钙水溶液进行处理后,与水泥拌和,再经过压模、养护而成。其表观密度一般为 $350\sim500kg/m^3$,导热系数为 $0.0837\sim0.15W/(m\cdot K)$。

水泥刨花板为难燃烧材料,在火灾高温情况下一般不传播火焰,具有质量轻、隔热、强度高的特点,可用于外围护隔热墙,也可用作建筑物内隔墙。

随着科学技术的进步,为满足各种功能的需要,新的复合材料不断出现,如铝塑、钢塑等金属与塑料复合而成的材料已广泛用于建筑物的门、窗等。复合材料的高温性能取决于组成材料的性能和比例,燃烧性能采用试验方法确定,多数复合材料的燃烧性能等级为 B₁ 级,属难燃材料。

5.2　建筑构件的燃烧性能和耐火极限

建筑构件主要包括建筑内的墙、柱、梁、楼板、门窗等。建筑构件的耐火性能是指构件抵抗火烧的能力,它包括两方面内容:一是构件的燃烧性能;二是构件的耐火极限。

5.2.1　建筑构件的燃烧性能

建筑构件的燃烧性能是指大部分建筑材料的燃烧性能,可按《建筑材料及制品燃烧性能分级》(GB 8624—2012)等相关标准确定。通常,我国把建筑构件按其材料的燃烧性能分为3类:不燃烧体、难燃烧体和燃烧体。

1. 不燃烧体

用不燃性材料制成的建筑构件统称为不燃烧体，如各类钢结构、钢筋混凝土结构、砌体结构构件。

2. 难燃烧体

用难燃性材料制成的建筑构件或用可燃材料制作而表面用非燃材料作保护层的构件统称为难燃烧体，如阻燃木材、塑料制作的构件、木板板条抹灰墙等。

3. 燃烧体

用可燃性材料制成的建筑构件统称为燃烧体，如天然木材、竹子等制作的构件。

5.2.2 建筑构件的耐火极限

耐火极限是建筑构件的耐火性能的主要指标，目前用构件的标准耐火试验来确定。

1. 耐火极限的定义

对任一建筑构件进行标准耐火试验，从受到火的作用时起，到构件失去稳定性或完整性或绝热性止，这段抵抗火作用的时间称为耐火极限。

1）稳定性

失去稳定性是指构件在试验中失去支持能力或抗变形能力。稳定性主要针对承重构件，具体说明如下。

（1）墙：试验过程中发生坍塌，则表明构件失去支持能力。

（2）梁或板：试验过程中发生坍塌，则表明构件失去支持能力。试件的最大挠度超过 $L/20$，则表明构件失去抗变形能力，其中 L 为试件的跨度。

（3）柱：试验过程中发生坍塌，则表明构件失去支持能力。试件的轴向压缩变形速度超过 $3H$（mm/min）或轴向变形大于 $H/100$，则表明构件失去抗变形能力，其中 H 为试件在试验炉内的受火高度，以 m 计。

2）完整性

失去完整性是指分隔构件（如楼板、门窗、隔墙、吊顶等）一面受火时，在试验中出现穿透性裂缝或穿火孔隙，导致火焰穿过构件，使背火面可燃物起火。这时构件失去隔火作用，因而失去完整性。

在试验中用棉垫试验来判定构件是否失去完整性。棉垫为正方形，尺寸为 100mm×100mm，厚 2mm，质量为 3～4g。棉花应为天然棉，不应混入人造纤维。使用前应烘干。当构件出现裂缝或孔隙时，将棉垫靠近裂缝，距构件表面 20～30mm，时间不少于 30s。当棉垫被引燃时，表明构件的完整性遭到破坏。

3）绝热性

失去绝热性是指分隔构件失去隔绝过量热传导的性能。试验中，当构件背火面平均温升超过 140℃，或背火面最大温升超过 180℃时，均认为构件失去绝热性。

2. 耐火极限的判定

我国现行《建筑构件耐火试验方法　第 1 部分：通用要求》(GB/T 9978.1—2008)规定，耐火极限以建筑构件的功能进行判定。

（1）承重构件（如梁、柱、屋架等）：由稳定性单一控制。

（2）分隔构件（如隔断、隔墙、吊顶、门、窗等）：由完整性、绝热性共同控制。

（3）承重分隔构件（如承重墙、屋面板、楼板等）：由稳定性、完整性、绝热性共同控制。

3. 标准耐火试验的条件

耐火极限是在标准耐火试验下测试的，所以耐火试验必须符合下列条件。

1）升温条件

耐火试验采用明火加温，炉内温度应基本均匀。炉内气体的平均温度按下式控制：

$$T - T_0 = 345\lg(8t + 1) \qquad (5\text{-}1)$$

式中：T 为 t 时刻的炉温，℃；T_0 为炉内初始温度，℃，应在 $5\sim40$℃；t 为升温时间，min。

由式（5-1）可得到标准升温曲线，如图 5-4 所示。

2）加载条件

承重构件的试验荷载应在试验前一次加足，并在试验过程中保持不变。我国现行《建筑构件耐火试验方法　第 1 部分：通用要求》（GB/T 9978.1—2008）规定，加载量值可按国家有关设计规范确定。由于这一规定并不明确，为保证试验结果可靠，建议加载量值应不小于构件设计荷载的 70%。

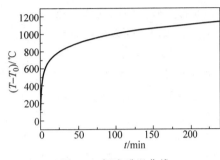

图 5-4　标准升温曲线

加载的形式应按构件的实际情况采用中心加载或偏心加载。

3）受火条件

墙壁、门窗、隔板：一面受火。

楼板、屋面板、吊顶：下面受火。

横梁：两侧和底面共三面受火。

柱：所有垂直面受火。

4）约束和边界条件

试件安装时其约束和边界条件应按实际情况确定。

4. 影响构件耐火极限的因素

建筑构件耐火极限的判定条件有 3 种，即稳定性、完整性和绝热性。所有影响建筑构件这 3 种性能的因素都影响构件的耐火极限。

1）稳定性

凡影响构件高温承载力的因素都影响构件的稳定性。

（1）材料的燃烧性能。

可燃材料构件由于本身发生燃烧，截面不断削弱，承载力不断降低。当构件自身承载力小于有效荷载作用下的内力时，构件则破坏而失去稳定性。所以木材承重构件的耐火极限比钢筋混凝土构件低。

（2）有效荷载量值。

所谓有效荷载是指承重构件在耐火试验时所承受的实际重力荷载。有效荷载大时，产生的内力大，构件失去承载力的时间短，所以耐火性差；反之，则好。

（3）实际材料强度。

由于钢材和混凝土的强度受多种因素影响，其值是一个随机变量。构件材料实测强度高者，耐火性好；反之，则差。

（4）截面尺寸。

钢筋混凝土梁支座截面优于跨中截面。因为跨中截面受拉钢筋在下部，受热温度高，强度低;而支座截面正好相反。

(5) 截面形状。

钢筋混凝土 T 形梁、十字形梁、花篮形梁优于矩形梁。由于楼板对火具有屏蔽作用,所以截面上部部分材料温度相对较低,因而强度较大,耐火性较好,尤其是支座截面。

(6) 配筋方式。

钢筋混凝土梁双排配筋优于单排配筋,二级钢优于一级钢。钢筋直径较大、根数较少时,布置时必然有较多的钢筋位于截面角部,所以温度高,强度低;当钢筋直径较小、根数较多时,布置时较多的钢筋位于截面内侧或双层上部,所以温度低,强度高。二级钢(低合金钢)在温度作用下的强度折减系数要比一级钢(低碳钢)大。

(7) 支承条件。

连续梁优于简支梁。简支梁没有多余约束,截面的破坏即构件破坏;而连续梁存在多余约束,截面破坏后尚可产生内力重分布,延长支持时间。

(8) 抗压性能。

钢筋混凝土轴心受压柱优于小偏心受压柱,小偏心受压柱优于大偏心受压柱。由于轴心受压构件比小偏心受压构件更多地依赖于混凝土的抗压性能,小偏心受压构件比大偏心受压构件更多地依赖于混凝土的抗压性能,而混凝土在高温时的强度降低幅度比钢筋要小,所以会形成如上的承载力优劣排序。

(9) 受力状态。

钢筋混凝土偏心受压构件受拉边受到保护时优于受压边受到保护时。原因同样是钢筋比混凝土更不耐火。

(10) 钢筋混凝土形状。

钢筋混凝土矩形柱优于 T 形柱、L 形柱、工形柱、十字形柱。矩形柱侧面面积小于 T 形、L 形、工形和十字形柱(截面面积相同时),火灾时换热面积小,构件同样时间内吸收的热量少,温度低,强度高,所以耐火性好。

(11) 受火状态。

靠墙柱优于四面受火柱。由于受到墙体屏蔽,部分材料温度低,强度高,所以耐火性好。

(12) 截面宽度。

截面(宽度)较大者优于较小者。截面较大时,火灾中有较多的材料处于低温区;而截面较小或宽度较小时,火更容易损伤构件的内部材料。

(13) 配筋率。

钢筋混凝土构件配筋率低者优于配筋率高者。配筋率高时,构件截面必然小,而钢筋处于截面边缘,其温度高,强度降低幅度又大,所以高配筋率情况下构件耐火性差。

(14) 表面保护。

表面抹灰者优于未抹灰者。由于混凝土和砂浆的导热、导温系数小,构件截面上距离表面越远处,其温度越低。抹灰后,构件的温度大幅降低。

(15) 主筋保护层厚度。

主筋保护层厚度大者优于保护层厚度小者。保护层可有效降低主筋温度。

2) 完整性

根据构件的耐火试验结果,凡易发生爆裂、局部破坏穿洞、构件接缝等部位都可能影响构件的完整性。当构件的混凝土含水量较大时,受火易于发生爆裂,使构件局部穿透,失去完整性。当构件接缝、穿管处不严密,或填缝材料不耐火时,构件也易于在这些地方形成穿透性裂缝而失去完整性。

3)绝热性

影响建筑构件绝热性的因素主要有两个:材料的导热系数和构件厚度。材料的导热系数越大,热量越易于传到其背火面,所以绝热性差;反之,则好。由于金属的导热系数比混凝土、砖大得多,所以当墙体和楼板中有金属管道穿过时,热量会由金属管道传向背火面而导致其失去绝热性。由于热量是逐层传导的,所以当构件厚度较大时,背火面达到某一温度的时间就长,绝热性则好。

5. 提高构件耐火极限的措施

依据前述规律,当需要提高构件的耐火性能时,可采取下述措施。

(1)处理好构件接缝构造,防止发生穿透性裂缝。

(2)使用导热系数较低的材料,或加大构件厚度以提高其绝热性。

(3)使用非燃材料。

(4)采用 T 形、花篮形和十字形截面梁。

(5)改多跨简支梁为连续梁。

(6)适当加大主筋保护层厚度。

(7)采用低合金钢。

(8)改配较细的钢筋,双排配置,并把较粗的钢筋配于截面中部和上层,较细的钢筋配于截面角部和下层。

(9)增大截面,主要增大截面宽度,降低配筋率。

(10)构件表面抹灰并验收厚度。

(11)可能时在柱侧面布置墙体以屏蔽热量。

(12)采用截面长高比接近的矩形。

(13)轴心受压和小偏心受压柱提高混凝土强度等级。

(14)可能时减小柱偏心距。

各类建筑构件的耐火极限值可参见国家现行《建筑设计防火规范(2018 年版)》(GB 50016—2014)。

5.3   建筑物的耐火等级

建筑物的耐火等级是衡量建筑物耐火能力的尺度,它是依据建筑物主要构件的耐火性能进行划分的。耐火等级主要反映建筑物的控火能力和耐火能力。耐火等级高的建筑物,当某房间发生火灾时,其构件较好的隔火性能可使火灾不致蔓延到相邻房间,即控制火灾于一定的空间内,既可减小损失,又便于扑救。当建筑物的构件耐火极限较高时,火灾中可保证建筑物不易发生倒塌失效,为人员疏散、扑救工作提供条件,并使灾后建筑物加固修复成为可能。

1. 建筑的分类

建筑应根据其使用性质、火灾危险性、疏散和扑救难度等进行分类,并应符合表 5-2 的规定。

表 5-2 民用建筑分类

名称	高层民用建筑		单层或多层 民用建筑
	一 类	二 类	
住宅 建筑	建筑高度大于 54m 的住宅建筑	建筑高度大于 27m,但不大于 54m 的住宅建筑	建筑高度不大于 27m 的住宅建筑
公共 建筑	(1) 医疗建筑、重要公共建筑; (2) 建筑高度 24m 以上,任一楼层建筑面积大于 1500m² 的商店、展览、电信、邮政、财贸金融建筑和综合建筑; (3) 省级及以上的广播电视和防灾指挥调度建筑、网局级和省级电力调度; (4) 藏书超过 100 万册的图书馆、书库; (5) 建筑高度大于 50m 的其他公共建筑	除一类外的非住宅高层民用建筑	(1) 建筑高度大于 24m 的单层公共建筑; (2) 建筑高度不大于 24m 的其他民用建筑

注:表中未列入的建筑,其类别应根据本表类比确定。

2.建筑的耐火等级

民用建筑的耐火等级应分为一、二、三、四级,不同耐火等级建筑物相应构件的燃烧性能和耐火极限不应低于表 5-3 的规定。

表 5-3 不同耐火等级民用建筑相应构件的燃烧性能和耐火极限   h

构件名称		耐火等级			
		一 级	二 级	三 级	四 级
墙	防火墙	不燃烧体 3.00	不燃烧体 3.00	不燃烧体 3.00	不燃烧体 3.00
	承重墙	不燃烧体 3.00	不燃烧体 2.50	不燃烧体 2.00	难燃烧体 0.50
	非承重外墙	不燃烧体 1.00	不燃烧体 1.00	不燃烧体 0.50	燃烧体
	楼梯间、前室的墙 电梯井的墙 住宅建筑单元之间的墙 和分户墙	不燃烧体 2.00	不燃烧体 2.00	不燃烧体 1.50	难燃烧体 0.50
	疏散走道两侧的隔墙	不燃烧体 1.00	不燃烧体 1.00	不燃烧体 0.50	难燃烧体 0.25
	房间隔墙	不燃烧体 0.75	不燃烧体 0.50	难燃烧体 0.50	难燃烧体 0.25
柱		不燃烧体 3.00	不燃烧体 2.50	不燃烧体 2.00	难燃烧体 0.50
梁		不燃烧体 2.00	不燃烧体 1.50	不燃烧体 1.00	难燃烧体 0.50
楼板		不燃烧体 1.50	不燃烧体 1.00	不燃烧体 0.50	燃烧体
屋顶承重构件		不燃烧体 1.50	不燃烧体 1.00	燃烧体 0.50	燃烧体

构件名称	耐火等级			
	一级	二级	三级	四级
疏散楼梯	不燃烧体 1.50	不燃烧体 1.00	不燃烧体 0.50	燃烧体
吊顶(包括吊顶搁栅)	不燃烧体 0.25	难燃烧体 0.25	难燃烧体 0.15	燃烧体

注:(1)耐火等级低于四级的原有建筑物,其耐火等级可按四级确定;除本规范另有规定者外,以木柱承重且以不燃烧材料作为墙体的建筑,其耐火等级应按四级确定。

(2)各类建筑构件的耐火极限和燃烧性能可按《建筑设计防火规范(2018年版)》(GB 50016—2014)确定。

(3)住宅建筑构件的耐火极限和燃烧性能可按现行国家标准《住宅建筑规范》(GB 50368—2005)的规定执行。

厂房和仓库的耐火等级可分为一、二、三、四级,其构件的燃烧性能和耐火极限不应低于表5-4的规定。

表5-4 厂房和仓库建筑构件的燃烧性能和耐火极限 h

构件名称		耐火等级			
		一级	二级	三级	四级
墙	防火墙	不燃烧体 3.00	不燃烧体 3.00	不燃烧体 3.00	燃烧体 3.00
	承重墙	不燃烧体 3.00	不燃烧体 2.50	不燃烧体 2.00	难燃烧体 0.50
	楼梯间和电梯井的墙	不燃烧体 2.00	不燃烧体 2.00	不燃烧体 1.50	难燃烧体 0.50
	疏散走道两侧的隔墙	不燃烧体 1.00	不燃烧体 1.00	不燃烧体 0.50	难燃烧体 0.25
	非承重外墙	不燃烧体 0.75	不燃烧体 0.50	难燃烧体 0.50	难燃烧体 0.25
	房间隔墙	不燃烧体 0.75	不燃烧体 0.50	难燃烧体 0.50	难燃烧体 0.25
柱		不燃烧体 3.00	不燃烧体 2.50	不燃烧体 2.00	难燃烧体 0.50
梁		不燃烧体 2.00	不燃烧体 1.50	不燃烧体 1.00	难燃烧体 0.50
楼板		不燃烧体 1.50	不燃烧体 1.00	不燃烧体 0.75	难燃烧体 0.50
屋顶承重构件		不燃烧体 1.50	不燃烧体 1.00	难燃烧体 0.50	燃烧体
疏散楼梯		不燃烧体 1.50	不燃烧体 1.00	不燃烧体 0.75	燃烧体
吊顶(包括吊顶搁栅)		不燃烧体 0.25	难燃烧体 0.25	难燃烧体 0.15	燃烧体

注:(1)二级耐火等级建筑的吊顶采用不燃烧体时,其耐火极限不限。

(2)各类建筑构件的耐火极限和燃烧性能可按《建筑设计防火规范(2018年版)》(GB 50016—2014)确定。

5.4 钢结构的耐火等级

我国现行钢结构耐火设计方法是采用耐火试验法进行设计的,这种方法虽简单方便,但存在一些不足之处。因此,采用经济实用、安全可靠的钢结构耐火分析设计方法代替传统的钢结构设计方法已成为一种趋势。

1. 钢材的高温力学性能

钢材虽然属于不燃烧材料,但在火灾高温作用下,其力学性能如屈服强度、弹性模量等会随温度升高而降低,在550℃左右时,降低幅度更为明显。

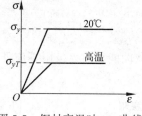

图 5-5　钢材高温时 σ-ε 曲线

1) 应力-应变曲线

根据试验资料,结构用钢当温度低于300℃时,强度略有增加而塑性降低;当温度高于300℃时,强度降低而塑性增加,同时屈服平台消失,但在拉断前仍有显著的颈缩现象。所以在设计计算中,一般假定钢材应力-应变曲线和常温下的简化曲线相似,如图5-5所示。

2) 有效屈服强度 σ_{yT}

在进行高温承载力计算时,取钢材的有效屈服强度 σ_{yT} 作为材料的强度指标。所谓有效屈服强度是指钢材在某一温度 T 时的实际屈服强度或条件屈服强度,它是温度的函数。目前,国内公开发表的系统试验数据不多,国外各研究机构的结果也不尽相同,但相差不大。这里推荐苏联和日本采用的计算公式:

$$\frac{\sigma_{yT}}{\sigma_{y20}} = \begin{cases} 1.0, & T_s \leqslant 300℃ \\ \dfrac{750 - T_s}{450}, & 300℃ < T_s \leqslant 750℃ \\ 0, & T_s > 750℃ \end{cases} \tag{5-2}$$

式中:σ_{y20} 为钢材在 20℃即室温时的屈服强度,MPa;T_s 为钢材温度,℃。

式(5-2)在直角坐标系下的曲线如图 5-6 所示。

2. 我国现行钢结构耐火设计方法评述

目前我国采用耐火试验法进行耐火设计,具体步骤如下。

(1) 根据建筑物的使用特性和火灾危险性大小确定建筑物相应的耐火等级。

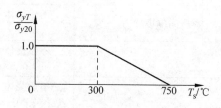

图 5-6　钢材高温时的强度变化

(2) 根据耐火等级确定承重构件的耐火极限和相应建筑构件的燃烧性能,如一级耐火等级要求楼板的耐火极限为 1.5h,梁为 2.0h,柱为 3.0h(多层)和 2.5h(单层),且均为非燃烧体。

(3) 选定构件耐火保护材料和构造方法,用标准耐火试验校核其耐火极限。

这种方法虽简单方便,但有以下不足之处。

(1) 考虑因素不周。

火灾荷载密度即单位参考面积上可燃物热值是影响火灾的最重要因素。当房间内火灾荷载较大时,发生火灾后其温度必然高,燃烧持续时间也长,因而对结构的破坏作用就大;反之,破坏损伤作用就小。上述方法并没有较好地考虑这一因素。

当火灾荷载相等时,火灾发展性状则与失火房间大小、形状、开窗面积等密切相关。当开窗面积较大时,火灾时空气供应充分,燃烧快,持续时间短,同时从洞口散发出的热量多,因而对结构的破坏作用小;反之,则大。当房间顶棚和壁面面积较大时,火灾时吸收的热量多,对结构的破坏作用则小;反之,则大。

火灾时,承重构件上作用的有效荷载(重力荷载)的大小直接影响构件的耐火稳定性。当构件承重以"活载"为主时,如教室、会议室等,火灾时人群会主动疏散(避难层及可上人屋面除外),有效荷载小,构件耐火稳定好。当构件承重以"死载"为主时,如仓库等,火灾时储存物品不能主动疏散,有效荷载大,构件耐火稳定差。

(2) 构件耐火极限要求不尽合理。

同一失火房间,板由梁支承,而梁由柱支承。显然柱比梁重要,梁较板重要。但是这种支承关系同时表明:梁的满载概率小于板,柱的满载概率又小于梁,所以在常温设计中并不提高柱和梁的可靠度。在耐火设计中过分强调重要性而忽略可能性似乎并不妥当。再如要求普通高层办公楼(二类高层),耐火等级至少应为二级,柱的耐火极限应不小于 2.5h。而一般办公室火灾荷载为 $130\sim600\mathrm{MJ/m^2}$,通常最大值为 $760\mathrm{MJ/m^2}$,即使失火轰燃,对结构的破坏作用也只相当于标准耐火试验持续约 40min,与上述要求相差很远。

(3) 构件实有耐火极限的确定不够合理。

当建筑物的耐火等级确定后,现行规范完全依靠承重构件的耐火极限来保证结构的耐火稳定性。但是,规范给出的承重构件的耐火极限主要依据在一定条件下有限次耐火试验结果而得,试验涉及的因素又不够全面,而试验本身费用高昂,加之构件实际受力性能各异,新的保护材料不断出现,因此只有根据实际情况进行大量试验,才能使所得耐火极限数值可靠。值得注意的是,《建筑构件耐火试验方法》(GB/T 9978.1—2008)中对构件加载数值未作出明确规定,这将导致所给出的某些构件的耐火极限数值不够可靠。假设在钢梁的标准耐火试验中,所加荷载为设计荷载的 50%,喷涂某涂料厚度为 15mm,测得耐火极限为 1.5h。如果以此结论去指导施工,只有当火灾中梁的实际有效荷载不超过设计荷载的 50% 时才能在 1.5h 内保证梁安全。而梁的荷载超过 50% 时,则在 1.5h 时不能保证安全。

综上所述,耐火试验设计方法有时失之经济,有时又失之安全。因此,有必要从构件的实际受力状态出发,并较好地考虑失火房间的具体情况,即构件的实际工作条件,建立简单实用、安全可靠且经济合理的钢结构耐火设计方法。

3. T_s-t_e 耐火设计方法

钢结构耐火设计的实质是选定构件的保护材料及确定其厚度,使构件自身温度在火灾中不致超过临界温度而确保稳定。因此,用构件的临界温度 T_s 来反映构件自身的特性——有效荷载、受力状态、支承条件等,用当量升温时间 t_e 来反映构件的外部影响因素——火灾荷载密度、房间大小和形状、通风状况等,然后通过计算确定所需保护层厚度。这种设计方法有两个优点:一是考虑了上述多个影响因素,从构件的实际工作条件出发进行耐火设计,从而与实际情况更为接近;二是不必做构件的耐火试验,只需测定保护材料的热物理参数,即变过去的构件试验为材料试验,可以使试验工作简化并大大降低费用。测出某种保护材料的热参数后,它可以同时满足各种受力状态的构件的耐火设计。对于今后出现的新的保护材料,仅需厂家提供该材料的热物理参数,即可用于耐火设计。

1) 火灾时荷载效应组合 S_f

临界温度是指构件在有效荷载的作用下达到承载力极限状态时的温度。有效荷载是指构件在火灾时实际承受的重力荷载。考虑到火灾时构件在使用期内可能遭受的偶然、短期作用和火灾时人群的主动疏散等,其安全度可适当降低。建议取荷载的长期效应组合计算临界温度。荷载的长期效应是指永久荷载标准值加上各个可变荷载的准永久值所产生的荷载效应,即

$$S_f = C_g G_k + \sum_1^n \varphi_{Qi} C_{Qi} Q_{ik} \tag{5-3}$$

式中:S_f 为灾时荷载效应组合;C_g 为永久荷载的荷载效应系数;G_k 为永久荷载标准值,kN/m^2;C_{Qi} 为第 i 个可变荷载的荷载效应系数;Q_{ik} 为第 i 个可变荷载的标准值,kN/m;φ_{Qi} 为第 i 个可变荷载的准永久值系数,按《建筑结构荷载规范》(GB 50009—2012)取值。

对避难层、上人屋面构件的人群活载、风载,S_f 取 1.0。

此外,对于其他偶然作用,如地震等,均不考虑。

2) 火灾荷载

火灾荷载是房间内所有可燃物热值按地板面积的平均值,可燃物分为固定可燃物和容载可燃物。固定可燃物是指可燃性建筑构件及固定物品,可从设计图纸算得。容载可燃物是指房间内存储的可燃物,显然是一个随机变量,应由统计给出。

3) 当量升温时间 t_e

当量升温时间是指把某一失火房间的燃烧时间按对结构构件的破坏作用程度相等(即令置于具体失火房间内的构件的最高温度等于给定的标准试验时间下构件的温度)的原则换算成标准升温条件下的受火时间。

根据普通房间轰燃后室内平均温度-时间关系,建立构件在具体失火房间条件下的导热微分方程,然后利用计算机迭代和回归技术,可得到估计当量升温时间 t_e 的计算公式

$$t_e = 100 F_W - 2 + (0.508 - 5.907 F_W + 22.733 F_W^2) \cdot q \tag{5-4}$$

式中:t_e 为钢结构当量升温时间,min;F_W 为失火房间的开口系数,$m^{\frac{1}{2}}$;q 为失火房间的火灾荷载密度,MJ/m^2。其中,

$$F_W = \frac{A_W \sqrt{H}}{A_t} \tag{5-5}$$

式中:A_W 为失火房间的开窗面积,m^2;H 为失火房间的开窗洞口高度,m;A_t 为失火房间的内表面总面积(六壁面积,包括窗口面积),m^2。

$$q = \frac{Q}{A_t} \tag{5-6}$$

式中:Q 为失火房间内可燃物总热值,MJ。

通过式(5-4),设计中可方便地把具体房间的钢构件保护层厚度的计算化为较简单的标准升温条件下的计算,同时还考虑了失火房间的具体情况。其步骤如下:

(1) 确定房间的火灾荷载密度 q 和开口系数 F_W;

(2) 按式(5-4)估计当量时间 t_e;

(3) 按式(5-3)进行构件内力分析,求出构件初始应力 σ_0,进而求构件临界温度 T_s。计算公式如下:

$$T_s = 750 - 450\frac{\sigma_0}{f}$$

式中,临界温度 T_s 以℃计。当钢材的设计强度 f 确定后,其临界温度由初始应力 σ_0 决定。

（4）按 $t = t_e$ 和 T_s 根据表5-5查得综合系数 α,进而求得钢构件保护层厚度,必要时进行修正。

表 5-5　截面-材料综合系数 α

t ＼ T_s	350	360	370	380	390	400	410	420	430	440	450	460	470	480	490	500	510	520	530	540	550
60	599	622	646	670	695	720	745	772	799	826	854	883	912	942	973	1004	1036	1069	1103	1138	1174
65	543	564	586	607	630	653	676	699	723	748	773	799	826	852	880	908	937	966	997	1028	1000
70	496	515	535	555	575	596	617	538	660	682	705	729	752	777	802	827	853	880	908	936	964
75	456	474	492	510	528	547	567	586	606	627	647	669	691	713	735	759	783	807	832	857	884
80	421	438	454	471	488	506	523	541	570	579	598	617	639	658	679	700	722	744	767	790	815
85	392	407	422	438	453	470	486	503	520	537	555	573	592	610	630	649	659	690	711	732	754
90	365	379	394	408	423	438	453	469	484	501	517	534	551	568	587	605	623	642	662	682	702
95	342	355	369	382	396	410	424	439	454	469	484	500	515	532	549	565	583	600	619	637	656
100	322	334	346	359	372	385	399	412	426	440	454	469	484	499	515	530	547	463	580	598	616
105	303	315	327	339	351	363	376	388	401	415	428	442	456	470	485	500	515	530	546	562	579
110	287	298	309	320	333	343	355	367	379	392	404	418	431	444	458	472	486	501	515	513	517
115	272	282	293	303	314	325	337	348	359	371	383	395	408	421	434	447	460	474	488	502	517
120	258	268	278	288	298	309	320	330	341	352	364	375	387	399	411	424	437	450	463	477	390
125	246	255	265	275	284	294	304	314	325	335	346	357	368	380	391	408	418	428	440	453	466
130	235	244	253	262	271	280	290	300	310	320	330	341	351	362	373	384	396	408	409	432	441
135	224	233	241	250	259	268	277	286	296	306	315	325	335	346	356	367	378	389	400	412	424
140	215	223	231	239	248	257	265	274	283	292	302	311	321	331	341	351	362	372	383	394	405
145	206	214	222	230	238	246	254	263	272	280	289	298	308	317	327	336	346	357	367	377	388
150	198	205	213	220	228	236	244	252	261	269	278	285	295	304	313	323	332	342	352	362	372

注：表中 t 为耐火时间,min；T_s 为临界温度,℃。

4. T_s-t 耐火设计方法

考虑到与现行规范的协调,也可直接按耐火等级选择构件的耐火极限 t,求出构件临界温度后,以 t、T_s 为控制条件求保护层厚度。它与 T_s-t_e 方法不同的是,直接用规范确定的耐火极限作为升温时间,而不用 t_e。

5. 简化设计方法

为求出构件的临界温度,需先按荷载长期效应组合进行内力分析,求出初应力。当构件为超静定结构时计算较为麻烦。为简化计算,可偏于安全地取活载准永久值系数为1.0,活载与恒载的平均荷载系数为1.3,并不考虑常温设计中可能留有的强度储备,即认为构件在设计荷载作用下控制截面上的最大正应力等于钢材的设计强度 f。此时可直接按初应力

$\sigma_0 = f / 1.3$ 估计临界温度。

两端固定梁：$T_s = 550℃$。

一端固定，一端铰支梁：$T_s = 520℃$。

其余构件：$T_s = 400℃$。

应该注意，上述 T_s 取值原则仅适合于非地震区。对地震区的构件，应从 f 中扣除地震荷载引起的正应力后除以 1.3 作为 σ_0，求临界温度。

第 6 章

建 筑 防 火

6.1 总平面防火设计

6.1.1 城市总体布局防火

为了保障城市的消防安全,城市总体布局必须符合以下基本要求。

(1) 在城市总体布局中,必须将易燃易爆物品工厂、仓库设在城市边缘的独立安全地区,并应与影剧院、会堂、体育馆、大商场、游乐场等人员密集的公共建筑或场所保持规定的防火安全距离。

选择好大型公共建筑的位置,确保其周围通道畅通无阻。

(2) 散发可燃气体、可燃蒸气及可燃粉尘的工厂及大型液化石油气储存基地应布置在城市全年最小频率风向的上风侧,并与居住区、商业区或其他人员集中地区保持规定的防火距离。

大中型石油化工企业、石油库、液化石油气储罐站等沿城市河流布置时,宜布置在城市河流的下游,并应采取可靠的防止液体流入河流的措施。

(3) 在城市总体布局中,应合理规划液化石油气供应站瓶库、汽车加油站和煤气、天然气调压站的位置,使之符合防火规范要求,并采取有效的措施,确保其安全。

一级加油站、一级液化石油气加气站和一级加油加气合建站不应建在城市建成区内。

合理确定城市输送甲、乙、丙类液体及可燃气体管道的位置,严禁在输油、输送可燃气体干管上修建任何建筑物、构筑物或堆放物资。

(4) 装运液化石油气和其他易燃易爆化学物品的专用车站、码头必须布置在城市或港区的独立安全地段。

装运液化石油气和其他易燃易爆化学物品的专用码头,与其他物品码头之间的距离不应小于最大装运船舶长度的 2 倍,距主航道的距离不应小于最大装运船舶长度的 1 倍。

(5) 城区内新建的各种建筑物,应建造一、二级耐火等级的建筑,控制三级耐火等级建筑,严格限制修建四级耐火等级建筑。

(6) 地下铁道、地下隧道、地下街、地下停车场的布置与城市其他建设应有机地结合起来,严格按照规定,合理设置防火分隔、疏散通道、安全出口和报警、灭火、防排烟等设施。

安全出口必须满足紧急疏散的需要,并应直接通到地面安全地点。

(7) 设置必要的防护带。工业区与居民区之间要有一定的安全距离,形成防护带,带内加以绿化,以起到阻止火灾蔓延的作用。

（8）布置工业区应注意靠近水源，以满足消防用水的需要。

（9）消防站是城市的重要公共设施之一，是保护城市安全的重要组成部分，因此要合理确定消防站的位置和分布。

（10）城市汽车加油站要远离人员集中的场所、重要的公共建筑以及有明火和散发火花的地点。

（11）街区内的道路应考虑消防车的通行，其道路中心线间的距离不宜大于160.0m。

6.1.2 建筑总平面布局防火

1. 合理布局

1）工业建筑

各种工业企业总平面防火要根据建筑自身及相邻单位的火灾危险性，考虑地形、周围环境以及风向等因素，进行合理布置，一般应符合以下要求。

（1）规模较大的工厂、仓库，要根据实际需要，合理划分生产区、储存区（包括露天储存区）、生产辅助设施区和行政办公区、生活福利区等。

（2）同一生产企业内，若有火灾危险性大和火灾危险性小的生产建筑，则宜尽量将火灾危险性相同或相近的建筑集中布置，以便分别采取防火、防爆措施，便于安全管理。

（3）注意周围环境。在选择工厂、仓库地点时，既要考虑本单位的安全，又要考虑建厂地区的企业和居民的安全。易燃、易爆工厂、仓库的生产区不得修建办公楼、宿舍等民用建筑。

为了便于警卫和防止火灾蔓延，易燃、易爆工厂、仓库应用实体围墙与外界隔开。

（4）地势条件。甲、乙、丙类液体仓库，宜布置在地势较低的地方，以免对周围环境造成火灾威胁；若必须布置在地势较高处，则应采取一定的防火措施（如设可以截挡全部流散液体的防火堤）。乙炔站等遇水产生可燃气体会发生火灾爆炸的工业企业，严禁布置在易被水淹没的地方。

对于爆炸物品仓库，宜优先利用地形，如选择多面环山、附近没有建筑物的地方，以减少爆炸时的危害。

（5）注意风向。散发可燃气体、可燃蒸气和可燃粉尘的车间、装置等，应布置在厂区的全年主导风向的下风向。

（6）物质接触。能引起燃烧、爆炸的两个建筑物或露天生产装置应分开布置，并应保持足够的安全距离。

2）民用建筑

在进行总平面设计时，应根据城市规划，合理确定高层民用建筑、其他重要公共建筑的位置、防火间距、消防车道和消防水源等。

上述建筑不宜布置在火灾危险性为甲、乙类厂（库）房，甲、乙、丙类液体和可燃气体储罐以及可燃材料堆场附近。

2. 合理确定各种建筑物、构筑物等之间的防火间距

建筑物发生火灾时，火焰除了在建筑物内部蔓延扩大外，有时还会通过一定的途径蔓延到邻近的建筑物上。为了防止火灾在建筑物之间蔓延，十分有效的措施就是在相邻建筑物之间留出一定的防火安全距离，即防火间距。从消防方面考虑，防火间距还为消防灭火战斗、建筑物内人员和物资的紧急疏散提供了场地。在建筑总平面布局防火中，确定好建筑物之间的防火间距是一项十分重要的技术措施。

火灾在建筑物之间发生蔓延,究其原因不外乎是由于热辐射、热对流、飞火、火焰直接接触延烧造成的。影响防火间距的因素有很多,如辐射热、风向、风速、外墙上材料的燃烧性能及开口面积大小、室内的可燃物种类及数量、相邻建筑物的高度、室内消防设施情况、着火时的气温和湿度、消防车到达的时间及扑救情况等。《建筑设计防火规范(2018 年版)》(GB 50016—2014)中规定的防火间距考虑了满足扑救火灾时消防车最大工作回转半径,消防扑救的影响作用以及节约用地等原则。为了防止火灾在建筑物、构筑物之间蔓延,《建筑设计防火规范(2018 年版)》(GB 50016—2014)规定了各种情况下的防火间距数值,在进行总平面布局时,应严格按照此规定布置建、构筑物。

1) 民用建筑的防火间距

民用建筑之间的防火间距不应小于表 6-1 的规定,与其他建筑物之间的防火间距应按有关规定执行。

表 6-1 民用建筑之间的防火间距   m

建 筑 类 别		高层民用建筑	裙房和其他民用建筑		
		一、二级	一、二级	三级	四级
高层民用建筑	一、二级	13	9	11	14
裙房和其他民用建筑	一、二级	9	6	7	9
	三级	11	7	8	10
	四级	14	9	10	12

注:(1) 相邻两座建筑物,当相邻外墙为不燃烧体且无外露的燃烧体屋檐、每面外墙上未设置防火保护措施的门窗洞口不正对开设且该门、窗、洞口的面积之和不大于该外墙面积的 5% 时,其防火间距可按本表规定减少 25%。

(2) 通过裙房、连廊或天桥等连接的建筑物,其相邻两座建筑物之间的防火间距应符合本表规定。

(3) 同一座建筑中两个不同防火分区的相对外墙之间的间距,应符合不同建筑之间的防火间距要求。

防火间距应按相邻建筑物外墙的最近距离计算,当外墙有凸出的燃烧构件时,应从其凸出部分外缘算起。

在确定民用建筑的防火间距时,应注意以下特殊情况。

(1) 相邻两座建筑符合下列条件时,其防火间距可不限:

① 两座建筑物相邻较高一面外墙为防火墙,或高出相邻较低一座的一、二级耐火等级建筑物的屋面 15m 及以下范围内的外墙为不开设门窗洞口的防火墙;

② 相邻两座建筑的建筑高度相等,且相邻两面外墙均为不开设门窗洞口的防火墙。

(2) 相邻两座建筑符合下列条件时,其防火间距不应小于 3.5m;对于高层建筑,不宜小于 4m:

① 较低一座建筑的耐火等级不低于二级、屋顶不设置天窗、屋顶承重构件及屋面板的耐火极限不低于 1.00h,且相邻较低一面外墙为防火墙。

② 较低一座建筑的耐火等级不低于二级且屋顶不设置天窗,较高一面外墙的开口部位设置甲级防火门窗,或设置符合现行国家标准《自动喷水灭火系统设计规范》(GB 50084—2017)规定的防火分隔水幕或《建筑设计防火规范(2018 年版)》(GB 50016—2014)第 6.5.3 条规定的防火卷帘。

（3）民用建筑与单独建造的终端变电所、单台蒸汽锅炉的蒸发量不大于 4t/h 或单台热水锅炉的额定热功率不大于 2.8MW 的燃煤锅炉房之间,其防火间距可按《建筑设计防火规范(2018 年版)》(GB 50016—2014)第 5.2.2 条的规定执行。

民用建筑与单独建造的其他变电站之间,其防火间距应符合《建筑设计防火规范(2018 年版)》(GB 50016—2014)第 3.4.1 条有关室外变、配电站的规定。

民用建筑与燃油或燃气锅炉房及蒸发量或额定热功率大于本条规定的燃煤锅炉房之间,其防火间距应符合《建筑设计防火规范(2018 年版)》(GB 50016—2014)第 3.4.1 条有关丁类厂房的规定。

10kV 及以下的预装式变电站与建筑物之间的防火间距不应小于 3m。

（4）除高层民用建筑外,数座一、二级耐火等级的住宅建筑或办公建筑,当建筑物的占地面积总和不大于 2500m² 时,可成组布置,但组内建筑物之间的间距不宜小于 4m。组与组或组与相邻建筑物之间的防火间距不应小于表 6-1 的规定。

（5）民用建筑与燃气调压站、液化石油气气化站、混气站和城市液化石油气供应站瓶库等之间的防火间距,应符合现行国家标准《城镇燃气设计规范(2018 年版)》(GB 50028—2014)中的有关规定。

2）厂房的防火间距

厂房之间及其与乙、丙、丁、戊类仓库和民用建筑等之间的防火间距不应小于表 6-2 的规定。

在按表 6-2 确定防火间距时,还应注意以下情况。

（1）乙类厂房与重要公共建筑之间的防火间距不宜小于 50m,与明火或散发火花地点的间距不宜小于 30m。单层或多层戊类厂房之间及其与戊类仓库之间的防火间距,可按本表的规定减少 2m。单层或多层戊类厂房与民用建筑之间的防火间距可按表 6-1 的规定执行。为丙、丁、戊类厂房服务而单独设立的生活用房,应按民用建筑确定,与所属厂房之间的防火间距不应小于 6m;必须相邻建造时,应符合表 6-2 注(2),(3)的规定。

（2）两座厂房相邻较高一面的外墙为防火墙时,其防火间距不限,但甲类厂房之间不应小于 4m。两座丙、丁、戊类厂房相邻两面的外墙均为不燃烧体,当无外露的燃烧体屋檐,每面外墙上的门窗洞口面积之和各不大于该外墙面积的 5%,且门窗洞口不正对开设时,其防火间距可按本表的规定减少 25%。

（3）两座一、二级耐火等级的厂房,当相邻较低一面外墙为防火墙且较低一座厂房的屋顶耐火极限不低于 1.00h,或相邻较高一面外墙的门窗等开口部位设置甲级防火门窗或防火分隔水幕或规定设置防火卷帘时,甲、乙类厂房之间的防火间距不应小于 6m,丙、丁、戊类厂房之间的防火间距不应小于 4m。

（4）发电厂内的主变压器,其油量可按单台确定。

（5）耐火等级低于四级的原有厂房,其耐火等级可按四级确定。

（6）当丙、丁、戊类厂房与丙、丁、戊类仓库相邻时,应符合表 6-2 注(2),(3)的规定。

此外,在确定厂房的防火间距时,还应注意以下特殊情况。

（1）甲类厂房与重要公共建筑之间的防火间距不应小于 50m;与明火或散发火花地点之间的防火间距不应小于 30m;与架空电力线的最小水平距离应符合《建筑设计防火规范(2018 年版)》(GB 50016—2014)第 10.2.1 条的规定;与甲、乙、丙类液体储罐,可燃、助燃气体储罐,液化石油气储罐,可燃材料堆场的防火间距,应符合《建筑防火设计规范(2018 年版)》(GB 50016—2014)第 4 章的有关规定。

表 6-2　厂房之间及其与乙、丙、丁、戊类仓库、民用建筑等之间的防火间距

单位：m

名　称		甲类厂房 单层或多层 一、二级	乙类厂房（仓库）			丙、丁、戊类厂房（仓库）				民用建筑				
			单层或多层 一、二级	单层或多层 三级	高层 一、二级	单层或多层 一、二级	单层或多层 三级	四级	高层 一、二级	裙房，单层多层 一、二级	三级	四级	高层 一类	高层 二类
甲类厂房	单层或多层 一、二级	12	12	14	13	12	14	16	13	25			50	
乙类厂房（仓库）	单层或多层 一、二级	12	10	12	13	10	12	14	13					
	单层或多层 三级	14	12	14	15	12	14	16	15					
	高层 一、二级	13	13	15	13	13	15	17	13					
丙类厂房（仓库）	单层或多层 一、二级	12	10	12	13	10	12	14	13	10	12	14	20	15
	单层或多层 三级	14	12	14	15	12	14	16	15	12	14	16	25	20
	四级	16	14	16	17	14	16	18	17	14	16	18		
	高层 一、二级	13	13	15	13	13	15	17	13	13	15	17	20	15
丁、戊类厂房（仓库）	单层或多层 一、二级	12	10	12	13	10	12	14	13	10	12	14	15	13
	单层或多层 三级	14	12	14	15	12	14	16	15	12	14	16	18	15
	四级	16	14	16	17	14	16	18	17	14	16	18		
	高层 一、二级	13	13	15	13	13	15	17	13	13	15	17	15	13
室外变、配电站 变压器总油量/t	≥5,≤10	25								15	20	25	20	20
	>10,≤50									20	25	30	25	25
	>50									25	30	35	30	30

注：（1）乙类厂房与重要公共建筑之间的防火间距不宜小于 50m，与明火或散发火花地点的防火间距不宜小于 30m。单层或多层戊类厂房及其戊类仓库之间的防火间距可按本表减少 2m。单层或多层丙、丁、戊类厂房与民用建筑之间的防火间距，可按民用建筑与建筑之间的防火间距，与所属厂房之间的防火间距可按《建筑设计防火规范》（GB 50016—2014 年版）第 5.2.2 条的规定执行。为丙、丁、戊类厂房服务而单独设立的生活用房应按民用建筑确定，与所属厂房之间的防火间距不应小于 6m。

（2）两座厂房相邻较高一面的外墙为防火墙，其防火间距不限。但甲类厂房之间不应小于 4m。两座丙、丁、戊类厂房相邻两面的外墙均为不燃性墙体，当无外露的燃烧体屋檐，当两座厂房相邻较高一面外墙的门窗洞口面积之和不大于该外墙面积的 5%，且门窗洞口不正对开设时，其防火间距可按本表的规定减少 25%。甲、乙类厂房（仓库）不应与本表规定外的其他建筑贴邻。

（3）两座一、二级耐火等级的厂房，当相邻较低一面外墙为防火墙且较低一座厂房的屋顶无天窗、屋顶的耐火极限不低于 1.00h，或相邻较高一面外墙的门、窗等开口部位设置甲级防火门、窗或防火分隔水幕或按《建筑设计防火规范》（GB 50016—2014 年版）第 6.5.3 条的规定设置防火卷帘时，甲、乙类厂房之间的防火间距不应小于 6m，丙、丁、戊类厂房之间的防火间距不应小于 4m。

（4）发电厂内的主变压器，其油量可按单台确定。

（5）耐火等级低于四级的原有厂房，其耐火等级可按四级确定。

（6）当丙、丁、戊类厂房与丙、丁、戊类仓库相邻时，应符合本表注（2）、（3）的规定。

(2) 散发可燃气体、可燃蒸气的甲类厂房与铁路、道路等之间的防火间距不应小于表 6-3 的规定;但当甲类厂房所属厂内铁路装卸线有安全措施时,其间距可不受表 6-3 规定的限制。

表 6-3　甲类厂房与铁路、道路等之间的防火间距　　　　　　　　　　　　　m

名　　称	厂外铁路线中心线	厂内铁路线中心线	厂外道路路边	厂内道路路边	
				主要道路	次要道路
甲类厂房	30	20	15	10	5

(3) 高层厂房与甲、乙、丙类液体储罐,可燃、助燃气体储罐,液化石油气储罐,可燃材料堆场(煤和焦炭场除外)之间的防火间距,应符合《建筑防火设计规范(2018 年版)》(GB 50016—2014)第 4 章的有关规定,且不应小于 13m。

(4) 当丙、丁、戊类厂房与民用建筑的耐火等级均为一、二级时,其防火间距可按下列规定执行:

① 当较高一面外墙为不开设门窗洞口的防火墙,或比相邻较低一座建筑屋面高 15m 及以下范围内的外墙为不开设门窗洞口的防火墙时,其防火间距可不限。

② 当相邻较低一面外墙为防火墙,且屋顶不设天窗、屋顶耐火极限不低于 1.00h,或相邻较高一面外墙为防火墙,且墙上开口部位采取了防火保护措施时,其防火间距可适当减小,但不应小于 4m。

(5) 厂房外附设化学易燃物品的设备,其室外设备的外壁与相邻厂房室外附设设备的外壁或相邻厂房外墙之间的防火间距不应小于表 6-2 的规定。用不燃烧材料制作的室外设备,可按一、二级耐火等级建筑确定。

总储量不大于 15m³ 的丙类液体储罐,当直埋于厂房外墙外,且面向储罐一面 4.0m 范围内的外墙为防火墙时,其防火间距可不限。

(6) 同一座 U 形或山形厂房中相邻两翼之间的防火间距,不宜小于表 6-2 的规定,但当该厂房的占地面积小于厂房的层数和每个防火分区的最大允许建筑面积时,其防火间距可为 6m。

(7) 除高层厂房和甲类厂房外,其他类别的数座厂房占地面积之和小于规定的防火分区最大允许建筑面积(按其中较小者确定,但防火分区的最大允许建筑面积不限者,不应大于 10 000m²)时,可成组布置。当厂房建筑高度不大于 7m 时,组内厂房之间的防火间距不应小于 4m;当厂房建筑高度大于 7m 时,组内厂房之间的防火间距不应小于 6m。

(8) 一级汽车加油站、一级汽车液化石油气加气站和一级汽车加油加气合建站不应建在城市建成区内。

(9) 汽车加油、加气站和加油加气合建站的分级,汽车加油、加气站和加油加气合建站及其加油(气)机、储油(气)罐等与站外明火或散发火花地点、建筑、铁路、道路之间的防火间距,以及站内各建筑或设施之间的防火间距,应符合现行国家标准《汽车加油加气站设计与施工规范(2014 年版)》(GB 50156—2012)的有关规定。

(10) 电力系统电压为 35～500kV 且每台变压器容量在 10MV·A 以上的室外变、配电站以及工业企业的变压器总油量大于 5t 的室外降压变电站,与建筑之间的防火间距不应小于相关规定。

（11）厂区围墙与厂内建筑之间的间距不宜小于 5m，且围墙两侧的建筑之间还应满足相应的防火间距要求。

3）仓库的防火间距

（1）甲类仓库之间及其与其他建筑、明火或散发火花地点、铁路、道路等之间的防火间距应不小于表 6-4 的规定。

表 6-4　甲类仓库之间及其与其他建筑、明火或散发火花地点、

铁路、道路等之间的防火间距　　　　　　　　　　　　　m

名　　称		甲类仓库及其储量/t			
		甲类储存物品第 3,4 项		甲类储存物品第 1,2,5,6 项	
		≤5	>5	≤10	>10
高层民用建筑、重要公共建筑		50			
裙房、其他民用建筑、明火或散发火花地点		30	40	25	30
甲类仓库		20	20	20	20
厂房和乙、丙、丁、戊类仓库	一、二级耐火等级	15	20	12	15
	三级耐火等级	20	25	15	20
	四级耐火等级	25	30	20	25
电力系统电压为 35～500kV 且每台变压器容量在 10MV·A 以上的室外变、配电站 工业企业的变压器总油量大于 5t 的室外降压变电站		30	40	25	30
厂外铁路线中心线		40			
厂内铁路线中心线		30			
厂外道路路边		20			
厂内道路路边	主要道路	10			
	次要道路	5			

注：甲类仓库之间的防火间距，当第 3,4 项物品储量不大于 2t，第 1,2,5,6 项物品储量不大于 5t 时，不应小于 12m；甲类仓库与高层仓库之间的防火间距不应小于 13m。

（2）乙、丙、丁、戊类仓库之间及其与民用建筑之间的防火间距，不应小于表 6-5 的规定。

（3）当丁、戊类仓库与民用建筑的耐火等级均为一、二级时，其防火间距可按下列规定执行：

① 当较高一面外墙为不开设门窗洞口的防火墙，或比相邻较低一座建筑屋面高 15m 及以下范围内的外墙为不开设门窗洞口的防火墙时，其防火间距可不限。

② 当相邻较低一面外墙为防火墙，且屋顶不设天窗、屋顶耐火极限不低于 1.00h，或相邻较高一面外墙为防火墙，且墙上开口部位采取了防火保护措施时，其防火间距可适当减

小,但不应小于 4m。

表 6-5　乙、丙、丁、戊类仓库之间及其与民用建筑之间的防火间距　　　　m

名　　称			乙 类 仓 库			丙 类 仓 库				丁、戊 类 仓 库			
			单层或多层		高层	单层或多层			高层	单层或多层			高层
			一、二级	三级	一、二级	一、二级	三级	四级	一、二级	一、二级	三级	四级	一、二级
乙、丙、丁、戊类仓库	单层或多层	一、二级	10	12	13	10	12	14	13	10	12	14	13
		三级	12	14	15	12	14	16	15	12	14	16	15
		四级	14	16	17	14	16	18	17	14	16	18	17
	高层	一、二级	13	15	13	13	15	17	13	13	15	17	13
民用建筑	裙房,单层或多层	一、二级	25			10	12	14	13	10	12	14	13
		三级	25			12	14	16	15	12	14	16	15
		四级	25			14	16	18	17	14	16	18	17
	高层	一类	50			20	25	25	20	15	18	18	15
		二类	50			15	20	20	15	13	15	15	13

注:(1) 单层或多层戊类仓库之间的防火间距,可按本表减少 2m。

(2) 两座仓库相邻较高一面外墙为防火墙,且总占地面积不大于一座仓库的最大允许占地面积时,其防火间距不限。

(3) 除乙类第 6 项物品外的乙类仓库,与民用建筑之间的防火间距不宜小于 25m,与重要公共建筑之间的防火间距不应小于 50m,与铁路、道路等之间的防火间距不宜小于甲类仓库与铁路、道路等之间的防火间距。

(4) 粮食筒仓与其他建筑之间及粮食筒仓组与组之间的防火间距,不应小于表 6-6 的规定。

表 6-6　粮食筒仓与其他建筑之间及粮食筒仓组与组之间的防火间距　　　　m

名称	粮食总储量 W/t	粮食立筒仓			粮食浅圆仓		建筑的耐火等级		
		W≤40 000	40 000<W≤50 000	W>50 000	W≤50 000	W>50 000	一、二级	三级	四级
粮食立筒仓	500<W≤10 000	15	20	25	20	25	10	15	20
	10 000<W≤40 000						15	20	25
	40 000<W≤50 000	20					20	25	30
	W>50 000	25					25	30	—
粮食浅圆仓	W≤50 000	20	20	25	20	25	20	25	—
	W>50 000	25					25	30	—

注:(1) 当粮食立筒仓、粮食浅圆仓与工作塔、接收塔、发放站为一个完整工艺单元的组群时,组内各建筑之间的防火间距不受本表限制。

(2) 粮食浅圆仓组内每个独立仓的储量不应大于 10 000t。

(5) 库区围墙与库区内建筑之间的间距不宜小于 5m,且围墙两侧的建筑之间还应满足防火间距要求。

3. 合理设置消防车道

设置消防车道的目的在于,一旦发生火灾时,确保消防车畅通无阻,迅速到达火场,及时扑救火灾。

（1）街区内的道路应考虑消防车的通行，其道路中心线间的距离不宜大于 160m。

当建筑物沿街道部分的长度大于 150m 或总长度大于 220m 时，应设置穿过建筑物的消防车道。当确有困难时，应设置环形消防车道。

（2）高层民用建筑、超过 3000 个座位的体育馆、超过 2000 个座位的会堂、占地面积大于 3000m² 的展览馆等大型单、多层公共建筑的周围应设置环形消防车道；当设置环形车道有困难时，可沿该建筑的两个长边设置消防车道。对于住宅建筑和山地或河道边临空建造的高层建筑，可沿建筑的一个长边设置消防车道，但该长边应为消防车登高操作面。

（3）工厂、仓库区内应设置消防车道。

占地面积大于 3000m² 的甲、乙、丙类厂房或占地面积大于 1500m² 的乙、丙类仓库，应设置环形消防车道；确有困难时，应沿建筑物的两个长边设置消防车道。

（4）有封闭内院或天井的建筑物，当其短边长度大于 24m 时，宜设置进入内院或天井的消防车道。

有封闭内院或天井的建筑物沿街时，应设置连通街道和内院的人行通道（可利用楼梯间），其间距不宜大于 80m。

（5）在穿过建筑物或进入建筑物内院的消防车道两侧，不应设置影响消防车通行或人员安全疏散的设施。

（6）可燃材料露天堆场区，液化石油气储罐区，甲、乙、丙类液体储罐区和可燃气体储罐区，应设置消防车道。消防车道的设置应符合下列规定。

① 储量大于表 6-7 规定的堆场、储罐区，宜设置环形消防车道。

表 6-7　堆场、储罐区的储量

名称	棉、麻、毛、化纤/t	稻草、麦秸、芦苇/t	木材/m³	甲、乙、丙类液体储罐/m³	液化石油气储罐/m³	可燃气体储罐/m³
储量	1000	5000	5000	1500	500	30 000

② 占地面积大于 30 000m² 的可燃材料堆场，应设置与环形消防车道相连的中间消防车道，消防车道的间距不宜大于 150m。液化石油气储罐区，甲、乙、丙类液体储罐区，可燃气体储罐区，区内的环形消防车道之间宜设置连通的消防车道。

③ 消防车道与材料堆场堆垛的最小距离不应小于 5m。

④ 中间消防车道与环形消防车道交接处应满足消防车转弯半径的要求。

（7）供消防车取水的天然水源和消防水池应设置消防车道。消防车道边缘距离取水点不宜大于 2m。

（8）消防车道的净宽度和净空高度均不应小于 4.0m，消防车道的坡度不宜大于 8%，其转弯处应满足消防车转弯半径的要求。消防车道距高层建筑或大型公共建筑的外墙宜大于 5m 且不宜大于 15m。供消防车停留的操作场地，其坡度不宜大于 3%。

消防车道与厂（库）房、民用建筑之间不应设置妨碍消防车操作的架空高压电线、树木、车库出入口等障碍。

（9）环形消防车道至少应有两处与其他车道连通。

消防车道的路面、救援操作场地及消防车道和救援操作场地下面的管道和暗沟等,应能承受大型消防车的压力。

消防车道可利用交通道路,但该道路应满足消防车通行、转弯和停靠的要求。

（10）消防车道不宜与铁路正线平交。如必须平交,应设置备用车道,且两车道的间距不应小于一列火车的长度。

4. 合理敷设各种管线

各种地下管线与建筑物、构筑物之间的水平净距不应小于有关规范的规定。管线敷设方式不同,其相应的防火要求也不一样。

1）地下埋入敷设

埋入地下的可燃气体管道,一旦由于外界或自身的作用发生破坏时,可燃气体就会通过土层向外扩散,火灾危险性和危害性很大。为防止埋入地下的管线破裂,除应选用优质材料外,还应注意管线的防冻与防压。

2）管沟敷设

为防止易燃、可燃液体管道或可燃气体管道渗漏后遇高温热力管线或电缆事故可能出现的电火花或电弧,引起燃烧（爆炸）事故,以下几种管线不得敷设在同一管沟内:

（1）热力管道与易燃液体、可燃液体或冷冻管道;

（2）易燃、可燃液体管道与强、弱电电缆;

（3）氧气管道与易燃、可燃液体管道或有毒液体管道;

（4）乙炔管道与氧气管道或电缆;

（5）煤气管道与电力电缆。

地下沟道穿过防火墙处应设置阻火分隔设施。

3）架空敷设

可燃、易燃液体或可燃气体管道架空敷设时,应尽量避免管道与道路交叉。跨越铁路和道路时,应保持一定的净高。任何工艺管道都不要穿过与它没有生产联系的设备或建、构筑物;需在建、构筑物一侧敷设时,宜与建、构筑物保持适当距离。

6.1.3 防火距离的计算方法

（1）建筑之间的防火间距应按相邻建筑外墙的最近水平距离计算;当外墙有凸出的燃烧体构件时,应从其凸出部分外缘算起。

（2）储罐与建筑之间的防火间距应为距建筑最近的储罐外壁至相邻建筑外墙的最近水平距离。

储罐之间的防火间距应为相邻两储罐外壁的最近水平距离。

（3）堆场与建筑之间的防火间距应为距建筑最近的堆场的堆垛外缘至相邻建筑外墙的最近水平距离。堆场之间的防火间距应为相邻两堆场堆垛外缘的最近水平距离。

（4）变压器与建筑之间的防火间距应从距建筑最近的变压器外壁算起。

（5）建筑与道路路边的防火间距应按建筑距道路最近一侧路边的最小水平距离计算。

6.2　防火分区及防烟分区

6.2.1　防火分区的定义及类型

防火分区是指用具有较高耐火极限的墙和楼板等构件作为一个区域的边界构件划分出的、能在一定时间内阻止火势向同一建筑的其他区域蔓延的防火单元。

6.2.2　划分防火分区的原则

(1) 必须满足防火规范中规定的面积及构造要求。

(2) 同一建筑物内,不同的危险区域之间、不同用户之间、办公用房和生产车间之间,应进行防火分隔处理。

(3) 高层建筑中的各种竖向井道,如电缆井、管道井等,其本身应是独立的防火单元。应保证井道外部火灾不传入井道内部,井道内部火灾也不传到井道外部。

(4) 高层建筑在垂直方向应以每个楼层为单元划分防火分区。

(5) 所有建筑物的地下室,在垂直方向应以每个楼层为单元划分防火分区。

(6) 设有自动喷水灭火设备的防火分区,其允许面积可以适当扩大。

(7) 有特殊防火要求的建筑,在防火分区之内应设置更小的防火区域。

6.2.3　防火分区的面积

建筑的防火分区最大允许面积和建筑最大允许层数应符合表 6-8 的规定。

表 6-8　建筑的耐火等级、允许层数和防火分区最大允许建筑面积

名　称	耐火等级	建筑高度或允许层数	防火分区的最大允许建筑面积 /m²	备　注
高层民用建筑	一、二级	符合《建筑设计防火规范(2018 年版)》(GB 50016—2014)表 5.1.1 的规定	1500	(1) 当高层建筑主体与其裙房之间设置防火墙等防火分隔设施时,裙房的防火分区最大允许建筑面积不应大于 2500m²; (2) 体育馆、剧场的观众厅,其防火分区最大允许建筑面积可适当放宽
单层或多层民用建筑	一、二级	(1) 单层公共建筑的建筑高度不限; (2) 住宅建筑的建筑高度不大于 27m; (3) 其他民用建筑的建筑高度不大于 24m	2500	
	三级	5 层	1200	—
	四级	2 层	600	—
地下、半地下建筑(室)	一级	不宜超过 3 层	500	设备用房的防火分区最大允许建筑面积不应大于 1000m²

注:表中规定的防火分区的最大允许建筑面积,当建筑内设置自动灭火系统时,可按本表的规定增加 1.0 倍;局部设置时,增加面积可按该局部面积的 1.0 倍计算。

当建筑物内设置自动扶梯、中庭、敞开楼梯等上、下层相连通的开口时,其防火分区的建筑面积应按上、下层相连通的建筑面积叠加计算,且不应大于表6-8的规定。

对于中庭,当相连通楼层的建筑面积之和大于一个防火分区的建筑面积时,应符合下列规定:

(1) 除首层外,建筑功能空间与中庭间应进行防火分隔,与中庭相通的门或窗,应采用火灾时可自行关闭的甲级防火门或甲级防火窗;

(2) 与中庭相通的过厅、通道等处,应设置甲级防火门或耐火极限不小于3h的防火分隔物;

(3) 高层建筑中的中庭回廊应设置自动喷水灭火系统和火灾自动报警系统;

(4) 中庭应设置排烟设施。

防火分区之间应采用防火墙分隔。当采用防火墙确有困难时,可采用防火卷帘等防火分隔设施分隔。采用防火卷帘进行分隔时,应符合规定。

营业厅、展览厅设置在一、二级耐火等级的单层建筑或仅设置在一、二级耐火等级多层建筑的首层,并设置火灾自动报警系统和自动灭火系统时,其每个防火分区的最大允许建筑面积不应大于10 000m²;营业厅、展览厅设置在高层建筑内,并设置火灾自动报警系统和自动灭火系统,且采用不燃烧或难燃烧材料装修时,其防火分区的最大允许建筑面积不应大于4000m²。

营业厅、展览厅设置在地下或半地下时,应符合下列规定:

(1) 不应设置在地下三层及三层以下;

(2) 不应经营和储存火灾危险性为甲、乙类储存物品属性的商品;

(3) 当设置火灾自动报警系统和自动灭火系统时,营业厅每个防火分区的最大允许建筑面积不应大于2000m²。

设置在地下、半地下的商店,当其总建筑面积大于20 000m²时,应采用不开设门窗洞口的防火墙分隔。

6.2.4　防烟分区

1. 一般规定

(1) 建筑中的防烟可采用机械加压送风防烟方式或可开启外窗的自然排烟方式。

(2) 机械排烟系统与通风、空气调节系统宜分开设置。当合用时,必须采取可靠的防火安全措施,并应符合机械排烟系统的有关要求。

(3) 防烟和排烟系统用的管道、风口及阀门等必须采用不燃材料制作。排烟管道应采取隔热防火措施或与可燃物保持不小于150mm的距离。

排烟管道的厚度应按现行国家标准《通风与空调工程施工质量验收规范》(GB 50243—2016)的有关规定执行。

(4) 机械加压送风防烟系统中送风口的风速不宜大于7m/s。机械排烟系统中排烟口的风速不宜大于10m/s。机械加压送风管道、排烟管道和补风管道内的风速应符合下列规定:

① 采用金属管道时,不宜大于20m/s;

② 采用非金属管道时,不宜大于15m/s。

(5) 加压送风管道和排烟补风管道不宜穿过防火分区或其他火灾危险性较大的房间;

确需穿过时,应在穿过房间隔墙或楼板处设置防火阀。

补风管道和加压送风管道上的防火阀的公称动作温度应为70℃。

(6) 机械加压送风机、排烟风机和用于排烟补风的送风机,宜设置在通风机房内或室外屋面上。

2. 自然排烟

(1) 下列建筑中靠外墙的防烟楼梯间及其前室、消防电梯间前室和合用前室宜采用自然排烟设施进行防烟:

① 二类高层公共建筑;

② 建筑高度不大于100m的住宅建筑;

③ 建筑高度不大于50m的其他建筑。

(2) 设置自然排烟设施的场所,其自然排烟口的有效面积应符合下列规定:

① 防烟楼梯间前室、消防电梯间前室,不应小于2.0m²,合用前室,不应小于3.0m²;

② 靠外墙的防烟楼梯间,每5层内可开启排烟窗的总面积不应小于2.0m²;

③ 中庭、剧场舞台,不应小于其楼地面面积的5%;

④ 其他场所,宜取该场所建筑面积的2%~5%。

(3) 自然排烟的窗口应设置在房间的外墙上方或屋顶上,并应有方便开启的装置。防烟分区内任一点距自然排烟口的水平距离不应大于30m。

3. 机械防烟

(1) 下列场所或部位应设置机械加压送风设施:

① 不具备自然排烟条件的防烟楼梯间;

② 不具备自然排烟条件的消防电梯间前室或合用前室;

③ 设置自然排烟设施的防烟楼梯间中不具备自然排烟条件的前室;

④ 封闭的避难层(间)、避难走道的前室;

⑤ 不宜进行自然排烟的场所。

当高层民用建筑的防烟楼梯间及其前室、消防电梯间前室或合用前室,在上部利用可开启外窗进行自然排烟,在下部不具备自然排烟条件时,下部的前室或合用前室应设置局部正压送风系统。

(2) 防烟楼梯间及其前室、消防电梯间前室和合用前室的机械加压送风量应由计算确定,或按表6-9~表6-12的规定确定。当计算值和本表不一致时,应按两者中较大值确定。

表6-9　防烟楼梯间(前室不送风)的加压送风量

系统负担层数(高度)	加压送风量/(m³/h)	系统负担层数(高度)	加压送风量/(m³/h)
<20层(60m)	25 000~30 000	20~32层(60~100m)	35 000~40 000

表6-10　防烟楼梯间及其合用前室的加压送风量

系统负担层数(高度)	送风部位	加压送风量/(m³/h)
<20层(60m)	防烟楼梯间	16 000~20 000
	合用前室	13 000~16 000
20~32层(60~100m)	防烟楼梯间	20 000~25 000
	合用前室	18 000~22 000

表6-11 消防电梯间前室的加压送风量

系统负担层数(高度)	加压送风量/(m³/h)	系统负担层数(高度)	加压送风量/(m³/h)
<20层(60m)	15 000～20 000	20～32层(60～100m)	22 000～27 000

表6-12 防烟楼梯间采用自然排烟,前室或合用前室不具备自然排烟条件时的送风量

系统负担层数(高度)	加压送风量/(m³/h)	系统负担层数(高度)	加压送风量/(m³/h)
<20层(60m)	22 000～27 000	20～32层(60～100m)	28 000～32 000

注:(1)表6-9～表6-12的风量数值系按开启宽×高=2.0m×1.6m的双扇门为基础的计算值。当采用单扇门时,其风量宜按表列数值乘以0.75计算确定;当前室有两个或两个以上的门时,其风量应按表列数值乘以1.50～1.75计算确定。开启门时,通过门的风速不应小于0.70m/s。

(2)风量上、下限选取应按层数、风道材料、防火门漏风量等因素综合比较确定。

(3)封闭避难层(间)的机械加压送风量应按避难层(间)净面积每平方米不小于30m³/h计算。避难走道的机械加压送风量应按通过前室入口门洞风速0.70～1.2m/s计算确定。

(4)建筑高度大于100m的高层建筑,其送风系统及送风量应分段设计。

(5)剪刀楼梯间可合用一个风道,其送风量应按两个楼梯间的风量计算,送风口应分别设置。

(6)机械加压送风系统的全压,除计算的最不利环路损失外的余压值,应符合下列规定:

① 防烟楼梯间、封闭楼梯间的余压值应为40～50Pa;

② 前室、合用前室、封闭避难层(间)、避难走道的余压值应为25～30Pa。

(7)防烟楼梯间和合用前室的机械加压送风防烟系统宜分别独立设置,当必须共用一个系统时,应在通向合用前室的支风管上设置压差自动调节装置。

(8)防烟楼梯间的前室或合用前室的加压送风口应每层设置1个。防烟楼梯间的加压送风口宜每隔2～3层设置1个。

(9)地下、半地下室与地上层设置机械加压送风系统的防烟楼梯间,地上部分和地下部分的加压送风系统宜分别设置。当防烟楼梯间的地上部分和地下部分在同一平面位置时,可合用1个风道,但风量应叠加计算,且均应满足地上、地下加压送风系统的要求。

(10)机械加压送风机可采用轴流风机或中、低压离心风机。

4.机械排烟

(1)下列部位应设置机械排烟设施:

① 无直接自然通风且长度大于20m的内走道;

② 虽有直接自然通风,但长度大于60m的内走道;

③ 除利用窗井等开窗进行自然排烟的房间外,各房间总建筑面积大于200m²或一个间建筑面积大于50m²,且经常有人停留或可燃物较多的地下室;

④ 应设置排烟设施,但不具备自然排烟条件的其他场所。

(2)需设置机械排烟设施且室内净高不大于6.0m的场所应划分防烟分区;每个防烟分区的建筑面积不宜大于500m²,防烟分区不应跨越防火分区。

防烟分区宜采用挡烟垂壁、隔墙、顶棚下凸出不小于500mm的结构梁等其他不燃烧体进行分隔。

（3）机械排烟系统的设置应符合下列规定：

① 横向宜按防火分区设置。

② 竖向穿越防火分区时，垂直排烟管道宜设置在管井内。

③ 穿越防火分区的排烟管道应在穿越处设置排烟防火阀。排烟防火阀应符合现行国家标准《建筑通风和排烟系统用防火阀门》（GB 15930—2007）的有关规定。

（4）在地下建筑和地上密闭场所中设置机械排烟系统时，应同时设置补风系统。当设置机械补风系统时，其补风量不宜小于排烟量的50%。

（5）机械排烟系统的排烟量不应小于表6-13的规定。

表6-13 机械排烟系统的最小排烟量

条件和部位		单位排烟量/(m³/(h·m²))	换气频率/(次/h)	备 注
担负1个防烟分区		60	—	风机排烟量不应小于7200m³/h
室内净高大于6.0m且不划分防烟分区的空间				
担负两个及以上防烟分区		120	—	应按最大的防烟分区面积确定
中庭	体积不大于17 000m³	—	6	体积大于17 000m³时，排烟量不应小于102 000m³/h
	体积大于17 000m³	—	4	

（6）机械排烟系统中的排烟口、排烟阀和排烟防火阀的设置应符合下列规定：

① 排烟口或排烟阀应按防烟分区设置。排烟口或排烟阀应与排烟风机连锁，当任一排烟口或排烟阀开启时，排烟风机应能自行启动。

② 排烟口或排烟阀平时关闭时，应设置手动和自动开启装置。

③ 排烟口应设置在顶棚或靠近顶棚的墙面上，且与附近安全出口沿走道方向相邻边缘之间的最小水平距离不应小于1.5m。设置在顶棚上的排烟口，距可燃构件或可燃物的距离不应小于1.0m。

④ 设置机械排烟系统的地下、半地下场所，除歌舞、娱乐、放映、游艺场所和建筑面积大于50m²的房间外，其排烟口可设置在疏散走道。

⑤ 防烟分区内任一点距排烟口的水平距离不应大于30.0m。

⑥ 排烟支管上应设置当烟气温度超过280℃时能自行关闭的排烟防火阀。

（7）机械加压送风防烟系统和排烟补风系统的室外进风口宜布置在室外排烟口的下方，且高差不宜小于3.0m；当水平布置时，水平距离不宜小于10.0m。

（8）排烟风机的设置应符合下列规定：

① 排烟风机的全压应满足排烟系统最不利环路的要求。其排烟量应考虑10%～20%的漏风量。

② 排烟风机可采用离心风机或排烟专用的轴流风机。

③ 排烟风机应能在280℃的环境条件下连续工作不少于30min。

④ 在排烟风机入口处的总管上应设置当烟气温度超过280℃时能自行关闭的排烟防火阀，该阀应与排烟风机连锁，当该阀关闭时，排烟风机应能停止运转。

（9）排烟风机及系统中设置的软接头，应能在280℃的环境条件下连续工作不少于 30min。

6.3　室内装修防火设计

建筑物的室内装修是指在结构工程完成以后,对建筑物内部进行的装修和装饰。室内装修工程的规模虽然远不及建筑主体工程宏大,但它涉及的材料品种繁多,所采用的构造方法细致复杂,与人们的日常生活密切相关,是建筑工程的重要组成部分。

室内装修通常包括在建筑构件表面进行的覆盖式构造处理,如抹灰、粉刷、包覆等,以及对室内各类陈设物所进行的装饰和布置。常见的建筑物室内装修项目主要包括对顶棚、墙(柱)面、地面、隔断的装修,以及安置固定家具、窗帘、帷幕、床罩、家具包布、固定饰物等物品。

室内装修工程能够起到保护建筑构件、完善建筑功能、改善室内环境、美化建筑空间的积极作用。但是,由于片面追求装饰效果、装修材料使用不当以及构造上的缺陷等原因,建筑室内装修的火灾危险性也是不容忽视的。

大量使用可燃材料进行室内装修,具有以下危害:增大了火灾荷载;使轰燃提前发生;助长火势蔓延;产生大量烟气及有毒气体。

6.3.1　室内装修材料的分类

1. 按照装修部位分类

在我国现行的《建筑内部装修设计防火规范》中,按照装修材料在建筑中的使用部位和功能不同,将其划分成 7 个类别:①顶棚装修材料;②墙面装修材料(包括柱面装修材料);③地面装修材料;④隔断装修材料(指不到顶的隔断,到顶的隔断装修材料归入墙面材料);⑤固定家具;⑥装饰织物(指窗帘、帷幕、床罩、家具包布等);⑦其他装饰材料(指楼梯扶手、挂镜线、踢脚板、窗帘盒、暖气罩等)。

2. 按照材料的化学组成分类

根据室内装修材料的化学组成不同,可以将其分成 3 个类别:无机装修材料、有机装修材料和复合装修材料。

常见的无机装修材料包括金属、石膏、水泥、天然石材、玻璃、陶瓷等。

常见的有机装修材料包括塑料、天然木材、人造板材、人造有机石材、装饰织物等。

复合装修材料是指由两种或两种以上材料复合而成的装修材料,如铝塑复合板材、泡沫夹芯板材等。

6.3.2　室内装修材料的燃烧性能及其检测分级

1. 材料的燃烧性能及对火反应试验

燃烧性能是指材料和(或)制品遇火燃烧时所发生的一切物理和(或)化学变化,也就是对火反应特性。材料对火反应特性主要包括材料的不燃(阻燃)性和着火(点着)性,另外还有材料的火焰蔓延性、放热性、发烟性、烟气毒性等。

材料的对火反应试验是在特定条件下测试材料燃烧性能的一种方法。这是一种人为设计的材料燃烧模型,测试过程中采用的各项参数(如燃烧炉体量、材料形态、火焰温度、受火情况、通风形式等)远比真实的火灾简单。在现实的火灾条件下,燃烧是一种极其复杂的综合作用,受到多种因素的影响,这些因素无法在材料对火反应试验中逐一得到模拟。因此,材料的燃烧试验不能与实际火灾情况相等同,测试得到的燃烧性能也仅用于材料分级,它与材料在实际火灾中的燃烧情况和危险性有一定差别。

室内装修材料燃烧性能分级所涉及的材料对火反应试验项目很多,下面列出一些常用的试验方法:

GB/T 5464—2010　《建筑材料不燃性试验方法》;

GB/T 8626—2007　《建筑材料可燃性试验方法》;

GB/T 8627—2007　《建筑材料燃烧或分解的烟密度试验方法》;

GB/T 14402—2007　《建筑材料及制品的燃烧性能燃烧热值的测定》;

GB/T 14403—2014　《建筑材料燃烧释放热量试验方法》;

GB/T 2406—1993　《塑料燃烧性能试验方法　氧指数法》;

GB/T 2408—2008　《塑料燃烧性能试验方法　水平法和垂直法》;

GB/T 5454—1997　《纺织品燃烧性能试验　氧指数法》;

GB/T 5455—2014　《纺织品　燃烧性能　垂直方向损毁长度、阴燃和续燃时间的测定》;

GB/T 11785—2005　《铺地材料的燃烧性能测定辐射热源法》。

2. 装修材料分级

根据装修材料的不同燃烧性能,按照国家标准《建筑材料及制品燃烧性能分级》(GB 8624—2012)的要求,将内部装修材料分为4级,如表6-14所示。

表 6-14　装修材料燃烧性能等级

等级	装修材料的燃烧性能	等级	装修材料的燃烧性能
A	不燃烧	B_2	可燃烧
B_1	难燃烧	B_3	易燃烧

6.3.3　建筑内部装修防火设计的通用要求

在建筑内部装修防火设计中,有必要对一些具有共性的问题及共性的部位提出明确的通用性技术要求。

1. 常见装修材料及其选用要求

1)纸面石膏板

纸面石膏板是以熟石膏为主要原料,掺入适量的添加剂与纤维做板芯,以特制的纸板做护面加工而成的。石膏本身是不燃材料,但制成纸面石膏板后则成为 B_1 级材料。鉴于纸面石膏板在建筑装修中用量极大,且目前还没有更好的材料可替代它这一客观情况,我国在《建筑内部装修设计防火规范》(GB 50222—2017)中特别规定,安装在钢龙骨上的纸面石膏板可作为 A 级材料使用。

2)胶合板

胶合板是将原木沿年轮切成大张薄片,再用胶黏合压制而成的一种人造板材。胶合板常使用的胶料有动、植物胶和耐水性好的酚醛、脲醛等合成树脂胶。在装修工程中,胶合板的用量很大,除一般的室内装修外,还经常用作隔墙、天花板、门面板、家具等的原材料。

在没有经过任何防火处理的情况下,胶合板属于 B₂ 级室内装修材料;如果在胶合板表面涂刷一级饰面型防火涂料,则能达到 B₁ 级。

当胶合板用于墙面装修时,原则上只在朝向室内的那面涂刷防火涂料。而当胶合板用于吊顶装修时,应在两面均刷防火涂料。这是因为吊顶板既有可能受到室内火的侵袭,又有可能受到来自吊顶空间内各种电器火源的作用。

3) 壁纸

壁纸是建筑墙面装修的一种常用材料,分纸质和布质两种类型。纸质壁纸价格低廉,但强度和韧性差,不耐水;布质壁纸又叫墙布,是由棉麻布、化纤布等纤维材料经处理制成的,使用性能优于纸质壁纸。

由于壁纸的主要材质是纸或布,材质较薄,因此热分解时产生的可燃气体少,发烟量小。尤其当壁纸被直接贴在 A 级基材上且质量≤300g/m² 时,在燃烧试验中几乎不出现火焰蔓延的现象。为此,室内装修防火规范规定,这类直接贴在 A 级基材上,质量≤300g/m² 的壁纸可作为 B₁ 级装修材料使用。

4) 涂料

涂料是室内装修工程中经常使用的材料,它是所有能涂覆于物体表面,并在一定条件下成连续和完整涂膜的材料的总称。涂料根据其成分可以分为有机涂料和无机涂料两类。

施涂于 A 级基材上的无机装饰涂料,可作为 A 级装修材料使用;施涂于 A 级基材上,施涂覆比小于 1.5kg/m² 的有机装饰涂料,可作为 B₁ 级装修材料使用。当涂料施涂于 B₁ 和 B₂ 级基材上时,应将涂料连同基材一起通过试验确定其燃烧性能等级。

5) 多层及复合装修材料

当采用不同装修材料对同一部位进行分层装修时,各层装修材料的燃烧性能等级均应符合对该部位的规定。但是在确定各层材料的燃烧性能时要注意一个问题:只有当装修材料贴在等于或高于其分类等级的材料上时,其原来的燃烧性能等级的确认资料才是有效的,否则其燃烧性能应通过整体试验确定。

复合装修材料应由专业检测机构进行整体测试并划分其燃烧性能等级。

6) 多孔和泡沫塑料

多孔和泡沫塑料比较容易燃烧,而且燃烧时产生的烟气对人体危害较大。但在实际工程中,有些时候因功能需要或为了美观点缀,必须在顶棚和墙的表面、局部采用一些多孔或泡沫塑料。为此在允许采用这些材料的同时,也需在使用面积和厚度两个方面加以限制。

根据我国《建筑内部装修设计防火规范》(GB 50222—2017)规定,多孔或泡沫状塑料用于顶棚或墙面表面时,其厚度不应大于 15mm,面积不得超过该房间顶棚面积或墙面面积的 10%。这里所说的面积是指展开面积,墙面面积包括门窗面积,且应把顶棚和墙面分别独立计算。

2.建筑中的层间连通空间

1) 中庭及其他开敞空间

近年来,在高层和大型公共建筑中较多地出现了中央共享空间的形式。建筑的中央共享空间又称中庭,是一种连通全楼或多层共享的大型内部空间,各楼层直接面对中庭或者以开敞的走廊围绕。中庭部位空间敞阔,建筑物各层空间通过建筑中庭的连通,形成一个彼此相连的整体,致使建筑物在垂直方向上的防火分隔失去了完整性。

同样,建筑中贯通全楼设置的开敞式楼梯间、自动扶梯等部位,也是建筑物层间防火分隔的薄弱点。这些部位空间高度大,有的上下贯通几层甚至十几层,万一发生火灾,会起到烟囱一样的作用,使火势无阻挡地向上蔓延,很快充满各层建筑空间,给人员疏散造成很大的困难。

《建筑内部装修设计防火规范》(GB 50222—2017)针对建筑物内上下层相连通部位的装修问题提出了具体的规定:建筑物设有上下层相连通的中庭、走廊、开敞楼梯、自动扶梯时,其连通部位的顶棚、墙面应采用 A 级装修材料,其他部位应采用不低于 B₁ 级的装修材料。

2) 变形缝

变形缝上下贯通整个建筑物,且嵌缝材料具有一定的燃烧性。因为此处涉及的部位不大,通常不会引起人的注意。但在实际案例中,确实有一些火灾是通过变形缝部位在建筑各层间蔓延扩大的,它可以导致垂直防火分区失效。因此,《建筑内部装修设计防火规范》(GB 50222—2017)规定,建筑内部的变形缝(包括沉降缝、伸缩缝、抗震缝等)两侧的基层应采用 A 级装修材料,表面装修应采用不低于 B₁ 级的装修材料。

3. 特殊房间

1) 无窗房间

在许多建筑物中因布局的制约,常常会出现一些无窗房间。这类房间发生火灾时不易被发觉,当发现起火的时候通常火势已经较大,室内的烟雾和毒气不能及时排出,消防人员进行火情侦察和施救也比较困难。因此《建筑内部装修设计防火规范》(GB 50222—2017)规定,除地下建筑外,其他建筑中所设的无窗房间,其内部装修材料的燃烧性能等级应在该类建筑有关规定的基础上提高一级,原规定已经是 A 级的仍然采用 A 级装修材料。

2) 图书、资料类房间

图书室、资料室、档案室和存放文物的房间,其顶棚、墙面应采用 A 级装修材料,地面应使用不低于 B₁ 级的装修材料。

图书室、资料室内的图书、资料、档案、文物等本身即为易燃物,一旦发生火灾,火势发展十分迅速。而有些图书、资料、档案、文物的保存价值很高,一旦被焚,不可复得。对这类房间应提高装修防火的要求,把发生火灾的可能性降到最低。

3) 各类机房

大中型电子计算机机房、中央控制室、电话总机房等放置特殊贵重设备的房间,其顶棚和墙面应采用 A 级装修材料,地面及其他装修应使用不低于 B₁ 级的装修材料。

在各类计算机机房、中央控制室内,放置了大批贵重和关键性的设备,若失火造成的直接经济损失很大。并且由于所具有的中控作用,也会导致十分明显的间接损失。另外,有些设备不仅怕火,也怕高温和水渍,即使火势不大的火灾,也会造成很大的经济损失,因而对此类房间提出较高的装修防火要求。

4) 设备用房

消防水泵房、排烟机房、固定灭火系统钢瓶间、配电室、变压器室、通风和空调机房等,其内部所有装修均应采用 A 级装修材料。

由于功能和安全的需要,在许多大型公共建筑物中,不同程度地都会设有上述设备用房。这些设备在火灾中均应保持正常运转功能,这对火灾的控制和扑救具有关键的作用。从这个意义上讲,这些设备用房绝不能成为起火源,并且也不应由于可燃材料的装修将其他空间的火引入这些房间中。

5）建筑内的厨房

厨房属明火工作空间,特点是火源多且作用时间长,因此,要求建筑物内的厨房顶棚、墙面、地面这几个部位采用 A 级装修材料,如瓷砖、石材贴面材料、无机涂料、马赛克等。

6）经常使用明火的餐厅和科研实验室

经常使用明火的餐厅、科研实验室内所使用的装修材料的燃烧性能等级,除 A 级外,应比同类建筑物的要求高一级。

4. 电气设备

1）配电箱

建筑内部的配电箱,不应直接安装在低于 B_1 级的装修材料上。

由于室内装修采用的可燃烧材料越来越多,从客观上也增加了电气设备引发火灾的概率。虽然不便对配电箱本身的构造提出具体要求,但为了防止配电箱产生的火花或高温熔珠引燃周围的可燃物和避免箱体传热引燃墙面装修材料,特规定配电箱不应直接安装在低于 B_1 级的装修材料上。

2）灯具和灯饰

照明灯具存在高温部位,当靠近非 A 级装修材料时,应采取隔热、散热等防火保护措施。灯饰所用材料的燃烧性能等级不应低于 B_1 级。

由于室内装修逐渐向高档化发展,各种类型的灯饰也应运而生。目前制作灯饰的材料包括金属、玻璃等不燃性材料,但更多的是硬质塑料、塑料薄膜、棉织品、丝织品、竹木、纸类、麻类等可燃材料。灯饰往往靠近热源,并且处于最易燃烧的垂直状态,所以对 B_2 级和 B_3 级的材料要限制使用。如果由于装饰效果的要求必须使用 B_2、B_3 级的材料,则应用阻燃处理的办法使其达到 B_1 级的要求。

《建筑内部装修设计防火规范》（GB 50222—2017）中没有具体地规定高温部位与非 A 级装修材料之间的距离。这是因为现在社会上出现的灯具千变万化,而各种照明灯具在使用过程中释放的辐射热量大小、连续工作时间的长短、与其相邻的装修材料对火反应特性,以及不同防火保护措施的效果等都各不相同,甚至差异极大。对于如此复杂的现状,用一个确切的指标来规范显然是不可能的。这只能由设计人员本着"保障安全、经济合理、美观实用"的原则,并视各种具体的情况采取相应的做法和防范措施。

5. 疏散线路

1）楼梯间

楼梯间是建筑物的垂直交通设施。火灾发生时,建筑内的电梯不能使用,各楼层中的人员大多只能经过楼梯间向外撤离。因此,楼梯不应成为最初的火源地;一旦火势进入楼梯后,也不能形成连续燃烧的状态。《建筑内部装修设计防火规范》（GB 50222—2017）规定,无自然采光的楼梯间、封闭楼梯间和防烟楼梯间,其顶棚、墙面和地面均应采用 A 级装修材料,前室的要求与楼梯间相同。

2）水平通道

楼层水平通道是水平疏散路线中最重要的一段,它的两端分别连通各个房间和楼梯间。

规范中对走廊的防火要求比楼梯间低,但比其他房间的要求要高一些。具体地说,地上建筑的水平疏散走道和安全出口的门厅,其顶棚装饰材料应采用 A 级装修材料,其他部位应采用不低于 B_1 级的装修材料。

6. 消防设施

1) 消火栓门

建筑内设消火栓是防火安全系统的一部分,在扑救火灾中起着非常重要的作用。为了便于使用,建筑内部的消火栓门设在比较显眼的位置上,并且颜色也比较醒目(红色)。但在实际工程中发现,有的单位为了单纯追求装修效果,把消火栓转移到隐蔽的地方,甚至将它们罩在木柜子里边;还有的单位将消火栓门装修得几乎与墙面一样,不到近前仔细观察竟无法辨认出来。这些做法给消火栓的及时取用造成了人为的障碍。

因此,《建筑内部装修设计防火规范》(GB 50222—2017)规定,建筑内部消火栓门不应被装饰物遮掩,消火栓门四周的装修材料颜色应与消火栓门的颜色有明显区别。

2) 消防设施和疏散指示标志

建筑内部装修不应遮挡消防设施和疏散指示标志及出口,并且不应妨碍消防设施和疏散走道的正常使用。建筑内的消防设施包括:消火栓,自动火灾报警、自动灭火、防排烟、防火分隔构件,以及安全疏散诱导设施等。这些设施因建筑物的功能变化而有增减,但总体可形成一个防护系统。这些设施的设置一般都是根据国家现行的有关规范要求进行的。另外,对它们还应加强平时的维修管理,以便一旦需要使用时,可以做到操作迅速、安全、可靠。但是,有些单位为了追求装修效果,擅自改变消防设施的位置,任意增加隔墙,改变原有空间布局。这些做法轻则影响消防设施的原有功效,减小其有效的保护面积,重则完全丧失了它们应有的作用。

另外,进行室内装修设计时,要保证疏散指示标志和安全出口易于辨认,以免人员在紧急情况下发生疑惑和误解。目前在建筑物室内柱子和墙面镶嵌大面积镜面玻璃的做法较多。但是,镜面玻璃对人的位置和行进方向有一种误导作用,为此在疏散走道和安全出口附近应避免采用镜面玻璃、壁画等进行装饰。

3) 挡烟垂壁

挡烟垂壁的作用是减慢烟气扩散的速度,提高防烟分区排烟口的吸烟效果。一般挡烟垂壁可采用结构梁来实现,也可用专门的产品来实现。为了保证挡烟垂壁在火灾中发挥作用,应采用 A 级装修材料。

7. 饰物

在公共建筑中,经常将壁挂、雕塑、模型、标本等作为室内装修设计的内容之一。这些饰物有相当多的一部分是易燃的,为此应加以必要的限制。《建筑内部装修设计防火规范》(GB 50222—2017)提出,公共建筑内部不宜设置采用 B_3 级装饰材料制成的壁挂、雕塑、模型、标本,如确需设置,应使它们远离火源和热源。

6.4　安全疏散设计

建筑物发生火灾时,为避免建筑内人员因火烧、烟熏中毒和房屋倒塌而遭到伤害,要求人员必须尽快撤离;室内的物资也要尽快抢救出来,以减少火灾损失;同时,消防人员也要迅速接近起火部位,扑救火灾。为此,建筑物需要设计出完善的安全疏散设施,为火灾紧急情况下的安全疏散创造良好的条件。

建筑物的安全疏散设施包括:主要安全疏散设施,如安全出口、疏散楼梯、走道和门等;辅助安全疏散设施,如疏散阳台、缓降器、救生袋等;超高层民用建筑还有避难层(间)和屋顶直升机停机坪等。安全疏散设计是建筑防火设计的一项重要内容。在设计时,应根据建筑物的规模、使用性质、重要性、耐火等级、生产和储存物品的火灾危险性、容纳人数以及火灾时人的心理状态等情况,合理设置安全疏散设施,以便为人员安全疏散提供有利条件。

6.4.1　安全疏散设计应遵循的原则

(1)疏散路线要简洁明了,便于寻找、辨别。考虑到紧急疏散时人们缺乏思考疏散方法的能力和时间紧迫,疏散路线要简洁,易于辨认,并须设置简明易懂、醒目易见的疏散指示标志。

(2)疏散路线要做到步步安全。疏散路线一般可分为 4 个阶段:①从着火房间内到房间门;②公共走道中的疏散;③楼梯间内的疏散;④出楼梯间到室外等安全区域的疏散。这 4 个阶段必须是步步走向安全,以保证不出现“逆流”。疏散路线的尽端必须是安全区域。

(3)疏散路线的设计要符合人们的习惯要求。人们在紧急情况下,习惯走平常熟悉的路线,因此在布置疏散楼梯的位置时,应将其靠近经常使用的电梯间布置,使经常使用的路线与火灾时紧急使用的路线有机地结合起来,有利于迅速而安全地疏散人员。此外,要利用明显的标志引导人们走向安全的疏散路线。

(4)尽量不使疏散路线和扑救路线相交叉,避免相互干扰。疏散楼梯不宜与消防电梯共用一个前室,因为两者共用前室时,会造成疏散人员和扑救人员相撞,妨碍安全疏散和消防扑救。

(5)疏散走道不要布置成不甚畅通的 S 形或 U 形,也不要有变化宽度的平面,走道上方不能有妨碍安全疏散的突出物,下面不能有突然改变地面标高的踏步。

(6)在建筑物内任何部位最好同时有两个或两个以上的疏散方向可供疏散。避免把疏散走道布置成袋形,因为袋形走道的致命弱点是只有一个疏散方向,火灾时一旦出口被烟火堵住,其走道内的人员就很难安全脱险。

(7)合理设置各种安全疏散设施,做好其构造等设计。如疏散楼梯,要确定好其数量、布置位置、形式等,其防火分隔、楼梯宽度以及其他构造都要满足规范的有关要求,确保其在建筑发生火灾时充分发挥作用,保证人员的疏散安全。

6.4.2　疏散楼梯的设计

1. 疏散楼梯的形式和构造

疏散楼梯是供人员在火灾紧急情况下安全疏散所用的楼梯。其形式按防烟火作用可分为防烟楼梯、封闭楼梯、室外疏散楼梯、敞开楼梯,其中防烟楼梯的防烟火作用及安全疏散程度最好,而敞开楼梯最差。

1)防烟楼梯间

平面设计时,在楼梯间入口之前设有能阻止烟火进入的前室(或设专供排烟用的阳台、凹廊等),且通向前室和楼梯间的门均为乙级防火门的楼梯间称为防烟楼梯间。防烟楼梯间在设置时应符合以下要求：

（1）楼梯间入口处设前室、阳台或凹廊。

（2）前室的面积，公共建筑、工业建筑不应小于$6.00m^2$，居住建筑不应小于$4.50m^2$。

（3）前室和楼梯间的门均为乙级防火门，并向疏散方向开启。

（4）前室设有防烟或排烟设施。

受平面布置的限制，前室不能靠外墙设置时，必须在前室和楼梯间采用机械加压送风设施，以保障防烟楼梯间的安全。

利用阳台或凹廊进行排烟时，不应设置外窗；如必须设置时，每层内可开启外窗面积不应小于$2m^2$。

防烟楼梯间前室不仅起防烟火作用，还用于使不能同时进入楼梯间的人在前室内短暂地等待，以减缓楼梯间的拥挤程度。

2）封闭楼梯间

设有能阻挡烟气的双向弹簧门（对单、多层建筑）或乙级防火门（对高层建筑）的楼梯间称为封闭楼梯间。封闭楼梯间的设置应符合下列规定：

（1）楼梯间靠外墙，并直接天然采光和自然通风，当不能直接天然采光和自然通风时，按防烟楼梯间规定设置。

（2）高层建筑楼梯间设乙级防火门，并向疏散方向开启。单、多层建筑设双向弹簧门。

（3）楼梯间的首层紧接主要出口时，可将走道和门厅等包括在楼梯间内，形成扩大的封闭楼梯间，但应采用乙级防火门（对高层建筑）等防火措施与其他走道和房间隔开。

3）室外疏散楼梯

室外疏散楼梯的特点是设置在建筑外墙上，全部开敞于室外，且常布置在建筑端部。它不易受到烟火的威胁，既可供人员疏散使用，又可供消防人员登上高楼扑救使用。在结构上，它利于采取简单的悬挑方式，不占据室内有效的建筑面积。此外，侵入楼梯处的烟气能迅速被风吹走，亦不受风向的影响。因此，它的防烟效果和经济性都很好，当造型处理得当时，还可为建筑立面增添风采。但是，它也存在一些问题：由于只设一道防火门而防护能力较差，且易对人造成心理上的高空恐怖感，人员拥挤时还可能发生意外事故，所以安全性不高，宜与前两种楼梯配合使用。

在设置室外疏散楼梯时应符合下列要求：

（1）室外楼梯可作为辅助防烟楼梯，其最小净宽不应小于0.9m。倾斜角度不大于45°，栏杆扶手的高度不小于1.1m。

（2）室外楼梯和平台应采用耐火极限不低于1h的不燃烧体。在楼梯周围2m的墙面上，除设疏散门外，不应开设其他门、窗洞口，疏散门应采用乙级防火门，且不应正对楼梯段。

（3）不需设防烟楼梯间的建筑的室外疏散楼梯，其倾斜角度可不大于60°，净宽可不小于0.8m。

4）敞开楼梯

敞开楼梯即普通室内楼梯，通常是在平面上三面有墙、一面无墙无门的楼梯间。敞开楼梯的隔烟阻火作用最差，在建筑中作疏散楼梯时，要限制其使用范围。在下列情况下可设置敞开楼梯间：

（1）5层及5层以下公共建筑（医院、疗养院除外），6层及6层以下的组合式单元住宅。

丁、戊类的多层生产厂房(高度在 24m 以下)。

(2) 用于 7~9 层的单元式住宅,楼梯应通至屋顶;房门采用乙级防火门时,可不通至屋顶。

(3) 在高层建筑中,只能用于 10~11 层的单元式住宅,但要求开向楼梯间的户门采用乙级防火门,且楼梯间应靠外墙,并应直接天然采光和自然通风。

2. 疏散楼梯的设计原则

1) 设计原则

在进行疏散楼梯设计时,应根据建筑物的性质、规模、高度、容纳人数以及火灾危险性等,合理确定疏散楼梯的形式、数量,按规定做好疏散楼梯间的构造设计。

2) 平面布置

为了保证疏散的安全性,楼梯间平面布置宜满足以下要求:

(1) 靠近标准层(或防火分区)的两端设置。这种布置方式便于进行双向疏散,提高疏散的安全可靠性。

(2) 靠近电梯间设置。发生火灾时,人们习惯于利用经常走的疏散路线进行疏散。靠近电梯间设置疏散楼梯,可将经常用疏散路线和紧急疏散路线结合起来,有利于引导人们快速而安全地疏散。如果电梯厅为开敞式时,两者之间宜有一定的分隔,以免电梯井道引起烟火蔓延而切断通向楼梯的道路。

(3) 靠近外墙设置。这种布置方式有利于采用安全性高、经济性好、带开敞前室的疏散楼梯间形式。同时,也便于自然采光、通风和进行火灾扑救。

3) 竖向布置

(1) 疏散楼梯应保持上、下畅通。高层民用建筑的疏散楼梯应通向屋顶,以便当向下疏散的通道发生堵塞或被烟气切断时,人员可上到屋顶暂时避难,等待消防人员利用登高车或直升机进行救援。

(2) 应避免不同的疏散人流相互交叉。高层民用建筑,其高层部分的疏散楼梯不应与低层公共部分(裙房)的交通过厅、楼梯间或自动扶梯混杂交叉,以免紧急疏散时两部分人流发生冲撞拥挤,引起堵塞和意外伤亡。

4) 疏散楼梯

疏散楼梯是安全疏散道路中的主要组成部分,应设明显指示标志并宜布置在易于寻找的位置。普通楼梯不能作为疏散用楼梯。疏散楼梯的多少,可按宽度指标结合疏散路线的距离、安全出口的数目确定。

6.4.3 消防电梯

消防电梯是高层建筑中特有的消防设施。高层建筑发生火灾时,要求消防队员迅速到达高层起火部位,去扑救火灾和救援遇难人员。但普通电梯在火灾时往往失去作用,而消防队员若从疏散楼梯登楼,体力消耗很大,难以有效地进行灭火战斗,而且还会受到疏散人员的阻挡。为了给消防队员扑救高层建筑火灾创造条件,对高层建筑必须结合其具体情况,合理设置消防电梯。

消防电梯的设置应符合下列规定。

(1) 消防电梯间应设前室,其面积的规定为:居住建筑不应小于 4.50m²,其他建筑不应

小于 $6.00m^2$。当与防烟楼梯间合用前室时,其面积的规定为:居住建筑不应小于 $6.00m^2$,其他建筑不应小于 $10m^2$。

(2)消防电梯间前室宜靠外墙设置,在首层应设直通室外的出口或经过长度不超过 30m 的通道通向室外。

(3)消防电梯间前室的门,应采用乙级防火门或具有停滞功能的防火卷帘。

(4)消防电梯的载重量不应小于 800kg。

(5)消防电梯井、机房与相邻的其他电梯井、机房之间,应采用耐火极限不低于 2h 的隔墙隔开。当在隔墙上开门时,应设甲级防火门。

(6)消防电梯的行驶速度,应按从首层到顶层的运行时间不超过 60s 计算确定。

(7)消防电梯轿厢的内装修应采用不燃烧材料。

(8)消防电梯轿厢内应设专用电话,并应在首层设供消防队员专用的操纵按钮。

(9)消防电梯间前室门口宜设挡水设施。消防电梯井底应设排水设施,排水井容量不应小于 $2.00m^2$,排水泵排水量不应小于 10L/s。

(10)动力与控制电缆、电线应采取防水措施。

(11)消防电梯可与客梯或工作电梯兼用,但应符合上述各项要求。

6.4.4 工业建筑安全疏散设计

1. 安全出口及数量

安全出口是指符合规范规定的疏散楼梯或直通室外地平面的出口。为了在发生火灾时能够迅速安全地疏散人员和搬出贵重物资,减少火灾损失,在设计建筑物时必须设计足够数目的安全出口。安全出口应分散布置,且易于寻找,并应设明显标志。对厂房、库房安全出口的数量的规定如下。

(1)厂房安全出口的数量不应少于两个。但符合下列要求的可设 1 个:

① 甲类厂房,每层建筑面积不超过 $100m^2$,且同一时间的生产人数不超过 5 人;

② 乙类厂房,每层建筑面积不超过 $150m^2$,且同一时间的生产人数不超过 10 人;

③ 丙类厂房,每层建筑面积不超过 $250m^2$,且同一时间的生产人数不超过 20 人;

④ 丁、戊类厂房,每层建筑面积不超过 $400m^2$,且同一时间的生产人数不超过 30 人。

(2)厂房的地下室、半地下室的安全出口的数量不应少于两个,但使用面积不超过 $50m^2$ 且人数不超过 15 人时,可设 1 个。

(3)地下室、半地下室如用防火墙隔成几个防火分区时,每个防火分区可利用防火墙上通向相邻分区的防火门作为第二安全出口,但每个防火分区必须有 1 个直通室外的安全出口。

(4)库房或每个隔间(冷库除外)的安全出口数量不宜少于两个。但 1 座多层库房的占地面积不超过 $300m^2$ 时,可设 1 个疏散楼梯,面积不超过 $100m^2$ 的防火隔间,可设置 1 个门。

(5)库房(冷库除外)的地下室、半地下室的安全出口不应少于两个,但面积不超过 $100m^2$ 时,可设 1 个。

2. 安全疏散距离

厂房的安全疏散距离是指厂房内最远工作地点到外部出口或楼梯的最大允许距离。规定安全疏散距离的目的在于缩短人员疏散的距离,使人员尽快安全地疏散到安全地点。

厂房内最远工作地点到外部出口或楼梯的距离不应超过表 6-15 的规定。

表 6-15　厂房的安全疏散距离　　　　　　　　　　　　　　　　m

生产类别	耐火等级	单层厂房	多层厂房	高层厂房	厂房的地下室、半地下室
甲	一、二级	30	25	—	—
乙	一、二级	75	50	30	—
丙	一、二级	80	60	40	30
	三级	60	40	—	
丁	一、二级	不限	不限	50	45
	三级	60	50	—	
	四级	50	—	—	
戊	一、二级	不限	不限	75	60
	三级	100	75	—	
	四级	60	—	—	

库房的安全疏散距离可参照厂房的安全疏散距离规定执行。

3. 安全出口、走道、楼梯的宽度

厂房每层的疏散楼梯、走道、门的各自总宽度应按表 6-16 的规定计算。当各层人数不相等时,其楼梯总宽度应分层计算,下层楼梯总宽度按其上层人数最多的一层人数计算,但楼梯最小宽度不宜小于 1.1m。

表 6-16　厂房疏散楼梯、走道和门的宽度指标

厂房层数	1、2 层	3 层	≥4 层
宽度指数/(m/百人)	0.6	0.8	1.0

注:(1) 当使用人数小于 50 人时,楼梯、走道和门的最小宽度可适当减小,但门的最小宽度不应小于 0.8m。

(2) 表中的宽度均指净宽度。

(3) 底层外门的总宽度应按该层或该层以上人数最多的一层人数计算,但疏散门的最小宽度不宜小于 0.9m;疏散走道宽度不宜小于 1.4m。

4. 疏散楼梯设置

甲、乙、丙类厂房和高层厂房、高层库房的疏散楼梯应采用封闭楼梯间,高度超过 32m 且每层人数超过 10 人的高层厂房,宜采用防烟楼梯间或室外疏散楼梯。

丁、戊类的单、多层厂房(高度在 24m 以下)可用敞开楼梯作疏散楼梯。

5. 对疏散楼梯和门的要求

(1) 疏散用的楼梯间应符合下列要求。

① 防烟楼梯间前室和封闭楼梯间的内墙上,除在同层开设通向公共走道的疏散门外,不应开设其他的房间门窗。

② 楼梯间及其前室内不应附设烧水间,可燃材料储藏室,非封闭的电梯井,可燃气体管道,甲、乙、丙类液体管道等。

③ 楼梯间内宜有天然采光,且不应有影响疏散的凸出物。

④ 在住宅内,可燃气体管道如必须局部水平穿过楼梯间时,应采取可靠的保护设施。

(2) 作为丁、戊类厂房内的第二安全出口的楼梯,可采用净宽不小于 0.8m 的金属梯。

(3) 丁、戊类高层厂房,当每层工作平台人数不超过 2 人,且各层工作平台上同时生产

人数总和不超过 10 人时,可采用敞开楼梯,或采用净宽不小于 0.8m、坡度不大于 60°的金属梯兼作疏散梯。

(4) 疏散用楼梯和疏散通道上的阶梯,不应采用螺旋楼梯和扇形踏步,但踏步上下两级所形成的平面角度不超过 10°,且每级离扶手 25cm 处的踏步宽度超过 22cm 时,可不受此限。

(5) 高度超过 10m 的三级耐火等级建筑,应设有通至屋顶的室外消防梯,但不应面对老虎窗,并宜离地面 3m 设置,宽度不应小于 50cm。

(6) 民用建筑及厂房的疏散用门应向疏散方向开启,但人数不超过 60 人且每门的平均疏散人数不超过 30 人的房间(甲、乙类生产房间除外),其门的开启方向不限。

疏散用的门不应采用侧拉门(库房除外),严禁采用转门。

(7) 库房门应向外开或靠墙的外侧设推拉门,但甲类物品库房不应采用侧拉门。

(8) 库房、筒仓的室外金属梯可兼作疏散楼梯,但其净宽度不应小于 60cm,倾斜度不应大于 60°,栏杆扶手的高度不应小于 80cm。

6. 消防电梯

高度超过 32m 的设有电梯的厂房,每个防火分区内应设一台消防电梯(可与客、货梯兼用)。

高度超过 32m 的设有电梯的塔架,当每层工作平台人数不超过 2 人时,可不设消防电梯。

丁、戊类厂房,当局部建筑高度超过 32m 且局部升起部分的每层建筑面积不超过 50m² 时,可不设消防电梯。

高度超过 32m 的高层库房应设消防电梯。设在库房连廊、冷库穿堂或谷物筒仓工作塔内的消防电梯,可不设前室。

6.4.5　单、多层民用建筑的安全疏散设计

1. 安全出口的数目和布置

单、多层民用建筑安全出口数目和布置应符合下列规定。

(1) 公共建筑和通廊式居住建筑安全出口的数目不应少于两个,但符合下列要求的可设 1 个:

① 1 个房间的面积不超过 60m²,且人数不超过 50 人时,可设 1 个门;位于走道尽端的房间(托儿所、幼儿园除外)内由最近一点到房门口的直线距离不超过 14m,且人数不超过 80 人时,也可设 1 个向外开启的门,但门的净宽不应小于 1.4m。

② 2、3 层的建筑(医院、疗养院、托儿所、幼儿园除外)符合表 6-17 的要求时,可设 1 个疏散楼梯。

表 6-17　设置 1 个疏散楼梯的条件

耐火等级	层　数	每层最大建筑面积/m²	人　数
一、二级	2、3 层	500	第 2 层和第 3 层人数之和不超过 100 人
三级	2、3 层	200	第 2 层和第 3 层人数之和不超过 50 人
四级	2 层	200	第 2 层人数不超过 30 人

③ 单层公共建筑(托儿所、幼儿园除外)如面积不超过 200m²,且人数不超过 50 人时,

可设 1 个直通室外的安全出口。

④ 设有不少于两个疏散楼梯的一、二级耐火等级的公共建筑,如顶层局部升高时,其高出部分的层数不超过 2 层、每层面积不超过 200m² 、人数之和不超过 50 人时,可设 1 个楼梯,但应另设 1 个直通平屋面的安全出口。

(2) 9 层及 9 层以下、建筑面积不超过 500m² 的塔式住宅,可设 1 个楼梯。

9 层及 9 层以下的每层建筑面积不超过 300m² ,且每层人数不超过 30 人的单元式宿舍,可设 1 个楼梯。

(3) 超过 6 层的组合式单元住宅和宿舍,各单元的楼梯间均应通至平屋顶;如户门采用乙级防火门时,可不通至屋顶。

(4) 剧院、电影院、礼堂的观众厅安全出口的数目均不应少于两个,且每个安全出口的平均疏散人数不应超过 250 人。容纳人数超过 2000 人时,其超过 2000 人的部分,每个安全出口的平均疏散人数不应超过 400 人。

(5) 体育馆观众厅安全出口的数目不应少于两个,且每个安全出口的平均疏散人数不宜超过 400~700 人。设计时,规模较小的观众厅,宜采用接近下限值;规模较大的观众厅,宜采用接近上限值。

(6) 地下室、半地下室每个防火分区的安全出口数目不应少于两个。但其面积不超过 50m² ,且人数不超过 10 人时,可设 1 个。

地下室、半地下室有两个或两个以上防火分区时,每个防火分区可利用防火墙上 1 个通向相邻分区的防火门作为第二安全出口,但每个防火分区必须有 1 个直通室外的安全出口。人数不超过 30 人,且面积不超过 500m² 的地下室、半地下室,其垂直金属梯可作为第二安全出口。

2. 安全疏散距离

民用建筑的安全疏散距离,应符合下列要求。

(1) 直接通向公共走道的房间门至最近的外部出口或封闭楼梯间的距离,应符合表 6-18 的要求。

表 6-18 安全疏散距离   m

建筑物名称	直接通向公共走道的房间疏散门至外部出口或封闭楼梯间的最大距离					
	位于两个外部出口或楼梯间之间的房间			位于袋形走道两侧或尽端的房间		
	耐 火 等 级			耐 火 等 级		
	一、二级	三级	四级	一、二级	三级	四级
托儿所、幼儿园	25	20	—	20	15	—
医院、疗养院	35	30	—	20	15	—
学校	35	30	—	22	20	—
其他民用建筑	40	35	25	22	20	15

注:(1) 敞开式外廊建筑的房间门至外部出口或楼梯间的最大距离可按本表增加 5m。

    (2) 设自动喷水灭火系统的建筑物,其安全疏散距离可按本表规定增加 25%。

（2）房间的门至最近的非封闭楼梯间的距离，如房间位于两个楼梯间之间时，应按表 6-18 减少 5m；如房间位于袋形走道两侧或尽端时，应按表 6-18 减少 2m。

楼梯间的底层处应设置直接对外的出口。当层数不超过 4 层时，可将对外出口设置在离楼梯间不超过 15m 处。

（3）不论采用何种形式的楼梯间，房间内最远一点到房门的距离均不应超过表 6-18 中规定的袋形走道两侧或尽端的房间从房门到外部出口或楼梯间的最大距离。

3. 安全出口、走道、楼梯的宽度

（1）剧院、电影院、礼堂、体育馆等人员密集的公共场所，其观众厅内的疏散走道宽度应按其通过人数每 100 人不小于 0.6m 计算，但最小净宽度不应小于 1.0m，边走道不宜小于 0.8m。

在布置疏散走道时，横走道之间的座位排数不宜超过 20 排。纵走道之间的座位数，剧院、电影院、礼堂等每排不超过 22 个，体育馆每排不宜超过 26 个；但前后排座椅的排距不小于 90cm 时，可增至 50 个；仅一侧有纵走道时座位减半。

（2）剧院、电影院、礼堂等人员密集的公共场所观众厅的疏散内门和观众厅外的疏散外门、楼梯和走道的总宽度，均应按不小于表 6-19 的规定计算。

表 6-19　疏散宽度指标　　　　　　　　　　m/百人

疏散部位	观众厅座位数/个 耐火等级	≤2500 一、二级	≤1200 三　级
门和走道	平坡地面	0.65	0.85
	阶梯地面	0.75	1.00
楼梯		0.75	1.00

注：有等场需要的入场门，不应作为观众厅的疏散门。

（3）体育馆观众厅的疏散门以及疏散外门、楼梯和走道的各自宽度，均应按不小于表 6-20 的规定计算。

表 6-20　疏散宽度指标（耐火等级：一、二级）　　　　　m/百人

疏散部位		观众厅座位数/个		
		3000～5000	5001～10 000	10 001～20 000
门和走道	平坡地面	0.43	0.37	0.32
	阶梯地面	0.50	0.43	0.37
楼梯		0.50	0.43	0.73

注：表中较大座位数档次按规定指标计算出来的疏散总宽度，不应小于相邻较小座位数档次按其最多座位数计算出来的疏散总宽度。

（4）学校、商店、办公楼、候车室等民用建筑底层疏散外门、楼梯、走道的各自总宽度，应通过计算确定，疏散宽度指标不应小于表 6-21 的规定。

表 6-21　楼梯门和走道的宽度指标

| 宽度指标/(m/百人) | 耐 火 等 级 | | |
层　数	一、二级	三级	四级
1、2 层	0.65	0.75	1.00
3 层	0.75	1.00	—
≥4 层	1.00	1.25	—

注：(1) 每层疏散楼梯的总宽度应按本表规定计算；当每层人数不等时，其总宽度可分层计算，下层楼梯的总宽度按其上层人数最多一层的人数计算。

(2) 每层疏散门和走道的总宽度应按本表规定计算。

(3) 底层外门的总宽度应按该层或该层以上人数最多的一层人数计算，不供楼上人员疏散的外门，可按本层人数计算。

(5) 疏散走道和楼梯的最小宽度不应小于 1.1m，不超过 6 层的单元式住宅中一边设有栏杆的疏散楼梯，其最小宽度可不小于 1.0m。

(6) 人员密集的公共场所观众厅的入场门、太平门不应设置门槛，其宽度不应小于 1.4m，紧靠门口 1.4m 范围内不应设置踏步。太平门必须向外开，并宜装置自动门。

(7) 人员密集的公共场所的室外疏散小巷，其宽度不应小于 3m。

4. 疏散楼梯

单、多层民用建筑疏散楼梯设置应符合下列规定。

(1) 公共建筑的室内疏散楼梯宜设置楼梯间。医院、疗养院的病房楼，设有空气调节系统的多层旅馆和超过 5 层的其他公共建筑的室内疏散楼梯均应设置封闭楼梯间(包括底层扩大封闭楼梯间)。

超过 6 层的塔式住宅应设封闭楼梯间；如户门采用乙级防火门时，可不设。

公共建筑门厅的主楼梯如不计入总疏散宽度，可不设楼梯间。

(2) 5 层及 5 层以下的公共建筑(病房楼除外)、6 层及 6 层以下的组合式单元住宅和宿舍，可设敞开楼梯。

(3) 6 层以上的组合单元式住宅和宿舍也可采用敞开楼梯，但各单元的楼梯间均应通至平屋顶(若户门采用乙级防火门时，可不通至屋顶)。

6.4.6　高层民用建筑的安全疏散设计

1. 安全出口、疏散出口的数目和布置

安全出口和疏散出口既有区别又有联系。安全出口是指保证人员安全疏散的楼梯或直通室外地平面的门。而疏散出口则指的是房间连通疏散走道或过厅的门，还包括安全出口。高层建筑出口的数量和布置应符合下列要求。

(1) 高层建筑每个防火分区的安全出口不应少于两个。但符合下列条件之一的，可设 1 个安全出口：

① 18 层及 18 层以下，每层不超过 8 户、建筑面积不超过 650m^2，且设有 1 座防烟楼梯间和消防电梯的塔式住宅。

② 每个单元设有 1 座通向屋顶的疏散楼梯，且从第 10 层起每层相邻单元设有连通阳台或凹廊的单元式住宅。

③ 除地下室外的相邻两个防火分区,当防火墙上有防火门连通,且两个防火分区的建筑面积之和不超过规定的 1 个防火分区面积的 1.4 倍的公共建筑。

(2) 塔式高层建筑,两座疏散楼梯宜独立设置;当确有困难时,可设置剪刀楼梯,并应符合下列规定:

① 剪刀楼梯间应为防烟楼梯间。

② 剪刀楼梯的梯段之间,应设置耐火极限不低于 1.00h 的实体墙分隔。

③ 剪刀楼梯应分别设置前室。塔式住宅确有困难时可设置 1 个前室,但两座楼梯应分别设加压送风系统。

(3) 高层居住建筑的户门不应直接开向前室;当确有困难时,部分开向前室的户门均应为乙级防火门。

(4) 高层建筑地下室、半地下室每个防火分区的安全出口不应少于两个。当有两个或两个以上防火分区,且相邻防火分区之间的防火墙上设有防火门时,每个防火分区可分别设1 个直通室外的安全出口。

房间面积不超过 50m² 且经常停留人数不超过 15 人的房间,可设 1 个门。

(5) 高层建筑的安全出口应分散布置,两个安全出口之间的距离不应小于 5.00m。

(6) 高层建筑(除 18 层及 18 层以下的塔式住宅和顶层为外通廊式住宅外)通向屋顶的疏散楼梯不宜少于两座,且不应穿越其他房间,通向屋顶的门应向屋顶方向开启。

单元式住宅每个单元的疏散楼梯均应通至屋顶。

(7) 位于两个安全出口之间的房间,当面积不超过 60m² 时,可设置 1 个门,门的净宽不应小于 0.90m。位于走道尽端的房间,当面积不超过 75m² 时,可设置 1 个门,门的净宽不应小于 1.40m。

(8) 高层建筑内设有固定座位的观众厅,每个疏散出口的平均疏散人数不应超过250 人。

2. 安全疏散距离

(1) 高层建筑的安全疏散距离应符合表 6-22 的规定。

表 6-22 安全疏散距离 m

高 层 建 筑		房间门或住宅户门至最近的外部出口或楼梯间的最大距离	
		位于两个安全出口之间的房间	位于袋形走道两侧或尽端的房间
医院	病房	24	12
	其他房间	30	15
旅馆、展览楼、教学楼		30	15
其他		40	20

(2) 跃廊式住宅的安全疏散距离,应从户门算起,小楼梯的一段距离按其 1.5 倍水平投影计算。

(3) 高层建筑内的观众厅、展览厅、多功能厅、餐厅、营业厅和阅览室等,其室内任何一点至最近的疏散出口的直线距离不宜超过 30m;其他房间内最远一点至房门的直线距离不宜超过 15m。

(4) 高层建筑内设有固定座位的观众厅座位的布置,横走道之间的排数不宜超过 20 排,纵走道之间每排座位不宜超过 22 个;当前后排座位的排距不小于 0.90m 时,每排座位可为 44 个;只一侧有纵走道时,其座位数应减半。

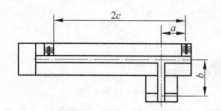

图 6-1　位于两座疏散楼梯之间袋形走道示意图

(5) 位于两座疏散楼梯之间的袋形走道两侧或尽端的房间(见图 6-1),其安全疏散距离应按下式计算:

$$a + 2b \leqslant 2c$$

式中:a 为一般走道与位于两座楼梯之间的袋形走道的中心线交叉点至较近楼梯间门的距离;b 为两座楼梯之间的袋形走道端部的房间门或住宅户门至一般走道中心线交叉点的距离;c 为两座楼梯间或两个外部出口之间最大允许距离的一半,即表 6-22 规定的位于两个安全出口之间房间的安全疏散距离。

3. 安全出口、走道、楼梯的宽度

(1) 高层建筑内走道的净宽,应按通过人数每 100 人不小于 1.00m 计算;高层建筑首层疏散外门的总宽度,应按人数最多的一层每 100 人不小于 1.00m 计算。首层疏散外门和走道的净宽不应小于表 6-23 的规定。

表 6-23　首层疏散外门和走道的净宽　　　　　　　　　　　　　　　　　m

高层建筑	每个外门的净宽	走 道 净 宽	
		单面布房	双面布房
医院	1.30	1.40	1.50
居住建筑	1.10	1.20	1.30
其他	1.20	1.30	1.40

(2) 每层疏散楼梯总宽度应按其通过人数每 100 人不小于 1.00m 计算,各层人数不相等时,其总宽度可分段计算,下层疏散楼梯总宽度应按其上层人数最多的一层计算。疏散楼梯的最小净宽不应小于表 6-24 的规定。

表 6-24　疏散楼梯的最小宽度　　　　　　　　　　　　　　　　　　　　m

高层建筑	疏散楼梯的最小净宽度	高层建筑	疏散楼梯的最小净宽度
医院病房楼	1.30	其他建筑	1.20
居住建筑	1.10		

(3) 疏散楼梯间及其前室的门的净宽应按通过人数每 100 人不小于 1.00m 计算,但最小净宽不应小于 0.90m。单面布置房间的住宅,其走道出垛处的最小净宽不应小于 0.90m。

(4) 高层建筑内设有固定座位的观众厅、会议厅等人员密集场所,其疏散走道、出口等宽度应符合下列规定:

① 厅内的疏散走道的净宽应按通过人数每 100 人不小于 0.80m 计算,且不宜小于 1.00m;边走道的最小净宽不宜小于 0.80m。

② 厅的疏散出口和厅外疏散走道的总宽度,平坡地面应分别按通过人数每 100 人不小

于0.65m计算,阶梯地面应分别按通过人数每100人不小于0.80m计算。疏散出口和疏散走道的最小净宽均不应小于1.4m。

(5)高层建筑地下室、半地下室的人员密集的厅、室疏散出口总宽度,应按其通过人数每100人不小于1.00m计算。

4.疏散楼梯和消防电梯设置

1)疏散楼梯

下列高层建筑应设防烟楼梯间:

(1)一类建筑和建筑高度超过32m的二类建筑(单元式和通廊式住宅除外),以及塔式住宅;

(2)19层及19层以上的单元式住宅;

(3)12层及12层以上的通廊式住宅。

室外疏散楼梯可作为辅助的防烟楼梯。

下列高层建筑应设封闭楼梯间:

(1)裙房和建筑高度不超过32m的二类建筑(单元式和通廊式住宅除外);

(2)12~18层的单元式住宅;

(3)10、11层的通廊式住宅。

2)消防电梯

下列高层建筑应设消防电梯:

(1)一类公共建筑;

(2)塔式住宅;

(3)12层及12层以上的单元式住宅和通廊式住宅;

(4)高度超过32m的其他二类公共建筑。

高层建筑消防电梯的设置数量应符合下列规定:

(1)每层建筑面积不大于1500m² 时,应设1台;

(2)每层建筑面积大于1500m² 但不大于4500m² 时,应设2台;

(3)每层建筑面积大于4500m² 时,应设3台;

(4)消防电梯可与客梯或工作电梯兼用,但应符合消防电梯的要求。

多台消防电梯宜分别设在不同的防火分区内。

5.对疏散楼梯、门等疏散设施的要求

(1)楼梯间及防烟楼梯间前室应符合下列规定:

① 楼梯间及防烟楼梯间前室的内墙上,除开设通向公共走道的疏散门外,不应开设其他门、窗、洞口。

② 楼梯间及防烟楼梯间前室内不应敷设可燃气体管道和甲、乙、丙类液体管道,并不应有影响疏散的凸出物。

③ 居住建筑内的煤气管道不应穿过楼梯间;当必须局部水平穿过楼梯间时,应穿钢套管保护,并应符合现行国家标准《城镇燃气设计规范(2020年版)》(GB 50028—2006)的有关规定。

(2)除通向避难层错位的楼梯外,疏散楼梯间在各层的位置不应改变,首层应有直通室外的出口。

疏散楼梯和走道上的阶梯不应采用螺旋楼梯和扇形踏步,但踏步上下两级所形成的平面角不超过10°,且每级离扶手0.25m处的踏步宽度超过0.22m时,可不受此限。

(3) 高层建筑内设有固定座位的观众厅、会议厅等人员密集场所,其疏散出口的门内、门外1.4m范围内不应设踏步,且门必须向外开,并不应设置门槛。观众厅的疏散外门,宜采用推门式外开门。

(4) 高层公共建筑的大空间设计,必须符合双向疏散或袋形走道安全疏散距离的规定。

(5) 除设有排烟设施和应急照明者外,高层建筑内的走道长度超过20m时,应设置直接天然采光和自然通风的设施。

(6) 高层建筑的公共疏散门均应向疏散方向开启,且不应采用侧拉门、吊门和转门。自动启闭的门应有手动开启装置。

(7) 建筑物直通室外的安全出口上方,应设置宽度不小于1.00m的防火挑檐。

第 7 章

建筑消火栓给水系统设计

7.1 建筑消火栓给水系统概述

7.1.1 建筑消防给水系统的组成

建筑消防给水系统以建筑物外墙为界进行划分,包括室外消防给水系统和室内消防给水系统两大部分。该系统由消防水源、建筑消防给水基础设施、消防给水管网、室内灭火设备、报警控制装置及系统附件等组成,是向一种或几种水灭火系统供水的给水设施。消火栓是指与消防给水系统或给水系统相接,设有开关阀门和一个或多个出口,用于给消防水龙带或消防车供水的装置。消火栓分为室内消火栓和室外消火栓两种。如图 7-1 所示为某高层建筑消火栓给水系统组成的示意图。

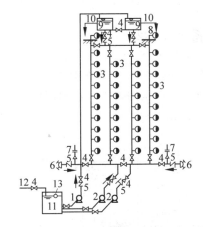

图 7-1　某高层不分区的消火栓给水系统

1—生活、生产水泵;2—消防水泵;3—消火栓和水泵远距离启动按钮;4—阀门;5—止回阀;

6—水泵接合器;7—安全阀;8—屋顶消火栓;9—高位水箱;10—管道(至生活、生产管网);

11—储水池;12—管道(来自城市管网);13—浮球阀

7.1.2 建筑消防给水系统的分类

按照建筑高度,建筑消防给水系统可分为低层建筑消防给水系统和高层建筑消防给水系统;按照用途分为合用的消防给水系统和独立的消防给水系统;按照服务范围分为独立的高压(或临时高压)消防给水系统和区域集中的高压(或临时高压)消防给水系统;按压力高低分为常高压消防给水系统、临时高压消防给水系统和低压消防给水系统。

7.1.3　低层建筑消火栓给水系统的组成和类型

1. 低层建筑消火栓给水系统的组成

低层建筑消火栓给水系统通常由消防供水水源(市政给水管网、天然水源、消防水池),消防供水设备(消防水箱、消防水泵、水泵接合器),室内消防给水管网(进水管、水平干管、消防竖管等),以及室内消火栓(水枪、水带、消火栓)和室外消火栓等4部分组成,具体见图7-2。其中消防水池、消防水箱和消防水泵的设置需根据建筑物的性质、高度以及市政给水的供水情况而定。

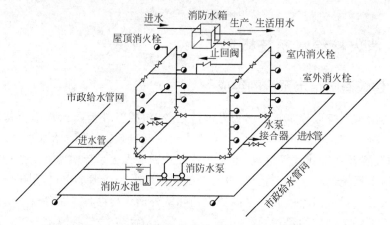

图 7-2　低层建筑消火栓给水系统的组成示意图

2. 低层建筑消火栓给水系统的类型

1) 低压消火栓给水系统

在低压消火栓给水系统(见图7-3)中,市政管网供水量能满足消防室外用水的要求,水压≥0.1MPa,但不能满足室内消防水压的要求,故需借助消防车从室外消火栓取水灭火或利用室内消防水泵加压后灭火。在这种系统中,消防管网一般与生产、生活给水合并使用,该系统适用于各类建筑。

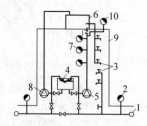

图 7-3　低压消火栓给水系统

1—市政给水管;2—室外消火栓;3—室内生活给水点;
4—室内水池;5—消防水泵;6—水箱;7—室内消火栓;
8—生活水泵;9—建筑物;10—屋顶试验用消火栓

2) 高压消火栓给水系统

在高压消火栓给水系统(见图7-4)中,市政给水管网或室外高位水池的供水量和供水压力能满足室内、外消防时的用水要求,一般采用与生产、生活合并的给水系统,但当最大供水压力大于0.6MPa或大于平时生产、生活用水要求的水压时,系统应分开。

3) 临时高压消火栓给水系统

消防给水系统与生产、生活给水系统合并时可采用临时高压消火栓给水系统(见图7-5),其水质应符合生活饮用水和生产用水水质标准。

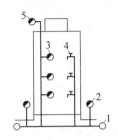

图 7-4　高压消火栓给水系统

1—室外环管;2—室外消火栓;3—室内消火栓;

4—生活给水点;5—屋顶试验用消火栓

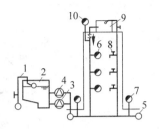

图 7-5　临时高压消火栓给水系统

1—市政给水管网;2—水池;3—消防水泵组;4—生活水泵组;

5—室外管网;6—室内消火栓;7—室外消火栓;

8—生活给水;9—高位水箱和补水管;10—屋顶试验用消火栓

4) 无加压泵和水箱的室内消火栓给水系统

当室外给水管网的水压和水量任何时候都能满足室内最不利点消火栓的设计水压和水量时,可采用无加压泵和水箱的室内消火栓给水系统(见图7-6),它属于常高压系统,消火栓打开即可使用。

5) 设有水箱的室内消火栓给水系统

设有水箱的室内消火栓给水系统(见图7-7)常用在水压变化较大的城市或居住区。当生活、生产用水量达到最大时,室外管网不能保证室内最不利点消火栓的压力和流量;而当生活、生产用水量较小时,室外管网的压力又较大,能向高位水箱补水。因此,常设水箱调节生活、生产用水量,同时储存10min的消防用水量,水箱应有确保消防用水不被动用的技术措施。

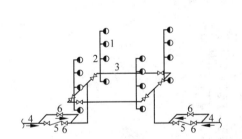

图 7-6　无加压泵和水箱的室内消火栓给水系统

1—室内消火栓;2—室内消防竖管;3—干管;

4—进户管;5—止回阀;6—旁通管及阀门

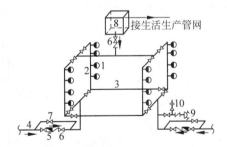

图 7-7　设有水箱的室内消火栓给水系统

1—室内消火栓;2—消防竖管;3—干管;4—进户管;

5—水表;6—止回阀;7—旁通管及阀门;8—水箱;

9—水泵接合器;10—安全阀

6) 设有消防水泵和消防水箱的室内消火栓给水系统

当室外给水管网的水压和水量经常不能满足室内消火栓给水系统的水压和水量要求,或室外采用消防水池作为消防水源时,采用设有消防水泵和消防水箱的室内消火栓给水系统(见图7-8)。采用该系统时,室内应设置消防水泵加压,同时设置消防水箱,储存10min的消防用水量。

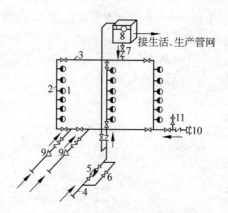

图 7-8　设有消防水泵和水箱的室内消火栓给水系统

1—室内消火栓；2—消防竖管；3—干管；4—进户管；5—水表；6—旁通管及阀门；

7—止回阀；8—水箱；9—消防水泵；10—水泵接合器；11—安全阀

这种给水系统,生活、生产给水和消防给水宜分开设置水泵。此时水泵应保证供应生活、生产、消防用水的最大秒流量,并应满足室内管网最不利点消火栓的水压和水量。

7.1.4　高层建筑消火栓给水系统的类型

根据建筑物的高度,高层建筑消火栓给水系统可分为分区消火栓给水方式和不分区消火栓给水方式。

1. 不分区消火栓给水系统

建筑高度超过 24m 而不超过 50m 的高层建筑一旦发生火灾时,消防队使用一般消防车,从室外消火栓或消防水池取水,通过水泵接合器向室内管道送水,这样可加强室内管网的供水能力,协助扑救室内火灾。因此,建筑高度不超过 50m,或最低消火栓处的静水压力不超过 0.8MPa 时,可采用不分区消火栓给水方式的给水系统(见图 7-9)。

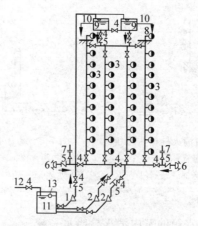

图 7-9　不分区消火栓给水系统

1—生活、生产水泵；2—消防水泵；3—消火栓和水泵远距离启动按钮；4—阀门；5—止回阀；

6—水泵接合器；7—安全阀；8—屋顶消火栓；9—高位水箱；10—管道(至生活、生产管网)；

11—储水池；12—管道(来自城市管网)；13—浮球阀

2.分区消火栓给水系统

建筑高度超过50m的消火栓给水系统,难以得到一般消防车的供水支持来扑灭火灾。为加强给水系统的供水能力,保证供水安全和火场灭火用水,应采用分区消火栓给水系统(见图7-10)。

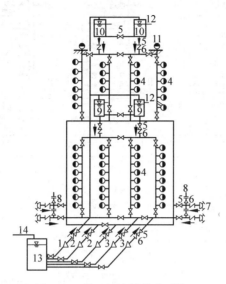

图7-10　分区消火栓给水系统

1—生活、生产水泵;2—二区消防泵;3——区消防泵;4—消火栓和水泵远距离启动按钮;
5—阀门;6—止回阀;7—水泵接合器;8—安全阀;9——区水箱;10—二区水箱;
11—屋顶消火栓;12—管道(至生活、生产管网);13—水池;14—管道(来自城市管网)

3.分区并联消火栓给水方式

分区并联消火栓给水方式是给水管网竖向分区,每区分别用各自的专用水泵提升供水。它的优点是水泵布置相对集中于地下室或首层,管理方便,安全可靠。缺点是高区水泵扬程较高,需用耐高压管材与管件,对于高区超过消防车供水压力的上部楼层消火栓,水泵接合器将失去作用,供水的安全性不如串联的好。一般适用于分区不多的高层建筑,如建筑高度100m以内的高层建筑(见图7-11),或超高层建筑顶部100m范围内,见图7-12(c)。

4.分区串联消火栓给水方式

分区串联消火栓给水方式包括竖向各区由水泵直接串联向上(见图7-12(a)),和经中间水箱转输再由泵提升的间接串联(见图7-12(b))两种给水方式。其优点是不需要高扬程水泵和耐高压的管材、管件,可通过水泵接合器并经各转输泵向高区送水灭火,供水可靠性比并联好。缺点是水泵分散在各层,管理不便;消防时下部水泵应与上部水泵联动,安全可靠性较差。一般适用于建筑高度超过100m,消防给水分区超过两个的超高层建筑。

7.1.5　消防水源

消防用水可取自天然水源、市政给水、消防水池、高位消防水池等,但应优先取自市政给水管网。消防水源是为建筑灭火设备提供所需消防用水的储水设施,对确保成功灭火起着

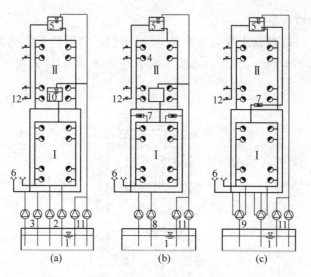

图 7-11　高层建筑分区并联消火栓给水系统

(a) 采用不同扬程的水泵分区；(b) 采用减压阀分区；(c) 采用多级多出口水泵分区

1—水池；2—低区水泵；3—高区水泵；4—室内消火栓；5—屋顶水箱；6—水泵接合器；7—减压阀；

8—消防水泵；9—多级多出口水泵；10—中间水箱；11—生活给水泵；12—生活给水点

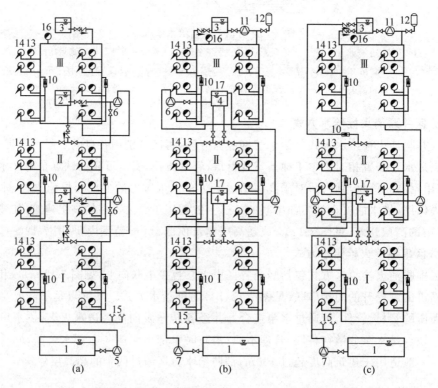

图 7-12　超高层建筑分区串(混)联消火栓给水系统

(a) 采用不同扬程的水泵分区；(b) 采用减压阀分区；(c) 采用多级多出口水泵分区

1—消防水池；2—中间水箱；3—屋顶水箱；4—中间转输水箱；5—消防水泵；6—中、高区消防水泵；

7—低、中区消防水泵兼转输泵；8—中区消防水泵；9—高区消防水泵；10—减压阀；11—增压水泵；

12—气压罐；13—室内消火栓；14—消防卷盘；15—水泵接合器；16—屋顶消火栓；17—浮球阀

重要的作用。

1. 天然水源

室外消防水源可采用天然水源,并应采取防止冰凌、漂浮物等堵塞水灭火系统的技术措施。

(1) 江河湖泊等天然水源,可作为城镇和室外永久性天然消防水源,其设计枯水流量保证率应根据城市规模和工业项目的重要性、火灾危险性和经济合理性等综合确定,宜为90%~97%。但村镇的室外消防给水水源的设计枯水流量保证率可根据当地水源情况适当降低。

(2) 自备地下水井宜为消防水池的补水水源。自备地下水井可向水灭火系统直接供水的水泵应能自动启动,并应符合下列规定:

① 当自备地下水井不少于两口水井,且供电为一、二级供电负荷时,当其中一口井水泵故障时,其余自备井水泵的出水量在满足生活、生产最大小时用水量后,仍能满足其所服务的水灭火系统所需的设计压力和流量时,宜采用双水源消防给水系统。

② 当自备地下水井不少于两口水井,且供电为三级供电负荷时,自备井水泵的出水量在满足生活、生产最大小时用水量后,仍能满足其所服务的水灭火系统所需的设计压力和流量时,宜采用单水源消防给水系统。

当天然水源作为室外消防水源时,应设置满足枯水位消防取水设施的取水技术要求;当设置消防车取水口时,在枯水位时消防车的最大吸水高度不应超过 6m。天然消防水源取水口的防洪设计标准不应低于城市防洪标准。设有消防车取水口的天然水源,应设置消防车到达取水口的消防车道和消防车停车场地。

2. 市政给水

给水管网的任务就是将水源地的水送到水厂,再由水厂送往各用水对象。给水管网是由输水管、输水干管、连接管和配水管组成的。输水管的作用就是向管网输送水,而不直接向用户供水。输水干管是将水送往水池、水塔、大用户的城镇管网的主要供水管。一般输水干管负担向配水管供水;连接管就是连接输水干管的管段。使城镇给水管网形成环状管网;当局部管线损坏时,通过调节连接管流量,供应生活、生产和消防用水。管网干管连接管的间距不宜大于 750m。配水管的作用就是将管网中的水送往各用水对象,城镇给水区每条道路下均需设置配水管,供应用户用水。一般配水管较细,配水管之间的最大距离不应超过160m,配水管的直径应根据生产、生活和消防用水量之和确定。

当城镇有两座及以上给水厂的两条及以上输水干管向城镇市政环状给水管网输水,且市政环状给水管网的设计符合《室外给水设计规范》(GB 50013—2018)时,应采用市政双水源。当城镇有一座给水厂的两条及以上输水干管向城镇市政环状给水管网输水,且市政环状给水管网的设计符合《室外给水设计规范》(GB 50013—2018)时,应采用市政等效双水源。当城镇仅有一座给水厂的一条输水干管向城镇市政环状或枝状给水管网输水,且市政给水管网的设计符合《室外给水设计规范》(GB 50013—2018)时,应采用市政单水源。

(1) 供应消防用水的室外消防给水管网应布置成环状管网,以保证消防用水的安全。但在建设初期,采用环状管网有困难时,可采用枝状管网,但应考虑将来有形成环状管网的可能。

一般居住区或企事业单位内,当消防用水不超过 15L/s 时,为节约投资,可布置成枝状,其火场用水可由消防队采取相应措施予以保证。

（2）为确保环状给水管网的水源,要求向环状管网输水的输水管不应少于两条,当其中一条发生故障时,其余的输水管仍应能通过消防用水总量。在工业企业内,当停止（或减少）生产用水会引起二次灾害（例如引起火灾或爆炸事故）,输水管中一条发生故障时,要求其余的输水管仍应能保证 100% 的生产、生活、消防用水量,不得降低供水保证率。环状管网的输水干管（即将水送往大用户、水池、水塔的给水管网的主要供水管）不应少于两条,并应从用水量较大的街区通过,且其中一条发生故障时,其余的干管应仍能通过消防用水总量。

（3）为了保证火场消防用水,避免因个别管段损坏导致管网供水中断,环状管网上应设置消防分隔阀门将其分成若干独立段。阀门应设在管道的三通、四通分水处,阀门的数量应按 $n-1$ 原则设置（三通 n 为 3,四通 n 为 4）。为使消防队到达火场后,能就近利用消火栓一次串联供水,及时扑灭初期火灾,两阀门之间的管段上消火栓的数量不宜超过 5 个。

3. 消防水池

消防水池是人工建造的消防水源地,是天然水源或市政给水管网的一种重要补充手段。消防用水宜与生活、生产用水合用水池,亦可建成独立的消防水池。当市政给水管网能保证室外消防用水量时,消防水池的有效容积为火灾延续时间内室内消防用水量;当市政给水管网不能保证室外消防用水量时,消防水池的有效容积为火灾延续时间内室内消防用水量与市政消防用水量不足部分之和;在火灾延续时间内,若市政给水管网有向消防水池连续补水的能力,则消防水池的有效容积应减去火灾延续时间内的补水量。消防用水与生产、生活用水合并的水池,应有确保消防用水不被挪作他用的技术设施。寒冷地区的消防水池应有防冻设施,可采用覆土、保温墙和余热蒸汽等措施保温。消防水池可设在室外地下、地面上和半地下半地上,也可设在建筑内地下室或者首层。如果消防水池设在楼层上和屋面上,要注意荷载对结构的影响和地震的影响。

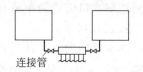

连接管

图 7-13　超过 500m³ 的消防水池布置方式

消防水池的总有效容积大于 500m³ 时应设置两座独立的消防水池,且有效容积宜相等。超过 500m³ 的消防水池布置方式见图 7-13。

7.1.6　主要供水设施

1. 消防水泵

消防水泵的选择应根据消防给水系统所服务的水灭火系统的需求,分析供水工况以及水泵机组的效率等因素综合确定,同一消防给水系统的消防水泵型号应一致。消防水泵应满足自灌要求,且在消防水池最低水位时仍能满足消防水泵自灌自动启动的技术要求,泵站吸水管路阀门和出水管布置见图 7-14 和图 7-15。

2. 消防水泵接合器

消防水泵接合器是消防队使用消防车从室外水源或市政给水管取水向室内管网供水的接口,其结构形式如图 7-16 所示。

《建筑设计防火规范（2018 年版）》（GB 50016—2014）第 8.4.1 条规定,高层厂房（仓库）、设置室内消火栓且层数超过 4 层的厂房（仓库）、设置室内消火栓且层数超过 5 层的公共建筑,其室内消火栓给水系统应设置消防水泵接合器。消防水泵接合器应设置在室外便于消

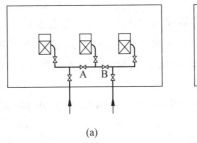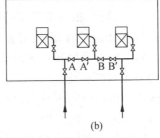

图 7-14　泵站吸水管路阀门布置示意图

（a）保证一台水泵供水时的阀门布置；（b）保证两台水泵供水时的阀门布置

A,A′,B,B′—阀门

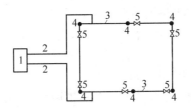

图 7-15　消防泵房出水管与环状管网连接示意图

1—泵房；2—出水管；3—室内管网；4—消防竖管；5—消防阀门

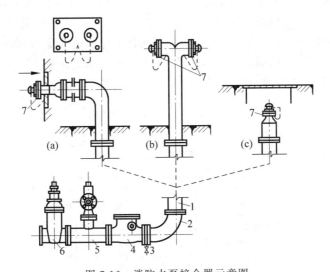

图 7-16　消防水泵接合器示意图

（a）SQB 型墙壁式；（b）SQ 型地上式；（c）SQX 型地下式

1—法兰接管；2—弯管；3—放水阀；4—升降式止回阀；5—安全阀；6—楔式闸阀；7—进水用消防接口

防车使用的地点，与室外消火栓或消防水池取水口的距离宜为 15～40m。消防水泵接合器的数量应按室内消防用水量计算确定，每个消防水泵接合器的流量宜按 10～15L/s 计算。建筑的室外消火栓、阀门、消防水泵接合器等设置地点应设置相应的永久性固定标识。三种不同的消防水泵接合器如图 7-16 所示。

3．消防水泵房

消防水泵房可独立建造,也可附设在其他建筑物内;但当消防用水量大于 200L/s,或应设置高位消防水箱但无法设置时,应设置独立的消防水泵房,并应符合下列规定。

（1）独立建造的消防水泵房耐火等级不应低于二级,与其他能产生火灾暴露危害的建筑物的防火距离应根据计算确定。

（2）附设在建筑物内的消防水泵房,应采用耐火极限不低于 2.0h 的隔墙和 1.5h 的楼板与其他部位隔开,并应设甲级防火门。

（3）附设在建筑物内的消防水泵房,当设在首层时,其出口应直通室外;当设在地下室或其他楼层时,其出口应直通安全出口。

（4）独立消防水泵房应采用独立供电系统。

4．消防增压稳压设备

对于采用临时高压消防给水系统的高层或多层建筑物,当所设消防水箱的设置高度不能满足系统最不利点灭火设备所需的水压要求时,应在建筑消防给水系统中设置增压稳压设备。

1）增压稳压设备的组成与工作原理

增压稳压设备一般由隔膜式气压罐、稳压泵、消防水泵、消火栓等组成,如图 7-17 所示。在隔膜式气压罐内有 4 个压力控制点,分别与 4 个压力继电器相连接,用以控制增压稳压设备的工作,其控制原理如图 7-18 所示。在隔膜式气压罐内设定的 P_1、P_2、P_{S1}、P_{S2} 4 个压力控制点中,P_1 为隔膜式气压罐设计最小工作压力,P_2 为消防水泵启动压力,P_{S1} 为稳压泵启动压力,P_{S2} 为稳压泵停泵压力。当罐内压力为 P_{S2} 时,消防给水管网处于较高压力状态,稳压泵和消防水泵均处于停止状态,随着管网渗漏或其他原因造成泄压,罐内压力从 P_{S2} 降至 P_{S1} 时便自动启动稳压泵,向隔膜式气压罐补水,直到罐内压力达到 P_{S2} 时,稳压泵则停止运转,从而保证了隔膜式气压罐内消防储水的常备储存。若建筑物发生火灾,随着灭火设备的

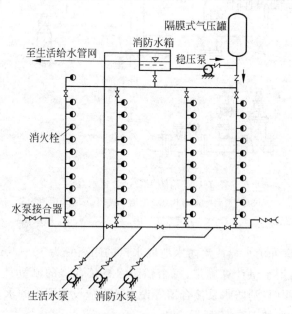

图 7-17　消火栓给水系统的增压稳压设备

开启用水,会使气压罐内水量减少,压力不断下降。当罐内压力从 P_{S2} 降至 P_{S1} 时,稳压泵启动,但由于稳压泵流量较小,其供水全部提供给灭火设备使用,而隔膜式气压罐内得不到补水,罐内压力继续下降;罐内压力降至 P_2 时,在发出报警声响的同时,输出信号到消防控制中心,自动启动消防水泵向消防给水管网供水;当消防水泵启动后,稳压泵便自动停止运转,消防增压稳压功能完成。P_1 为隔膜式气压罐设计的最小工作压力,为出厂时设定的。灭火后手动恢复,使设备处于正常控制状态。

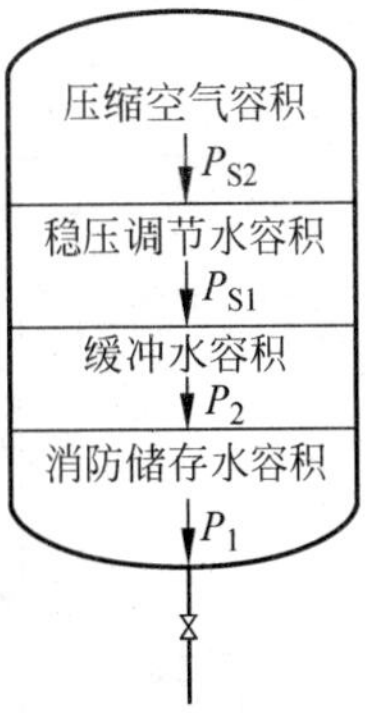

2)增压稳压设备的类型

(1)上置式消防增压稳压设备

将消防增压稳压设备设置在高位消防水箱间,称为上置式消防增压稳压设备,如图 7-19 所示。采用上置式消防增压稳压设备的优点是所配用的稳压泵扬程低,隔膜式气压罐的充气压力小,承压低,可节省钢材和运行费用,但对隔振要求高。

图 7-18　隔膜式气压罐的工作原理

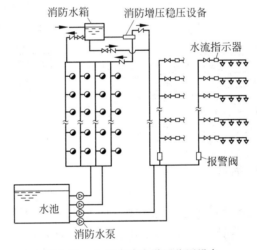

图 7-19　上置式消防增压稳压设备

(2)下置式消防增压稳压设备

将消防增压稳压设备设置在底层消防水泵房,称为下置式消防增压稳压设备,如图 7-20 所示。由于隔膜式气压罐内的供水压力是借罐内的压缩空气来维持,因此,其不仅能保证灭火设备处所需的水压,而且罐体的安装高度还不受限制,可设置在建筑物的任何部位。当高位消防水箱间的面积有限时,可采用这种下置式消防增压稳压设备。

5.消防减压设备

消防减压设备在建筑消防给水系统中起调节平衡系统管路水压的作用。常用的消防减压设备有减压孔板、节流管和比例减压阀 3 种,具体见图 7-21～图 7-23。在控制管道动压的区段宜设置减压孔板或节流管,控制管道静压的区段宜设置减压阀。

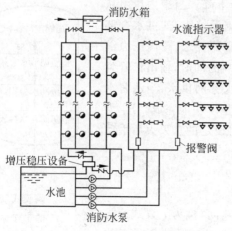

图 7-20　下置式消防增压稳压设备

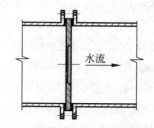

图 7-21　减压孔板结构示意图

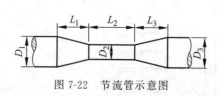

图 7-22　节流管示意图

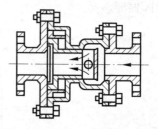

图 7-23　比例减压阀结构示意图

7.2　室外消防给水系统

　　室外消防给水系统是指设置在建筑物外墙中心线以外的一系列消防给水工程设施。该系统可以大到担负整个城市(镇)的消防给水任务,小到可能仅担负居住区、工矿企业等建筑小区或单体建筑物室外部分的消防给水任务。它是城市公共消防系统的重要组成部分,其完善与否直接关系着灭火的成败。

7.2.1　室外消防给水系统的组成

　　室外消防给水系统的任务就是通过室外消火栓为消防车等消防设备提供消防用水,或通过进户管为室内消防给水设备提供消防用水。室外消防给水系统应满足消防时各种消防用水设备对水量、水压、水质的基本要求。

　　根据系统的类型和水源、水质等情况不同,室外消防给水系统的组成不尽相同。有的比较复杂,如生活、生产、消防合用给水系统;而独立消防给水系统则相对比较简单,省却了水处理设施。通常室外消防给水系统由以下几部分组成,如图 7-24 所示。

7.2.2　室外消防给水系统的类型

　　《建筑设计防火规范(2018 年版)》(GB 50016—2014)中,按管网内的水压把室外消防给

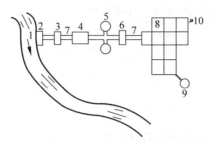

图 7-24　室外消防给水系统组成示意图
1—消防水源；2—取水设施；3—一级泵站；4—净化水处理设施；
5—清水池；6—二级泵站；7—输水管；8—给水管网；9—水塔；10—室外消火栓

水系统分为常高压、临时高压和低压消防给水系统 3 种。

1. 常高压消防给水系统

其水压和流量在任何时间和地点都能满足其服务的水消防灭火设施灭火时所需要的额定压力和流量，且在其系统供水保护范围内，不需要设消防给水泵的消防给水系统称为常高压消防给水系统。这种系统是最理想的，但对于很多建筑，特别是高层建筑来说，是很难达到的。市区部分市政给水可以保持足够的压力和消防用水量的多层建筑可以采用这种系统。

2. 临时高压消防给水系统

临时高压消防给水系统在准工作状态采用高位消防水箱和隔膜式气压罐等使其处于充水状态，并保持一定的压力，灭火时系统应能启动消防主泵，且满足消防给水系统灭火时所需的额定压力和流量。

3. 低压消防给水系统

其压力和流量在满足其他用途水量的最不利工况下，仍能满足消防车取水所需的额定压力和流量的消防给水系统称为低压消防给水系统。一般建筑内的生产、生活和消防合用给水系统多采用这种系统。前提是市政给水管道、进水管或天然水源至少能满足室外消防用水量，室外消火栓栓口处的水压从室外设计地面算起不低于 0.1MPa。

7.2.3　室外消防用水量

室外消防用水量是指扑救火灾所必需的总供水量。室外消防用水量用于供消防车或移动式消防水泵直接扑灭或控制低层建筑、高层建筑低层部分的火灾。

1. 城镇、居住区室外消防用水量

《建筑设计防火规范（2018 年版）》（GB 50016—2014）第 8.2.1 条规定，城市、居住区的室外消防用水量应根据同一时间内的火灾次数和一次灭火用水量按下式计算确定。同一时间内的火灾次数和一次灭火用水量不应小于该规范表 8.2.1 的规定。

$$Q = \sum_{i=1}^{n} Q_i \tag{7-1}$$

式中：Q 为城镇、居住区室外消防用水量，L/s；n 为城镇、居住区同一时间内火灾次数，次；Q_i 为城镇、居住区一次灭火用水量，L/s。

2.工业与民用建筑物室外消火栓设计用水量

《建筑设计防火规范(2018年版)》(GB 50016—2014)第8.2.2条规定,工厂、仓库、堆场、储罐(区)和民用建筑的室外消防用水量,应按同一时间内的火灾次数和一次灭火用水量确定。

7.2.4 室外消火栓

室外消火栓是指设置在市政给水管网和建筑物外消防给水管网上的一种供水设施,其作用是供消防车或其他移动灭火设备从市政给水管网或室外消防给水管网取水或直接接出水带、水枪实施灭火。室外消火栓是城镇或建筑小区的公共消防设施,其设置对于提高城市综合防灾能力、减少火灾危害有着很大的影响,应引起足够的重视。

1.室外消火栓的类型

室外消火栓按其结构不同分为地上式消火栓和地下式消火栓两种,以适应设置环境的要求;按压力分为低压消火栓和高压消火栓,以适应灭火的需要。

1)地上式消火栓

地上式消火栓由本体、进水弯管、阀杆、法兰接管、排水阀等组成,如图7-25所示,阀体的大部分露出地面。地上式消火栓具有目标明显、易于寻找、出水操作方便等特点,适于气候温暖的地区安装使用。

2)地下式消火栓

地下式消火栓由本体、进水弯管、阀杆、阀座、阀体、排水阀等组成,如图7-26所示。地下式消火栓具有防冻、不易遭到人为损坏、便利交通等优点。但目标不明显、操作不便,适用于气候寒冷的地区。采用室外地下式消火栓要求在附近地面上有明显的固定标志,以便在下雪等恶劣天气容易寻找。

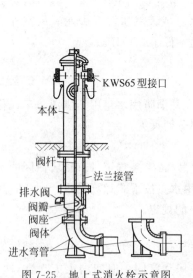

图 7-25 地上式消火栓示意图

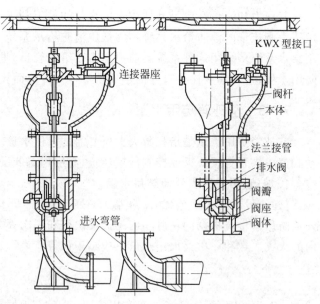

图 7-26 地下式消火栓示意图

3）低压消火栓

设置在低压消防给水管网上的室外消火栓,称为低压消火栓,其作用是为消防车提供必需的消防用水。火场上水枪等灭火设备所需的压力由消防车加压获得。

4）高压消火栓

设置在高压消防给水管网上的室外消火栓称为高压消火栓。由于此种消火栓系统压力较高,因此,能够保证所有消火栓直接接出水带、水枪,产生所需的充实水柱实施灭火,而不需要消防车或其他移动式消防水泵再加压。

2. 室外消火栓的流量与压力

1）室外低压消火栓的流量和压力

（1）室外低压消火栓的流量

室外低压消火栓一般只供一辆消防车出水,常出两支口径 19mm 的直流水枪,火场要求水枪充实水柱为 10～15m,则每支水枪的流量为 5～6.5L/s,两支水枪的流量为 10～13L/s。考虑到接口及水带的漏水,每个低压消火栓的流量按 10～15L/s 计。

（2）室外低压消火栓的压力

按照一条水带给消防车水罐上水考虑,要保证两支枪的流量,通过计算可得,最不利点室外消火栓处的出口压力不应小于 0.1MPa（从室外地面算起）。

2）室外高压消火栓的流量和压力

（1）室外高压消火栓的流量。

每个室外高压消火栓一般按出一支口径 19mm 的直流水枪考虑,水枪充实水柱为 10～15m,则要求每个高压消火栓的流量不小于 5L/s。

（2）室外高压消火栓的压力。

在最大用水量时,应满足喷嘴口径 19mm 的水枪布置在任何建筑物最高处,每支水枪计算流量不小于 5L/s,充实水柱不小于 10m,采用直径 65mm,120m 的水带供水时的要求,则其最不利点消火栓处的出口压力可按下式计算:

$$H_{xh} = H_\Delta + H_d + H_q \tag{7-2}$$

式中:H_{xh} 为最不利点室外高压消火栓处的出口压力,MPa;H_Δ 为水枪出口（水枪手站在建筑物最高处时）与消火栓出口之间的高程压差,MPa;H_d 为水带系统（6 条直径 65mm 的水带）水头损失,MPa;H_q 为水枪喷嘴处所需的水压,MPa。

3. 室外高压消火栓的最大布置间距

室外消火栓的布置,应保证城市任何部位都在两个室外消火栓的保护半径之内。结合城市道路布置和街坊道路规划间距要求以及考虑火场供水需要,要求室外低压消火栓的最大布置间距不应大于 120m,室外高压消火栓的最大布置间距不应大于 60m。

7.2.5　室外消防给水管网

1. 管网管径确定

市政或室外消防给水管网的管径,应根据其设计流量和流速按下式计算确定:

$$D = \sqrt{\frac{4Q}{\pi v}} \tag{7-3}$$

式中:D 为管网管径,m;Q 为管段设计流量,m³/s;v 为管段流速,m/s。

1) 管段设计流量

对于合用管网,设计流量可按下列两种方法确定:①按生产、生活最高日最大时用水量加上消防用水量的最大秒流量确定,采用这种方法选择出来的管径较大,对消防用水较安全,对日后管网的发展也较为有利;②按生活、生产最高日最大时用水量确定,采用此种方法选择出来的管径较小、较经济,但要进行消防校核。值得注意的是,在灭火时会影响生产用水甚至会引起生产事故的情况下,不宜采用后一种方法确定管径。

对于独立的消防给水管网,其设计流量应按消防用水最大秒流量确定,并适当留有余地,以满足扑救较大火灾的需要。

2) 管段流速

管段流速应根据消防给水系统的具体情况选用。对于生活、生产、消防合用管网,为使系统运行较经济,其水流流速宜按当地的经济流速确定。对于独立的消防给水管网,为了防止管网因水击作用出现爆破,管网内的最大流速不宜超过 2.5m/s。

2. 管网设置要求

市政和室外消防给水管网在设置时,应满足以下要求。

(1) 城市市政给水管网应布置成环状。建筑物室外消防给水管网也应布置成环状,但室外消防用水量不大于 15L/s 时,可布置成枝状。分期建设的大型工程,允许建设初期室外消防给水管网布置成枝状,但在工程结束时应连成环状。

(2) 环状管网的输水干管和向环状管网输水的输水管(或进水管)应不少于两条,当其中一条发生事故时,其余的管道应能满足消防用水总量的供给要求。

(3) 室外消防给水管网的管径不应小于 100mm,有条件的话,最好不小于 150mm,以保证火灾时能提供最低的消防用水量。

(4) 环状管网应用阀门分成若干独立段,以便于管网检修。阀门一般按照 $N-1$ 的原则进行布置(N 为管段数)。为减少检修时中断使用的消火栓数量,使消防队到达火场后,能就近利用消火栓,及时扑灭初期火灾,每段内(两个阀门之间)消火栓数量不宜超过 5 个。

(5) 室外消防给水管道的敷设应符合现行标准《室外给水设计规范》(GB 50013—2006)的规定。当为专用消防给水管道时,其管顶应在冻土层底 200mm 以下埋设。

7.3 室内消火栓给水系统

室内消火栓给水系统是建筑物应用最广泛的一种消防设施,既可供火灾现场人员使用消火栓箱内的消防水喉、水枪扑救建筑物的初期火灾,又可供消防队员扑救建筑物的大火。

7.3.1 室内消火栓给水系统概述

《建筑设计防火规范(2018 年版)》(GB 50016—2014)8.3 节规定,符合下列条件的低层建筑应设置 DN65 室内消火栓:

(1) 建筑占地面积大于 $300m^2$ 的厂房(仓库);

(2) 体积大于 $5000m^3$ 的车站、码头、机场的候车(船、机)楼、展览建筑、商店、旅馆建筑、病房楼、门诊楼、图书馆建筑等;

(3) 特等、甲等剧场,超过 800 个座位的其他等级的剧场和电影院等,超过 1200 个座位的礼堂、体育馆等；

（4）超过 5 层或体积大于 10 000m³ 的办公楼、教学楼、非住宅类居住建筑等其他民用建筑；

（5）超过 7 层的住宅应设置室内消火栓系统，当确有困难时，可只设置干式消防竖管和不带消火栓箱的 DN65 室内消火栓，且消防竖管的直径不应小于 DN65；

（6）国家级文物保护单位的重点砖木或木结构的古建筑。

7.3.2 消防卷盘（消防水喉）的设置原则

《建筑设计防火规范（2018 年版）》(GB 50016—2014)第 8.3.3 条规定，设有室内消火栓的人员密集的公共建筑以及低于该规范第 8.3.1 条规定规模的其他公共建筑宜设置消防软管卷盘；建筑面积大于 200m² 的商业服务网点应设置消防软管卷盘或轻便消防水龙。

7.3.3 室内消火栓设备及设置要求

1. 室内消火栓设备的组成

1）消火栓箱

室内消火栓箱将室内消火栓、水带、水枪以及手轮等集装于一起，如图 7-27 所示。根据室内美观等要求，箱体形式有嵌墙暗箱、半明装箱和挂墙明箱 3 种。通常消火栓安装在箱体下部，出水口面向前方；水带折放在框架内，也可双层绕于水带转盘上；水枪安装于水带转盘旁边弹簧卡上。消火栓箱门可采用任意材料制作，但必须保证火灾时能及时打开。

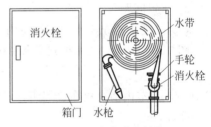

图 7-27　室内消火栓箱

2）室内消火栓

室内消火栓实际上是室内消防给水管网向火场供水的带有专用接口的阀门。其进水端与消防管道相连，出水端与水带相连。消火栓有 SN 型直角单出口、SN 型 45°单出口和 SNS 型直角双出口 3 种。消火栓的栓口直径有 50mm 和 65mm 两种。其栓口直径的选择应根据其所使用的水枪出水流量确定，当水枪出水流量小于 5L/s 时，可选用直径 50mm 的栓口；当水枪出水流量大于等于 5L/s 时，宜选用直径 65mm 的栓口。高层建筑室内消火栓的栓口直径应为 65mm。

3）水带

室内消火栓目前多配套直径为 50mm 或 65mm 的胶里水带，每个消火栓一般配备 1 条（盘）水带。水带两头为内扣式标准接头，每条水带的长度一般为 20m，最长不应大于 25m。水带一头与消火栓出口连接，另一头与水枪连接。

4）水枪

室内消火栓一般配备直流水枪。水枪喷嘴口径有 13,16,19,22,25mm 5 种，通常喷嘴口径 13mm 的水枪与 50mm 的水带配套，喷嘴口径 16mm 的水枪与 50mm 或 65mm 的水带配套，喷嘴口径 19mm 的水枪与 65mm 的水带配套。一般情况下，当水枪最小流量不大于 5L/s 时，可选用口径 16mm 水枪（个别情况下，根据流量计算也可采用口径 13mm 水枪）；每支水枪最小流量大于 5L/s 时，宜选用口径 19mm 水枪（个别情况下，根据流量计算，也可采用口径 22mm 水枪)。高层建筑消火栓的水枪喷嘴口径应根据消防出水流量和充实水柱的要求确定,且不应小于 19mm。

2. 室内消火栓保护半径

室内消火栓的保护半径可按下式计算:

$$R_f = fL_d + L_k \qquad (7-4)$$

式中:R_f 为室内消火栓的保护半径,m;f 为水带铺设弯曲折减系数,一般取 $0.8 \sim 0.9$;L_d 为一条水带的实际长度,m;L_k 为水枪充实水柱在平面上的投影长度,m。

水枪充实水柱在平面上的投影长度可按下式计算:

$$L_k = S_k \cos\alpha \qquad (7-5)$$

式中:S_k 为水枪充实水柱长度,m;α 为水枪射流上倾角,一般不超过 $45°$,在最不利情况下,可稍大些,但最大不能超过 $60°$。

3. 室内消火栓布置间距

1)布置原则

室内消火栓的布置应保证每一个防火分区同层有两支水枪的充实水柱同时到达任何部位。建筑高度小于等于 24m 且体积小于等于 5000m³ 的多层仓库,可采用一支水枪充实水柱到达室内任何部位。

2)布置间距

(1)一支水枪充实水柱到达室内任何部位。

图 7-28 所示为一支水枪充实水柱到达室内任何部位时消火栓的布置间距,可按下式计算:

$$L_f \leqslant 2\sqrt{R_f^2 - b_f^2} \qquad (7-6)$$

式中:L_f 为室内消火栓布置间距,m;R_f 为室内消火栓保护半径,m;b_f 为室内消火栓最大保护宽度,m。

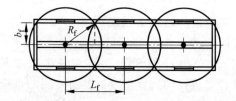

图 7-28 一支水枪充实水柱到达任何部位(单排消火栓布置)

(2)一支水枪充实水柱到达室内任何部位且消火栓呈多排布置。

房间较宽时,需要布置多排消火栓,且要求有一支水枪充实水柱到达室内任何部位,如图 7-29 所示,消火栓的布置间距可按下式计算:

$$L_f \leqslant 1.414R_f \qquad (7-7)$$

(3)两支水枪充实水柱同时到达室内任何部位。

要求同层相邻两个消火栓的水枪充实水柱同时到达室内任何部位,如图 7-30 所示,消火栓的布置间距可按下式计算:

$$L_f \leqslant \sqrt{R_f^2 - b_f^2} \qquad (7-8)$$

(4)两支水枪充实水柱同时到达室内任何部位且消火栓呈多排布置。

室内需要布置多排消火栓,且要求同层相邻两个消火栓的水枪充实水柱同时到达室内

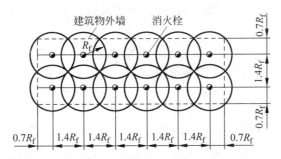

图 7-29　一支水枪充实水柱到达任何部位(多排消火栓布置)

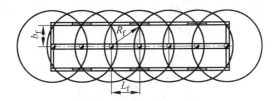

图 7-30　两支水枪充实水柱到达任何部位(单排消火栓布置)

任何部位时,其室内消火栓的布置间距如图 7-31 所示。

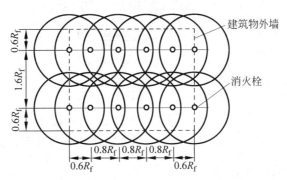

图 7-31　两支水枪充实水柱到达任何部位(多排消火栓布置)

实际工程中,确定消火栓的布置间距和设置数量时,除应遵循消火栓的布置原则外,还应结合建筑物的平面布置情况综合进行考虑。

4.室内消火栓布置要求

(1)室内消火栓栓口距地面高度宜为 0.7~1.10m,但同一建筑的高度应一致,其出水方向宜向下或与设置消火栓的墙面成 90°。

(2)消火栓的设置位置应符合下列规定:

① 室内消火栓应首先设置在楼梯间、走道等明显和易于取用的地点。

② 住宅和整体设有自动喷水灭火系统的建筑物,室内消火栓应设在楼梯间或楼梯间休息平台。

③ 多功能厅等大空间,其室内消火栓应首先设置在疏散门等便于应用的位置。

④ 汽车库内消火栓的设置应不影响汽车的通行和车位的设置,且不应影响消火栓的开启。

（3）消防电梯前室应设室内消火栓,且该消火栓可作为普通室内消火栓使用并计算在布置数量范围之内。

（4）冷库的室内消火栓应设在常温穿堂或楼梯间内。

（5）设有室内消火栓的建筑,应在屋顶设一个装有压力显示装置的试验和检查用消火栓,采暖地区可设在顶层出口处或水箱间内。

7.3.4 消防软管卷盘

消防软管卷盘(又叫消防水喉)如图 7-32 所示,由小口径消火栓、消火栓、水带、卷盘和小口径水枪等组成。与室内消火栓设备相比,它具有操作简便、机动灵活等优点,主要用于供有关人员扑救室内初期火灾使用。

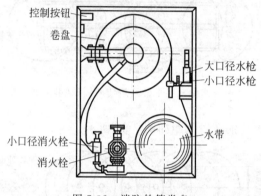

图 7-32　消防软管卷盘

《建筑设计防火规范(2018 年版)》(GB 50016—2014)第 8.3.3 条规定,设有室内消火栓的人员密集公共建筑以及低于该规范第 8.3.1 条规定规模的其他公共建筑宜设置消防软管卷盘;建筑面积大于 $200m^2$ 的商业服务网点应设置消防软管卷盘或轻便消防水龙。

7.3.5 室内消防给水管道

室内消防给水管道担负着向室内各楼层消火栓不同地段输水的任务,通常由进水管、水平干管、消防竖管、给水支管组成。为确保供水安全可靠,其在布置时应满足一定的要求。

1. 高层建筑室内消火栓给水管道的布置要求

（1）高层建筑室内消火栓给水管道应与生产、生活给水管道分开,设计成独立的消火栓给水管道。

（2）室内消防给水管道应布置成环状,确保供水干管和每条消防竖管都能做到双向供水。

（3）室内消防给水环状管网的进水管和区域集中高压或临时高压给水系统的引入管不应少于两条。当其中一条发生故障时,其余的进水管或引入管应能保证消防用水量和水压的要求。

（4）高层建筑消防竖管的布置,应保证同层相邻两条竖管上的消火栓水枪的充实水柱同时到达被保护范围内的任何部位。

（5）18 层及 18 层以下,每层不超过 8 户、建筑面积不超过 $650m^2$ 的普通塔式住宅,当设两根消防竖管有困难时,可设1根竖管(连接消防电梯前室消火栓的消防竖管除外),此时可设1条进水管,且所设消火栓必须采用双阀双出口型消火栓。

(6)室内消防给水管道应采用阀门分成若干独立段设置。阀门的布置应保证检修管道时关闭停用的消防竖管不超过1根;当竖管超过4根时,可关闭不相邻的两根。一般在环状管网的分水节点处按 $N-1$ 的原则设置阀门(N 为每个分水节点处连接的管段数)。消防阀门应采用有明显开启状态标志的阀门。阀门宜设置在竖管两端,且应处于常开状态。

(7)室内消火栓给水系统的管道应与自动喷水灭火系统的给水管道分开独立设置。有困难时,可合用消防水泵,但在自动喷水灭火系统的报警阀前必须分开设置,如图7-33所示,以免两种系统灭火时相互影响,并防止平时消火栓设备漏水时,自动喷水灭火系统发生误报警。

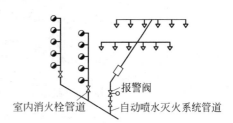

图7-33 室内消火栓与自动喷水灭火系统合用管道布置

2.低层建筑室内消火栓给水管道的布置要求

低层建筑室内消火栓给水管道的布置应满足下列要求。

(1)室外消防用水量超过15L/s且室内消火栓数量超过10个时,室内消防给水管道至少应有两条进水管与室外管网连接。进水管宜从不同方向引入。例如图7-34中进水管分别从 AB 段和 CD 段引入。这样当其中一条进水管发生故障时,其余的进水管仍能供给全部用水量。

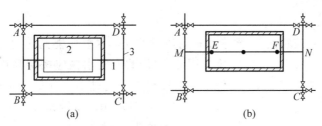

图7-34 室内管网与室外管网的连接

(a)内部管网成环状;(b)利用进水管与室外管网连成环状

A,B,C,D—室外环状管道的一环;1—进水管;2—室内环状管网;3—室外环状管网;

$ABCD$—室外环状管网;EF—室内消防管道;ME—给水管道;FN—进水管

(2)进水管上设置水表等计量设备时,不应降低进水管的过水能力。

(3)室外消防用水量超过15L/s且室内消火栓超过10个时,其室内消防给水管道应布置成环状管网。

(4)室内消防给水管网形成环状有困难时,可利用进水管与室外环状管网将其连成环状。

(5)7~8层的单元式住宅和每层不超过8户的通廊式住宅,其室内消防给水管道成环状布置有困难时,允许枝状布置。

(6)超过6层的塔式住宅(采用双出口消火栓者除外)和通廊式住宅、超过5层或体积超过1000m³ 的其他民用建筑(7~9层的单元式住宅除外)、超过4层的厂房和库房,如果室内消防竖管为两根或两根以上时,应至少每两根竖管相连,组成环状管道。

(7)消防用水与其他用水合并的室内管道,当其他用水达到最大小时流量时,仍应保证全部消防用水量。

(8) 室内消防给水管道应用阀门分成若干独立段。单层厂房和库房的室内消防给水管网上阀门的布置,应保证某段管道损坏时,停止使用的消火栓数量不超过 5 个,如图 7-35 所示。民用建筑和其他厂房、库房室内消防给水管道上阀门的布置,应保证检修管道时,关闭的竖管不超过 1 条。阀门应保持经常开启,并应有明显的启闭标志。

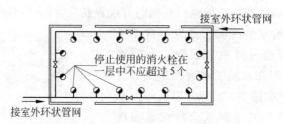

接室外环状管网

停止使用的消火栓在一层中不应超过 5 个

接室外环状管网

图 7-35　单层建筑物内消防给水管网阀门布置图

(9) 低层建筑室内消火栓给水管道也应与自动喷水灭火系统的给水管道分开独立设置;当合用消防水泵时,其供水管路应在报警阀前分开设置。

(10) 严寒地区非采暖的厂房、库房的室内消火栓,可采用干式系统。但为了保证火灾时消火栓能及时出水,在进水管上应设快速启闭装置,管道最高处应设排气阀。

7.3.6　室内消火栓系统消防水压和用水量

1. 水枪充实水柱确定

1) 水枪充实水柱的计算

为有效地扑灭建筑物火灾,要求水枪射流时的充实水柱应能到达建筑物每层的任何高度。因此,水枪的充实水柱应按层高计算确定。通常水枪射流上倾角不宜超过 45°,在最不利情况下,也不能超过 60°,如图 7-36 所示。水枪充实水柱计算如下:

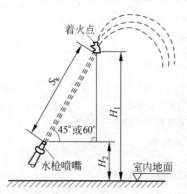

着火点

S_k

45° 或 60°

水枪喷嘴

H_1

H_2

室内地面

图 7-36　水枪充实水柱示意图

若上倾角按 45°考虑,则

$$S_k = \frac{H_1 - H_2}{\sin 45°} = 1.414(H_1 - H_2) \qquad (7-9)$$

若上倾角按 60°考虑,则

$$S_k = \frac{H_1 - H_2}{\sin 60°} = 1.16(H_1 - H_2) \qquad (7-10)$$

式中:S_k 为水枪充实水柱,m;H_1 为建筑物层高,m;H_2 为水枪喷嘴离地面高度,一般取 1m。

2) 扑灭不同建筑物火灾对水枪充实水柱的要求

水枪充实水柱既要满足建筑物层高的要求,又要确保火场上消防人员安全,同时还要满足扑灭不同建筑物火灾的要求。

3) 水枪充实水柱的确定

将由式(7-9)或式(7-10)算得的水枪充实水柱与规范对扑灭不同建筑物火灾所规定的水枪充实水柱相比较,取其中大者作为所需的水枪充实水柱。

2. 室内消火栓栓口处所需的水压

室内消火栓栓口处所需的水压可按下式计算:

$$H_{xh} = H_{qs} - H_d \tag{7-11}$$

式中:H_{xh} 为室内消火栓栓口处所需水压,MPa;H_{qs} 为水枪喷嘴处的设计水压,MPa;H_d 为每条水带的水头损失,为负值可用"—"号,但无须说明,MPa。

水枪的喷嘴压力 H_q 和流量 Q,可以由下式计算:

$$H_q = \alpha S_k \tag{7-12}$$

$$Q = \sqrt{\beta H_q} \tag{7-13}$$

式中:H_q 为水枪喷嘴压力,MPa;S_k 为水枪充实水柱,m;Q 为水枪流量,L/s;α 为系数,与喷嘴直径和喷嘴压力有关,见表 7-1;β 为系数,与喷嘴直径有关,见表 7-2。

表 7-1 α 系数

充实水柱/m	水枪喷嘴口径/mm				
	13	16	19	22	25
7	0.0133	0.0132	0.0128	0.0122	0.0121
10	0.0150	0.0140	0.0135	0.0115	0.0135
13	0.0185	0.0169	0.0158	0.0138	0.0146
15	0.0220	0.0193	0.0180	0.0170	0.0163
20	0.0491	0.0350	0.0295	0.0260	0.0195

表 7-2 β 系数

喷嘴口径/mm	13	16	19	22	25
β	3.46	7.93	157.7	283.6	472.7

每条水带的水头损失可按下式计算:

$$H_d = S q_f^2 \tag{7-14}$$

式中:q_f 为水带通过的实际流量(即水枪的设计流量),L/s;S 为每条水带(长 20m)的阻抗系数,其值见表 7-3。

表 7-3 水带(长 20m)的阻抗系数 S

水带类型	50mm 水带	65mm 水带	75mm 水带	90mm 水带
麻质水带	0.0030	0.000 86	0.000 30	0.000 16
胶里水带	0.0015	0.000 35	0.000 15	0.000 08

3. 水枪充实水柱确定

室内消防用水量即室内消火栓用水量,与建筑物的性质、高度、规模大小、耐火等级、可燃物的数量和种类以及生产性质等有关,可按下式计算:

$$Q_f = N q_f \tag{7-15}$$

式中:Q_f 为室内消火栓用水量,L/s;N 为同时使用的水枪数量,支;q_f 为每支水枪的设计流量,L/s。

《建筑设计防火规范(2018 年版)》(GB 50016—2014)8.4 节对室内消火栓的最小用水量

有相应的规定。

7.3.7 室内消火栓给水系统的设计

1. 设计计算要求

1) 消防给水管网管径的确定

室内消防给水管网的管径应按所通过的设计流量和流速计算确定。独立的消火栓给水管道内的水流速度不宜大于 2.5m/s。

(1) 低层建筑室内消火栓给水管网管径的确定

① 消防竖管管径

消防竖管的管径应按最不利部位消防竖管所通过的设计流量计算确定。最不利部位消防竖管所通过的设计流量不应小于规范的要求,并应按最不利点消火栓出水进行计算。消防竖管宜采用同一管径,且上下管径不变。

② 消防进水管及水平干管管径

独立的消火栓给水系统,其进水管的管径应按建筑物室内消防用水量计算确定;水平干管的管径应按所担负的消防竖管流量计算确定,且同时应满足下式:

消防竖管管径≤水平干管管径≤进水管管径

合用的消火栓给水系统,其进水管及水平干管管径的确定有两种方法。第一种方法是管道所通过的流量按最大生产、生活和消防设计秒流量之和计算,流速按生产、生活管道允许流速选取。采用这种方法确定的管径较大,消防供水较安全,但不经济。一般情况下,当消防安全供水要求较高时,宜采用此种方法。第二种方法是管道所通过的流量按最高日最大小时生产和生活用水量进行计算,流速按生产、生活管道允许流速选取。采用这种方法确定的管径较小,较经济,但灭火时往往影响生产、生活用水。灭火时可能引起生产事故的工业企业不宜采用此种方法。

(2) 高层建筑室内消火栓给水管网管径的确定

① 高层建筑消防竖管管径确定

高层建筑室内消火栓给水系统消防竖管的管径,应按最不利部位消防竖管所通过的设计流量和消火栓给水管道允许流速范围的中、低限值计算确定。若算得管径小于 100mm,应采用 100mm。

② 消防进水管及水平干管管径

高层建筑室内消火栓给水系统的进水管管径,应按其室内消防用水量计算确定;其水平干管的管径,应按所担负的消防竖管的实际流量计算确定,且同时应满足下式:

消防竖管管径≤水平干管管径≤进水管管径

2) 管道水头损失计算

室内消火栓给水系统管道的水头损失包括沿程水头损失和局部水头损失。

消火栓给水系统管道沿程水头损失应通过计算确定,局部水头损失可按沿程水头损失的百分数进行估计,独立的消火栓给水管网为 10%,生产、消防合用给水管网为 15%,生活、消防合用给水管网与生产、生活、消防合用给水管网为 20%。

3) 消防水泵或系统所需的总压力计算

消防水泵或系统所需的总压力可按下式计算:

$$H = H_\Delta + H_{xh} + \sum H_w \tag{7-16}$$

式中：H 为建筑物室内消火栓给水系统所需的总压力，MPa；H_Δ 为最不利点消火栓与水泵泵轴或进水管起点间静水压，MPa；H_{xh} 为最不利点消火栓栓口处所需的水压，MPa；$\sum H_w$ 为最不利计算管路的水头损失，MPa。

2. 设计程序

高、低层建筑消火栓给水系统的设计可参考下述程序进行：

（1）选定消火栓、水带、水枪的型号；

（2）确定水枪充实水柱、水枪设计流量和设计喷嘴压力；

（3）确定室内消火栓给水系统的消防用水量；

（4）计算消火栓保护半径，确定消防竖管（室内消火栓）布置间距；

（5）绘制室内消火栓给水系统管网平面布置图和轴测图；

（6）选择最不利点消火栓并确定最不利计算管路；

（7）计算最不利点消火栓栓口处所需的水压；

（8）确定消防给水管网的管径；

（9）计算最不利管路的水头损失；

（10）计算消防水泵或室内消火栓给水系统所需的总压力；

（11）选择消防水泵；

（12）确定高位消防水箱容积和设置高度；

（13）确定水泵接合器的型号和设置数量；

（14）确定消防水池容积；

（15）确定室外消防给水管网类型和管径，并进行管网布置；

（16）确定室外消火栓设置数量。

第 8 章

自动喷水灭火系统设计

8.1 自动喷水灭火系统简介

自动喷水灭火系统是由洒水喷头、报警阀组、水流报警装置(水流指示器或压力开关)等组件,以及管道、供水设施组成,并能在发生火灾时喷水的自动灭火系统。典型的湿式自动喷水灭火系统如图 8-1 所示。

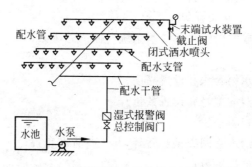

图 8-1 典型的湿式自动喷水灭火系统

8.1.1 洒水喷头和自动喷水灭火系统的发展

洒水喷头已有近 300 年的发展历史,历史上有记载的第一个自动喷水灭火系统是 1723 年在英国诞生的。该系统由一桶水、枪药和易熔金属元件组成。

19 世纪初,穿孔管喷水系统问世,系统配水管上有若干小孔,平时管中无水,火灾发生时,人工打开供水阀门,以达到喷水灭火的目的。美国于 1852 年采用了这种系统。该系统的主要缺点在于水渍损失大和洒水孔被异物堵塞后系统不能正常工作。

19 世纪中叶,哈里森和帕梅里分别发明了各自的自动洒水喷头,为当时消防技术的发展做出了贡献。但由于他们的设计过于复杂笨重,且灵敏度较差,很快就被新产品替代。

1881 年弗雷德里克·格林尼尔制造了第一只现代洒水喷头,该喷头把喷头体和溅水盘巧妙地结合起来,借助杠杆原理,用金属膜片将水封住。1891 年格林尼尔引入了玻璃球喷头,这种喷头一直沿用至今。

20 世纪 50 年代以前的洒水喷头既可以下垂安装也可以竖直安装,它的缺点是洒水不均匀,覆盖面积小,目前已不再采用。

自 20 世纪 60 年代初以来,自动洒水喷头因能适应各种火灾危险场合的需要得到很快发展,目前主要应用在3个领域。第一个是在保护高架(堆)仓库方面。由于在高架(堆)仓库中需要穿透力更强的射流来实施灭火,于是产生了大水滴喷头。大水滴喷头喷射出的水滴粒径大,能穿透厚的火焰,到达火源中心,迅速冷却火源,从而达到灭火目的。第二个是在保护人身安全方面,如在幼儿园、医院、养老院等场所,被保护对象均为一些幼儿或行动不便的老幼病残者。因此在这些场合需要反应灵敏、动作速度更快的喷头,以便能在火灾初期阶段控制住火灾,于是产生了快速反应喷头。第三个是为了满足建筑物内装修美观的要求,如在商场、宾馆、饭店等场合应用的一种美观小巧的玻璃球喷头。

最早的喷水灭火系统都是采用湿式系统,即管道内长期充以压力水,发生火灾时,喷头开启后能迅速出水灭火。湿式喷水灭火系统由于系统简单、灭火控火率高,至今仍是使用最为广泛的一种自动喷水灭火系统。但它只适用于环境温度在$4 \sim 70 ℃$的场合,严寒地区不采暖的建(构)筑物中无法采用这一系统。最初为了解决这一问题,人们往管道内充以防冻液,直到1885年,膜盒式差动干式阀的发明,导致了干式喷水灭火系统的应用。

近些年来,随着火灾探测技术和电子技术的发展,人们开始将火灾探测技术与自动喷水灭火系统相结合,最大限度地提高自动喷水灭火系统的安全性、可靠性和灭火效率,于是出现了预作用喷水灭火系统、雨淋灭火系统等。随着社会和经济的发展,对防火控火安全需求的提高,以及火灾隐患的增多,自动喷水灭火技术将面临越来越多的挑战,而科学技术的发展则为提供更新型、更安全可靠、性能更优良的自动喷水灭火系统创造了可能的条件。

自动喷水灭火系统在我国的应用已有90余年的历史。早在1926年,上海的毛纺厂就开始安装自动喷水灭火系统。从1978年起,我国开始对自动喷水灭火系统进行系统研究,相继推出了一批玻璃球喷头、报警阀门和相关组件,可组成湿式、预作用式和雨淋、干式等自动喷水灭火系统,逐渐改变了以往自动喷水灭火系统产品依靠进口的局面。同时开始建立自动喷水灭火系统的产品质量检验标准,成立了产品质量检测中心。在技术规范和标准的制定方面,我国先后发布了《自动喷水灭火系统设计规范》(GB 50084—2017)和《自动喷水与水喷雾灭火设施安装》(04S206)等,极大地推动了自动喷水灭火系统在我国国内的普及和发展。

8.1.2 自动喷水灭火系统规范的发展

由于自动喷水灭火系统能有效地避免因火灾造成的人身伤亡和财产损失,迎合了保险商的需要,因而引起保险公司和厂家的兴趣。它们对自动喷水灭火系统的安全性和可靠性的关注,推动了自动喷水灭火系统的技术发展和标准出台。

世界上最早的自动喷水灭火系统的规范是1885年由英格兰联合火灾保险公司的约翰·沃曼德起草的,并于1888年被伦敦的防火协会采用,1892年,由防火协会起草的第一部规范正式出版。为了适应新的发展,这一规范被反复修订,并于1979年被扩充为英国标准 BS 5306。

在北美,早在1895年和1896年,来自20个北美保险公司的代表召开了一系列会议,起草并颁布了北美洲统一的《自动喷水灭火系统规程》,该规程也即现在的 NFPA 13 自动喷水灭火系统标准的前身。目前,NFPA 13 已经推出了2019年版。

目前世界上广泛使用的有关自动喷水灭火系统的规范还有国际标准化组织的 ISO 6182(ISO 6182 Series: Fire protection-Automatic sprinkler systems-Requirements and test methods)和美国 UL 199(Standard for Automatic Sprinklers for Fire-Protection Service)等。

我国于 1985 年颁布了《自动喷水灭火系统设计规范》(GBJ 84—1985),期间经过两次修订,2001 年版的《自动喷水灭火系统设计规范》(GB 50084—2001)基本达到与国际标准接轨,现行的标准是《自动喷水灭火系统设计规范》(GB 50084—2017)。1985 年颁布了《自动喷水灭火系统 洒水喷头的性能要求和试验方法》(GB 5135—1985),2003 年、2006 年、2008 年和 2011 年对该标准进行了修订,并将其扩充为系列标准。1996 年颁布了《自动喷水灭火系统施工及验收规范》(GB 50261—1996),2017 年颁布了《自动喷水灭火系统施工及验收规范》(GB 50261—2017)新版本。这些标准的颁布和实施极大地推动了自动喷水灭火系统在我国的发展和应用。

8.1.3　自动喷水灭火系统的可靠性和有效性

自动喷水灭火系统是目前世界上使用最广泛的固定式灭火系统,特别是应用在高层建筑等火灾危险性较大的建筑物中,这主要是由于它在保护人身和财产安全方面有着其他系统无可比拟的优点。

2009 年 1 月,美国消防协会发布了名为《自动喷水灭火系统及其他自动灭火设备在美国的应用》调查报告。该报告根据 1980—2006 年的建筑火灾数据,全面分析了以自动喷水灭火系统为主的自动灭火设备的应用情况。该报告指出:"在所有建筑消防设施中,自动喷水灭火系统的可靠性和有效性最高,95%的自动喷水灭火系统在火灾时会及时启动,其控火有效性达到 96%;88%的湿式系统和 73%的干式系统启动 1~2 个喷头即可成功控火。自动喷水灭火系统可以使居住建筑的火灾死亡率下降 80%,使建筑火灾的直接财产损失下降 45%~70%,并将 94%的建筑火灾控制在起火房间。"

自动喷水灭火系统最主要的价值是能够避免群死、群伤火灾事故发生。根据美国消防协会统计,在自动喷水灭火系统正常运行的建筑中,至今尚未发生过死亡超过 3 人及 3 人以上的火灾事故,但不包括火灾时因爆炸、轰燃,以及参加灭火救援造成的居民和消防人员的死亡。

8.2　自动喷水灭火系统的分类、原理和组成

8.2.1　自动喷水灭火系统的分类

自动喷水灭火系统大致可分为 3 类(如图 8-2 所示):采用闭式洒水喷头的闭式系统、采用开式洒水喷头的开式系统以及水幕系统。

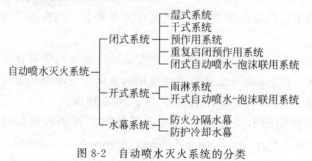

图 8-2　自动喷水灭火系统的分类

1. 湿式系统

湿式系统是指准工作状态时管道内充满用于启动系统的有压水的闭式系统。

2. 干式系统

干式系统是指准工作状态时配水管道内充满用于启动系统的有压气体的闭式系统。

3. 预作用系统

预作用系统是指准工作状态时配水管道内不充水,由火灾自动报警系统自动开启雨淋报警阀后,转换为湿式系统的闭式系统。

4. 重复启闭预作用系统

重复启闭预作用系统是指能在扑灭火灾后自动关阀、复燃时再次开阀喷水的预作用系统。

5. 雨淋系统

雨淋系统是由火灾自动报警系统或传动管控制,自动开启雨淋报警阀和启动供水泵后,向开式洒水喷头供水的自动喷水灭火系统。

6. 水幕系统

水幕系统是由开式洒水喷头或水幕喷头、雨淋报警阀组或感温雨淋阀,以及水流报警装置(水流指示器或压力开关)等组成,用于挡烟阻火和冷却分隔物的喷水系统。具体分为防火分隔水幕(密集喷洒形成水墙或水帘的水幕)和防护冷却水幕(冷却防火卷帘等分隔物的水幕)。

7. 自动喷水-泡沫联用系统

自动喷水-泡沫联用系统是指配置供给泡沫混合液的设备后,组成的既可喷水又可喷泡沫的自动喷水灭火系统。

8.2.2　自动喷水灭火系统的适用范围和特点

1. 湿式系统

湿式系统适用于环境温度4~70℃的场所,当环境温度低于4℃时,亦可采用湿式系统,但报警阀后的管道应采取防冻措施,如报警阀后管道的水中加入防冻液或采取电加热的防冻措施;而环境温度高于70℃的场所不能采用湿式系统。

2. 干式系统

干式系统适用于环境温度低于4℃或高于70℃的场所,主要用于环境温度低于4℃的冷冻库、寒冷地区非采暖房间等火灾危险性不高的场所;而环境温度高于70℃的场所主要为生产车间。

3. 预作用系统

预作用系统适用于怕水渍损失的场所以及环境温度低于4℃或高于70℃的场所。目前多用于保护档案、计算机房和票证等场所。

4. 雨淋系统

雨淋系统适用于火灾迅速蔓延的场所,如舞台、火工品厂以及高度超过闭式喷头保护能力的空间;严重危险Ⅱ级的场所,包括易燃液体喷雾操作区域,固体易燃物品、可燃的气溶胶制品、溶剂、油漆、沥青制品厂等的备料及生产车间,摄影棚、舞台及易燃材料制作的景观展厅等。

5.水喷雾灭火系统

水喷雾灭火系统可有效扑救固体火灾、闪点高于 60℃ 的液体火灾、气体火灾和油浸式电气设备火灾;也可用于某些危险固体(如火药和烟花爆竹)以及各类火灾的暴露冷却防护,如防火分隔卷帘门的防护冷却等。

6.自动喷水-泡沫联用系统

存在较多易燃液体的场所,宜按下列方式采用自动喷水-泡沫联用系统:

(1)采用泡沫灭火剂强化闭式系统性能;

(2)雨淋系统前期喷水控火,后期喷泡沫强化灭火效能;

(3)雨淋系统前期喷泡沫灭火,后期喷水冷却防止复燃。

系统中泡沫灭火剂的选型、储存及相关设备的配置,应符合现行国家标准《泡沫灭火系统设计规范》(GB 50151—2010)的规定,见表 8-1。

表 8-1 各类自动喷水灭火系统的优、缺点

序号	类 别	系统的优点	系统的缺点
1	湿式系统	(1)能够自动跟踪火源,自动启动系统; (2)自动控制系统的作用面积及喷水强度; (3)系统简单,施工管理方便; (4)灭火效率高,使用范围广	只适用于环境温度 $4℃ \leqslant t < 70℃$ 的场所
2	干式系统	(1)能够自动跟踪火源,自动启动系统; (2)自动控制系统的作用面积及喷水强度; (3)可用于低温或高温的特殊环境场所	(1)喷水延迟,灭火效率低; (2)管道喷头安装要求严格; (3)投资大,维护管理难度大
3	预作用系统	(1)能够自动跟踪火源,自动启动系统; (2)自动控制系统的作用面积及喷水强度; (3)能够用于怕水渍损失的场所; (4)灭火效率高	(1)管道、喷头安装要求严格; (2)投资大
4	雨淋系统	(1)采用开式喷头,系统一旦动作,保护面积内将全面喷水; (2)可以有效控制火势发展迅猛、蔓延迅速的火灾; (3)可扑救空间较高的地面火灾	雨淋系统易产生误动作,在工程实践中应注意系统管网在任何时间压力波动都不宜太大
5	水喷雾灭火系统	(1)保护范围广; (2)灭火时间短,节水	(1)局部应用系统,喷头布置必须喷向保护对象; (2)本身不具有自动水力启动功能,必须配有附属的启动系统

8.2.3 自动喷水灭火系统的组成和工作原理

1.湿式系统

湿式系统的报警阀前后均充满压力水。该系统由闭式喷头、管道、湿式报警阀组、末端试水装置和供水设施等组成,其组成和工作原理见图 8-3 和图 8-4。湿式系统一个报警阀控制的喷头数不宜超过 800 只。

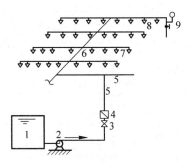

图8-3 湿式系统组成示意图

1—消防水池；2—消防水泵；3—总控制阀门；4—湿式报警阀；5—配水干管；

6—配水管；7—配水支管；8—闭式喷头；9—末端试水装置

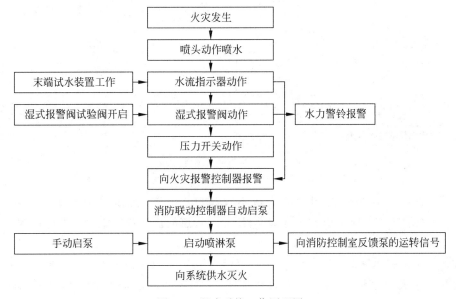

图8-4 湿式系统工作原理图

2. 干式系统

干式系统是报警阀后充满压力气体的灭火系统。该系统由闭式喷头、管道、干式报警阀组和供水设施等组成,其组成和工作原理见图8-5和图8-6。

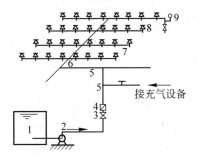

图8-5 干式系统组成示意图

1—消防水池；2—消防水泵；3—总控制阀；4—干式报警阀；

5—配水干管；6—配水管；7—配水支管；8—闭式喷头；9—末端试水装置

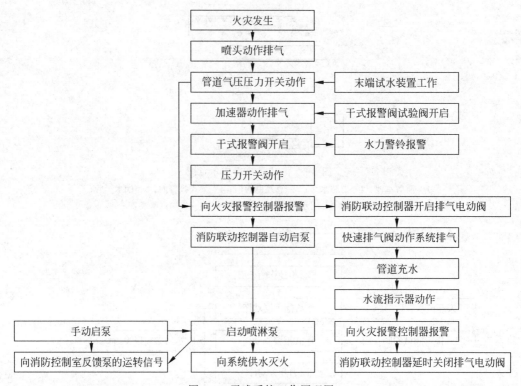

图 8-6　干式系统工作原理图

干式系统一个报警阀控制的喷头数不宜超过 500 只，配水管道充水时间不宜大于 1min，并且配水管道上应设快速排气阀，有压充气管道的快速排气阀前应设电动阀。

3. 预作用系统

预作用系统在准备工作状态时，配水管道内不充水，火灾时由火灾自动报警系统自动开启雨淋报警阀后，转换为湿式系统的闭式自动喷水灭火系统。该系统由火灾探测系统、闭式喷头、水流指示器、预作用阀组以及管道和供水设施等组成，其组成和工作原理见图 8-7 和图 8-8。

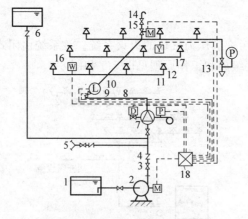

图 8-7　预作用系统组成示意图

1—水池；2—水泵；3—闸阀；4—止回阀；5—水泵接合器；6—消防水箱；7—预作用报警阀组；8—配水干管；
9—水流指示器；10—配水管；11—配水支管；12—闭式喷头；13—末端试水装置；14—快速排气阀；
15—电动阀；16—感温探测器；17—感烟探测器；18—报警控制器

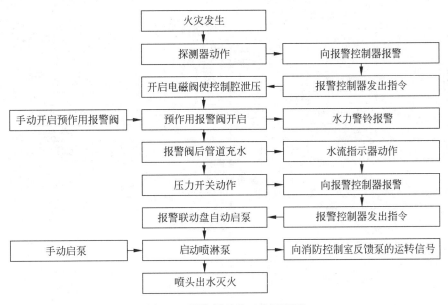

图 8-8　预作用系统工作原理图

预作用系统每个报警阀组控制的喷头个数不宜超过 800 只,配水管道的充水时间不宜大于 2min。

4. 雨淋系统

雨淋系统是由火灾自动报警系统或传动管控制,自动启动雨淋阀和启动水泵后,向开式洒水喷头供水灭火的自动喷水灭火系统,其组成和工作原理见图 8-9 和图 8-10。

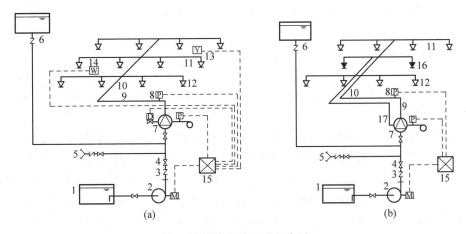

图 8-9　雨淋系统组成示意图

(a) 电动启动雨淋系统;(b) 充液(水)传动管启动雨淋系统

1—水池;2—水泵;3—止回阀;4—闸阀;5—水泵接合器;6—消防水箱;7—雨淋报警阀组;8—压力开关;
9—配水干管;10—配水管;11—配水支管;12—开式洒水喷头;13—感烟探测器;14—感温探测器;
15—报警控制器;16—闭式喷头;17—传动管

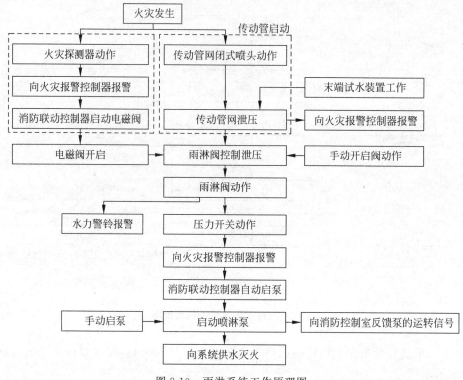

图 8-10　雨淋系统工作原理图

5. 水喷雾灭火系统

水喷雾灭火系统是由水源、供水设备、管道、雨淋报警阀组、过滤器、水雾喷头和报警装置等组成，向保护对象喷射水雾灭火或防护冷却的灭火系统，其组成和工作原理见图 8-11 和图 8-12。

6. 水幕自动喷水灭火系统

水幕自动喷水灭火系统不直接扑灭火灾，而是阻挡大火局部气流和热辐射向邻近保护区扩散，起到防火分隔作用，其组成如图 8-13 所示。水幕系统喷头喷出的水为水帘幕状，故此得名。

水幕系统与雨淋系统基本原理相同，只是喷头出水的状态及作用不同。按照水幕系统的作用不同，可分为冷却型、局部阻火型及防火水幕 3 种类型。冷却型主要以冷却作用为主，增强建（构）筑物的耐火性能，以防止火灾扩散，适用于某些不宜采用防火门、防火墙而用简易防火分隔物代替的部位。局部水幕系统设置于建筑物中一些面积较小（小于 $3m^2$）的孔洞开口处。防火水幕一般用在需要而无法安装防火分隔物的部位，如展览楼的展览厅、剧院的舞台口等。防火水幕可起到分隔及防止火灾进一步扩大的作用。

8.2.4　自动喷水灭火系统的主要组件

1. 喷头

洒水喷头是自动喷水灭火系统的重要组成部分，它是在热的作用下，在预定的温度范围内自行启动，或根据火灾信号由控制设备启动，并按设计的洒水形状和流量洒水的一种喷水

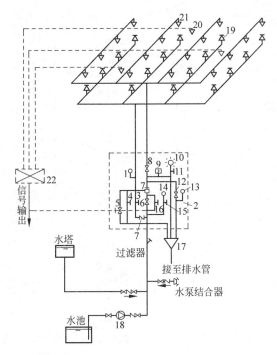

图 8-11 水喷雾系统组成示意图

1—压力表;2—雨淋阀;3—截止阀;4—手动阀;5—电磁阀;6,8—闸阀;7—止回阀;9—压力开关;
10—水力警铃;11—报警截止阀;12—泄放试验阀;13—泄放试验管;14—供水压力表;15—表前阀;16—排水阀;
17—排水漏斗;18—水喷雾泵;19—闭式喷头;20—火灾探测器;21—水雾喷头;22—火灾报警控制箱

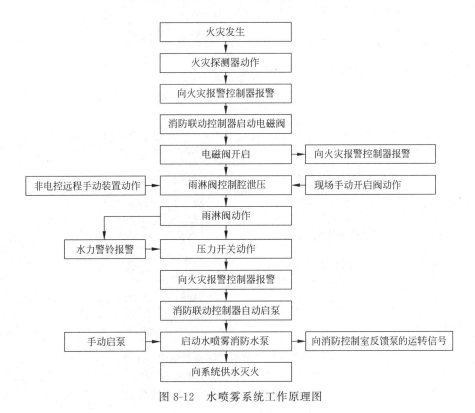

图 8-12 水喷雾系统工作原理图

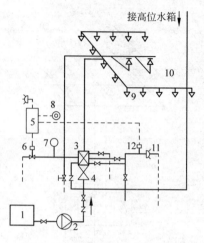

图 8-13　水幕系统组成示意图

1—消防水箱；2—消防水泵；3—雨淋阀；4—控制阀；5—电气控制箱；6—电磁阀；

7—压力表；8—信号按钮；9—水雾喷头；10—闭式喷头；11—水力警铃；12—压力开关

装置。如闭式喷头的喷口用由热敏元件组成的释放机构封闭，当达到一定温度时能自动开启，如玻璃球爆炸、易熔合金脱落。喷头的分类和典型喷头的结构示意图如图 8-14 所示。

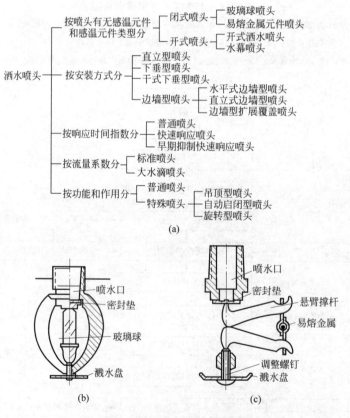

图 8-14　喷头的分类和典型喷头的结构示意图

（a）喷头的分类；（b）玻璃球闭式洒水喷头的结构；

（c）易熔元件闭式洒水喷头的结构；（d）开式喷头的结构

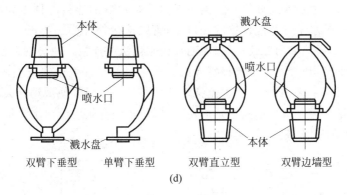

双臂下垂型　　单臂下垂型　　双臂直立型　　双臂边墙型

(d)

图 8-14 （续）

2. 湿式报警阀

湿式报警阀装置由湿式报警阀、延迟器、水力警铃、压力开关、排水阀、过滤器等组成,如图 8-15 所示。湿式报警阀装置长期处于伺应状态,系统侧充满具有一定工作压力的水,自动喷水灭火系统控制区内发生火灾时,系统管网上的闭式洒水喷头中的热敏元件受热爆破自动喷水,湿式报警阀系统侧压力下降,在压差的作用下,阀瓣自动开启,供水侧的水流入系统侧对管网进行补水,整个管网处于自动喷水灭火状态。同时,少部分水通过座圈上的小孔流向延迟器和水力警铃,在一定压力和流量的情况下,水力警铃发出报警声响,压力开关将压力信号转换成电信号,启动消防水泵和辅助灭火设备进行补水灭火。装有水流指示器的管网也随之动作,输出电信号,使系统控制终端及时发现火灾发生的区域,达到自动喷水灭火和报警的目的。

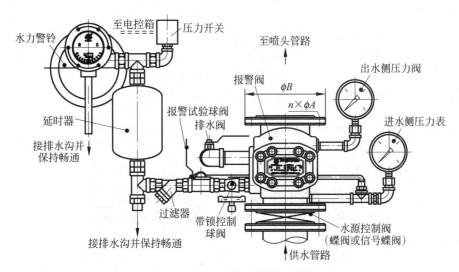

图 8-15　湿式报警阀的结构示意图

3. 水流指示器

水流指示器由膜片组件、调节螺钉、延迟电路、微动开关及连接部件等组成,如图 8-16 所示。按叶片形状分为板式和桨式两种,板式叶片多采用橡胶材料,桨式叶片则多采用薄铜片。按连接方式分为插入式和管式。插入式水流指示器的连接部件多为法兰底座,安装时法兰底座焊接在配水干管相应位置的开口处;管式连接部件为一小段和水流指示器连为一体的干管,一般小通径采用螺纹连接,大通径则采用法兰连接。我国现在普遍采用的是桨式叶片型插入式水流指示器,当湿式报警阀灭火系统中的某区发生火灾使洒水喷头感温玻璃球胀破后开启灭火系统,配水管中水流推动叶片通过膜片组件使微动开关闭合,导通有关电路。一般自动喷水灭火系统都具有延迟功能,确定水流有效后给出水流信号,传至报警控制器,显示该分区火警信号。

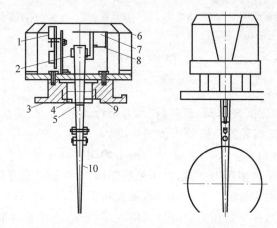

图 8-16　水流指示器的结构示意图

1—延时电路;2—调节螺母;3—底座;4—挡板;5—模片组件;
6—罩壳;7—微动开关;8—支承板;9—U形密封圈;10—桨片

4. 压力开关

压力开关是自动喷水灭火系统的一个重要配套件,可启动自动喷水灭火湿式系统、干式系统、预作用系统和雨淋系统的电警铃和报警控制器。其原理是当报警控制阀阀瓣开启后,其中一部分压力水经报警管进入压力开关阀体内,膜片受压后触点闭合,发出电信号,输入报警控制器,从而启动消防泵。压力开关的结构如图 8-17 所示。

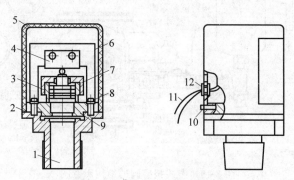

图 8-17　压力开关结构示意图

1—接头;2—膜片;3—顶杆;4—微动开关;5—外盖;
6—支架;7—弹簧;8,10—螺钉;9—底座;11—接线;12—线圈

5. 末端试水装置

为了检验系统的可靠性,测试系统能否在开放一只喷头的最不利条件下可靠报警并正常启动,要求在每个报警阀的供水最不利点处设置末端试水装置,如图8-18所示。末端试水装置测试的内容包括:水流指示器、报警阀、压力开关、水力警铃的动作是否正常,配水管道是否畅通,以及最不利点处的喷头工作压力等。其他的防火分区与楼层则要求在供水最不利点处装设直径25mm的试水阀。末端试水装置和试水阀应便于操作,且应有足够排水能力的排水设施。

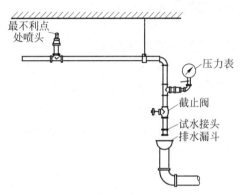

图8-18　末端试水装置示意图

8.3　自动喷水灭火系统的供水方式和系统分区

在进行自动喷水灭火系统的布置时,存在众多限制因素,例如建筑物空间布局、城市供水压力和自动喷水灭火系统工作压力等。在系统设计时,需要考虑各种因素,进行合理分区。

8.3.1　系统的平面分区

进行系统平面分区时,需要考虑以下原则:

(1)一个湿式报警阀组控制的喷头数量不超过800只。

(2)自动喷水灭火系统在平面上的布置宜与建筑防火分区一致,尽量做到区界内不出现两个以上的系统交叉。

(3)在同层平面上有两个以上自动喷水灭火系统时,系统相邻处两个边缘喷头的间距不应超过0.5m,以加强间隔喷水强度,起到加强两区之间阻火能力的作用,如图8-19所示。

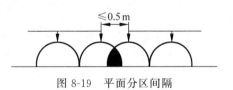

图8-19　平面分区间隔

8.3.2　系统的竖向分区

竖向分区除了要考虑平面分区中提到的喷头数量限制和建筑物功能分区外,还要考虑以下因素。

(1)自动喷水灭火系统管网内的工作压力不应大于1.2MPa,适当降低管网的工作压力可减少维修工作量和避免发生渗漏;自动喷水灭火系统的竖向分区尽可能与生活给水系统分区一致。

(2) 屋顶设高位水箱供水系统,最高层喷头最低供水压力低于 0.05MPa 时,需设置增压设备,可单独形成一个系统。

(3) 在城市供水管网能保证安全供水时,可充分利用城市自来水压力,单独形成一个系统。

自动喷水灭火系统竖向分区通常有以下几种。

1. 无水箱分区系统

无水箱分区系统(见图 8-20)的优点是不设高位消防水箱,适合于地震区高层建筑或无法设水箱的高层建筑。缺点是初期火灾 10min 的消防用水难以保证。

2. 有水箱分区系统

有水箱分区系统(见图 8-21)的屋顶水箱储存 10min 的消防水量,但水箱高度不能满足最不利点的供水压力,顶上几层单独设置补水泵,形成一个增压区。高、低区分别设置消防水箱,消防主泵分区供水。这种形式适合于建筑高度低于 100m 的一般高层建筑。其优点是消防储水量有保证,水压稳定,安全可靠;水泵机组集中在地下室,管理方便,报警阀可设在底层人流较多的地方,报警及时。缺点是消防水箱(特别是中间分区水箱)需占用建筑面积;低区消防主泵扬程较高,浪费电能。

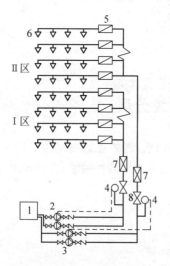

图 8-20 无水箱分区系统

1—消防水池;2—增压泵;3—消防主泵;4—压力开关;
5—水流指示器;6—喷头;7—报警阀;8—控制阀

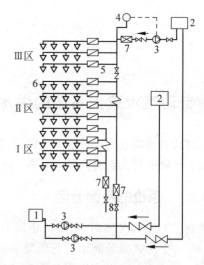

图 8-21 有水箱分区系统

1—消防水池;2—高位水箱;3—消防主泵;4—压力开关;
5—水流指示器;6—喷头;7—报警阀;8—控制阀

3. 水箱串联分区系统

水箱串联分区系统(见图 8-22)的屋顶消防水箱储存 1h 消防用水量,供高区、中区和低区自动喷水灭火系统消防用水。当高区消防水压不足时,设补压泵增压;中高区水压过剩时,中高区设备层设置中间水箱减压,与屋顶高位水箱串联供水。中区、中低区分别由中区、中低区设备层高位水箱供水,初期火灾由消防主泵并联供水,中低层高位水箱为分区减压水箱。低区由城市自来水干管直接供水。本系统适合于建筑高度超过 100m 的超高层建筑。其优点是消防储水量充足,水压稳定,安全可靠;泵组较少,利用中间水箱分区;主要泵组集中在地下室,管理方便;充分利用了城市自来水压力。缺点是屋顶水箱储存量较大,增加了建筑物结构荷载,不利于地震区高层建筑抗震设防;分区水箱较多,需占用较多的建筑使用面积,报警阀分散在各层,不便于管理。

4. 水泵并联分区系统

水泵并联分区系统(见图 8-23)的分区消防水泵集中在地下室,初期火灾用水由屋顶高位水箱统一供给,不设中间分区减压水箱。其优点是消防水泵集中在地下室,管理、启动方便;水泵机组少;无中间分区水箱,不占用中间层建筑面积。缺点是水泵扬程以最高层最不利喷头工作压力计算,对中、低区而言,水泵扬程过剩,浪费电能。

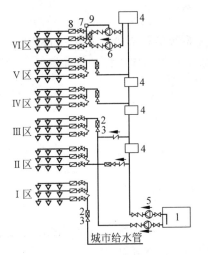

图 8-22　水箱串联分区系统

1—消防水箱;2—报警阀;3—控制阀;4—高位水箱;
5—消防主泵;6—增压泵;7—信号阀;8—水流指示器;
9—压力开关

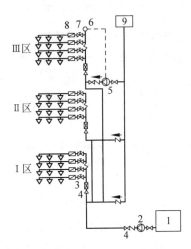

图 8-23　水泵并联分区系统

1—消防水池;2—消防主泵;3—报警阀;
4—控制阀;5—增压泵;6—压力开关;
7—信号阀;8—水流指示器;9—高位水箱

5. 水泵串联分区系统

水泵串联分区系统(见图 8-24)中不同的消防分区分别设置专用消防泵,高、低区消防泵串联工作,供高区消防用水。初期火灾用水由屋顶高位水箱统一供水。其优点是无中间

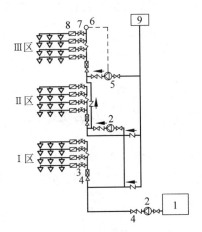

图 8-24　水泵串联分区系统

1—消防水池;2—消防主泵;3—报警阀;4—控制阀;5—增压泵;
6—压力开关;7—信号阀;8—水流指示器;9—高位水箱

分区水箱,不占用中间层建筑面积;每区的消防泵没有过剩扬程,节省电能;低区不需设减压阀。缺点是消防泵串联工作必须同步,操作要求高;分区设置消防泵,管理不便;中间层水泵噪声影响环境。

8.4 自动喷水灭火系统的设计和水力计算

8.4.1 喷头和网管的布置

喷头与管网的布置形式影响着自动喷水灭火系统的可靠性。喷头的布置应根据天花板、吊顶的装修要求,选择合适的形式;管网的布置应根据建筑平面的具体情况,选择恰当的形式。

1. 自动喷水灭火系统喷头的布置

1) 自动喷水灭火系统喷头的布置形式

喷头的布置形式有 3 种:正方形、矩形和菱形。

2) 喷头布置间距的确定

不同的喷头布置形式下,喷头和配水支管间距有所不同。

(1) 喷头呈正方形布置

喷头正方形布置为同一配水支管上喷头的间距与相邻配水支管间的间距相等,如图 8-25(a)所示。采用正方形布置时喷头的布置间距可按下式计算:

$$S = \sqrt{A_1} \tag{8-1}$$

$$S = 2R\cos 45° = 1.414R \tag{8-2}$$

式中:S 为喷头呈正方形布置时的间距,m;A_1 为每只喷头的保护面积,m²;R 为喷头设计喷水保护半径,m。

(2) 喷头呈矩形布置

喷头矩形或平行四边形布置为同一根配水支管上喷头的间距大于或小于相邻配水支管的间距,如图 8-25(b)所示。喷头采用矩形或平行四边形布置时,其边长可按下式计算。

喷头的长边间距:

$$S \leqslant (1.05 \sim 1.2)\sqrt{A_1} \tag{8-3}$$

喷头的短边间距:

$$D = R \tag{8-4}$$

式中:S 为喷头呈矩形布置时的长边间距,m;D 为喷头呈矩形布置时的短边间距,m。

(3) 喷头呈菱形布置

喷头菱形布置如图 8-25(c)所示,喷头 A,B,C,D 交错布置,其连线构成菱形,其中喷头 B,C,D 连线构成一个等边三角形,只有喷水圆域边缘通过该等边三角形的形心时,才是最经济的布置。

喷头的横向间距:

$$M = 2R\cos 30° = 1.732R \tag{8-5}$$

喷头纵向间距:

$$N = R + R\cos 30° = 1.5R \tag{8-6}$$

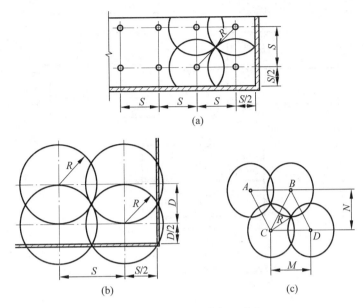

图 8-25　喷头的 3 种布置形式

（a）喷头呈正方形布置；（b）喷头呈矩形布置；（c）喷头呈菱形布置

式中：M 为喷头呈菱形布置时的横向间距，m；N 为喷头呈菱形布置时的纵向间距，m。

3）配水支管控制的喷头数

《自动喷水灭火系统设计规范》（GB 50084—2017）规定：配水管两侧每根配水支管控制的标准喷头数，轻危险级、中危险级场所不应超过 8 只，同时在吊顶上、下安装喷头的配水支管，上、下侧均不应超过 8 只；严重危险级及仓库危险级场所均不应超过 6 只。控制每根配水支管上布置的喷头数量，目的是控制配水支管的长度，避免水头损失过大；同时，火灾的发生区域并不都是长方形区域，当配水支管上的喷头数量过多、配水支管过长时，按照理论进行水力计算的结果可能与实际发生火灾时的水力条件存在差异。

2. 配水支管的布置

配水支管的布置形式需要根据建筑物的防火等级和防火要求来确定，常见的布置形式有 3 种：枝状布置、格栅布置和环状布置，其形式如图 8-26 所示。

3. 管网布置形式

系统配水支管和干管组成的管网系统的布置形式有 4 种：中央中心型、侧边中心型、中央末端型和侧边末端型，如图 8-27 所示。

8.4.2　自动喷水灭火系统的水力计算

首先应确定最不利作用面积在管网中的位置，一般在自动喷水灭火系统服务的最高层离竖管最远处的喷头范围，必要时可由水力计算确定，其区域的确定需要满足下列条件：①最不利区域面积不小于相应火灾等级所要求的喷头作用面积 A；②最不利区域的长边需要平行于配水支管，且大于 $1.2\sqrt{A}$。

实际火灾发生时，一般都是火源点呈辐射状向四周扩大蔓延，而只有失火区上方的喷头才会开启喷水，所以选取作用面积的形状宜为矩形。规范要求矩形的长边平行于配水支管，

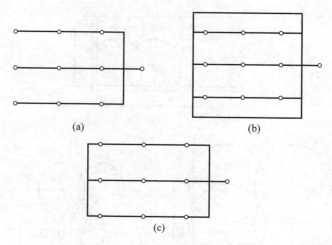

图 8-26　配水支管的 3 种布置形式
（a）配水支管呈枝状布置；（b）配水支管呈格栅布置；（c）配水支管呈环状布置

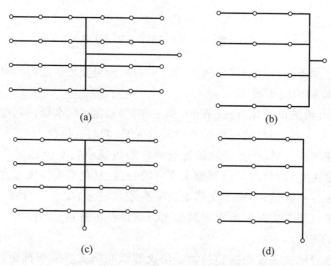

图 8-27　管网的几种主要布置形式
（a）中央中心型；（b）侧边中心型；（c）中央末端型；（d）侧边末端型

其长度不小于 $1.2\sqrt{A}$,喷头数若有小数就进位成整数。当配水支管的实际长度小于边长的计算值时,作用面积要扩展到该配水管邻近支管上的喷头。计算矩形作用面积内所有喷头和管道的流量和压力,而作用面积后的计算管段中流量不再增加,仅计算沿程和局部水头损失。

1. 系统设计流量计算

《自动喷水灭火系统设计规范》(GB 50084—2017)要求系统的设计流量应按最不利点处作用面积内喷头同时喷水的总流量确定,最不利点处作用面积内任意 4 只喷头围合范围内的平均喷水强度,不应低于该规范的表 5.0.1 和表 5.0.5 的规定值。

（1）喷头的流量计算公式如下：

$$q_0 = K\sqrt{10P} \qquad (8\text{-}7)$$

式中：q_0 为喷头流量，L/min；P 为喷头工作压力，MPa；K 为喷头流量系数，标准喷头取 80。

（2）每只喷头的保护面积按照下式确定：

$$A_1 = \frac{4q_0}{4q_s} \qquad (8\text{-}8)$$

式中：q_0 为最不利点喷头流量，L/min；q_s 为设计喷水强度，L/(min·m²)。

（3）系统的设计流量，应按最不利点处作用面积内喷头同时喷水的总流量确定：

$$Q_s = \frac{1}{60}\sum_{i=1}^{n} q_i \qquad (8\text{-}9)$$

式中：Q_s 为系统设计流量，L/s；q_i 为最不利点处作用面积内各喷头节点的流量，L/min；n 为最不利点处作用面积内的喷头数。

2. 水力计算方法

"矩形面积-逐点法"是《自动喷水灭火系统设计规范》（GB 50084—2017）要求的计算方法。将选定的最不利作用面积内喷头，按照最不利计算管路，进行计算节点编号，采用节点流量法将最不利作用面积内的每个喷头的压力值和出流量——求出，主要过程如下所述。

（1）首先选定最不利点喷头处的水压，求该喷头的出水量，以此流量求喷头 1，2 之间管段的水头损失。目前选择最不利喷头的水压有两种办法：一种是取大家认同值 0.1MPa，比较简单，实际工程中常采用；另一种是按喷水强度和保护面积计算确定，这种方法计算的喷头的压力和流量比较准确，但压力应不低于 0.05MPa。

（2）以第 1 喷头处所选定的水压加喷头 1，2 之间管段的水头损失，作为第 2 喷头处的压力，以求第 2 个喷头的流量。此两个喷头流量之和作为 2，3 喷头之间管段的流量，以求该管段中的水头损失。以后依此类推，计算作用面积内所有喷头和管道的流量和压力。

（3）两管段交点处的计算水压不同时，应按下式对交汇点处低水压一侧的管段进行修正：

$$q_2 = q_1\sqrt{\frac{p_1}{p_2}} \qquad (8\text{-}10)$$

式中：q_2 为低水压侧管段的修正流量，L/s；q_1 为高水压侧管段的计算流量，L/s；p_2 为低水压侧管段的水压，MPa；p_1 为高水压侧管段的水压，MPa。

3. 管道直径选定

自动喷水灭火系统最基本的组成部分是配水管道，应按照各管段的流量和参照管道的经济流速选择管道直径。配水干管和配水支管设计流速一般不宜超过 3m/s，而对某些配水支管需用缩小管径增大沿程水头损失的方法达到减压目的时，水流速度可以超过 5m/s，但不应大于 10m/s。

4. 水头损失

管道的水头损失包括沿程损失和局部损失，管道的水头损失应按下式计算：

$$h_f = iL = 0.000\,010\,7 \cdot \frac{Lv^2}{d_j^{1.3}} = 0.000\,013\,6 \cdot \frac{LQ^2}{d_j^{5.3}} \qquad (8\text{-}11)$$

式中：i 为每米管道的水头损失，MPa/m；v 为管道内水的平均流速，m/s；d_j 为管道的计算内径(取值应按管道的内径减 1mm 确定)，m；L 为管道的长度，m；Q 为管道中的流量，m³/s。

管道局部水头损失宜采用下式计算：

$$h_j = 0.000\,013\,7 \cdot \frac{L_d Q^2}{d_j^{5.3}} \tag{8-12}$$

式中：L_d 为管道的当量长度，m。

5. 水泵扬程或系统入口的供水压力

喷淋水泵的流量和扬程是水泵选型的核心参数。自动喷水灭火系统水泵的扬程或系统入口的供水压力应按下式计算：

$$H = P_0 + \sum h + Z \tag{8-13}$$

式中：H 为水泵扬程或系统入口的供水压力，MPa；$\sum h$ 为管道沿程和局部水头损失的累计值，MPa，其中，湿式报警阀取 0.04MPa，水流指示器取 0.02MPa，雨淋阀取 0.07MPa(或通过水力计算确定)；P_0 为最不利点处喷头的工作压力，MPa；Z 为最不利点处喷头与消防水池的最低水位或系统入口管水平中心线之间的高程差，MPa，当系统入口管或消防水池最低水位高于最不利点处喷头时，Z 应取负值。

6. 减压与减压措施

《自动喷水灭火系统设计规范》(GB 50084—2017)要求配水管道的布置应使配水管入口的压力均衡，轻危险级、中危险级场所中各配水管入口的压力均不宜大于 0.40MPa。当自动喷水灭火系统保护面积较大时，由于设计是按最不利作用面积计算，有利作用面积内喷头的水压将有剩余。特别是在高层建筑的自动喷水灭火系统工程设计中，高、低层管网水压相差较大，所以要对超过 0.40MPa 的配水管或配水干管予以减压。可以采用设置减压阀、减压孔板、节流管以及缩小有利工作面配水支管的管径等方法增加沿途水头损失，从而达到减压目的。

(1) 减压孔板的水头损失，应按下式计算：

$$H_k = \xi \frac{v_k^2}{2g} \tag{8-14}$$

式中：H_k 为减压孔板的水头损失，10^{-2}MPa；v_k 为减压孔板后管道内水的平均流速，m/s；ξ 为减压孔板的局部阻力系数。

(2) 节流管的水头损失，应按下式计算：

$$H_g = \zeta \frac{v_g^2}{2g} + 0.001\,07L \cdot \frac{v_g^2}{d_g^{1.3}} \tag{8-15}$$

式中：H_g 为节流管的水头损失，10^{-2}MPa；ζ 为节流管中渐缩管与渐扩管的局部阻力系数之和，取值 0.7；v_g 为节流管内水的平均流速，m/s；d_g 为节流管的计算内径(取值应按节流管内径减 1mm 确定)，m；L 为节流管的长度，m。

7. 增压稳压装置的计算

1) 气压罐工作压力

(1) 最小设计工作压力

气压罐最小设计工作压力应满足建筑消防给水系统最不利点灭火设备所需的水压要求，可按下式计算：

$$P_1 = \pm H_\Delta + H_f + H_{xh} \tag{8-16}$$

式中：P_1 为气压罐最小设计工作压力，MPa；H_Δ 为罐底与最不利点灭火设备的高差静水压，MPa；H_f 为罐底至最不利点灭火设备的管路总水头损失，MPa；H_{xh} 为最不利点处灭火设备所需的水压，MPa。

采用上置式消防增压稳压设备时，H_Δ 为负值；采用下置式增压稳压设备时，H_Δ 为正值。

（2）消防水泵启动压力

消防水泵启动压力可按下式计算：

$$P_2 = \frac{P_1}{\alpha} \tag{8-17}$$

式中：P_2 为消防水泵启动压力，MPa；P_1 为气压罐最小设计工作压力，MPa；α 为压缩空气充装比。

（3）稳压泵启动压力

稳压泵启动压力可按下式计算确定：

$$P_{S1} = P_2 + (0.02 \sim 0.03) \tag{8-18}$$

式中：P_{S1} 为稳压泵启动压力，MPa。

（4）稳压泵停泵压力

稳压泵停泵压力可按下式计算：

$$P_{S2} = P_{S1} + (0.05 \sim 0.06) \tag{8-19}$$

式中：P_{S2} 为稳压泵停泵压力，MPa。

2）气压罐容积

气压罐容积包括 4 部分：消防储存水容积、缓冲水容积、稳压调节水容积和压缩空气容积，如图 7-18 所示。

（1）消防储存水容积

用于消火栓给水系统的气压罐消防储存水容积应满足火灾初期供两支水枪工作 30s 的消防用水量 V_X 要求，即

$$V_X = 2 \times 5 \times 30L = 300L \tag{8-20}$$

用于自动喷水灭火系统的气压罐消防储存水容积应满足火灾初期供 5 个喷头工作 30s 的消防用水量要求，每个喷头的流量按照 1L/s 来计算，即

$$V_X = 5 \times 1 \times 30L = 150L$$

对于消火栓给水系统和自动喷水灭火系统合用一套增压设施的情况，气压罐储存水容积应满足火灾初期供两支水枪和 5 个喷头工作的消防用水量要求，即

$$V_X = (2 \times 5 + 5 \times 1) \times 30L = 450L$$

（2）气压罐总容积

气压罐总容积可按下式计算：

$$V_Z = \frac{1}{1-\alpha} V_X \tag{8-21}$$

式中：V_Z 为气压罐总容积，m³；α 为压缩空气充装比，一般取 065～0.85；V_X 为消防储存水容积，m³。

（3）缓冲水容积

缓冲水容积可按下式计算：

$$V_h = \left(1 - \frac{P_1}{P_{S1}}\right)V_Z - V_X \tag{8-22}$$

式中：V_h 为缓冲水容积，m^3。

（4）稳压泵的流量

稳压泵用于消火栓给水系统时，其流量不应大于 5L/s；用于自动喷水灭火系统时，其流量不应大于 1L/s。同时，稳压泵流量应在 3min 内补足气压罐内实际稳压水容积。

（5）稳压泵的扬程

为保证稳压泵在高效区工作，其扬程可按下式进行计算：

$$P_w = \frac{P_{S1} + P_{S2}}{2} \tag{8-23}$$

式中：P_w 为稳压泵的扬程，MPa。

8.5 自动喷水灭火系统设计实例

某综合楼建筑面积为 $9214m^2$，共 17 层，建筑高度为 52.7m，属于一类建筑。1，2 层为各类商铺，3~17 层为公寓，以该建筑为例进行自动喷水灭火系统设计，如图 8-28 和图 8-29 所示。

8.5.1 自动喷水灭火系统设置场所危险等级的确定

根据《自动喷水灭火系统设计规范》（GB 50084—2017）的规定，本建筑为中 Ⅰ 危险等级，即高层民用综合楼。根据《自动喷水灭火系统设计规范》（GB 50084—2017）第 5.0.1 条，可知该建筑的自动喷水灭火系统设计基本参数为：设计喷水强度为 $q_s = 6L/(min \cdot m^2)$；最不利点喷头工作压力为 $P = 0.1MPa$；设计作用面积为 $A = 160m^2$。

8.5.2 自动喷水灭火系统选型

根据《自动喷水灭火系统设计规范》（GB 50084—2017）第 4.2.1 条规定，该建筑的自动喷水灭火系统选用湿式系统。

8.5.3 喷头布置间距的确定及选型

根据喷头的流量计算公式(8-7)，该建筑的喷头选用标准喷头，故 K 取 80；喷头处的工作压力 P 选为 0.1MPa。计算得到喷头的流量为

$$q_0 = K\sqrt{10P} = 80 \times \sqrt{10 \times 0.1} \, L/min = 80L/min$$

依据式(8-8)，根据《自动喷水灭火系统设计规范》（GB 50084—2017）第 5.0.1A 条，喷水设计强度 q_s 取 $6L/(min \cdot m^2)$，计算得到每个喷头的保护面积为

$$A_1 = \frac{4q_0}{4q_s} = \frac{4 \times 80}{4 \times 6} \, m^2 \approx 13m^2$$

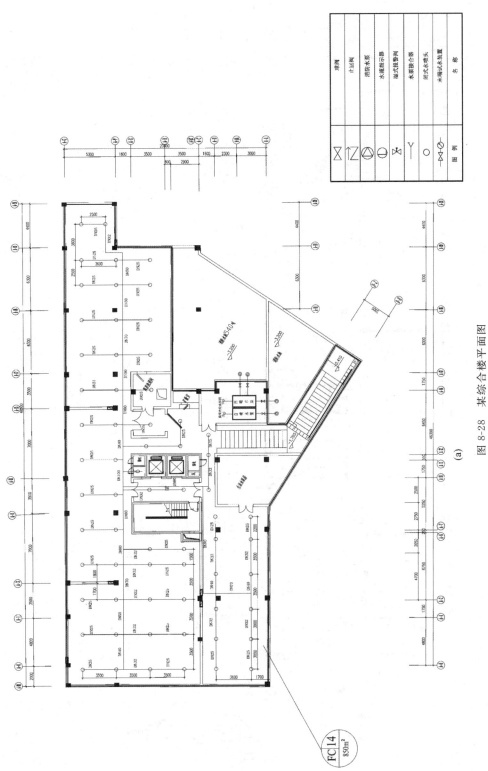

图 8-28 某综合楼平面图

(a) 地下室平面图；(b) 1 层平面图；(c) 2 层平面图；(d) 3～17 层平面图

(a)

名 称	图 例
球阀	⊠
止回阀	↗
消防水泵	⊕
水泵指示器	⊖
湿式报警阀	⋈
水泵接合器	Y
闭式水喷头	○
末端试水装置	⊲

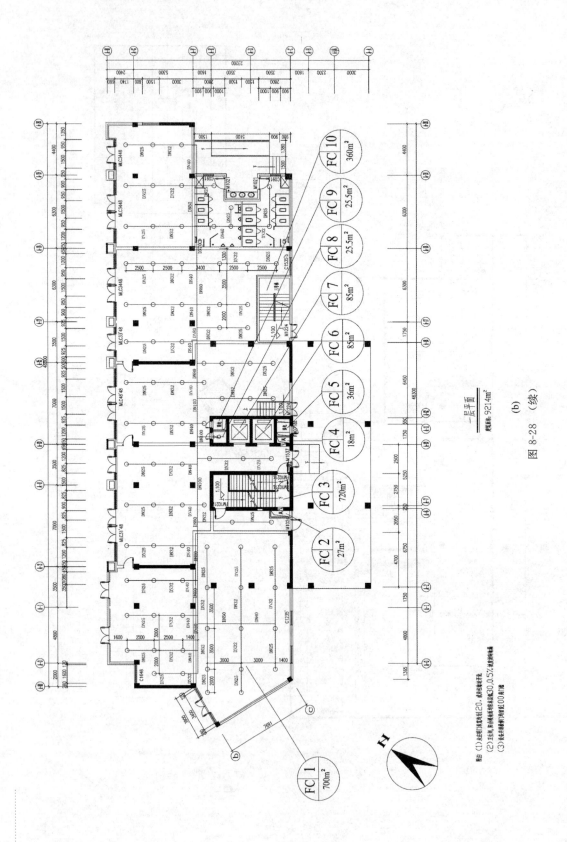

一层平面
建筑面积：9214m²

图 8-28 (续)

(b)

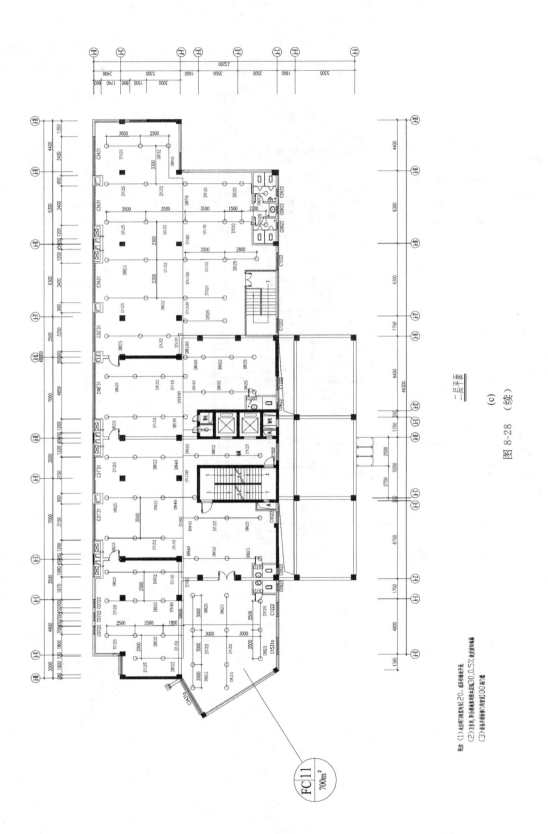

二层平面

(c)（续）

图 8-28

附注（1）未注明门垛宽为120，未标明者均开。
（2）卫生间、取备用房间地面标高较本层低20，0.5%找坡到地漏。
（3）凡未注明均门窗尺寸门洞宽度门高度100高门槛。

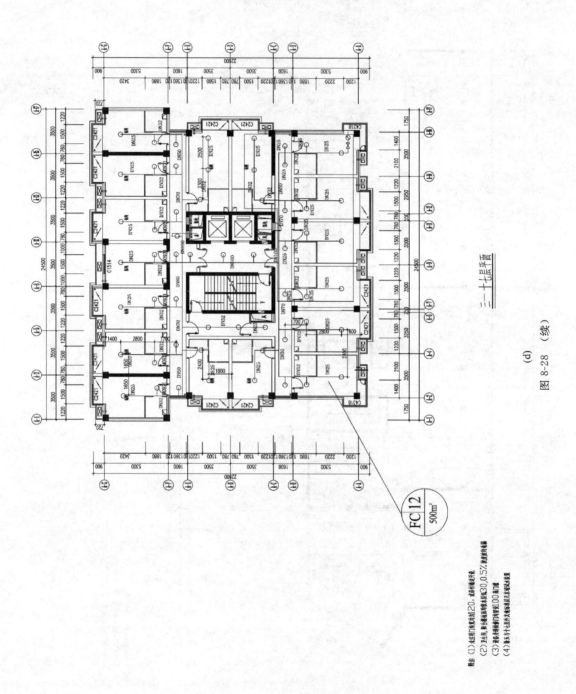

三~十七层平面

图 8-28 （续）

（d）

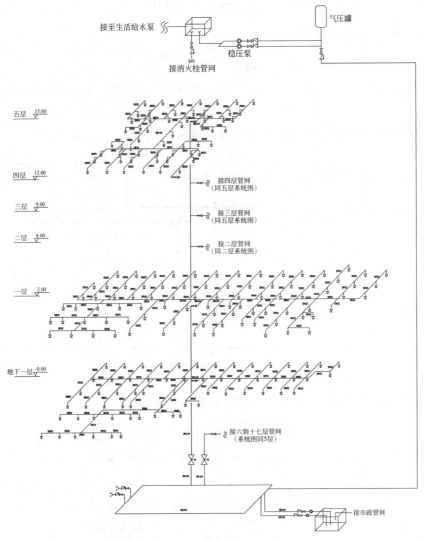

图 8-29　某综合楼的自动喷水灭火系统示意图

喷头采用正方形布置,根据式(8-1),喷头的布置间距为

$$S = \sqrt{A_1} = 3.6\text{m}$$

由上述计算可以得到喷头的布置间距为 3.6m(正方形布置),距离墙面的距离为 1.8m,在设计过程中对于每个喷头的布置过程应该按照上述参数进行设计。根据《自动喷水灭火系统设计规范》(GB 50084—2017)中相关规定及结合建筑物的结构与性质,该系统中选择接头螺纹为 ZG1/2 型、公称直径为 15mm、作用温度为 79℃的闭式吊顶型玻璃球喷头。

8.5.4　管道系统

该系统中配水支管、配水管的公称直径是按照它所控制的标准喷头数确定的,为防止配水支管过长,水头损失增加,按照《自动喷水灭火系统设计规范》(GB 50084—2017)第 8.0.1 条和第 8.0.6 条的规定,中危险级场所中配水支管两侧每根配水支管控制的标准喷头数不应多于 8 只,另外,配水管道的工作压力不应大于 1.2MPa。

8.5.5 自动喷水灭火系统

1. 自动喷水灭火系统作用面积的确定

依据作用面积长边的有关规定:$L \geqslant 1.2\sqrt{A} = 15.2\text{m}$,则长边上布置的喷头个数为:$n_1 = L/S = 15.2/3.6 \approx 4.2$,取整数 5。同时,观察建筑的自动喷水灭火系统的喷头布置情况,画出符合要求的作用面积(见图 8-30),具体过程如下所述。

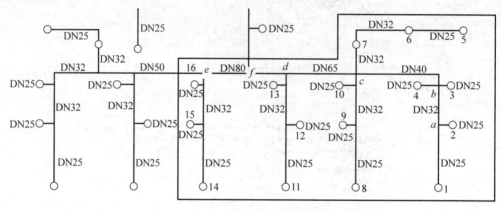

图 8-30 最不利作用面积示意图

(1) 对作用面积中所需的喷头个数进行估算,计算得到

$$n_2 = \frac{A}{A_1} = \frac{160}{13} \approx 12.3, \quad 取整数 13$$

(2) 由计算结果可知,要达到作用面积必须有 13 个喷头,故从最不利喷头开始顺着水流方向划出 13 个喷头,划出相应区域后,对该区域的建筑面积进行统计,求得面积为 129m²,低于规范规定的 160m² 的要求,应补充喷头。补充喷头的个数为

$$n_b = (160 - 129) \div 13 \approx 2.3, \quad 取整数 3$$

(3) 补充 3 个喷头,并对补充完的作用区域的面积进行统计,得到面积为 165m²,满足规范要求,作用面积内的喷头布置情况如图 8-30 所示。

2. 自动喷水灭火系统设计流量的确定

利用式(8-7)得到 1 号喷头的流量为

$$q_1 = K\sqrt{10P} = 80\text{L/min}$$

利用流量和管径计算得到 1 号喷头的流速为 $v = 2.7\text{m/s}$,符合自动喷水灭火系统管道流速小于 5m/s 的要求,故不需要调整管道的管径。

利用式(8-11)得到 1 到 a 的沿程水头损失为

$$h_{f1} = 0.000\,013\,7\,\frac{LQ^2}{d_j^{5.3}} = 0.02\text{MPa}$$

利用式(8-12)得到 1 到 a 的局部水头损失为

$$h_{j1} = 0.000\,013\,7\,\frac{L_d Q^2}{d_j^{5.3}} = 0.012\text{MPa}$$

假设 2 号喷头的压力为 0.1MPa,同理得到 2 到 a 的沿程水头损失为 0.004MPa,即 a 点压力为 0.104MPa。

利用式(8-10),得到 2 号喷头的流量为

$$q_2 = 1.46 \text{L/s}$$

利用流量和管径计算得到该管段的流速为 $v = 2.98 \text{m/s}$,符合自动喷水灭火系统管道流速小于 5m/s 的要求,故不需要调整管道的管径。

同理可以求出各个管段与每个节点的压力和流量,具体如表 8-2 所示。

表 8-2 各个管段和节点的设计参数表

节点	管段	节点压力/MPa	流量/(L/s)	管径/mm	水头损失/MPa
1		0.1	1.3		
a	$1-a$	0.132	2.8	25	0.032
b	$a-b$	0.148	6.5	32	0.016
c	$b-c$	0.174	15.9	50	0.026
d	$c-d$	0.198	21.1	70	0.024
f	$d-f$	0.214	26.3	80	0.016
竖管	$f\rightarrow$竖管	0.244	26.3	100	0.030

根据上述的计算结果,得到系统的设计流量为 $Q = 26.3 \text{L/s}$,最不利层出水口的压力为 0.244MPa。

通过上述计算得到该系统的设计流量、布置间距及作用面积,为了确定这些参量是否符合规范要求,应对自动喷水灭火系统喷水强度进行校核。根据上述的计算结果,得到系统的设计流量为 $Q = 26.3 \text{L/s}$,最不利作用面积为 165m²,所以该系统的喷水强度为 $26.3 \times 60 \div 165 \approx 9.56 > 6$,满足中 I 危险等级的喷水强度要求。

3. 自动喷水灭火系统所需水泵选型

利用式(8-13)求得高区的水泵扬程为 $H = 0.954 \text{MPa}$,低区的水泵扬程为 $H = 0.584$ MPa。通过上述计算结合厂家列出的水泵型号列表,选取合适的水泵。本次选择的水泵为 XBD-DL 型立式多级消防水泵,通过自动控制系统可以实现水泵联动控制。

4. 自动喷水灭火系统减压稳压设计

根据消火栓灭火系统减压稳压设计的设计计算过程,对自动喷水灭火系统进行减压稳压设计。需注意:自动喷水灭火系统还应满足湿式报警阀的最大工作压力不超过 1.2MPa;自动喷水灭火系统的轻、中危险等级场所中各配水管入口压力不应大于 0.4MPa。

具体设计结果如表 8-3 所示。

表 8-3 应设减压措施的各层自动喷水支管出口压力与剩余水压计算结果

楼层	出口压力/MPa	剩余水压/MPa	孔板局部水头损失/MPa	减压孔板直径/mm
第 11 层	0.430	0.030	0.27	50
第 10 层	0.461	0.061	0.54	40
第 9 层	0.492	0.092	0.82	40
第 8 层	0.523	0.123	1.09	30
第 7 层	0.554	0.154	1.37	50
第 6 层	0.585	0.185	1.65	30
地下 1 层	0.424	0.024	0.28	50

通过消火栓灭火系统的稳压设备设计计算过程，得到所需气压罐与稳压泵的参数。现在按消火栓灭火系统的设计过程，对自动喷水灭火系统的气压罐与稳压泵的参数进行计算，得到下列参数。

利用式(8-16)求得自动喷水灭火系统增压泵最小工作压力为

$$P_1 = \pm H_\Delta + H_f + H_{xh} = (0.02 + 0.000\ 01 + 0.40)\text{MPa} \approx 0.42\text{MPa}$$

利用式(8-17)求得自动喷水灭火系统消防水泵启动压力为

$$P_2 = \frac{P_1}{\alpha} = (0.42 \div 0.7)\text{MPa} = 0.6\text{MPa}$$

利用式(8-18)求得自动喷水灭火系统稳压泵启动压力为

$$P_{S1} = P_2 + (0.02 \sim 0.03) = (0.6 + 0.02)\text{MPa} = 0.62\text{MPa}$$

利用式(8-19)求得自动喷水灭火系统稳压泵停泵压力为

$$P_{S2} = P_{S1} + (0.05 \sim 0.06) = (0.62 + 0.055)\text{MPa} \approx 0.68\text{MPa}$$

利用式(8-23)求得自动喷水灭火系统稳压泵的扬程为

$$P_w = \frac{P_{S1} + P_{S2}}{2} = 0.65\text{MPa}$$

利用式(8-21)求得自动喷水灭火系统气压罐总容积为

$$V_z = \frac{1}{1-\alpha}V_X = [1 \div (1-0.7) \times 150]\text{L} = 500\text{L}$$

利用式(8-22)求得自动喷水灭火系统气压罐缓冲水容积为

$$V_h = \left(1 - \frac{P_1}{P_{S1}}\right)V_z - V_X = [(1 - 0.42 \div 0.62) \times 500 - 150]\text{L} \approx 11\text{L}$$

利用式(8-22)求得自动喷水灭火系统气压罐稳压水容积为

$$V_t = \left(1 - \frac{P_1}{P_{S2}}\right)V_z - V_X - V_h = [(1 - 0.42 \div 0.68) \times 500 - 150 - 11]\text{L} \approx 30\text{L}$$

通过上述计算可知，自动喷水灭火系统的增压设施应选择500L的气压罐，应选择扬程大于0.65MPa的稳压泵。

第 9 章

气体灭火系统设计

9.1 气体灭火系统概述

在建筑物中,有些场所的火灾是不能用水扑救的,因为有的物质(如电石、碱金属等)与水接触会引起燃烧爆炸或助长火焰蔓延;有些场所有易燃、可燃液体,很难用水扑灭火灾;而有些场所(如计算机机房、通信机房、文物资料室、图书馆、档案馆等)用水扑救会造成严重的水渍损失。所以,在建筑物内除设置水消防系统外,还应根据其内部不同房间或部位的性质和要求,采用其他的消防灭火装置,以控制或扑灭初期火灾,减少火灾损失。

气体灭火系统是以某些气体作为灭火介质,通过这些气体在整个防护区或保护对象周围的局部区域建立起灭火浓度来实现灭火的。其特有的性能特点决定了它主要用于保护某些特殊场所,它是固定灭火系统中的一种重要形式。

抑制火焰的链锁反应或排除氧气,这是用气体灭火的基本原理。气体灭火剂并无冷却作用,是靠一定浓度的灭火气体来达到灭火的效果。另外,气体灭火剂都有一定的毒性,其毒性大小随灭火气体的浓度大小而不同。气体灭火剂的毒性变化幅度相当大,从对人安全无害直至使人死亡。既然气体灭火剂有这种不利因素,为什么人们还使用它灭火呢? 这是因为用气体灭火比用水、泡沫、干粉灭火所造成的损失和污染轻得多;其次,是因为有些火灾不能用含水的灭火剂来灭火。所以,对价值高的设备(如电气设备、计算机)和不宜用其他灭火系统来灭火的某些易燃液体,通常采用气体灭火系统进行防火和灭火。此外,气体灭火系统可设计成全自动的,不用水源和电源,这是气体灭火系统的另一大优点。

9.2 气体灭火系统的类型、组成和工作原理

9.2.1 气体灭火系统的类型

根据所使用的灭火剂不同,气体灭火系统可归纳为以下 4 类。

1. 卤代烷 1301 灭火系统

卤代烷 1301 灭火系统以卤代烷 1301 灭火剂(三氟一溴甲烷,化学式 $CBrF_3$)作为灭火介质。该系统的灭火剂毒性小、使用期长、喷射性能好、灭火性能好,是应用最广泛的一种气体灭火系统。但由于其对大气臭氧层有较大的破坏作用,目前已开始停止生产及使用。

2. 卤代烷 1211 灭火系统

卤代烷 1211 灭火系统以卤代烷 1211 灭火剂(二氟一氯一溴甲烷,化学式 $CBrClF_2$)作为灭火介质。由于其比卤代烷 1301 灭火剂便宜,在我国的应用较卤代烷 1301 灭火系统更为广泛。同样,由于其对大气臭氧层有较大的破坏作用,目前已开始停止生产及使用。

3. 二氧化碳灭火系统

二氧化碳灭火系统以二氧化碳灭火剂作为灭火介质。相对于卤代烷灭火系统的组件及设计来说,二氧化碳灭火系统的投资较大,灭火时对人体有窒息作用,且二氧化碳会产生温室效应,也不宜广泛使用。

4. 卤代烷替代系统

卤代烷替代系统目前正处于研究阶段。从目前的研究进展情况看,七氟丙烷灭火系统和"烟烙尽"(inergen)灭火系统较为理想,但有待进一步确定。七氟丙烷灭火系统以七氟丙烷(CF_3CHFCF_3)作为灭火介质,仍属卤代烷灭火系统系列,具有卤代烷灭火系统的特点,毒性较低,可用于经常有人工作的防护区。若用其代替卤代烷 1301 灭火系统,其灭火剂质量约增加 70%,储存容器数量约增加 30%。"烟烙尽"灭火系统以氮气、氩气、二氧化碳 3 种气体作为灭火介质,其中氮气含量为 52%,氩气含量为 40%,二氧化碳含量为 8%。该类灭火系统是通过降低空气中的氧气含量(低于 15%)灭火的,但人在灭火环境下可自由呼吸。与其他气体灭火系统相比,该系统造价较高。

另外,从灭火方式看,气体灭火系统有全淹没和局部应用两种应用形式。全淹没系统是通过在整个房间内建立灭火剂设计浓度(即灭火剂气体将房间淹没)实施灭火的系统形式,这种系统形式可对防护区提供整体保护;局部应用系统是为了保护房间内或室外的某一设备(局部区域),通过直接向着火表面喷射灭火剂实施灭火的系统形式,就整个房间而言,灭火剂气体浓度远远达不到灭火浓度。

在工程应用中,一个工程中的几个防护区可共用一套系统保护,称为组合分配系统。这样较为经济,可节省大量投资,但前提是这些防护区不会同时着火。若几个防护区都非常重要或有同时着火的可能性,则每个防护区各自设置灭火系统保护,称为单元独立系统。很明显,采用单元独立系统投资较大。对于较小的、无特殊要求的防护区,可以不设计,直接从工厂生产的系列产品中选择,这样既可省去烦琐的设计计算,施工强度又较小,这种系统称为无管网灭火装置。

9.2.2 气体灭火系统的组成及工作过程

1. 气体灭火系统的基本组成

气体灭火系统的基本组成如图 9-1 所示,由储存装置、启动分配装置、输送释放装置、监控装置等设施组成。

2. 气体灭火系统的工作过程

防护区一旦发生火灾,首先火灾探测器报警,消防控制中心接到火灾信号后,启动联动装置(关闭开口、停止空调等),延时约 30s 后,打开启动气瓶的瓶头阀,利用气瓶中的高压氮气将灭火剂储存容器上的容器阀打开。灭火剂经管道输送到喷头喷出,实施灭火。中间的延时是考虑到防护区内人员的疏散。另外,通过压力开关监测系统是否正常工作。若启动指令发出,而压力开关的信号迟迟不返回,则说明系统故障,值班人员听到事故报警,应尽快实施人工启动。系统的工作过程可用图9-2所示框图表示。

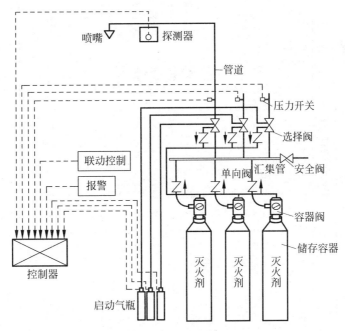

图 9-1 气体灭火系统的组成示意图

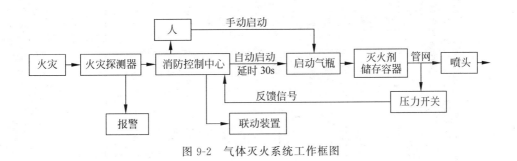

图 9-2 气体灭火系统工作框图

9.3 气体灭火系统的组件及设计

9.3.1 气体灭火系统性能的要求

1. 灭火剂需用量

灭火剂的需用量根据防护区的大小、环境温度、保护对象的性质及选用气体灭火系统的类型等确定,在相应的设计规范中给出了其计算公式。

单位防护空间体积所需卤代烷灭火剂量可查表9-1。

2. 对防护区的要求

防护区是指设有气体灭火系统保留/保护的场所。为了确保气体灭火系统能够将火彻底扑灭,防护区应满足一定的要求,这一点非常重要。防护区应以固定的封闭空间来划分。几个

表 9-1　每立方米防护区容积所需卤代烷灭火剂用量

kg/m³

温度/℃	卤代烷 1301 卤代烷灭火剂浓度(体积分数)/%						卤代烷 1211 卤代烷灭火剂浓度(体积分数)/%					
	5	6	7	8	9	10	5	6	7	8	9	10
−20	0.3857	0.4677	0.5515	0.6372	0.7247	0.8142	—	—	—	—	—	—
−15	0.3778	0.4582	0.5403	0.6242	0.7099	0.7976	—	—	—	—	—	—
−10	0.3703	0.4491	0.5295	0.6118	0.6958	0.7817	—	—	—	—	—	—
−5	0.3630	0.4403	0.5192	0.5998	0.6822	0.7664	—	—	—	—	—	—
0	0.3561	0.4318	0.5092	0.5882	0.6655	0.7576	0.4089	0.4959	0.5848	0.6756	0.7684	0.8632
5	0.3494	0.4237	0.4996	0.5772	0.6565	0.7376	0.4003	0.4855	0.5725	0.6614	0.7523	0.8452
10	0.3429	0.4159	0.4904	0.5686	0.6444	0.7239	0.3921	0.4756	0.5608	0.6479	0.7369	0.8278
15	0.3367	0.4083	0.4815	0.5533	0.6327	0.7108	0.3842	0.4660	0.5495	0.6348	0.7200	0.8112
20	0.3307	0.4011	0.4729	0.5464	0.6214	0.6981	0.3767	0.4568	0.5387	0.6223	0.7078	0.7952
25	0.3240	0.3940	0.4647	0.5268	0.6105	0.6859	0.3694	0.4480	0.5283	0.6103	0.6941	0.7798
30	0.3139	0.3875	0.4567	0.5270	0.6000	0.6741	0.3624	0.4395	0.5183	0.5987	0.6810	0.7651
35	0.3087	0.3807	0.4489	0.5187	0.5899	0.6627	0.3557	0.4313	0.5086	0.5876	0.6683	0.7508
40	0.3037	0.3744	0.4415	0.5100	0.5801	0.6517	0.3492	0.4234	0.4993	0.5769	0.6561	0.7371
45	0.2988	0.3683	0.4343	0.5017	0.5706	0.6410	0.3429	0.4159	0.4904	0.5665	0.6443	0.7239
50	0.2940	0.3623	0.4273	0.4936	0.5614	0.6307	0.3369	0.4085	0.4817	0.5565	0.6330	0.7111

相连的房间是各自作为独立防护区还是作为一个防护区考虑,应视具体情况而定,主要依据其是否符合对防护区的要求。防护区围护结构及门、窗的耐火极限不应低于0.5h,吊顶的耐火极限不应低于0.25h;防护区不宜有敞开的孔洞,存在开口处应设置自动关闭装置。二氧化碳防护区若有不能关闭的开口,开口面积应不大于防护区内表面积的3%,且开口不应设在底面;防护区的门窗及围护结构的允许压强均不宜低于1.2kPa,使其能够承受灭火系统启动后房间内的压力增加值。另外,防护区还应考虑泄压,当防护区设有防爆泄压孔或门窗缝隙未设密封条时,可不设泄压门,否则,应在防护区外墙距地面2/3以上处设置泄压口;防护区不宜太大,若房间太大,应分成几个小的防护区。系统启动前,应关闭通风机和通风管道的防火阀,停止空调及影响灭火效果的生产操作。

3. 对储瓶间的要求

气体灭火系统应有专用的储瓶间放置系统设备,以便于系统的维护管理。对储瓶间的要求基本同消防水泵房,储瓶间耐火极限不低于二级,应有安全出口,应具有良好的通风设施。

4. 系统的启动控制

气体灭火系统应具有自动控制启动、手动控制启动、机械应急操作3种方式。自动控制启动应采用复合探测,如图9-3所示,在同时接到两个相互独立的火灾探测器信号后,才启动系统;机械应急操作应在一个地方一次完成,以保证灭火剂喷射时间。

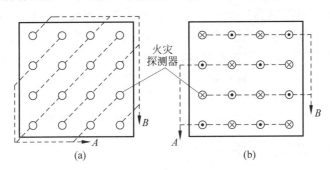

图9-3　复合火灾探测方式
(a) 同一种类探测器交叉布置示意图;(b) 不同种类探测器组合布置示意图

5. 系统的安全措施

由于气体灭火系统有一定的毒性危害,因此应有一定的安全措施,以避免其启动后对人造成威胁。

(1) 防护区应设火灾声光报警器,必要时,防护区的入口处应设光报警器。

(2) 防护区入口处应设灭火系统防护标志和灭火剂释放指示灯,防护标志应标明灭火剂释放对人的危害,遇到火灾应采取的自我保护措施和其他注意事项。灭火剂释放指示灯提示人们不要误入防护区。

(3) 防护区应有能在30s内使该区域人员疏散完毕的走道和出口,在疏散走道和出口处,应设火灾事故照明和疏散指示标志。

(4) 防护区的门应向疏散方向开启,并能自动关闭,且保证在任何情况下均能从防护区内打开。

(5) 设有气体灭火系统的建筑物应配备专用的空气呼吸器或氧气呼吸器。

（6）地下防护区和无窗或固定窗扇的地上防护区,应设机械排风装置。

9.3.2　气体灭火系统设置部位

1. 应设置气体灭火系统的部位

（1）省级或超过 100 万人口城市广播电视发射塔楼内的微波机房、分米波机房、米波机房,变、配电室和不间断电源(uninterruptible power system,UPS)室。

（2）国际电信局、大区中心、省中心和 1 万路以上的地区中心的远程控制交换机房、控制室和信令转接点室。

（3）2 万线以上的市话汇接局和 6 万门以上的市话端局程控交换机房、控制室和信令转接点室。

（4）中央及省级治安、防灾、网局级及以上的电力等调度指挥中心的通信机房和控制室。

（5）建筑面积不小于 140m² 的电子计算机机房中的主机房和基本工作间的已记录磁(纸)介质库;当有备用主机和备用已记录磁(纸)介质,且设置在不同建筑内或同一建筑内的不同防火分区内时,亦可采用预作用自动喷水灭火系统。

（6）其他特殊重要设备室。

2. 应设置二氧化碳等气体灭火系统的部位,但不得采用卤代烷 1211,1301 灭火系统

（1）国家、省级或藏书量超过 100 万册的图书馆的特藏库;

（2）中央和省级档案馆中的珍藏库和非纸质档案库;

（3）大、中型博物馆中的珍品库房;

（4）一级纸、绢质文物的陈列室;

（5）中央和省级广播电视中心内,建筑面积不小于 120m² 的音像制品房。

9.3.3　二氧化碳灭火系统

二氧化碳灭火系统是一种物理的、不发生化学反应的气体灭火系统。该系统通过向被保护空间喷放二氧化碳灭火剂,减少空气中氧的含量,使其降低到不能燃烧的浓度而使火焰熄灭。二氧化碳灭火剂在常温、常压下为无色、无味的气体,在常温和 6MPa 压力下变为无色的液体。二氧化碳灭火剂具有不燃烧、不助燃、不导电、不含水分、灭火后能很快散逸、对保护物不会造成污损等优点,是一种采用较早、应用较广的灭火剂。但二氧化碳对人体有窒息作用,当含量达到 15% 以上时能使人窒息死亡,因此其使用受到局限。

二氧化碳灭火系统主要用于扑救甲、乙、丙类液体火灾,某些气体火灾,固体表面和电器设备火灾。主要应用场所有:油浸变压器室、装有可燃油的高压电容器室、多油开关及发电机房等,电信、广播电视大楼的精密仪器室及贵重设备室、大中型电子计算机机房等,加油站、档案库、文物资料室、图书馆的珍藏室等,大、中型船舶货舱及油轮油舱等。

二氧化碳在高温条件下能与锂、钠等金属发生燃烧反应,不适用于扑救活泼金属(如钾、钠、镁、铝、铀等)及其氢化物的火灾、能自行供氧的化学物品(如硝酸纤维和火药等)火灾、能自行分解的化学物质火灾。

1. 二氧化碳灭火系统的应用状况

二氧化碳灭火系统在我国的应用始于 20 世纪 70 年代,80 年代因卤代烷灭火系统的应用,阻碍了其推广使用。自从人类发现哈龙(Halon,即1211和1301的商品名称,主要用于灭火药剂)灭火剂中含有氯氟烃物质,会引起对大气臭氧层的损耗而使生存环境恶化后,世界各国缔结了《蒙特利尔协定书》,并在淘汰哈龙灭火剂的同时,相继开发出众多哈龙替代物。截至目前,具有可使用性并列入ISO 14520国际标准草案的共有14种,二氧化碳灭火系统属于其中之一。

公安部和消防行业管理办公室以公消[1996]69号文,向各省、自治区、直辖市、公安厅(局)、消防局发出关于印发《哈龙替代产品的推广应用的规定》的通知中明确规定,对于应设置气体灭火系统的场所推荐使用二氧化碳灭火系统。在这种国际和国内环境下,二氧化碳灭火系统的应用越来越广泛。全国消防标准化技术委员会1996年制定了《二氧化碳灭火系统及部件通用技术条件》的国家标准。

2.二氧化碳灭火机理

二氧化碳灭火剂主要通过窒息和冷却作用达到灭火目的,其中窒息作用为主导作用。

在常温常压条件下,二氧化碳的物态为气相。当储存于密封高压气瓶中,低于临界温度31.4℃时是以气、液两相共存的。灭火时,当罐装于钢瓶内的液态二氧化碳施放于灭火空间时,压力骤然下降,二氧化碳迅速蒸发成气体,体积扩大约500倍。二氧化碳可以隔绝空气、稀释和降低空气中的含氧量,达到控制和熄灭火灾的目的。二氧化碳由液体汽化时,吸收大量的热,使喷桶内的温度降低,部分二氧化碳成为雪状的干冰粒子。干冰从周围环境吸热迅速升华,可对燃烧物起到降温、冷却的辅助灭火作用。

3.二氧化碳灭火系统的分类

1) 按防护区特征和灭火方式分类

(1) 全淹没灭火系统

全淹没灭火系统是指在规定时间内向防护区喷射一定浓度的灭火剂并使其均匀地充满整个防护区的气体灭火系统。当事先无法预计防护区范围内火灾产生的具体部位时,应采用这种灭火方式。

全淹没灭火系统由二氧化碳储存容器、容器阀、管道、操作控制系统及附属装置等组成。操作控制系统有自动、手动两种。该系统将整套灭火设施设置于一个有限的封闭空间内。当发生火灾时,火灾探测器发出火灾报警信号,并通过控制盘打开启动容器的阀门,启动气体可打开选择阀及二氧化碳容器瓶阀,使二氧化碳迅速、均匀地喷入整个防护区,实施灭火。采用手动控制系统时,可直接打开手动启动装置,按下按钮,接通电源,使系统启动灭火。

全淹没系统可以用一套装置保护一个防护区,也可以由一套装置保护一组防护区,前者称为单元独立系统,图9-4为其原理图;后者称为组合分配系统,图9-5为其原理图。采用组合分配系统较为经济合理,但前提是同一组合中各个防护区不能同时着火,并且在火灾初期不能形成蔓延趋势。

全淹没灭火系统的保护区应形成封闭空间,二氧化碳应达到灭火所要求的设计浓度并持续一段时间,使火灾彻底熄灭,不再复燃。保护区内不能自动关闭的门窗等,其开口面积应小于防护区总面积的3%,并补充供给一定数量的二氧化碳灭火剂量。设置于防火门、窗以及排风口上的防火阀,均应在二氧化碳喷放前自动关闭,否则会影响二氧化碳的灭火效果。

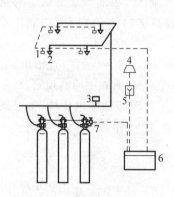

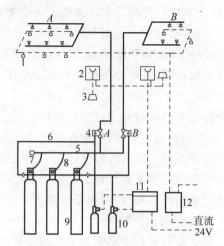

图 9-4 全淹没单元独立系统

1—探测器；2—喷嘴；3—压力继电器；

4—报警器；5—手动启动装置；6—控制盘；

7—电动启动头

图 9-5 全淹没组合分配系统

1—探测器；2—手动按钮启动装置；3—报警阀；

4—选择阀；5—总管；6—操作管；7—安全阀；

8—连接管；9—储存容器；10—启动用气容器；

11—报警控制装置；12—检测盘

（2）局部应用系统

局部应用系统可以直接向燃烧着的物体表面喷射灭火剂,使被保护物体完全被淹没,并维持灭火所必需的最短时间。在灭火过程中不能封闭,或是虽然能封闭但不符合全淹没系统要求的表面火灾应采用局部应用系统。

2）按储存压力分类

（1）高压储存系统

高压储存系统采用加压方式将二氧化碳灭火剂以液态形式储存在容器内,其储存压力在 21℃时为 5.17MPa。为保证安全并维持系统正常工作,储存环境温度必须符合要求,对于局部应用系统,最高温度不得超过 49℃,最低温度不得低于 0℃;对于全淹没系统,最高温度不得超过 54℃,最低温度不得低于 -18℃。高压储存系统的充装密度为 0.6～0.68kg/L。

（2）低压储存系统

低压储存系统采用冷却与加压相结合的方式将二氧化碳灭火剂以液态形式储存在容器中,储存压力为 2.07MPa。储存环境温度保持在 -18℃,充装密度为 0.90～0.95kg/L。典型的低压储存装置是在压力容器外包一个密封金属壳,壳内有绝缘体,在一端安装一个标准的空气制冷机装置,把冷却蛇管装入容器内。

低压二氧化碳自动灭火系统由火灾报警控制系统、灭火剂储存装置、管网、喷头及控制柜等组成。灭火剂储存装置主要由灭火剂储存瓶、总控阀、分配阀、连接阀、安全阀、爆破片装置、测压装置、液位仪、差压变送器和制冷机组等组成。

低压二氧化碳灭火系统占地面积小,自动性能好,动作准确可靠,操作方便,可以预先设定自动释放二氧化碳灭火剂的时间,还可随时手动启动或关闭系统,控制灭火剂的喷放。另外,低压二氧化碳灭火系统还具有便于安装、维护、保养等优点。

4．二氧化碳全淹没灭火系统的设计计算

二氧化碳全淹没系统的计算包括灭火剂用量计算和系统管网计算两大部分。

1）灭火剂用量计算

（1）灭火剂设计浓度

为保证灭火的可靠性，二氧化碳灭火系统的设计浓度应取测定灭火浓度（临界值）的1.7倍，并不得低于34％。可燃物的二氧化碳设计浓度可按表9-2采用。有些物质还可能伴有无焰燃烧，表9-2同时列出了熄灭阴燃火的最小抑制时间。

表 9-2　二氧化碳设计浓度和抑制时间

类别	可燃物质	物质系数	设计浓度/%	抑制时间/min
气体和液体火灾	丙酮	1.00	34	—
	乙炔	2.57	66	—
	航空燃料 115#/145#	1.06	36	—
	粗苯（安息油、偏苯油）、苯	1.10	36	—
	丁二烯	1.26	41	—
	丁烷	1.00	34	—
	丁烯-1	1.10	37	—
	二硫化碳	3.03	72	—
	一氧化碳	2.43	64	—
	煤气或天然气	1.10	37	—
	环丙烷	1.10	37	—
	柴油	1.00	34	—
	二乙基醚	1.22	40	—
	二甲醚	1.22	40	—
	二苯及其氧化物的混合物	1.47	46	—
	乙烷	1.22	40	—
	乙醇（酒精）	1.34	43	—
	乙醚	1.47	46	—
	乙烯	1.60	49	—
	二氯乙烯	1.00	34	—
	环氧乙烯	1.80	53	—
	汽油	1.00	34	—
	己烷	1.03	35	—
	正庚烷	1.03	35	—
	正辛烷	1.03	35	—

类别	可燃物质	物质系数	设计浓度/%	抑制时间/min
气体和液体火灾	氢	3.30	75	—
	硫化氢	1.06	36	—
	异丁烷	1.06	36	—
	异丁烯	1.00	34	—
	甲酸异丁酯	1.00	34	—
	航空煤油 JP4	1.06	36	—
	煤油	1.00	34	—
	甲烷	1.00	34	—
	醋酸甲酯	1.03	35	—
	甲醇	1.22	40	—
	甲基丁烯-1	1.06	36	—
	甲基乙基酮（丁酮）	1.22	40	—
	甲醇甲酯	1.18	39	—
	戊烷	1.03	35	—
	石脑油	1.00	34	—
	丙烷	1.06	36	—
	丙烯	1.06	36	—
	淬火油（灭弧油）、润滑油	1.00	34	—
固体火灾	纤维材料	2.25	62	20
	棉花	2.00	58	20
	纸张	2.25	62	20
	塑料(颗粒)	2.00	58	20
	聚苯乙烯	1.00	34	—
	聚苯基甲酸甲酯(硬)	1.00	34	—
其他火灾	电缆间和电缆沟	1.50	47	10
	数据储存间	2.25	62	20
	电子计算机设备	1.50	47	10
	电气开关和配电室	1.20	40	10
	带冷却系统的发电机	2.00	58	到停转
	油浸变压器	2.00	58	—
	数据打印设备(间)	2.25	62	20

续表

类别	可燃物质	物质系数	设计浓度/%	抑制时间/min
其他火灾	油漆间和干燥设备	1.20	40	—
	纺织机	2.00	58	—
	干燥的电缆	1.47	50	10
	电气绝缘设备	1.47	50	10
	皮毛储存库	3.30	75	20
	吸尘装置	3.30	75	20

为设计计算方便,取最小灭火设计浓度 34% 作基数,令其等于1,制定出反映各物质间不同灭火设计浓度倍数关系的系数,称为物质系数。物质系数可按下式计算:

$$K_b = \frac{\ln(1-C)}{\ln(1-0.34)} \qquad (9\text{-}1)$$

式中: K_b 为物质系数; C 为二氧化碳灭火设计浓度,%。

(2) 灭火剂用量计算

对于全淹没系统,二氧化碳总用量为设计灭火用量和剩余量之和。设计灭火用量是决定全淹没系统设计用量的主要因素,它与灭火设计浓度、开口面积有关。

二氧化碳的设计灭火用量可如下计算:

$$M = K_b(0.2A + 0.7V) \qquad (9\text{-}2)$$
$$A = A_v + 30A_0 \qquad (9\text{-}3)$$
$$V = V_v - V_c \qquad (9\text{-}4)$$

式中: M 为二氧化碳设计灭火用量,kg; K_b 为物质系数; A 为折算面积,m^2; A_v 为防护区的内侧、顶面(包括其中开口)面积,m^2; A_0 为开口总面积,m^2; V 为防护区的净容积,m^3; V_v 为防护区容积,m^3; V_c 为防护区内非燃烧体和难燃烧体的总体积,m^3。

防护区的净容积是指防护区空间体积扣除固定不变的实体部分的体积,如果有不能停止的空调系统,则应考虑空调系统的附加体积。

(3) 管网和储存容器内灭火剂剩余量

系统中灭火剂的剩余量,是系统泄压时存在于管网和储存容器内的灭火剂量。均衡系统管网内的剩余量可忽略不计。储存容器内二氧化碳灭火剂的剩余量是根据我国现行采用的 40L 储存容器的测试结果得出的,充装量为 25kg,喷放后的剩余量为 1~2kg,占充装量的 4%~8%。所以,储存容器的剩余量可按设计用量的 8% 计算。

2) 系统管网计算

管网最好布置成均衡系统。所谓均衡系统,是指选用同一规格尺寸的喷头,使每只喷嘴的设计流量相等,系统计算结果应满足下式要求:

$$\frac{h_{\max} - h_{\min}}{h_{\max}} < 0.1 \qquad (9\text{-}5)$$

式中: $h_{\max}$ 为喷头装在最不利点的全程阻力损失; $h_{\min}$ 为喷头装在最利点的全程阻力损失。

管网计算的原则：管道直径应满足输送设计流量的要求,同时管道最终压力还应满足喷头入口压力不低于喷头最低工作压力的要求。

(1) 储存容器数量的估算

根据灭火剂总用量和单个储存容器的容积及其在某个压力等级下的充装率,由下式计算储存容器个数：

$$N_p = 1.1 \frac{M}{aV_0}$$ (9-6)

式中：N_p 为储存容器的个数,向上取整数;M 为二氧化碳灭火剂用量,kg;V_0 为单个储存容器的容积,L;a 为储存容器中二氧化碳的充装率,对于高压储存系统,$a=0.6\sim0.67$kg/L。

(2) 确定计算管段长度

根据管路布置,确定计算管段长度。计算管段长度应为管段实长与管道附件当量长度之和。管道附件当量长度如表 9-3 所示。

表 9-3 管道附件当量长度　　　　　　　　　m

管道公称直径 /mm	螺纹连接			焊　　接		
	90°弯头	三通的直通部分	三通的侧通部分	90°弯头	三通的直通部分	三通的侧通部分
15	0.52	0.3	1.04	0.24	0.21	0.82
20	0.67	0.43	1.37	0.33	0.27	0.85
25	0.85	0.55	1.74	0.43	0.37	1.07
32	1.13	0.7	2.29	0.55	0.46	1.4
40	1.31	0.82	2.62	0.64	0.52	1.65
50	1.68	1.07	3.42	0.85	0.67	2.1
65	2.01	1.25	4.09	1.01	0.82	2.5
80	2.50	1.56	5.06	1.25	1.01	3.11
100				1.65	1.34	4.09
125				2.01	1.68	5.12
150				2.47	2.01	6.18

(3) 初定管径

初定管径可按下式计算：

$$D = (1.5 \sim 2.5) \sqrt{Q}$$ (9-7)

式中：D 为管道内径,mm;Q 为管道的设计流量,kg/min。

(4) 计算输送干管平均流量

输送干管的平均流量可按下式计算：

$$Q = \frac{M}{t}$$ (9-8)

式中：Q 为管道的设计流量,kg/min;M 为二氧化碳设计用量,kg;t 为二氧化碳喷射时间,min。

（5）计算管道压力降

① 公式法

根据《二氧化碳灭火系统设计规范（2010 年版）（GB 50193—1993）》，管道的压力降计算公式为

$$Q^2 = \frac{0.8725 \times 10^{-4} D^{5.25} Y}{L + 0.043\,19 D^{1.25} Z} \tag{9-9}$$

式中：Q 为管段中灭火剂的流量，kg/min；D 为管道内径，mm；L 为管段计算长度，m；Y 为压力系数，MPa·kg/m³；Z 为密度系数。或者

$$Y_2 = Y_1 + ALQ^2 + B(Z_2 - Z_1)Q^2 \tag{9-10}$$

式中：Y 为压力系数，MPa·kg/m³；Z 为密度系数；Y_1，Y_2 分别为计算管段的始、终端 Y 值，MPa·kg/m³；Z_1，Z_2 分别为计算管段的始、终端 Z 值。

系数 A，B 的计算公式为

$$A = \frac{1}{0.8725 \times 10^{-4} D^{5.25}} \tag{9-11}$$

$$B = \frac{4950}{D^4} \tag{9-12}$$

管道的压力系数 Y 及密度系数 Z 由表 9-4 和表 9-5 查得。也可按下式计算：

$$Y = \int_{\rho_1}^{\rho_2} \rho \, \mathrm{d}\rho \tag{9-13}$$

$$Z = \int_{\rho_1}^{\rho_2} \frac{\mathrm{d}\rho}{\rho} \tag{9-14}$$

式中：ρ_1 为在压力为 P_1 时二氧化碳的密度，kg/m³；ρ_2 为在压力为 P_2 时二氧化碳的密度，kg/m³。

表 9-4　高压储存系统（5.17MPa）各压力点的 Y，Z 值

压力/MPa	Y/(MPa·kg/m³)	Z	压力/MPa	Y/(MPa·kg/m³)	Z
5.17	0	0	3.50	927.7	0.8300
5.10	55.4	0.0035	3.25	1005	0.9500
5.05	97.2	0.0500	3.00	1082.3	1.0860
5.00	132.5	0.0825	2.75	1150.7	1.2400
4.75	303.7	0.2100	2.50	1219.3	1.4300
4.50	460.6	0.3300	2.25	1250.2	1.6200
4.25	612	0.4270	2.00	1285.5	1.8400
4.00	725.6	0.5700	1.75	1318.7	2.1400
3.75	828.3	0.7000	1.40	1340.8	2.5900

表 9-5　低压储存系统（2.07MPa）各压力点的 Y，Z 值

压力/MPa	Y/(MPa·kg/m³)	Z	压力/MPa	Y/(MPa·kg/m³)	Z
2.07	0	0.000	1.50	369.6	0.994
2.00	66.5	0.120	1.40	404.5	1.169
1.90	150	0.295	1.30	433.8	1.344
1.80	220.1	0.470	1.20	458.4	1.519
1.70	278.0	0.645	1.10	478.9	1.693
1.60	328.5	0.820	1.00	496.2	1.868

② 图解法

将式(9-9)变换成下列形式:

$$\frac{L}{D^{1.25}} = \frac{0.8725 \times 10^{-5}Y}{(Q/D^2)^2} - 0.043\,19Z \tag{9-15}$$

以 $L/D^{1.25}$(比管长)为横坐标,压力 P(MPa)为纵坐标,按式(9-15)的关系在该坐标系统中取不同的比流量 Q/D^2,可得到一组曲线簇,见图9-6和图9-7。这样便可用图解法求出管道的压力降值。

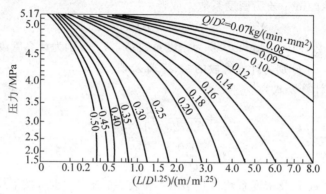

图 9-6　5.17MPa储存压力下的管路压力降

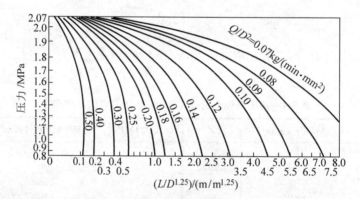

图 9-7　2.07MPa储存压力下的管路压力降

使用图解法时,先计算出各计算管段的比管长 $L/D^{1.25}$ 和比流量 Q/D^2,取管道起点压力储源的储存压力,令第2计算管段的始端压力等于第1计算管段的终端压力,求出第1计算管段的终端压力,以此类推,直至求得系统末端的压力。

(6)高程压力校正

在二氧化碳管网计算中,对于管道坡度引起的管段两端的水头差可以忽略,但对于管两端显著高程差所引起的水头不能忽略,应计入管段终点压力。水头是高度和密度的函数,而二氧化碳的密度随压力变化,在计算水头时,应取管段两端压力的平均值。当终点高度低于起点高度时水头取正值,反之取负值。

流程高度所引起的压力校正值见表9-6和表9-7。

表 9-6 高压系统的压力校正值

管道平均压力/MPa	5.17	4.83	4.48	4.14	3.79	3.45	3.10	2.76	2.41	2.07	1.72	1.40
流程高度所引起的压力校正值/(kPa/m)	7.96	6.79	5.77	4.86	4.00	3.39	2.83	2.38	1.92	1.58	1.24	1.02

表 9-7 低压系统的压力校正值

管道平均压力/MPa	2.07	1.93	1.79	1.65	1.52	1.38	1.24	1.10	1.00
流程高度所引起的压力校正值/(kPa/m)	10.00	7.76	5.99	4.68	3.78	3.03	2.42	1.92	1.62

(7) 喷头入口压力和等效孔口单位面积喷射率

喷头入口压力即系统最末管段的终端压力。对于高压储存系统,最不利喷头入口压力不应小于 1.4MPa;对于低压储存系统,最不利喷头入口压力不应小于 1MPa。

喷头的等效孔口单位面积喷射率以流量系数为 0.98 的标准孔口进行测算,它是储存容器内压的函数。高压和低压储存系统的等效孔口单位面积喷射率见表 9-8 及表 9-9。

表 9-8 高压系统等效孔口单位面积喷射率

喷头入口压力/MPa	等效孔口单位面积喷射率/(kg/(min·mm²))	喷头入口压力/MPa	等效孔口单位面积喷射率/(kg/(min·mm²))
5.17	3.225	3.28	1.223
5.00	2.703	3.10	1.139
4.83	2.401	2.93	1.062
4.65	2.172	2.76	0.9843
4.48	1.993	2.59	0.9070
4.31	1.839	2.41	0.8296
4.14	1.705	2.24	0.7593
3.96	1.589	2.07	0.6890
3.79	1.487	1.72	0.5484
3.62	1.396	1.40	0.4833
3.45	1.308		

表 9-9 低压系统等效孔口单位面积喷射率

喷头入口压力/MPa	等效孔口单位面积喷射率/(kg/(min·mm²))	喷头入口压力/MPa	等效孔口单位面积喷射率/(kg/(min·mm²))
2.07	2.967	1.52	0.9175
2.00	2.039	1.45	0.8507
1.93	1.670	1.38	0.7910
1.86	1.441	1.31	0.7358
1.79	1.283	1.24	0.6869
1.72	1.164	1.17	0.6412
1.65	1.072	1.10	0.5990
1.59	0.9913	1.00	0.5400

（8）计算喷头孔口尺寸

喷头等效孔口面积可按下式计算：

$$F = \frac{Q_i}{q_0} \quad\quad\quad (9\text{-}16)$$

式中：F 为喷头等效孔口面积，mm^2；Q_i 为单个喷头的设计流量，kg/min；q_0 为等效孔口单位面积喷射率，$kg/(min \cdot mm^2)$。

喷头规格应根据等效孔口面积按表 9-10 选用。

表 9-10　喷头等效孔口尺寸

喷头代号	2	3	4	5	6	7	8	9	10	11	12	13	14
等效单孔面积/mm^2	1.98	4.45	7.94	12.39	17.81	24.68	31.68	40.06	49.48	59.87	71.29	83.61	96.97
喷头代号	15	16	18	20	22	24	26	28	30	32	34	36	
等效单孔面积/mm^2	111.3	126.7	169.3	197.9	239.5	285.0	334.5	387.9	445.3	506.7	572.0	641.3	

5. 局部应用系统的设计计算

二氧化碳局部应用灭火系统的设计可采用面积法或体积法。当保护对象的着火部位是比较平直的表面时，宜采用面积法；当着火对象为不规则物体时，宜采用体积法。

1）面积法

采用面积法进行设计时，首先应把所保护的面积部分考虑进去，另外还需考虑火灾可能蔓延到的部位。

（1）计算保护面积

保护面积应按整体保护表面的垂直投影面积计算。

（2）布置局部应用喷头

设计中选用的喷头应具有以试验为依据的技术参数，这些参数主要有喷头在不同安装高度（喷头至被保护物表面的距离）的额定保护面积和喷射速率（物质系数 $K_b=1$）。

局部应用系统常用的喷头有架空型和槽边型两种。

① 架空型喷头

对于架空型喷头应根据喷头到保护对象表面的距离来确定喷头的设计流量和相应的保护面积。

架空型喷头的布置宜垂直于保护对象的表面，其瞄准点应是喷头保护面积的中心。当确需非垂直布置时，喷头的安装角不应小于 45°，其瞄准点应偏向喷头安装位置的一方，如图 9-8 所示。喷头偏离保护面积中心的距离可按表 9-11 确定。

表 9-11　喷头偏离保护面积中心的距离

喷头安装角	喷头偏离保护面积中心的距离/m	喷头安装角	喷头偏离保护面积中心的距离/m
45°～60°	$0.25L_b$	75°～90°	$0.125L_b \sim 0$
60°～75°	$(0.25 \sim 0.125)L_b$		

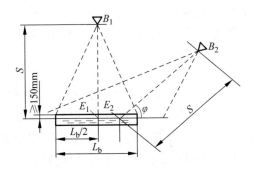

图 9-8 架空型喷头布置方法

B_1、B_2—喷头布置位置；E_1、E_2—喷头瞄准点；

S—喷头出口至瞄准点的距离；L_b—瞄准点偏离喷头保护面积中心的距离；

φ—喷头安装角度

② 槽边型喷头

对于槽边型喷头应根据喷头的设计喷射速率来确定喷头的保护面积。

（3）确定喷头数量

喷头的保护面积,对架空型喷头为正方形、对槽边型喷头为矩形（或正方形）面积。为了保证可靠灭火,喷头的布置必须使保护面积被完全覆盖。采用边界相接的方法进行排列的喷头数量为

$$n_t = K_b \frac{S_L}{S_i} \tag{9-17}$$

式中：n_t 为计算喷头数量；K_b 为物质系数,按表 9-2 选用；S_L 为保护面积,m^2；S_i 为单个喷头的保护面积,m^2。

（4）确定二氧化碳的设计用量

二氧化碳的设计用量的确定有以下两种方法。

① 根据喷头保护面积和相应的设计流量及喷射时间计算：

$$M = NQ_i t \tag{9-18}$$

式中：M 为二氧化碳的设计用量,kg；N 为实际喷头数量,大于等于 n_t；Q_i 为单个喷头的设计流量,$\mathrm{kg/min}$；t 为喷射时间,min。

② 根据面积及喷射强度计算：

$$M = S_L q_s \tag{9-19}$$

式中：M 为二氧化碳的设计用量,kg；S_L 为计算保护面积,m^2；q_s 为单位面积的喷射强度,$\mathrm{kg/(min \cdot m^2)}$。

喷头在不同安装高度上单位面积的喷射强度不相等。安装在 $1\mathrm{m}$ 高度时,单位面积的喷射强度为 $13\mathrm{kg/(min \cdot m^2)}$,随着安装高度增加,灭火强度也需增大。为安全可靠,推荐用式（9-18）计算二氧化碳的用量。

2）体积法

采用体积法设计时,首先围绕保护对象设定一个假想的封闭罩,假想封闭罩应有实际的底（如地板）,周围和顶部如果没有实际的围护结构（如墙等）,则假想罩的每个"侧面"和"顶盖"都应离被保护物不小于 $0.6\mathrm{m}$ 的距离。这个假想封闭罩的容积即为"体积法"设计计算

的体积,封闭罩内保护对象所占的体积不应扣除。

经试验得知,体积法中所采用的二氧化碳灭火设计喷射强度与假想封闭罩侧面的实际围封程度有关。

(1) 喷射强度

当被保护对象的物质系数 $K_b=1$,且全部侧面有实际围封时,喷射强度可取 4kg/$(\min \cdot m^2)$;当被保护对象的物质系数 $K_b=1$,而所设定的封闭罩其侧面完全无实际围封结构时,喷射强度可取 16kg/$(\min \cdot m^2)$;当设定的封闭罩侧面只有部分实际围封结构,则喷射强度介于上述两者之间时,其喷射强度可通过围封系数来确定。

围封系数是指实际围护结构与假想封闭罩总侧面积的比值,可按下式计算:

$$K_W = \frac{A_p}{A_t} \tag{9-20}$$

式中:K_W 为围封系数;A_p 为在假定的封闭罩中存在的实体墙等实际围封面的面积,m^2;A_t 为假定的封闭罩侧面围封面积,m^2。

二氧化碳单位体积的喷射强度可按下式计算:

$$q_V = K_b(16-12K_W) = K_b\left(16-\frac{12A_p}{A_t}\right) \tag{9-21}$$

式中:q_V 为单位体积的喷射强度,kg/$(\min \cdot m^3)$;K_b 为物质系数。

(2) 灭火剂设计用量

二氧化碳的设计用量可按下式计算:

$$M = V_L \cdot q_V \cdot t \tag{9-22}$$

式中:M 为二氧化碳的设计用量,kg;V_L 为保护对象的计算体积,m^3;q_V 为单位体积的喷射强度,kg/$(\min \cdot m^3)$;t 为喷射时间,min。

(3) 二氧化碳储存量

局部应用灭火系统采用局部施放,把二氧化碳以液态形式直接喷射到被保护对象表面灭火。为保证设计用量全部呈液态形式喷出,必须增加灭火剂储存量,以补偿汽化部分。对于高压储存系统,储存量为基本设计用量的 1.4 倍;对于低压储存系统,储存量为基本设计用量的 1.1 倍。组合分配系统的二氧化碳储存量,不应小于所需储存量最大的一个保护对象的储存量。

当管道敷设在环境温度超过 45℃ 的场所且无绝热层保护时,应计算二氧化碳在管道中的蒸发量,可按下式计算:

$$M_v = \frac{M_g C_p (T_1 - T_2)}{H} \tag{9-23}$$

式中:M_v 为二氧化碳在管道中的蒸发量,kg;M_g 为受热管网的管道质量,kg;C_p 为管道金属材料的比热容,钢管可取 0.46kJ/$(kg \cdot ℃)$;T_1 为二氧化碳喷射前管道的平均温度,可取环境平均温度,℃;T_2 为二氧化碳平均温度,高压储存系统取 15.6℃,低压储存系统取 20.6℃;H 为液态二氧化碳蒸发潜热,高压储存系统取 150.7kJ/kg,低压储存系统取 276.3kJ/kg。

第 10 章

建筑防排烟设计

10.1 建筑防排烟设计概述

10.1.1 火灾烟气概述

建筑火灾事故中大规模群死、群伤事故时有发生,其中火灾烟气是导致人员伤亡的主要原因之一。火灾统计资料表明,烟气是火灾最主要的致死因素,其次才是热作用。火灾中,可燃物质燃烧或不完全燃烧以及高分子材料高温分解产生的气体和固体物质的混合物统称为烟气。概括起来,烟气由 3 类物质组成:燃烧物质释放出的高温蒸气和有毒气体;被分解和凝聚的未燃物质;被火焰加热而带入上升气流中的大量空气。

火灾烟气的危害性主要有毒害性、减光性和恐怖性。

1. 火灾烟气的毒害性

1) 缺氧

火灾会消耗掉大量的氧气,当空气中含氧量降到 10%~14% 时,人就会四肢无力,辨不清方向;降到 6%~10% 时,人就会晕倒;当氧气含量低于 6% 时,6~8min 内人就会死亡。

2) 中毒

火灾烟气的组成非常复杂,它不仅与燃烧材料有关,而且与燃烧条件有关。火灾烟气主要包括一氧化碳、二氧化碳、氰化氢、氯化氢、一氧化氮、溴化氢等毒害性物质。火灾中对人体麻痹作用最大的是一氧化碳,它与人体血液中血红素的亲和力是氧气的 210 倍,而血红素担负着向人体器官和组织输送氧气的重任。血红素和一氧化碳结合生成一氧化碳血红素即丧失了输送氧气的功能,从而阻碍血液把氧气输送到人体各部分,使人体器官和组织的供氧量不足。当一氧化碳和血液中 50% 以上的血红蛋白结合时,便能造成脑和中枢神经严重缺氧,继而失去知觉,甚至死亡。即使一氧化碳的吸入在致死量以下,人也会因缺氧而出现头痛无力及呕吐等症状,最终导致不能及时逃离火场而死亡。火灾中氰化氢对人体的毒害作用特别大,可以直接对人的大脑产生作用,并不受血液的阻碍。随着新型建筑材料及塑料的广泛使用,烟气毒性也越来越大。

3) 尘害

烟气中的悬浮微粒也是有害的,危害最大的是颗粒直径小于 $10\mu m$ 的飘尘。由于气体扩散作用,飘尘能进入人体肺部,黏附并聚集在肺泡壁上,引起呼吸道病和增大心脏病死亡率,对人造成直接危害。

4）高温

火灾烟气具有较高的温度，对火场中人员危害很大。在着火房间内，烟气温度可高达数百摄氏度，甚至 1000℃ 以上。

2. 火灾烟气的减光性

火灾烟气中烟粒子对可见光有完全的遮蔽作用，当烟气弥漫时，能见度大大降低，这就是烟气的减光性。烟气的减光性影响人员的安全疏散和火灾施救，增加了中毒或烧死的可能性。

3. 火灾烟气的恐怖性

发生火灾时，特别是发生爆燃时，火焰和烟气冲出门窗孔洞，浓烟滚滚，会使人产生恐怖感，有的人则会失去理智，惊慌失措，造成疏散时的混乱，不仅延缓逃生速度，而且会造成拥挤、踩踏、伤害甚至死亡事故。

10.1.2　防控火灾烟气的主要措施

对火灾烟气的控制，主要采用建筑防烟和建筑排烟措施，以防止和减少建筑物火灾烟气的产生并将烟气尽快地排出。

1. 建筑防烟

建筑防烟有非燃化防烟、密闭防烟、阻碍防烟、加压送风等多种方式。其目的之一是杜绝烟气源；之二是遏制烟气源，断绝起火房间内新鲜空气的供给，把火灾消灭在初期阶段；之三是切断或阻止烟气扩散。

1）非燃化防烟

非燃化防烟是从根本上杜绝烟气源的一种方式，即使建筑材料、室内装修材料、各种管道及保温隔热材料等非燃烧化，从而使之不易燃烧且发烟量很小，这是从根本上解决排烟问题的方法。

2）密闭防烟

密闭防烟是采用密闭性能好的墙壁和门窗等将起火房间封闭起来，并对进、出房间的气流加以控制。当房间一旦起火时杜绝新鲜空气的流入，使着火房间内的烟气因缺氧而自行熄灭，从而达到灭火防烟的目的。

3）阻碍防烟

阻碍防烟方式是在烟气扩散路线上设置各种障碍，以阻止烟气扩散。这种防烟方式常常应用于烟气控制区域的分界处，防火卷帘、挡烟垂壁、防火门以及防火墙等都是这种阻碍结构。

4）加压送风

加压送风方式是对楼梯间或前室进行机械送风，使楼梯间压力高于前室压力，前室压力又高于走道或起火房间的压力，使非着火区压力高于着火区压力，阻止烟气侵入的防烟方式。

2. 建筑排烟

建筑排烟是使建筑火灾烟气尽快排出的一种技术措施。主要通过自然排烟或机械排烟，迅速有效地排出着火区内产生的烟气，为安全疏散和灭火创造条件。

1）自然排烟

自然排烟是利用热气流的浮力和外部吸力，通过建筑物的对外开口或排烟竖井，把烟气排至室外。这种排烟方式实际上是利用热烟气与室外冷空气的对流运动，其动力是火灾时产生的热量使室内温度升高所造成的热压，以及室外空气的对流所产生的风压。

2）机械排烟

机械排烟方式是使用排烟风机进行强制排烟。它由挡烟垂壁、排烟口、排烟风机、烟气排出口组成，有局部排烟和集中排烟两种方式。局部排烟因投资大、排烟风机分散等原因很少采用。集中排烟方式是将建筑物划分为若干区域，在每个区域内设置若干排烟口，通过排烟风机将烟排出室外。为了不造成室内负压，需要经常补风，从而影响机械排烟的效果。

防排烟的主要部位有：房间、走道、防烟楼梯间及其前室、消防电梯间前室、防烟楼梯及消防电梯间合用前室。

排烟方式总体可分为自然排烟方式和机械排烟方式，而机械排烟方式又分为 3 种，即全面通风排烟方式、机械送风正压排烟方式、机械负压排烟方式。

10.1.3　防排烟技术的发展

机械防排烟技术最早起源于 20 世纪 50 年代的英国，国际上从 20 世纪 60 年代开始研究，70 年代采用，80 年代开始广泛应用。20 世纪 80 年代初，加拿大国家研究院建造了世界上首座高层建筑火灾试验塔，主要进行高层建筑的机械防排烟的研究，北美因此成为全世界机械防排烟的研究中心之一。机械防排烟技术非常适用于多层大型建筑（如购物中心）、高层建筑、地下建筑、无窗建筑等。它可以不受建筑结构形式的限制和环境、气象条件的影响。该系统需要配备与其功能相适应的风口、风阀、送风排烟管道、风机和启闭联动系统等。试验研究和实际火灾案例证明，其防排烟效果是非常好的，对保证疏散通道安全，协助消防队员扑灭火灾可起到非常重要的作用。

现在绝大多数高层建筑、地下商业建筑都采用机械防排烟作为主要的消防安全措施。由于中庭式建筑在 20 世纪 80 年代被建筑师们越来越多地采用，20 世纪 90 年代中庭及大空间建筑的防排烟问题受到重视，在这些建筑中，专家们倾向于采用机械防排烟技术。

近年来国际上在机械防排烟技术方面所做的主要工作如下。

1. 火灾烟气运动规律及其数学模化研究

美国、加拿大、日本、英国、澳大利亚以及北欧等国都在广泛开展火灾烟气运动规律的研究。烟气流动特性和规律是防排烟的理论基础，根据流体力学的原理，烟气运动的计算机数学模化研究也正在深入。以前是以区域和网络模型为主，国外已开发出十几个模型或程序。随着计算机技术的飞速发展，今后将更多开发以场模化、虚拟现实技术、三维动态仿真为主的模化软件。

2. 防排烟系统的性能化设计和评估

传统的机械防排烟设计方法只是为了满足现有规范的要求，各国规范采用技术指标又很不一致，实际工程中很难达到某些要求。目前有些国家已开始对防排烟系统按性能化的原理进行设计，如考虑安全目标、设计火灾场景、疏散分析等。防排烟的性能化设计研究可以为性能化规范的研究打好基础。

3. 防排烟系统技术参数和设备的研究

对高层建筑、地下建筑、大空间建筑的防排烟系统技术参数的研究还有许多空白点，有些参数的试验研究根据不足。目前主要围绕送风压力、排烟量、风口设置、防排烟区域、开口与泄漏特征进行研究。防排烟设备的研究主要是研制新型风阀、新型管道材料及管道防火保护材料、高温风机等。

10.2 烟气流动的规律及控制原理

10.2.1 防排烟技术的发展

建筑物发生火灾后,烟气在建筑物内不断流动传播,不仅导致火灾蔓延,也会引起人员恐慌,影响疏散与扑救。引起烟气流动的因素主要有以下几点。

1. 烟气的质量生成率

火灾烟气是有浮力的。着火后,产生的烟气从火源上方的羽流中升起并且撞击到顶棚,形成顶棚射流。当顶棚射流水平蔓延至空间的围墙时,则形成烟层。随后,烟层开始下降,烟层界面的下降速率依赖于从羽流中升起烟气的速率,也就是烟气的质量生成率。烟气中卷吸进羽流的空气量远远大于燃烧产物的量,所以烟气主要是由卷吸进羽流的空气组成的。燃烧产物和空气相比数量很少,在计算烟气的质量生成率时可以忽略。烟气的质量生成率可以约等于整个羽流在烟层以下的空气的质量卷吸速率。空气的质量卷吸速率取决于烟羽流的形状。羽流按形状可分为轴对称羽流、墙羽流、角羽流、窗羽流和阳台溢羽流。下面给出针对不同羽流形状的烟气质量生成率。

1) 轴对称羽流

如果火灾发生在房间中心,会产生轴对称羽流。轴对称羽流沿整个羽流高度可以从各个方向卷吸空气,直到羽流淹没在烟层中。

轴对称羽流的烟气质量生成率可以表示如下:

当 $Z > Z_f$ 时,

$$M_p = 0.071 Q_c^{1/3} Z^{5/3} + 0.0018 Q_c \tag{10-1}$$

当 $Z < Z_f$ 时,

$$M_p = 0.032 Q^{3/5} Z \tag{10-2}$$

式中:Q_c 为放热量的对流部分,一般取值为 $0.7Q$,kW;Q 为热释放速率,kW;Z 为燃料到烟层底部的高度,m;M_p 为烟气质量生成率,kg/s;Z_f 为火焰高度,m,$Z_f = 0.166 Q_c^{2/5}$。

由上面两个方程式可以看到,烟气的质量生成率取决于两个因素:火灾放热量的对流值 Q_c 和燃料到烟层底部的高度 Z。此处的火源假定为点火源。

2) 墙羽流

靠墙发生的火灾,只在羽流周长的一半区域卷吸空气,会产生墙羽流。墙羽流在几何形状上来看只是轴对称羽流的一半,因此墙羽流的烟气质量产生率可视为相应轴对称羽流的一半。

3) 角羽流

如果火灾发生在墙角,并且两墙成 $90°$,则这种火灾产生的羽流为角羽流。角羽流也和轴对称羽流相似,其烟气质量产生率可视为相应轴对称羽流的 1/4。

4) 窗羽流

产生于墙的开口(比如门和窗),流向大的敞开空间的羽流叫作窗羽流。

窗羽流的烟气质量生成率可表示为

$$M_p = 0.68(A_w H_w^{1/2})^{1/3} (Z_w + \alpha)^{5/3} + 1.59 A_w H_w^{1/2} \tag{10-3}$$

式中:A_w 为开口面积,m²;H_w 为开口高度,m;Z_w 为开口顶部到烟气层的距离,m;α 为窗口修正系数。

5）阳台溢羽流

从着火房间的门（窗）梁处溢出，并沿着着火房间外的阳台或水平突出物流动，至阳台或水平突出物的边缘向上溢出至相邻高大空间的烟羽流。

阳台溢羽流的烟气质量生成率可以表示为

$$M_b = 0.41(QW^2)^{1/3}(Z_b + 0.3H)\left[1 + \frac{0.063(Z_b + 0.6H)}{W}\right] \tag{10-4}$$

式中：H 为燃料到阳台底部的高度，m；Z_b 为阳台上部到烟层的高度，m；W 为绕过阳台边缘的羽流的宽度，m；Q 为热释放速率，kW。

2. 温度及其分布状况

1）烟囱效应引起的烟气流动

当建筑物内、外有温度差时，在空气的密度差作用下，会引起垂直通道内（楼梯间、电梯间）的空气向上（或向下）流动，从而携带烟气向上（或向下）传播。图 10-1 表示了火灾烟气在烟囱效应作用下的传播。图 10-1（a）所示为室外温度 t_0 小于楼梯间内的温度 t_s，室外空气密度 ρ_0 大于楼梯间内的空气密度 ρ_s 的情况。当着火层在中性面以下时，火灾烟气将传播到中性面以上各层中去，而且随着温度较高的烟气进入垂直通道，烟囱效应和烟气的传播将增强。如果层与层之间没有缝隙渗漏烟气，则中性面以下除了着火层以外的各层是无烟的。当着火层向外的窗户开启或爆裂时，烟气逸出，会通过窗户进入上层房间。当着火层在中性面以上时，如无楼层间的渗透，除了火灾层外其他各层基本上是无烟的。图 10-1（b）所示为 $t_0 > t_s$，$\rho_s > \rho_0$ 的情况，建筑物内产生逆向烟囱效应。当着火层在中性面以下时，如果不考虑层与层之间通过缝隙的传播，除了着火层外，其他各层都无烟。当着火层在中性面以上时，火灾开始阶段烟气温度较低，则烟气在逆向烟囱效应的作用下传播到中和面以下的各层中去；一旦烟气温度升高后，密度减小，浮力的作用超过了逆向烟囱效应，则烟气转而向上传播。建筑的层与层之间、楼板上总是有缝隙（如在管道通过处），则在上下层房间压力差作用下，烟气也将渗透到其他各层中去。

2）浮力引起的烟气流动

着火房间温度升高时，空气和烟气的混合物密度减小，与相邻的走廊、房间或室外的空气形成密度差，会引起烟气流动，如图 10-2 所示。实质上着火房间与走廊、邻室或室外形成热压差，导致着火房间内的烟气与邻室或室外的空气相互流动，中性面的上部烟气向走廊、邻室或室外流动，而走廊、邻室或室外的空气从中性面以下进入。这是烟气在室内水平方向流动的原因之一。浮力作用还将通过楼板上的缝隙向上层渗透。

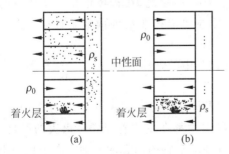

图 10-1　火灾烟气的传播

(a) $t_0 < t_s$；(b) $t_0 > t_s$

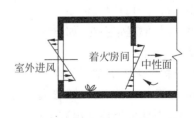

图 10-2　浮力引起的烟气流动

3）热膨胀引起的烟气流动

在着火房间,随着烟气的流出,温度较低的外部空气流入,空气的体积因受热而急剧膨胀。

燃烧导致的体积膨胀计算公式为

$$\frac{\dot{V}_s}{\dot{V}_a} = \frac{T_s}{T_a} \tag{10-5}$$

式中:$\dot{V}_s$,$\dot{V}_a$分别为流入着火房间的空气量和燃烧膨胀后的烟气量,m^3/s;T_s,T_a分别为流入着火房间的空气温度和燃烧后的烟气温度,K。

若流入空气的温度为20℃,烟气温度为250℃,则烟气热膨胀的倍数为1.8;当烟气温度为500℃时,则烟气热膨胀的倍数为2.6。

由此可见,火灾燃烧过程中,因膨胀会使烟气体积急剧增大。对于门窗开启的房间,体积膨胀所产生的压力可以忽略不计;但对于门窗关闭的房间,将产生很大的压力,从而使烟气向非着火区流动。

4）风

风引起的压差与风向、风力、风速、建筑物的形状及规模以及靠近建筑物的地形有关。简单地讲,风力作用使得迎风面的墙壁经受向内的压力,而背风面和两侧的墙壁有朝外的压力,平顶层上有向上的压力。这种压力作用使空气从迎风面流入建筑物内,从背风面流出建筑物外,建筑物顶上的负压力对顶层上开口的垂直通风管道有一种吸力。同时,正的水平风压力促使中性面上升,负的水平风压力促使中性面下降。

风也可能影响通风口或风扇的正常运作。从平顶上面流过的风,会在屋顶上引起轻微的负压,有助于烟从建筑内逸出。然而,对于斜屋顶,由于障碍和其他建筑的存在,屋顶上的压力分布可能会改变。如果排风口位于迎风面墙上,烟气逸出将受阻,而排风口在背风面墙上,通风口的烟气流动将加快。风造成的压力,可以反向作用于设置在建筑迎风面上的风扇,显著降低风扇的排风能力。

3. 建筑内的通风和空调系统

建筑内的机械通风和空调系统可以通过在建筑内产生的压力影响烟气流动过程。建筑物内机械通风系统对建筑物内压力的影响,取决于送风和排风的平衡状况。如果各处的送风量和排风量相等,那么该系统对建筑物内的压力不会产生影响;如果某部位的送风量超过排风量,那里便出现增压,空气就从那里流向其他部分;反之,在排风量超过送风量的部位,则出现相反的现象。因此,建筑物内机械通风系统可以按照某种预定而有益的方式设计,以控制建筑物内的烟气流动。

另外,其他建筑系统,如电梯及建筑内其他部分中的烟控系统,由于产生压差,也会影响烟气流动。

建筑物内火灾的烟气是在上述诸多因素共同作用下流动、传播的。各种作用有时互相叠加,有时互相抵消,而且随着火势的发展,各种因素都在变化着;另外,火灾的燃烧过程也各有差异,因此要确切地用数学模型来描述烟气在建筑物内动态的流动状态是相当困难的。但是了解这些因素作用下的规律,有助于正确地采取防烟、防火措施。

10.2.2　火灾烟气的控制原理

烟气控制的主要目的是在建筑物内创造无烟或烟气含量极低的疏散通道或安全区。烟气控制的实质是控制烟气合理流动,也就是使烟气不流向疏散通道、安全区和非着火区,而向室外流动。基于以上目的,通常采用防烟与排烟两种方法对烟气进行控制。

1. 防烟系统

对安全疏散区通常采用加压防烟方式来达到防烟的目的。加压防烟就是凭借风机将室外新鲜的空气送入应该保护的疏散区域,如前室、楼梯间、封闭避难层(间)等,以提高该区域的室内压力,阻挡烟气的侵入。

防烟系统通常由加压送风机、风道和加压送风口组成,如图 10-3 所示。

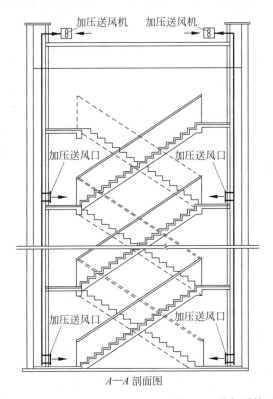
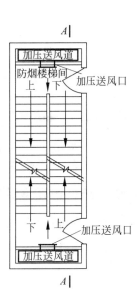

图 10-3　防烟系统示意图

2. 排烟系统

利用自然或机械作用力,将烟气排到室外,称为排烟。排烟系统示意图见图 10-4。利用自然作用力的排烟称为自然排烟;利用机械(风机)作用力的排烟称为机械排烟。排烟的部位有两处:着火区和疏散通道。着火区排烟的目的是将火灾发生的烟气(包括空气受热膨胀的体积)排到室外,降低着火区的压力,不使烟气流向非着火区,以利于着火区的人员疏散及救火人员的扑救。对于疏散通道的排烟是为了排除可能侵入的烟气,保证疏散通道内无烟或少烟,以利于人员安全疏散及救火人员的通行。

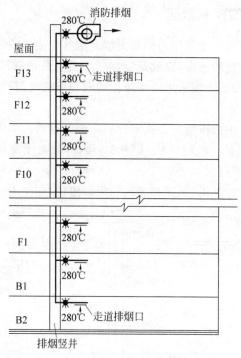

图 10-4 (内走道)排烟系统示意图

10.2.3 防烟排烟设计原理

建筑防烟排烟设计程序如图 10-5 所示。

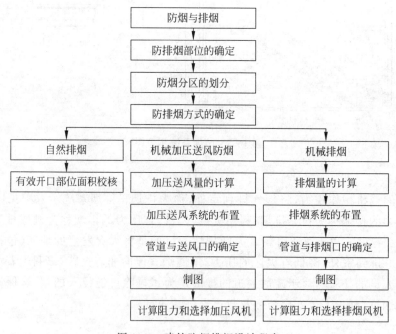

图 10-5 建筑防烟排烟设计程序

10.3　自然排烟

10.3.1　自然排烟的原理和特点

自然排烟是借助室内外气体温度差引起的热压作用和室外风力所造成的风压作用而形成的室内烟气和室外空气的对流运动。

采用自然排烟时，烟气和周围空气之间的温差、排烟口和进风口之间的高差、室外风力和风向以及高层建筑热压作用等都会对排烟的效果产生影响。当建筑物的排烟口设在迎风面时，其排烟量在室外风的作用下会发生变化。当室外风的作用力小于烟气的浮升力时，则排烟量会减少；当室外风的作用力等于烟气的浮升力时，则不会有烟气排出；当室外风的作用力大于烟气的浮升力时，则室外风会通过排烟口进入建筑物内，从而加剧烟气在建筑物内的流动，导致自然排烟失败。因此，自然排烟受到多种因素的影响。与机械排烟方式相比，自然排烟系统有其自身固有的优缺点。

自然排烟系统的优点：①设备结构简单，投资少；②无大的动力设备，运行维修费用少；③在顶棚能够开设排烟口的建筑，其自然排烟效果好。

自然排烟系统的缺点：①受气候的影响，排烟效果会出现不稳定的现象；②对建筑的结构与构造有特殊的局部要求；③如果设计不好，火灾有可能会通过排烟口向上一楼层蔓延。

10.3.2　自然排烟系统设计

1. 烟气蔓延的规律

某一建筑空间发生火灾时，烟气的运动呈现以下几种状态。

(1) 封闭区域内的烟雾升至屋顶，在其上升的过程中卷吸大量的新鲜空气，形成一个大体积的烟团。该烟团与屋顶碰击后呈面状发散，这一层面称作烟雾层。对该烟雾层的控制是防排烟系统的基本任务。图 10-6(a)示出了这种现象，图中箭头表示被烟雾所置换的空气的移动方向。

(2) 烟气可以在几分钟内充斥一个房间，使人无法辨识出口指示和通道。典型的烟气运行速度在 1～2m/s，该速度大于人员的逃生速度。当火源产生的烟雾蔓延至该封闭建筑的某一端时，烟雾会下降并且朝向火源方向蔓延。该现象会误导人群并迫使他们向火源方向逃离。图 10-6(b)示出了该现象。

(3) 假如在着火的空间设有防排烟系统和挡烟垂壁，则烟气可被控制在一定的范围内，并且通过自然和机械排烟系统将烟气释出。当排烟系统可将烟层高度控制在距地面 1.8m 以上高度时，人员的疏散就有一定的保障，如图 10-6(c)所示。

自然排烟系统应根据烟气蔓延的规律进行有效的设计和设备安装。

2. 基本的设计要求

我国现行规范对民用建筑提出了自然排烟的设计要求。《建筑防烟排烟系统技术标准》(GB 51251—2017)第 3.1.3 条中规定，建筑高度小于或等于 50m 的公共建筑、工业建筑和建筑高度小于或等于 100m 的住宅建筑，其防烟楼梯间、独立前室、共用前室、合用前室（除共

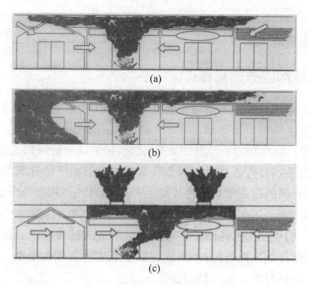

图 10-6　烟气发展扩散过程和自然排烟示意图

(a) 烟气发展到屋顶；(b) 烟气下降到地面；(c) 通过屋顶孔洞的自然排烟

用前室与消防电梯前室合用外)及消防电梯前室应采用自然通风系统；当不能设置自然通风系统时，应采用机械加压送风系统。防烟系统的选择，尚应符合下列规定。

(1) 当独立前室或合用前室满足下列条件之一时，楼梯间可不设置防烟系统：

① 采用全敞开的阳台或凹廊。

② 设有两个及以上不同朝向的可开启外窗，且独立前室两个外窗面积分别不小于 2.0m²，合用前室两个外窗面积分别不小于 3.0m²。

(2) 当独立前室、共用前室及合用前室的机械加压送风口设置在前室的顶部或正对前室入口的墙面时，楼梯间可采用自然通风系统；当机械加压送风口未设置在前室的顶部或正对前室入口的墙面时，楼梯间应采用机械加压送风系统。

(3) 当防烟楼梯间在裙房高度以上部分采用自然通风时，不具备自然通风条件的裙房的独立前室、共用前室及合用前室应采用机械加压送风系统，且独立前室、共用前室及合用前室送风口的设置方式应符合本条第 2 款的规定。

自然排烟的效果与用于排烟的洞口面积有很大的关系，因此对自然排烟部位的开洞尺寸有具体的要求。

(1) 防烟楼梯间前室、消防电梯间前室可开启的外窗面积不应小于 2.00m²，合用前室不应小于 3.00m²。

(2) 靠外墙的防烟楼梯间每 5 层内可开启外窗总面积之和不应小于 2.00m²。

(3) 长度不超过 60m 的内走道可开启外窗面积不应小于走道面积的 2%。

(4) 需要排烟的房间可开启外窗的面积不应小于该房间面积的 2%。

(5) 净空高度小于 12m 的中庭，可开启的天窗或高侧窗的面积不应小于该中庭地面面积的 5%。

3. 中庭式建筑的排烟设计

许多商业中心都设计成多个购物层围绕着一个开敞的中庭的结构形式。这类建筑的烟控设计比单层建筑的系统要复杂。这是因为它们有很多层面,且各层面的布局复杂,纵横交错。因此在多层购物中心特别是带中庭的商城中,烟控系统必须分不同楼层逐一设计。

一般情况下,对一个带中庭的多层购物中心,其通风排烟系统可根据实际情况采用自然排烟或与机械组合排烟等方法。图10-7示出了可采用的几种排烟设计。

图 10-7　中庭建筑可采用的几种排烟设计

1—可自动开启的排烟通风窗；2—墙上设排烟口；3—在各楼层上设置机械抽风系统

4. 自然补风

自然排烟系统有效性的前提条件之一就是要确保充分的补风量。因此自然排烟设计中的重要内容之一就是确定补风口的位置和预估补风量。从理论上讲,自然排烟系统的进、出空气量至少一样,这样的系统才是正常循环的系统;从实用的角度看,进风口可设计成下述的任一种方式或几种方式的组合:

(1) 利用邻近的非着火区域的进风口向着火区域自然送风。

(2) 在各着火区域的下部空间开设进风口,使其与上部的排烟口实现气流循环。

(3) 在建筑的相关部位设置若干扇可在火灾中自动开启的门,以保证外部新鲜空气的流入。

上述 3 种进气方式如图 10-8 所示。

10.3.3　自然排烟设施

1. 挡烟垂壁

挡烟垂壁起阻挡烟气的作用,同时可提高防烟分区排烟口的吸烟效果。挡烟垂壁应用不燃材料制作。挡烟垂壁可采用固定式或活动式,当建筑物净空较高时可采用固定式,将挡烟垂壁长期固定在顶棚面上;当建筑物净空较低或很高需要较大蓄烟区时,宜采用活动式的挡烟垂壁,其应由感烟探测器控制或与排烟口联动,受消防控制中心控制,但同时应能就地手动控制。活动挡烟垂壁落下时,其下端距地面的高度应大于 1.8m。

2. 百叶通风窗

百叶通风窗具有调节每日室内气候以及控制烟雾的双重作用。根据百叶窗叶片的不同选择,它还可以向室内提供自然光线。百叶通风窗可以垂直或者水平安装。

3. 墙面上的排烟口

墙面通风系统本质上是一些可以控制的防火窗。它们既可以在烟雾状态下通风,又可以进行日常的自然通风。玻璃翻转通风设备有流星式通风口,它具有大面积无阻挡的通风口,快速高效,可以水平或者垂直安装。还有隐蔽式通风口,该控制系统完全隐蔽,使这一通风系统能够更好地融于周围的环境。流星式和隐蔽式通风系统都具有最低的漏气表现

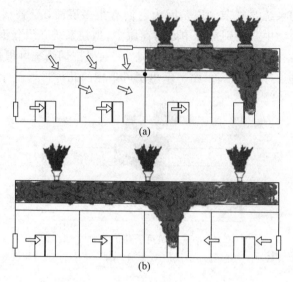

图 10-8　自然排烟补风口的位置

(a) 着火区域的通风系统负责将烟雾抽走,同时空气从邻近的非着火区
域进入补充;(b) 如果无邻近区域,则需要在较低位置设置空气入口,自动开
启通风口或者自动开启门都可以达到这一目的

(低于百叶天窗式通风系统)。

4. 动力抽气系统

当着火建筑顶部自然排烟口附近有其他更高建筑时,在排烟口处便容易形成高气压带,或者建筑内空间高度很大时,都会导致安装在屋顶的自然排烟装置无法达到预期的效果。于是就需要在排烟口部位连接配置有动力的强力抽气扇。

5. 综合控制系统

一栋建筑的自然排烟系统是由位于各部位的通风口组合而成的,发生火灾时这些设施必须是可控的。因此在建筑中配置一个综合控制器是必要的。英国科尔特公司就为自然排烟系统专门设计了一种利用最新的阶梯神经元芯片网络的智能电子控制系统。该系统中的每个自然通风器或可寻址单位都可以被单独控制,或作为一个特定的自动控制系统被控制。控制软件的配置适应自动设计的需求。当后者有所变动时,可以相应地对软件程序进行简易的改编。

作为排烟方式之一,自然排烟系统有其独特的作用,只要条件允许,应扩大其使用范围。尤其在进行高层建筑防排烟系统设计时,应尽量设置可开启的外窗,以实现自然排烟。但是,自然排烟又会受到室外风力和风向的影响,为此,在设计自然排烟系统时要注意以下事项:

(1) 为避免室外风力对自然排烟系统的影响,应尽量设置两个或两个以上不同朝向的外窗。

(2) 可开启的外窗(排烟窗)应尽量设置在房间的上方,以利于烟气和热气的排出,同时应设有能方便开启的装置。

(3) 为减少室外风对自然排烟系统的影响,在排烟窗外部可设置挡风板,挡风板与排烟窗平面平行。

10.4　机械排烟

10.4.1　防烟分区的划分

《建筑防烟排烟系统技术标准》(GB 51251—2017)对防烟分区的设置规定如下：①设置排烟系统的场所或部位应采用挡烟垂壁、结构梁及隔墙等划分防烟分区。防烟分区不应跨越防火分区。②对于有吊顶的空间，当吊顶开孔不均匀或开孔率小于或等于25%时，吊顶内空间高度不得计入储烟仓厚度。③设置排烟设施的建筑内，敞开楼梯和自动扶梯穿越楼板的开口部位应设置挡烟垂壁等设施。④公共建筑、工业建筑防烟分区的最大允许面积及其长边最大允许长度应符合表 10-1 的规定，当工业建筑采用自然排烟系统时，其防烟分区的长边长度尚不应大于建筑内空间净高的 8 倍。

表 10-1　公共建筑、工业建筑防烟分区的最大允许面积及其长边最大允许长度

空间净高 H/m	最大允许面积/m²	长边最大允许长度/m
$H \leqslant 3.0$	500	24
$3.0 < H \leqslant 6.0$	1000	36
$H > 6.0$	2000	60m；具有自然对流条件时，不应大于 75m

注：(1) 公共建筑、工业建筑中的走道宽度不大于 2.5m 时，其防烟分区的长边长度不应大于 60m。

(2) 当空间净高大于 9m 时，防烟分区之间可不设置挡烟设施。

(3) 汽车库防烟分区的划分及其排烟量应符合现行国家规范《汽车库、修车库、停车场设计防火规范》(GB 50067—2014)的相关规定。

10.4.2　机械排烟的方式

机械排烟可分为局部排烟和集中排烟两种方式。局部排烟是在每个需要排烟的部位设置独立的排烟风机直接进行排烟；集中排烟是将建筑物划分为若干个区，在每个区内设置排烟风机，通过排烟风道排烟。

10.4.3　机械排烟的部位

《建筑防烟排烟系统技术标准》(GB 51251—2017)4.6 节规定，一类高层建筑和建筑高度超过 32m 的二类高层建筑的下列部位，应设机械排烟设施：

(1) 无直接自然通风，且长度超过 20m 的内走道；或虽有直接自然通风，但长度超过 60m 的内走道。

(2) 面积超过 100m²，且经常有人停留或可燃物较多的地面无窗房间或设固定窗的房间。

(3) 高层建筑室内超过 12m 的中庭。中庭在烟气控制、防止火灾蔓延、安全疏散和火灾扑救等方面仍存在一定问题，应设排烟设施。

(4) 除利用窗井等开窗进行自然排烟的房间外，各房间总面积超过 200m² 或 1 个房间面积超过 50m²，且经常有人停留或可燃物较多的地下室。

《建筑设计防火规范(2018 年版)》(GB 50016—2014)8.5 节规定，当设置排烟设施的场

所不具备自然排烟条件时,应设置机械排烟设施。

10.4.4　机械排烟量的确定

当火灾发生时,会产生大量的烟气及受热膨胀的空气量,导致着火区域的压力增高,一般平均高出其他区域 10～15Pa,短时间内可达 35～40Pa。机械排烟系统必须具有比烟气生成量大的排风量,才有可能使火区产生一定负压。《建筑防烟排烟系统技术标准》(GB 51251—2017)4.6 节规定:①担负一个防烟分区排烟时,或对于净空高度大于 6.00m 的不划分防烟分区的房间,应按每平方米面积不小于 60m³/h 计算(单台风机最小排烟量不应小于 7200m³/h)。②担负两个或两个以上防烟分区排烟时,应按最大防烟分区面积每平方米不小于 120m³/h 计算。③中庭体积小于或等于 17 000m³ 时,其排烟量按其体积的 6 次/h 换气计算;中庭体积大于 17 000m³ 时,其排烟量按其体积的 4 次/h 换气计算,但最小排烟量不应小于 102 000m³/h。

机械排烟系统通常负担多个房间或防烟分区的排烟任务。它的总风量不像其他排风系统那样将所有房间风量叠加起来计算。这是因为系统虽然负担很多房间的排烟,但实际着火区可能只有 1 个房间,最多再波及邻近房间,因此只需考虑可能出现的最不利情况——两个房间或防烟分区。

10.4.5　机械排烟系统的设计

1.排烟系统的布置

(1)排烟气流应与机械加压送风的气流合理考虑,其流动方向应与疏散人流方向相反。

(2)为防止风机超负荷运转,排烟系统在竖直方向可分成数个系统,不过不能采用将上层烟气引向下层的风道布置方式。

(3)每个排烟系统设有排烟口的数量不宜超过 30 个,以减少漏风量对排烟效果的影响。

(4)独立设置的机械排烟系统平时可通风换气使用。

2.系统组成

机械排烟系统的大小与布置应考虑排烟效果、可靠性与经济性。系统服务的房间过多(即系统大),则排烟口多、管路长、漏风量大、最远点的排烟效果差,水平管路太多时,布置困难,但其优点是风机少、占用房间面积少。如系统小,则恰好相反。下面介绍在高层建筑常见部位的机械排风系统划分方案。

1) 内走道的机械排烟系统

内走道每层的位置相同,因此宜采用垂直布置的系统,如图 10-9 所示。当任何一层着火后,烟气将从排烟风口吸入,经管道、风机、百叶风口排到室外。系统中的排烟风口可以是常开型风口,如铝合金百叶风口,但在每层的支管上都应装有排烟防火阀。该排烟防火阀为常闭型阀门,由控制中心通 24V 直流电开启或手动开启,在烟温达 280℃时自动关闭,复位必须手动。这是因为当烟温达到 280℃时,人已基本疏散完毕,排烟已无实际意义;而烟气中此时已带火,阀门自动关闭,可以阻断火势蔓延。系统的排烟风口也可以用常闭型的防火排烟口,而取消支管上的排烟防火阀。火灾时,该风口由控制中心通 24V 直流电开启或手动开启;当烟温达到 280℃时自动关闭,复位也必须手动。排烟风机房入口也应装排烟防火阀,以防火势蔓延到风机房所在层。

排烟风口的作用距离不得超过30m。如走道过长,需设两个或两个以上排烟风口时,可以设两个或两个以上与图 10-9 相同的垂直系统;也可以只用一个系统,但每层设水平支管,支管上设两个或两个以上排烟风口。

2) 多个房间(或防烟分区)的机械排烟系统

地下室或无自然排烟的地面房间设置机械排烟时,每层宜采用水平连接的管路系统,然后用竖风道将若干层的子系统合为一个系统,如图 10-10 所示。图中排烟防火阀的作用同图 10-9,但排烟风口是一常闭型的风口,火灾时由控制中心通 24V 直流电开启或手动开启,但复位必须手动。排烟风口的布置原则是,其作用距离不得超过 30m。当每层房间很多、水平排烟风管布置困难时,可以分设几个系统。每层的水平风管不得跨越防火分区。

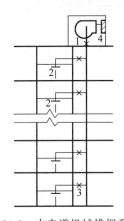

图 10-9　内走道机械排烟系统

1—风机;2—排烟风口;3—排烟防火阀;4—百叶风口

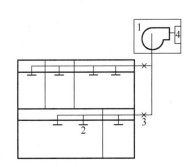

图 10-10　多个房间的机械排烟系统

1—风机;2—排烟风口;3—排烟防火阀;4—金属百叶风口

3. 排烟口的设计要求

(1) 当用隔墙或挡烟壁划分防烟分区时,每个防烟分区应分别设置排烟口。

(2) 排烟口应尽量设置在防烟分区的中心部位,排烟口到该防烟分区最远点的水平距离不应超过 30m,如图 10-11 所示。走道的排烟口与防烟楼梯的疏散口的距离无关,但排烟口应尽量布置在人流疏散方向相反的位置,如图 10-12 所示。

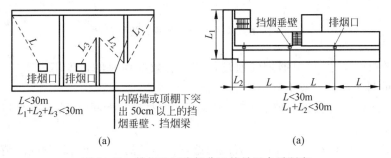

图 10-11　排烟口至防烟分区的最远水平距离

(3) 排烟口必须设置在距顶棚 800mm 以内的高度上。对于顶棚高度超过 3m 的建筑物,排烟口可设在距地面 2.1m 的高度上,或者设置在与顶棚之间 1/2 以上高度的墙面上,如图 10-13 所示。

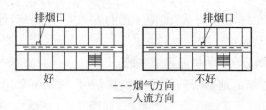

图 10-12　走道排烟口与疏散口的位置

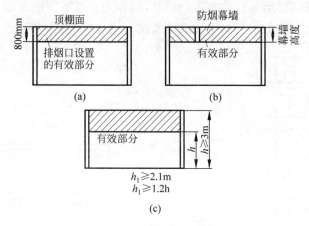

图 10-13　排烟口设置的有效高度

（4）为防止顶部排烟口处的烟气外溢,可在排烟口一侧的上部装设防烟幕墙,如图 10-14 所示。

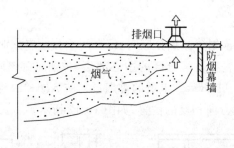

图 10-14　防烟幕墙与排烟口的位置

（5）排烟口的尺寸,可根据烟气通过排烟口有效断面时的速度不大于 10m/s 进行计算。排烟口的最小面积一般不宜小于 0.04m²。

（6）同一分区内设置数个排烟口时,要保证所有排烟口能同时开启,排烟量应等于各排烟口排烟量的总和。

（7）排烟口均应设有手动开启装置或与感烟器连锁的自动开启装置或由消防控制中心远距离控制的开启装置等。除开启装置将其打开外,排烟口平时一般保持闭锁状态。手动开启装置宜设在墙面上,距地板面 0.8～1.5m;或从顶棚垂下时,宜为距地板面 1.8m 处。

4. 排烟风道的设计要求

（1）排烟风道不应穿越防火分区。竖直穿越各层的竖风道应用耐火材料制成,宜设在管道井内或采用混凝土风道。

（2）排烟风道因排出火灾时烟气温度较高,除应采用金属地板、不燃玻璃、混凝土等非金属不燃材料制作外,还应安装牢固,排烟时温度升高不致变形脱落,并应具有良好的气密性。

（3）风道内通过的风量,应按该排烟系统各分支风管所有排烟口中最大排烟口的 2 倍计算。当某个排烟系统各个排烟口风量都小于 $3600\,\text{m}^3/\text{h}$ 时,其排烟总管可按 $7200\,\text{m}^3/\text{h}$ 计算,其余各支管的风量均按各自担负的风量计算。

（4）排烟风道外表面与木质等可燃构件的距离不应小于 15cm,或在排烟道外表面包有厚度不小于 10cm 的保温材料进行隔热。排烟风道穿过挡烟墙时,风道与挡烟墙之间的空隙,应用水泥砂浆等不燃材料严密填塞。排烟风道与排烟风机宜采用法兰连接,或采用不燃烧的软性材料连接。需要隔热的金属排烟道,必须采用不燃保温材料,如矿棉、玻璃棉、岩棉、硅酸铝等材料。

（5）烟气排出口的材料,可采用 1.5mm 厚钢板或用具有同等耐火性能的材料制作。烟气排出口的位置,应根据建筑物所处的条件（风向、风速、周围建筑物以及道路等情况）考虑确定,既不能将排出的烟气直接吹在其他火灾危险性较大的建筑物上,又不能妨碍人员避难和灭火行动的进行,更不能让排出的烟气再被通风或空调设备吸入,此外,必须避开有燃烧危险的部位。

10.4.6　中庭机械排烟系统设计

1. 中庭的定义

《建筑防烟排烟系统技术标准》（GB 51251—2017）将中庭定义为:"3 层或 3 层以上、对边最小净距离不小于 6m,且连通空间的最小投影面积大于 $100\,\text{m}^2$ 的大容积空间。"

2. 中庭机械排烟量

《建筑防烟排烟系统技术标准》（GB 51251—2017）规定,对中庭机械排烟量可按其容积的换气次数确定。

（1）当中庭容积小于 $17\,000\,\text{m}^3$ 时,其排烟量按其体积的 6 次/h 换气量计算。

（2）当中庭体积大于 $17\,000\,\text{m}^3$ 时,其排烟量按其体积的 4 次/h 换气量计算,且排烟量不应小于 $102\,000\,\text{m}^3/\text{h}$。

3. 中庭机械排烟的烟气控制方式

国外一般将中庭分为 3 大类:①天井式中庭,是指用耐热防火玻璃从建筑中分隔出来的高大空间,它除了用于交通目的外,没有任何使用功能;②封闭中庭,是指用普通玻璃分隔出来的空间,具有使用功能,通常作为娱乐场所或自助餐厅;③开敞中庭,除部分房间装有玻璃分隔外,多数房间与中庭完全相通。

天井式中庭由于采用防火玻璃分隔,一般不会出现太大问题,火灾时利用机械排烟即可控制火灾蔓延。封闭中庭,即使整个空间充满烟气,危险性也不太大。考虑到周围的房间会渗进烟气,通常要设机械排烟装置,防止烟气扩散。开敞中庭的威胁主要来自与中庭直接相通的疏散通道,因此对排烟的要求比较高,通常要设计复杂的烟气控制系统,防止烟气进入人的呼吸区。

上述 3 类中庭的烟气控制方式有 4 种。

1）防烟分区直接排烟

积极的防烟方式是防止烟气进入中庭所有的防烟分区,要设置专用的排烟系统,也可利用通风空调系统进行事故排烟。与中庭相通的房间,应在房间靠中庭的一侧设挡烟垂壁,以形成蓄烟池,或外侧设机械排烟口。

如果一个防烟分区装有大面积玻璃分隔,则要考虑补充新风,通常是经由中庭屋顶利用通风装置提供。

2)利用中庭直流排烟

利用中庭直流排烟是一种稳妥的排烟方式,它是利用高温烟气积聚在开敞的最高部位的特点,统一将烟气排到室外。不过这种排烟方式对中庭的高度有一定限制,一般为2~5层。

3)降压排烟

降压排烟方式主要适用于天井式中庭,有时也用在封闭中庭内。纯粹的降压排烟技术需要了解烟气层的温度。烟气的热量损失也是一个重要因素,由于烟气在上升过程中会混进大量空气,因此,烟气的质量变重,排放速度很慢,有一部分热能便会散失在中庭表面。降压排烟方式仅适用于火灾规模不大、烟气温度不太高的封闭式中庭。

4)混合排烟

混合排烟方式的特点是结合中庭直流通风,形成明显的烟气分层,并通过降压排烟,抬高中庭的中性压力平面,从而对感烟楼层进行保护。

10.5 加压防烟送风系统

10.5.1 加压送风系统的设置及方式

1. 加压送风系统的设置

《建筑设计防火规范(2018年版)》(GB 50016—2014)8.5节对加压送风系统的设置地点提出了具体要求:

(1)不具备自然排烟条件的防烟楼梯间、消防电梯间前室或合用前室。

(2)采用自然排烟措施的防烟楼梯间及其不具备自然排烟条件的前室。

(3)带裙房的高层建筑防烟楼梯间及其前室、消防电梯前室或合用室,当裙房以上部分利用可开启外窗进行自然排烟、裙房部分不具备自然排烟条件时,其前室或合用前室应设置局部机械加压送风系统。

(4)封闭避难层。

2. 加压送风系统的方式

防烟楼梯间及其前室、消防电梯前室及合用前室的加压送风系统的方案及压力控制见表10-2。

表 10-2　加压送风系统的方式

序号	加压送风系统的方式	图　　示
1	仅对防烟楼梯间加压送风(前室不加压)	
2	对防烟楼梯间及其前室分别加压	

续表

序号	加压送风系统的方式	图　　示
3	对防烟楼梯间及有消防电梯的合用前室分别加压	
4	仅对消防电梯的前室加压	
5	当防烟楼梯间具有自然排烟条件时,仅对前室及合用前室加压	

注:图中"＋＋""＋""－"表示各部位压力的大小。

10.5.2　加压送风量的计算

垂直疏散通道加压送风量的计算公式很多,采用较多的是压差法和风速法。

1. 压差法

采用机械加压送风的防烟楼梯间及其前室、消防电梯前室及合用前室,其加压送风量按当门关闭时保持一定正压值计算,则送风量为

$$L_y = 0.827A\Delta P^{\frac{1}{b}} \times 3600 \times 1.25 \tag{10-6}$$

式中:ΔP 为门、窗两侧的压差值,根据加压部位取 $25\sim50$Pa;b 为指数,对于门缝及较大漏风面积取 2,对于窗缝取 1.6;1.25 为不严密处附加系数;A 为门、窗缝隙的计算漏风总面积,m^2。

4 种类型标准门的漏风面积见表 10-3。

表 10-3　4 种类型标准门的漏风面积

门 的 类 型	高×宽/(m×m)	缝隙长/m	漏风面积/m^2
开向正压间的单扇门	2×0.8	5.6	0.01
从正压间向外开启的单扇门	2×0.8	5.6	0.02
双扇门	2×1.6	9.2	0.03
电梯门	2×2.0	8.0	0.06

如防烟楼梯间有外窗,仍采用正压送风时,其单位长度可开启窗缝的最大漏风量(当 $\Delta P = 50$Pa 时)根据窗户类型直接确定,见表 10-4。

表 10-4　防烟楼梯间有外窗单位长度可开启窗缝的漏风量　　　　m^3/(m·h)

窗的种类	漏风量	窗的种类	漏风量
单层木窗	15.3	单层钢窗	10.9
双层木窗	10.3	双层钢窗	7.6

2. 风速法

采用机械加压送风的防烟楼梯间及其前室、消防电梯间前室及合用前室,当门开启时,保持门洞处一定风速所需的风量为

$$L_V = \frac{nF(1+b)v}{a} \times 3600 \tag{10-7}$$

式中：F 为每个门的开启面积，m^2；v 为开启门洞处的平均风速，取 $0.6\sim1.0\,\text{m/s}$；a 为背压系数，根据加压间密封程度取 $0.6\sim1.0$；b 为漏风附加率，取 $0.1\sim0.2$；n 为同时开启门的计算数量，当建筑物为 20 层以下时取 2，当建筑物为 20 层或 20 层以上时取 3。

按以上压差法和风速法分别算出风量，取其中大值作为系统计算加压送风量。

3. 加压送风量的控制标准

《建筑防烟排烟系统技术标准》(GB 51251—2017)以基本公式为基础，给出了不同方式的加压送风量，供设计者直接选用，详见表 10-5。当计算值和本表不一致时，应按两者中的较大值确定。

表 10-5　加压送风控制风量

机械加压送风部位		系统负担的层数<20 层		系统负担的层数为 20~23 层	
		风量/(m³/h)	风道断面面积/m²	风量/(m³/h)	风道断面面积/m²
仅对防烟楼梯间加压（前室不送风）		25 000~30 000	0.46~0.55	35 000~40 000	0.65~0.74
对防烟楼梯间及合用前室分别加压	楼梯间	16 000~20 000	0.30~0.38	20 000~25 000	0.38~0.47
	合用前室	12 000~16 000	0.23~0.30	18 000~22 000	0.34~0.41
仅对消防电梯间前室加压		15 000~20 000	0.27~0.38	22 000~27 000	0.41~0.50
仅对前室或合用前室加压（楼梯间自然排烟）		22 000~27 000	0.41~0.50	28 000~32 000	0.52~0.60

10.5.3　加压送风系统设计要点

《建筑设计防火规范(2018 年版)》(GB 50016—2014)8.5 节对加压送风系统提出了具体要求。

(1) 加压送风机的全压，除计算系统风道压力损失外，尚有下列余压值：防烟楼梯间为 50Pa，前室或合用前室为 25Pa，封闭式避难层为 25Pa。

(2) 防烟楼梯间宜每隔 2~3 层设 1 个加压送风口，风口应采用自垂式百叶风口或常开式百叶风口。当采用常开式百叶风口时，应在加压风机的压出管上设置单向阀。

(3) 前室的送风口应每层设置，每个风口的有效面积按 1/3 系统总风量确定。当设计为常闭型时，若发生火灾只开启着火层的风口。风口应设手动和自动开启装置，并应与加压送风机的启动装置连锁启动，手动开启装置宜设在距地面 0.8~1.5m 处。如每层风口设计为常开式百叶风口，应在加压风机的压出管上设置单向阀。

(4) 加压空气可通过走廊或房间的外窗、竖井自然排出，也可利用走廊的机械排烟装置排出。

10.6　防排烟系统的设备部件

防排烟系统装置的目的是当建筑物着火时，保障人们的安全疏散及防止火灾的进一步蔓延。其设备和部件均应在发生火灾时运行和起作用。

10.6.1 防火、防排烟阀(口)的分类

防排烟系统的设备及部件主要包括防火/防排烟阀(口)、压差自动调节阀、余压阀及排烟风机、自动排烟窗等,如表 10-6 所示。

表 10-6 防火、防排烟阀(口)的分类

类别	名 称	用 途
防火类	防火阀	70℃温度熔断器自动关闭(防火),可输出联动信号。用于通风空调系统风管内,防止火势沿风管蔓延
	防烟防火阀	靠烟感控制器控制动作,用电信号通过电磁铁关闭(防烟),还可用 70℃温度熔断器自动关闭(防火)。用于通风空调系统风管内,防止火势蔓延
防烟类	加压送风口	靠烟感器控制,电信号开启,也可手动(或远距离缆绳)开启,可设 280℃温度熔断器重新关闭装置,输出动作电信号,联动送风机开启。用于加压送风系统的风口,起赶烟、防烟作用
排烟类	排烟阀	电信号开启或手动开启,输出开启电信号或联动排烟机开启。用于排烟系统风管上
	排烟防火阀	电信号开启,手动开启,280℃靠温度熔断器重新关闭,输出动作电信号。用于排烟风机吸入口处管道上
	排烟口	电信号开启,手动(或远距离缆绳)开启,输出电信号联动排烟机,可设 280℃时重新关闭装置,用于排烟房间的顶棚或墙壁上
	排烟窗	靠烟感控制器控制动作,电信号开启,还可用缆绳手动开启。用于自然排烟处的外墙上

10.6.2 防火、防排烟阀(口)

防烟防火阀一般安装在通风系统和空调系统机房的防火分隔处,是 70℃防火阀。平时常开,当风管中烟气温度达到 70℃时自动关闭,控制方式为自动。

排烟防火阀主要应用于机械排烟系统中,是 280℃防火阀。平时为常闭,火灾发生时由火灾自动报警联动信号自动开启,同时具备手动执行机构,可手动开启,也可在消防控制中心远程开启(即联动控制、手动控制、自动控制 3 种方式)。一般安装于排烟口、风管穿越防火、防烟分区分隔处和排烟机房风管穿墙处,当风管中烟气温度达到 280℃时关闭,如图 10-15所示。

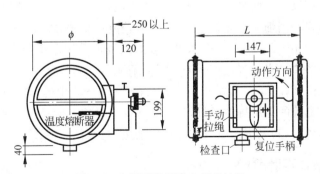

图 10-15 圆形防烟防火阀的结构

10.6.3　压差自动调节阀

压差自动调节阀由调节板、压差传感器、调节执行机构等装置组成,其作用是对需要保持正压值的部位进行送风量的自动调节,同时在保证一定正压值的条件下,防止正压值超压而进行泄压。

10.6.4　余压阀

为了保证防烟楼梯间及其前室、消防电梯前室和合用前室的正压值,防止正压值过大而导致门难以推开,根据设计的需要,可在楼梯间与前室、前室与走道之间设置余压阀。余压阀的结构如图 10-16 所示。

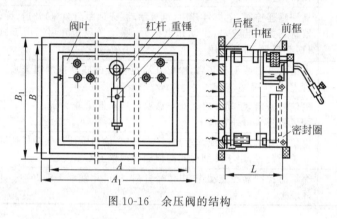

图 10-16　余压阀的结构

10.6.5　排烟风机

排烟风机主要有离心风机和轴流风机,还有自带电源的专用排烟风机。排烟风机应有备用电源,并应有自动切换装置。排烟风机应耐热、变形小,使其在排送 280℃ 烟气时连续工作 30min 仍能达到设计要求。

离心风机在耐热性能与变形等方面比轴流风机优越。其不足之处是风机体形较大,占地面积大。从国家标准规定的消防排烟风机风量、风压来看,消防排烟风机应为高比转速的风机,适合选用轴流风机。

轴流式消防排烟风机有两种设计形式:一种为电机与主气流分离形式;另一种为电机置于主气流之中形式。当烟气温度高于 400℃ 时,轴流风机通常采用电机与气流分离的形式。当烟气温度低于 400℃,而高于 300℃ 时,轴流风机可采用电机与主气流分离或电机置于主气流中这两种形式。当烟气温度低于 300℃,而高于 150℃ 时,宜采用电机置于主气流中的形式。当烟气温度在 150℃ 及其以下时,电机置于主气流中的形式将是最常用的选择。

利用蓄电池为电源的专用排烟风机,其蓄电池的容量应能使排烟风机连续运行 30min,自带发电机的排烟风机,其风机房应设有能排出余热的全面通风系统。

10.6.6　自垂式百叶风口

风口竖直安装在墙面上,平常情况下,靠风口百叶的自重自然下垂,以避免在冬季供暖时楼梯间内的热空气在热压作用下上升而通过上部送风管和送风机逸出室外。当发生火灾进行机械加压送风时,气流将百叶吹开而送风。自垂式百叶风口的结构如图 10-17 所示。

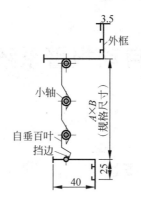

图 10-17　自垂式百叶风口的结构

第 11 章

火灾自动报警系统设计

11.1 火灾自动报警系统概述

11.1.1 火灾自动报警系统的构成和作用

火灾自动报警系统是一种实时的控制系统,其工作原理如图 11-1 所示,它通过探测、控制、显示及消防联动等步骤对火灾进行控制。火灾自动报警系统通常由报警监控系统和消防联动系统构成,其技术核心是通过探测器及时、不断地对现场的烟、温度、光等信号进行检测及判断,然后将信号传输到报警控制器中进行报警、显示,最后根据其设计的联动要求,对相应设备进行联动处理。

火灾自动报警系统通过探测器对早期火灾进行探测,可有效地防止火灾进一步扩大,最大程度上保护人身和财产安全。火灾自动报警系统的合理使用体现了"防消结合、预防为主"的方针。

11.1.2 火灾自动报警系统的分类

根据系统集成程度的不同,火灾自动报警系统可分为区域报警系统、集中报警系统和控制中心报警系统。

1. 区域报警系统

区域报警系统组成如图 11-2 所示,由区域火灾报警控制器和火灾探测器等组成,或由火灾报警控制器和火灾探测器等组成,是功能简单的火灾自动报警系统。区域报警系统只具有火灾探测、报警以及联动控制灭火设备的功能,通常应用在规模较小或重要性较低的场所,例如商场、酒楼和旅馆等。这些场所不要求设置消防控制中心,因此只需将报警控制器安装在值班室或经常有人活动的地方即可。

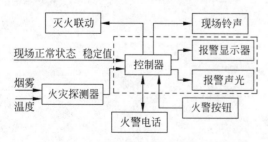

图 11-1 火灾自动报警系统工作原理图

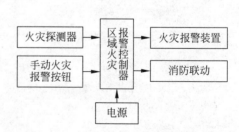

图 11-2 区域报警系统组成示意图

2.集中报警系统

集中报警系统组成如图11-3所示,由集中火灾报警控制器、区域火灾报警控制器和火灾探测器等组成,或由火灾报警控制器、区域显示器和火灾探测器等组成,是功能较复杂的火灾自动报警系统。

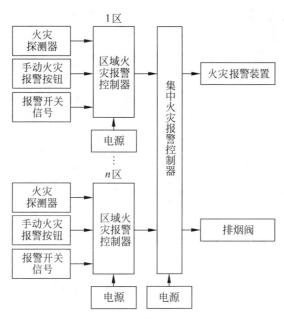

图 11-3　集中报警系统组成示意图

集中报警系统除了具有区域报警系统的所有功能以外,还增加了24V直流电源供电系统、应急广播系统、消防电话对讲系统,应用在规模较大或重要性较高的场所,并设有消防控制中心。报警控制器、应急广播录放设备、消防电话主机安装在消防控制中心,并由经过自动消防设施操作培训的值班人员操作。

3.控制中心报警系统

控制中心报警系统组成如图11-4所示,由消防控制室的消防控制设备、集中火灾报警控制器、区域火灾报警控制器和火灾探测器等组成,或由消防控制室的消防控制设备、火灾报警控制器、区域显示器和火灾探测器等组成,是功能复杂的火灾自动报警系统。

控制中心报警系统比集中报警系统的要求更高,通常还要求配置电脑图形显示器,在电脑上直观地显示出现场设备的具体位置。规模较大的小区还能够通过网络把分散在小区内各个建筑物的火灾自动报警系统结合起来,使系统信息得以共享。

11.1.3　火灾自动报警系统的发展阶段

1.多线制开关量式火灾探测报警系统

早期的火灾自动报警系统只具有火灾探测、报警的功能,显示的界面只是图形灯盘,对外只提供火警输出点,是纯粹意义上的报警系统。该系统容量按区域计算,常见的产品采用$n+1$线制(n代表区域)。一般来说,区域的数量从几个到几十个不等,每一个区域可以挂载10到20多个报警点。工作人员不需要对探测器进行编码,不能对其工作属性进行定义

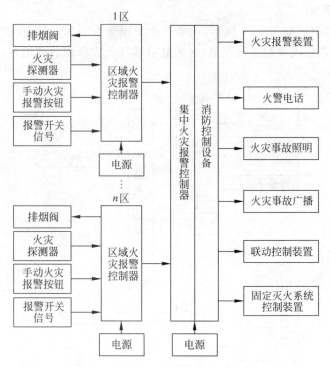

图 11-4　控制中心报警系统组成示意图

和对其工作状态进行分析、调节。探测器只有报警和正常两种状态。

由于报警控制器上只能显示报警区域,而不能显示出具体的报警点,所以还需另外配置图形灯盘。每一个报警点对应于灯盘上的一盏灯,灯亮就表示探测器报火警,这种形式的特点是比较直观,不过传输线路的数量就大大增加了。为了能实现对消防设备的控制,通常还要单独配置联动控制柜,控制比较分散。

由于报警控制器和联动控制柜不是一个有机的整体,报警控制器发出报警信号后,还不能完全实现自动控制消防设备,只能通过人工手动启动或停止。

2. 总线制可寻址开关量式火灾探测报警系统

此时的报警系统已经发展为二总线制,从而使得布线的数量大大减少。尽管可以对探测器进行编码,报警控制器也能显示出具体的报警点,但探测器仍只具有报警和正常两种最基本的工作状态。

3. 模拟量传输式智能火灾报警系统

模拟量传输式智能火灾报警系统的探测器仅作为传感器使用,把接收到的模拟量信号通过总线传送到报警控制器,由报警控制器的微处理器通过软件程序判断所接收到信号的性质,然后确定是否发出火警信号或者故障信号。这种探测报警系统可查询每个传感器的地址及模拟输出量,其响应阈值可自动浮动,分级报警,逐一监视,从而大大提高了系统的可靠性,降低了误报的概率。模拟量传输式智能火灾报警系统已初步智能化。

4. 分布式智能火灾自动报警系统

分布式智能火灾自动报警系统可以根据现场环境自动调节运行参数,并具有双向交叉传送处理能力,其响应速度及运行能力得到大大提高。每一个探测器都可以看作一台微型电脑,不仅拥有自己的标志,以与其他现场设备区别,还可以对自身的工作状态进行检测。例如,智能光电感烟探测器内置了8位微处理器和存储器,工作人员可以对其进行电子编码,使其与其他探测器区别开来,使得每一个探测器都拥有独立的标志。

由于内部具有微处理器,智能光电感烟探测器采用智能化算法,将进入探测器内烟气的浓度变换成一个等效的数字编码并进行统计评估,在其达到设定值时立即向报警控制器发出预警和火警信号。智能光电感烟探测器的出现令火灾探测更加准确、可靠。

作为智能报警控制系统的大脑——报警控制器的功能日臻完善。与以往的火灾报警控制器相比,智能报警控制器不仅可以通过总线与现场设备保持实时通信,向其发送巡检信号或者控制指令,还能通过RS-232或RS-485串行通信接口与电脑进行数据备份和更新。另外,控制器与控制器之间也可以通过通信接口进行数据访问,这样即使两台控制器不在同一个地方也可以方便地查看到对方的信息。智能火灾自动报警系统已经实现了火灾报警和消防设备联动控制一体化。当接收到探测器或其他设备的火警信号时,报警控制器按照预先编写好的联动程序自动启动声光报警器或者灭火设备,与早期的火灾自动报警系统不同的是,这一过程并不需要人工操作。分布式智能火灾自动报警系统是迄今为止应用最广泛的火灾自动报警系统。

11.1.4 火灾自动报警系统的发展趋势

目前,火灾自动报警应用技术正向着高可靠、低误报和网络化、智能化方向发展。

1. 网络化

火灾自动报警系统的网络化是利用计算机技术将控制器之间、探测器之间、系统内部、各个系统之间以及城市"119"报警中心等通过一定的网络协议进行相互连接,实现远程数据的调用,对火灾自动报警系统实行网络监控管理,使各个独立的系统组成一个大的网络,从而实现网络内部各系统之间的资源和信息共享。

2. 小型化

火灾自动报警系统的小型化是指探测部分或者网络中的"子系统"小型化。如果火灾自动报警系统实现网络化,系统中的中心控制器等设备就会变得很小,甚至可以不再独立设置较小的报警设备安装单位,而依靠网络中的设备、服务资源进行判断、控制、报警,火灾自动报警系统的安装、使用、管理就变得更加简单、经济和方便。

3. 无线化

与有线火灾自动报警系统相比,无线火灾自动报警系统具有施工简单、安装容易、组网方便、调试省时省力等特点,而且对建筑结构损坏小,便于与原有系统集成且容易扩展,系统设计简单且可完全寻址,便于网络化设计,可广泛应用于医院、文物古建筑、机场、综合建筑和不便联网、建筑物分散、规模较大的建筑。

4. 智能化

火灾自动报警系统的智能化是使探测系统能模仿人的思维,主动采集环境温度、湿度、灰尘、光波等数据模拟量并充分采用模糊逻辑和人工神经网络技术等进行计算处理,对各项环境数据进行对比判断,从而准确地预报和探测火灾,避免误报和漏报现象。发生火灾时,能依据探测到的各种信息对火场的范围、火势的大小、烟的浓度以及火的蔓延方向等给出详细的描述,甚至可配合电子地图进行形象提示、对出动力量和扑救方法等给出合理化建议,以实现各方面快速准确反应联动,最大限度地减少人员伤亡和财产损失,而且火灾中探测到的各种数据可作为准确判定起火原因、调查火灾事故责任的科学依据。此外,规模庞大的建筑使用全智能型火灾自动报警系统,即探测器和控制器均为智能型,分别承担不同的职能,可提高系统巡检速度,增加稳定性和可靠性。

5. 开放性和兼容性

目前,尽管不同厂家的设备型号规格、回路容量不尽相同,但是几乎所有的系统都是采用二总线制和智能型的设备。一般来说,火灾自动报警系统的选用要根据其技术性能和经济性而定。工程上经常遇到的情况是一座建筑物内部同时安装了两个不同品牌的火灾自动报警系统,由于两者的通信协议不同,所以两个品牌的产品互不通用。火灾自动报警系统面临着开放性和兼容性的问题。开放性和兼容性指的是二总线制所采用的通信协议公开和不同通信协议之间的兼容。未来的火灾自动报警系统应该是一个开放的系统,用户可以根据自己的需求作出相应的修改。不同厂家之间应该采用统一的通信协议,以增强系统的兼容性。

11.2 火灾自动报警系统的组成

火灾自动报警系统通常由报警监控系统和消防联动系统构成,其中火灾报警部分主要由监控终端、数据(信号)传输系统以及火灾报警控制器组成。

11.2.1 监控终端

1. 探测部分

探测部分是监控终端的重要组成部分,其主要完成的是监控终端中的监视功能。在探测部分中,设备对火灾产生的物理、化学信号进行分析处理,当得到的信息符合火警要求时,发出火警信号。这样就实现了它的监控功能。火灾探测器是其核心部件,在整个系统中起到了至关重要的作用。

2. 火灾探测器

火灾探测器依据其测量的火灾参数可以分为感烟式、感温式、感光式火灾探测器和可燃气体探测器,以及感烟感温、感温感光、感烟感温感光等复合式火灾探测器,智能火灾探测器及其他火灾探测器,其分类如图 11-5 所示。

1)感烟式火灾探测器

(1)离子型感烟式火灾探测器

离子型感烟探测器利用了烟雾中的粒子会改变探测器内部电离室中电离电流的原理。电离室结构和电特性曲线如图 11-6 所示,在电离室中有两个极板,一个极板连接直流电源的正极,另一个极板连接直流电源的负极。在两个极板之间放置的是镅-241,它不断地释放 α 粒子。当 α 粒子在两个极板间高速运动时,与空气中的各种粒子发生相互碰撞产生出正、负离子,而正、负离子在由正、负两极板产生的电场的作用下产生相对运动,最终在电离室产生离子电流,这样就使探测器有了做出判断的依据。当发生火灾时,烟雾中的离子进入电离室,它通过两种方法来改变电离室中的离子电流:第一种方法是吸附更多的正、负离子,使

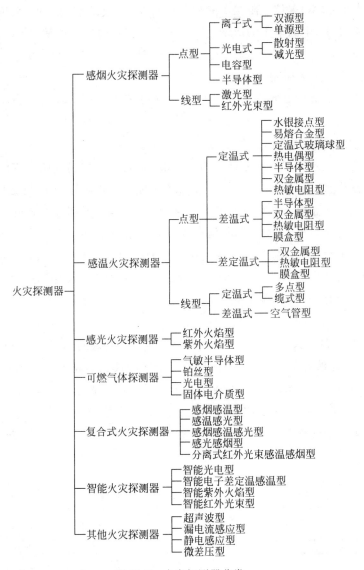

图 11-5　火灾探测器分类

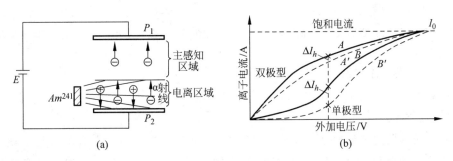

图 11-6　电离室结构和电特性曲线

（a）单极性电离室结构；（b）电特性曲线

其中和；第二种方法是烟雾粒子阻挡了 α 粒子的碰撞，使电离室中的正、负离子减少。在这两方法的共同作用下，电离室中的离子电流被减弱。当减弱到非正常的情况下，探测器就会认为火灾发生了。

（2）光电感烟式火灾探测器

根据烟雾粒子对光的吸收和散射作用，光电感烟式火灾探测器可分为减光型和散射型两种。

① 减光型光电感烟式火灾探测原理

减光型光电感烟式火灾探测原理如图 11-7 所示，进入光电检测暗室内的烟雾粒子对光源发出的光会产生吸收和散射作用，使通过光路上的光通量减少，从而使受光元件上产生的光电流降低。光电流相对于初始标定值的变化量大小，反映了烟雾的浓度。电子线路对该火灾信号进行阈值比较放大、类比判断处理或数据对比计算，通过传输电路发出相应的火灾信号。减光型光电感烟式火灾探测原理适用于点型探测器。点型探测器用微小的暗箱式烟雾检测室探测火灾产生的烟雾浓度大小。减光型光电感烟式火灾探测原理更适于线型火灾探测，如分离式主动红外光束感烟探测器。

② 散射型光电感烟式火灾探测原理

散射型光电感烟式火灾探测原理如图 11-8 所示，进入暗室的烟雾粒子对发光元件（光源）发出的一定波长的光产生散射（粒径大于光的波长时将产生散射作用），使处于一定夹角位置的受光元件（光敏元件）的阻抗发生变化，产生光电流。此光电流的大小与散射光的强弱有关，并且由烟粒子的浓度和粒径大小及着色与否来决定。当烟粒子浓度达到一定值时，散射光的能量就足以产生一定大小的光电流，用于激励外电路发出火灾信号。

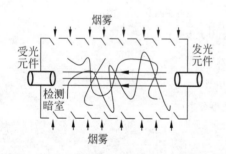

图 11-7　减光型光电感烟式火灾探测原理图

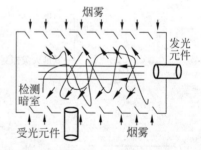

图 11-8　散射型光电感烟式火灾探测原理图

2）感温式火灾探测器

感温式火灾探测器根据其作用原理分为以下 3 类。

（1）定温式探测器

定温式探测器的工作原理是在规定时间内，由火灾引起的温度上升超过某个规定值时启动报警。此种探测器分为线型和点型两种结构。线型是当局部环境温度上升到规定值时，可熔绝缘物体熔化使两导线短路，从而产生火灾报警信号。点型是利用双金属片、易熔金属、热电偶、热敏半导体电阻等元件，在规定的温度值上产生火灾报警信号。

（2）差温式探测器

差温式探测器的工作原理是在规定时间内，火灾引起的温度上升速率超过某个规定值时启动报警，它也有线型和点型两种结构。线型差温式探测器是根据广泛的热效应而动作的。点型差温式探测器是根据局部的热效应而动作的，主要感温器件是空气膜盒、热敏半导体电阻等元件。

（3）差定温式探测器

差定温式探测器结合了定温和差温两种作用原理，将两种探测器结构组合在一起。差定温式探测器一般多为膜盒式或热敏半导体电阻式等点型的组合式探测器。

3）感光式火灾探测器

感光式火灾探测器主要指火焰光探测器，目前广泛使用紫外式和红外式两种类型。紫外火焰探测器是应用紫外光敏管（光电管）探测波长 $0.2\sim0.3\mu m$ 以下的由火灾引起的紫外辐射，多用于油品和电力装置火灾监测。红外火焰探测器是利用红外光敏元件（硫化铅、硒化铅和硅光敏元件）的光电导或光伏效应来敏感地探测低温产生的红外辐射，光波范围一般大于 $0.76\mu m$。由于自然界中物体温度高于热力学温度 0K 都会产生红外辐射，故利用红外辐射探测火灾时，一般还要考虑燃烧火焰间歇性形成的闪烁现象，以区别于背景红外辐射。燃烧火焰的闪烁频率一般为 $3\sim30Hz$。

4）可燃气体探测器

可燃气体探测器主要用于汽车库、溶剂库、炼油厂、燃油电厂等存在可燃气体的场所。按照使用气敏元件或传感器的不同，可燃气体探测器分为 4 种类型：热催化型、热导型、气敏型和三端电化学型。

热催化的原理是利用可燃气体在足够氧气和一定高温条件下发生在铂丝催化元件表面无焰燃烧放出热量并引起铂丝元件电阻变化，从而达到探测可燃气体浓度的目的。热导的原理是利用被测气体与纯净空气导热性的差异和金属氧化物表面燃烧的特性，将被测气体浓度变化转换成热丝温度或电阻的变化，达到测定气体浓度的目的。气敏的原理是利用灵敏度较高的气敏半导体元件吸附可燃气体后电阻变化的特性来达到测量的目的。三端电化学的原理是利用恒电位法，在电池内安置 3 个电极并施加一定的极化电压，以透气薄膜同外部隔开，被测气体透过此膜达到工作电极，发生氧化还原反应，从而使传感器产生与气体浓度成正比的输出电流，达到探测目的。

采用热催化原理和热导原理测量可燃气体时，不具有气体选择性，通常以体积百分浓度表示气体浓度。采用气敏原理和电化学原理测量可燃气体时，具有气体选择性，适于气体成分检测和低浓度测量。可燃气体探测器一般只有点型结构形式，其传感器输出信号的处理采用阈值比较方式。

5）复合式火灾探测器

火焰光探测器常用紫外与红外复合式，一般为点型结构，其有效性取决于探测器的光学灵敏度（4.5cm 焰高的标准烛光距探测器 0.5m 或 1.0m 时，探测器有额定输出）、视锥角（即视野，通常为 $70°\sim120°$）、响应时间（小于或等于 1s）和安装定位。

火灾发展迅速，有强烈的火焰辐射和少量的烟热时，应选用火焰光探测器。火灾形成阶段以迅速增长的烟火速度发展，产生较大的热量或同时产生大量的烟雾和火焰辐射时，应选用感温、感烟和火焰光探测器或将其组合使用。

6）智能探测器

智能探测器可以自动检测和跟踪由灰尘积累引起的工作状态的漂移,当这种漂移超出给定范围时,自动发出故障信号。这种探测器还能跟踪环境变化,自动调节探测器的工作参数,因此大大降低了由灰尘积累和环境变化所造成的误报。火灾自动报警系统可对灰尘积累、环境温度、湿度、电磁干扰、香烟烟雾等进行监视,并用一定算法进行补偿,从而降低误报和漏报率。

智能探测器是一种分布式系统。它将一部分智能从中央控制器中分离出来,降低了总线的信息负荷,提高了系统的响应速度。随着人们对火灾规律认识的加深以及传感技术、微电子技术的进步,智能化探测传感器将会得到更广泛的开发与应用。目前智能探测器内部有微处理器芯片或单片集成电路,有的可以根据神经网络和模糊逻辑进行多准则评估。它具有结构简单、有容错能力和环境适应性强等优点。

7）其他火灾探测器

另外,还有其他一些探测火灾的仪器,如探测泄漏电流大小的漏电流感应型火灾探测器;通过摄像机拍摄的图像与主机内部的燃烧模型的比较来探测火灾的图像型火灾报警器;探测静电电位高低的静电感应型火灾探测器;在一些特殊场合使用的,要求探测极其灵敏、动作极为迅速,以至要求探测爆炸声产生的某些参数的变化(如压力的变化)信号,来抑制甚至消灭爆炸事故发生的微差压型火灾探测器;以及利用超声原理探测火灾的超声波火灾探测器等。

11.2.2 数据(信号)传输系统(系统布线)

火灾报警控制系统的数据(信号)传输结构经历了由多线制系统结构到总线制系统结构的变化,最终将发展为智能系统结构。

1. 多线制系统结构

多线制系统结构的特点是一个探测器(或若干探测器为一组)构成一个回路,与火灾报警控制器相连,如图 11-9 所示。

当回路中某一个探测器探测到火灾(或出现故障)时,在控制器上只能反映出探测器所在回路的位置。我国规范要求火灾报警要报到探测器所在位置,即报警到着火点。于是只能是一个探测器为一个回路,即探测器与控制器单线连接。

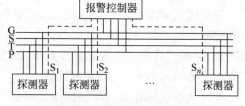

图 11-9 多线制控制系统结构图

早期的多线制有 $n+4$ 线制,n 为探测器数,4 指公用线,分别为电源线(P)、地线(G)、信号线(S)和自诊断线(T),另外,每个探测器设一根选通线(S_1,S_2,…,S_n)。仅当某选通线处于有效电平时,在信号线上传送的信息才是该探测部位的状态信号。这种方式的优点是探测器的电路比较简单,供电和取信息相当直观;但缺点是线多,配管直径大,穿线复杂,线路故障也多,因此已逐渐被淘汰。

2. 总线制系统结构

采用 2～4 条导线构成总线回路,所有探测器与之并联,每只探测器有一个编码电路(独立的地址电路),报警控制器采用串行通信方式访问每只探测器。此系统用线量明显减少,设计和施工也较为方便,因此被广泛采用。但是,一旦总线回路中出现短路,则整个回路失效,甚至会损坏部分控制器和探测器。因此为了保证系统的正常运行和免受损失,必须在系统中采取短路隔离措施,如分段加装短路隔离器。

图 11-10 中的 4 条总线(P、T、S、G)均为并联方式连接,S 线上的信号对探测部位而言是分时的。由于总线制采用了编码选址技术,使控制器能准确地报警到具体探测部位,测试安装简化,系统的运行可靠性大为提高。

图 11-11 中所示的二总线制用线量更少,但技术的复杂性和难度也提高了。目前二总线制应用最多,新一代的无阈值智能火灾报警系统也建立在二总线的运行机制上。

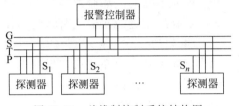

图 11-10 总线制控制系统结构图

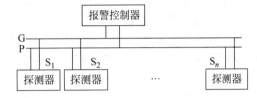

图 11-11 二总线制控制系统结构图

3.智能系统结构

1) 智能火灾报警系统的形式

(1) 智能集中于探测部分

智能集中于探测部分的系统中,探测器内的微处理器能够根据探测环境的变化作出响应,并自动进行补偿,能对探测信号进行火灾模式识别,作出判断并给出报警信号,在确认自身不能可靠工作时给出故障信号。控制器在火灾探测过程中不起任何作用,只完成系统的供电,火灾信号的接收、显示、传递以及联动控制等。这种智能系统因受到探测器体积小等限制,智能化程度尚处于一般水平,可靠性往往也不是很高。

(2) 智能集中于控制部分

智能集中于控制部分的系统又称主机智能系统。它是将探测器的阈值比较电路取消,使探测器成为火灾传感器,无论烟雾影响大小,探测器本身不报警,而是将烟雾影响产生的电流、电压变化信号以模拟量(或等效的数字编码)形式传输给控制器(主机),由控制器的微处理机进行计算、分析、判断,作出智能化处理,判别是否真的发生火灾。这种主机智能系统的优点有:灵敏度信号特征模型可根据环境特点来设定;可补偿各类环境干扰和灰尘积累对探测器灵敏度的影响,并能实现"报脏"功能;主机采用微处理机技术,可实现时钟、存储、密码、自检联动、联网等各种管理功能;可通过软件编辑实现图形显示、键盘控制、翻译等高级控制功能。但是,由于整个系统的监测、判断功能不仅全部要由控制器完成,而且还要一刻不停地处理成百上千个探测器返回的信息,因此出现系统程序复杂、量大、探测器巡检周期长等问题,从而造成探测点大部分时间失去监控、系统可靠性降低和使用维护不便等问题。

(3) 智能同时分布在探测器和控制器

智能分布在探测器和控制器的系统称为分布智能系统。它实际上是将主机智能和探测器智能相结合,因此也称为全智能系统。在这种系统中,探测器具有一定的智能,它对火灾特征信号直接进行分析和智能处理,作出恰当的智能判决,然后将这些判决信息传递给控制器。控制器再作进一步的智能处理,完成更复杂的判决并显示判决结果。

分布智能型系统是在保留二总线制集中智能型系统优点的基础上发展而来的。它将主机智能系统中对火灾探测信息的基本处理、环境补偿、探头报脏和故障判断等功能由火灾报警控制器返还给现场的火灾探测器,从而免去火灾报警控制器大量的信号处理负担,使之能够轻松地实现上级管理功能,如系统寻检、火灾参数算法运算、消防设备监控、联网通信等,从而提高系统寻检速度、稳定性和可靠性。因此,分布智能方式对火灾探测器设计提出了更高的要求,要兼顾火灾探测及时性和报警可靠性,必须采用专门集成电路设计技术来降低成本,提高系统的性价比。

2)分布智能结构采用的总线形式

(1)RS-485 总线

火灾报警控制系统采用分布智能结构以后,分布在现场各处的现场监测器与火灾报警控制器之间往往有大量的数据及信息需要传送,这就需要有高质量的通信线路将它们连接起来。根据分布智能体系结构的特点,系统采用二总线机制构成数据传输现场总线网络。在分布式系统中,RS-485 总线被用于较复杂的应用数据通信系统。分布式火灾报警控制系统出现以来,许多产品一直沿用 RS-485 总线机作为自身的构网总线。

RS-485 是一个电气接口规范,它只规定了平衡驱动器和接收器的电特性。其标准定义了一个基于单对平衡线的多点、双向(半双工)通信链路,是一种极为经济,并具有相当高噪声抑制、传输速率、传输距离和宽共模范围的通信方式。RS-485 串行总线接口标准以差分平衡方式传输信号,总线有极强的抗共模干扰的能力。与传统的 RS-232 协议相比,其最大传输速率和最大传输距离也大大提高。通过 RS-485 可实现多点互联,最多可达 32 台驱动器和 32 台接收器,非常便于多器件的连接。

但就 RS-485 总线而言,任何时候只允许一个节点向网络发送数据。因为当数据传输时,其驱动器的两个输出端分别向总线发送相异的电平信号,如果出现故障而使几个节点同时向网络发送数据,就相当于多个 RS-485 驱动器输出不同的电平,结果是整个网络呈现短路状态,各节点驱动器损坏。所以基于 RS-485 总线的火灾报警控制器系统只能采用主从结构的命令型通信方式来防止以上系统故障,只有主机向某一个从机要信息时,从机才能上报各种信息。这样就无法在网络中的物理层上实现信息的中断上报(中断其他帧的发送,破坏发送帧的物理帧结构),即从物理层上实现火灾报警控制系统中各种信息的分类处理,相对来说减缓了数据上报的时效性。另外,随着居民区的不断扩大,要求火灾报警控制系统的数据通信距离也相应增加。采用 RS-485 总线在 9600bps 下最远传输距离为 1200m,因而需要增加一个或多个中继器以实现数据的较远距离发送/接收。又因 RS-485 为半双工通信,中继器在工作中必须判断网络数据流向,所以中继器的复杂结构最终增加了通信环节,降低了系统可靠性。

(2)CAN 总线

CAN(control area network,控制器局域网)总线是德国 Bosch 公司为解决现代汽车中电子监控设备之间的数据交换,于 1985 年推出的高级串行数据通信协议。

与 RS-485 总线相比,CAN 总线具有更高的传输速率、更远的传输距离、更高的传输可靠性、更强的抗干扰能力,因此迅速在现场总线领域站稳脚跟。其独特的设计和高度可靠性,非常适于分布式实时控制,因此越来越受到工业界的重视,广泛应用于各种工业自动化和测控领域,成为最有前途的现场总线之一。CAN 总线具有突出的可靠性、实时性和灵活性,应用开发方便,成为设计火灾报警系统的优先选择。

(3)LonWorks 总线

目前,除了 CAN 总线以外,LonWorks 总线也在智能火灾报警控制系统中有一定的应用。LonWorks 是由美国 Echelon 公司于 1991 年推出的一种全面的现场总线测控网络,该项技术目前在楼宇控制领域得到了广泛应用。采用 LonWorks 总线技术是为了把消防系统与楼宇的其他系统连接到一起,以组成智能楼宇自控系统。

3) 网络化的火灾自动报警系统

随着城市建筑规模的不断扩大,网络化的火灾自动报警系统应运而生。这种报警系统具有联网通信功能,可实现报警节点的局域联网,使整个建筑群或小区形成一个网络化的消防监控管理系统,便于监测、维护和管理。基于 ARCNET 总线的对等式火灾报警系统即是其中的一种。此系统中的任意一台火灾报警控制器都可平等地接收总线上其他控制器的报警信息,也可以对其他报警控制器发出指令,从而克服了主从式通信系统中所有信息必须通过主机进行交换的缺点。

在联网过程中也存在这样一个关键性的问题,由于目前我国尚无针对"总线制火灾报警系统"通信协议的统一标准,现有的网络型火灾报警器基本都是同一厂家对自己的火灾报警器进行联网,不同厂家之间由于设备通信协议不同无法进行联网。于是又出现了基于 INTERNET 的监控模式,通过在火灾报警控制器内嵌入的网络模块中设置不同类型的通信协议,将报警数据以 TCP/IP 数据形式传送到互联网,从而实现通过网络对火灾报警控制器的实时监控。

11.2.3　火灾报警控制器

1. 火灾报警控制器的功能

火灾报警控制器是火灾报警系统的核心部件,起着承上启下的作用,应能满足以下功能需求。

1) 火灾报警

当收到探测器、手动报警开关、消火栓开关及输入模块所配接的设备来的火警信号时,应在报警器中报警。

2) 设备故障报警

系统运行时控制器分时巡检,若有异常(设备故障)应发出声、光报警信号,并显示故障类型及编码等。

3) 火警优先

系统处在显示故障的情况下出现火警,系统将自动转变为报火警状态,而当火警被清除后又自动报出原有的故障信息。

4) 时钟与火灾发生时间的记忆

系统中的时钟走时通过软件编程实现,具有相应的存储单元,可以记忆事故发生时间。

5) 自检功能

为了提高报警系统的可靠性,控制器应设置检查功能,可定期或不定期地进行模拟火警检查。

2. 火灾报警控制器的分类

火灾报警控制器种类繁多,根据不同的方法可分成不同的类别。

1) 按控制范围分类

(1) 区域火灾报警控制器:直接连接火灾探测器,处理各种报警信息。

(2) 集中火灾报警控制器:一般不与火灾探测器相连,而与区域火灾报警控制器相连,处理区域级火灾报警控制器送来的报警信号。常使用在较大型系统中。

(3) 控制中心火灾报警控制器：兼有区域、集中两级或火灾报警控制器的特点,既可以作区域级使用,连接控制器;又可以作集中级使用,连接区域火灾报警控制器。

2) 按结构形式分类

(1) 壁挂式火灾报警控制器：连接的探测器回路相应较少,控制功能简单,区域报警控制器多选用这种形式。

(2) 台式火灾报警控制器：连接探测器回路数较多,联动控制较复杂,集中式报警器常采用这种形式。

(3) 框式火灾报警控制器：可实现多回路连接,具有复杂的联动控制。

3) 按系统布线方式分类

(1) 多线制火灾报警控制器：控制器与探测器的连接采用一一对应方式。

(2) 总线制火灾报警控制器：控制器与探测器采用总线方式连接,探测器并联或串联在总线上。

3. 火灾报警控制器的组成和工作原理

一个基本的火灾报警控制器应包含以下几个部分(如图 11-12 所示)：以计算机为核心的系统,CPU 负责整个系统的管理,包括系统程序的初始化,系统进程任务的管理,以及数据的分析、比较和判断;显示、打印部分,主要负责现场探测区域的实时情况,通过监控显示器界面,值班人员可以直观地看到监控区域的实时情况。

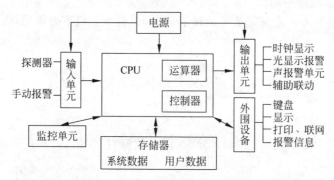

图 11-12　火灾报警控制器的组成

控制器对火灾探测器传来的信号进行处理、报警。从原理上讲,无论是区域报警控制器还是集中报警控制器,都遵循同一工作模式,即收集探测信号→输入单元→自动监控单元→输出单元。

11.3　火灾自动报警系统的设计

11.3.1　火灾自动报警系统的选择和设计要求

1. 系统保护对象分级

火灾自动报警系统的保护对象应根据其使用性质、火灾危险性、疏散和扑救难度等分为特级、一级和二级,具体见表 11-1。

表 11-1 火灾自动报警系统保护对象分级

等级	保 护 对 象	
特级	建筑高度超过100m的高层民用建筑	
一级	建筑高度不超过100m的高层民用建筑	一类建筑
	建筑高度不超过24m的民用建筑及建筑高度超过24m的单层公共建筑	(1) 200床及以上的病房楼,每层建筑面积1000m²及以上的门诊楼; (2) 每层建筑面积超过3000m²的百货大楼、商场、展览楼、高级旅馆、财贸金融楼、电信楼、高级办公楼; (3) 藏书超过100万册的图书馆、书库; (4) 超过3000座位的体育馆; (5) 重要的科研楼、资料档案楼; (6) 省级(含计划单列市)的邮政楼、广播电视楼、电力调度楼、防灾指挥调度楼; (7) 重点文物保护场所; (8) 大型以上的影剧院、会堂、礼堂
	工业建筑	(1) 甲、乙类生产厂房; (2) 甲、乙类物品库房; (3) 占地面积或总建筑面积超过1000m²的丙类物品库房; (4) 总建筑面积超过1000m²的地下丙、丁类生产车间及物品库房
	地下民用建筑	(1) 地下铁道、车站; (2) 地下电影院、礼堂; (3) 使用面积超过1000m²的地下商场、医院、旅馆、展览厅及其他商业或公共活动场所; (4) 重要的实验室,图书、资料、档案库
二级	建筑高度不超过100m的高层民用建筑	二类建筑
	建筑高度不超过24m的民用建筑	(1) 设有空气调节系统或每层建筑面积超过2000m²,但不超过3000m²的商业楼、财贸金融楼、电信楼、展览楼、旅馆、办公楼、车站、海河客运站、航空港等公共建筑及其他商业或公共活动场所; (2) 市、县级的邮政楼、广播电视楼、电力调度楼、防灾指挥调度楼; (3) 中型以下的影剧院; (4) 高级住宅; (5) 图书馆、书库、档案楼
	工业建筑	(1) 丙类生产厂房; (2) 建筑面积大于50m²,但不超过1000m²的丙类物品库房; (3) 总建筑面积大于50m²,但不超过1000m²的地下丙、丁类生产车间及地下物品库房
	地下民用建筑	(1) 长度超过500m的城市隧道; (2) 使用面积不超过1000m²的地下商场、医院、旅馆、展览厅及其他商业或公共活动场所

注:(1) 一类建筑、二类建筑的划分,应符合现行国家标准《建筑设计防火规范(2018年版)》(GB 50016—2014)的规定。

(2) 本表未列出的建筑的等级可按同类建筑的类比原则确定。

2.火灾自动报警系统设置的场所

1)《建筑设计防火规范(2018年版)》(GB 50016—2014)8.4节对火灾报警器的设置场所的规定。

(1)任一层建筑面积大于1500m²或总建筑面积大于3000m²的制鞋、制衣、玩具、电子等类似用途的厂房。

(2)每座占地面积大于1000m²的棉、毛、丝、麻、化纤及其制品的仓库,占地面积大于500m²或总建筑面积大于1000m²的卷烟仓库。

(3)任一层建筑面积大于1500m²或总建筑面积大于3000m²的商店、展览、财贸金融、客运和货运等类似用途的建筑,总建筑面积大于500m²的地下或半地下商店。

(4)图书或文物的珍藏库,每座藏书超过50万册的图书馆,重要的档案馆。

(5)地市级及以上广播电视建筑、邮政建筑、电信建筑,城市或区域性电力、交通和防灾等指挥调度建筑。

(6)特等、甲等剧场,座位数超过1500个的其他等级的剧场或电影院,座位数超过2000个的会堂或礼堂,座位数超过3000个的体育馆。

(7)大、中型幼儿园的儿童用房等场所,老年人照料设施,任一层建筑面积大于1500m²或总建筑面积大于3000m²的疗养院的病房楼、旅馆建筑和其他儿童活动场所,不少于200床位的医院门诊楼、病房楼和手术部等。

(8)歌舞、娱乐、放映、游艺场所。

(9)净高大于2.6m且可燃物较多的技术夹层,净高大于0.8m且有可燃物的闷顶或吊顶内。

(10)电子信息系统的主机房及其控制室、记录介质库,特殊贵重或火灾危险性大的机器、仪表、仪器设备室、贵重物品库房。

(11)二类高层公共建筑内建筑面积大于50m²的可燃物品库房和建筑面积大于500m²的营业厅。

(12)其他一类高层公共建筑。

(13)设置机械排烟、防烟系统、雨淋或预作用自动喷水灭火系统、固定消防水炮灭火系统、气体灭火系统等需与火灾自动报警系统连锁动作的场所或部位。

注:老年人照料设施中的老年人用房及其公共走道,均应设置火灾探测器和声警报装置或消防广播。

(14)建筑高度大于100m的住宅建筑,应设置火灾自动报警系统。建筑高度大于54m但不大于100m的住宅建筑,其公共部位应设置火灾自动报警系统,套内宜设置火灾探测器。建筑高度不大于54m的高层住宅建筑,其公共部位宜设置火灾自动报警系统。当设置需联动控制的消防设施时,公共部位应设置火灾自动报警系统。高层住宅建筑的公共部位应设置具有语音功能的火灾声警报装置或应急广播。建筑内可能散发可燃气体、可燃蒸气的场所应设置可燃气体报警装置。

2)《人民防空工程设计防火规范》(GB 50098—2009)对火灾报警器的设置场所的规定

《人民防空工程设计防火规范》(GB 50098—2009)第8.4.1条规定应设置火灾自动报警系统的场所为:建筑面积大于500m²的商店、展览馆和健身体育场;建筑面积大于1000m²的丙、丁类生产车间和丙、丁类物品库房;重要的通信机房、柴油发电机房以及实验室和图书、档案库等;歌舞娱乐放映游艺场所。

3)《汽车库、修车库、停车场设计防火规范》(GB 50067—2014)对火灾报警器的设置场所的规定

《汽车库、修车库、停车场设计防火规范》(GB 50067—2014)第9.0.7条规定,除敞开式汽车库、屋面停车场外,下列汽车库、修车库应设置火灾自动报警系统:

(1) Ⅰ类汽车库、修车库。

(2) Ⅱ类地下、半地下汽车库、修车库。

(3) Ⅱ类高层汽车库、修车库。

(4) 机械式汽车库。

(5) 采用汽车专用升降机作汽车疏散出口的汽车库。

3. 报警区域和探测区域的划分

1) 报警区域的划分

报警区域应根据防火分区或楼层划分。一个报警区域宜由一个或同层相邻几个防火分区组成。

2) 探测区域的划分

(1) 探测区域应按独立房(套)间划分。一个探测区域的面积不宜超过$500m^2$;从主要入口能看清其内部且面积不超过$1000m^2$的房间,也可划为一个探测区域。

(2) 红外光束线型感烟火灾探测器的探测区域长度不宜超过100m,缆式感温火灾探测器的探测区域不宜超过200m;空气管差温火灾探测器的探测区域长度宜在20～100m。

(3) 符合下列条件之一的二级保护对象,可将几个房间划为一个探测区域:

① 相邻房间不超过5间,总面积不超过$400m^2$,并在门口设有灯光显示装置。

② 相邻房间不超过10间,总面积不超过$1000m^2$,在每个房间门口均能看清其内部,并在门口设有灯光显示装置。

(4) 下列场所应分别单独划分探测区域:

① 敞开或封闭楼梯间;

② 防烟楼梯间前室、消防电梯前室、消防电梯与防烟楼梯间合用的前室;

③ 走道、坡道、管道井、电缆隧道;

④ 建筑物闷顶、夹层。

4. 火灾自动报警系统的选择

1) 火灾自动报警系统的基本形式

火灾自动报警系统的基本形式可分为以下3种:区域报警系统,宜用于二级保护对象;集中报警系统,宜用于一级和二级保护对象;控制中心报警系统,宜用于特级和一级保护对象。

2) 区域报警系统的设计要求

(1) 一个报警区域宜设置一台区域火灾报警控制器或一台火灾报警控制器,系统中区域火灾报警控制器或火灾报警控制器不应超过两台。

(2) 区域火灾报警控制器或火灾报警控制器应设置在有人值班的房间或场所。

(3) 系统中可设置消防联动控制设备。

(4) 当用一台区域火灾报警控制器或一台火灾报警控制器警戒多个楼层时,应在每个楼层的楼梯口或消防电梯前室等明显部位,设置识别着火楼层的灯光显示装置。

(5) 区域火灾报警控制器或火灾报警控制器安装在墙上时,其底边距地面高度宜为1.3～1.5m,其靠近门轴的侧面距墙不应小于0.5m,正面操作距离不应小于1.2m。

3) 集中报警系统的设计要求

(1) 系统中应设置一台集中火灾报警控制器和两台及以上区域火灾报警控制器,或设置一台火灾报警控制器和两台及以上区域显示器。

(2) 系统中应设置消防联动控制设备。

(3) 集中火灾报警控制器或火灾报警控制器应能显示火灾报警部位信号和控制信号,亦可进行联动控制。

(4) 集中火灾报警控制器或火灾报警控制器应设置在有专人值班的消防控制室或值班室内。

4) 控制中心报警系统的设计要求

(1) 系统中至少应设置一台集中火灾报警控制器、一台专用消防联动控制设备和两台及以上区域火灾报警控制器;或至少设置一台火灾报警控制器、一台消防联动控制设备和两台及以上区域显示器。

(2) 系统应能集中显示火灾报警部位信号和联动控制状态信号。

11.3.2 火灾探测器的选择和布置

1. 火灾探测器选择的原则

1) 火灾探测器选择的一般要求

(1) 在火灾初期有阴燃阶段,产生大量的烟和少量的热,很少或没有火焰辐射的场所,应选择感烟探测器。

(2) 火灾发展迅速,可产生大量热、烟和火焰辐射的场所,可选择感温探测器、感烟探测器、火焰探测器或其组合。

(3) 火灾发展迅速,有强烈的火焰辐射和少量的烟、热的场所,应选择火焰探测器。

(4) 火灾形成特征不可预料的场所,可根据模拟试验的结果选择探测器。

(5) 使用、生产或聚集可燃气体或可燃液体蒸气的场所,应选择可燃气体探测器。

2) 点型火灾探测器的选择

对不同高度的房间,可根据表11-2来选择点型火灾探测器。

表 11-2 对不同高度的房间,点型火灾探测器的选择

房间高度 h/m	感烟探测器	感温探测器			火焰探测器
		一级	二级	三级	
$12<h\leqslant20$	不适合	不适合	不适合	不适合	适合
$8<h\leqslant12$	适合	不适合	不适合	不适合	适合
$6<h\leqslant8$	适合	适合	不适合	不适合	适合
$4<h\leqslant6$	适合	适合	适合	不适合	适合
$h\leqslant4$	适合	适合	适合	适合	适合

3) 线型火灾探测器的选择

(1) 无遮挡大空间或有特殊要求的场所,宜选择红外光束感烟探测器。

（2）下列场所或部位,宜选择缆式线型定温探测器:

① 电缆隧道、电缆竖井、电缆夹层、电缆桥架等;

② 配电装置、开关设备、变压器等;

③ 各种皮带输送装置;

④ 控制室、计算机室的闷顶内、地板下及重要设施隐蔽处等;

⑤ 其他环境恶劣,不适合点型探测器安装的危险场所。

（3）下列场所宜选择空气管式线型差温探测器:

① 可能产生油类火灾且环境恶劣的场所;

② 不易安装点型探测器的夹层、闷顶。

2. 火灾探测器的设置

1）点型火灾探测器的设置

（1）探测区域内的每个房间至少应设置 1 只火灾探测器。

（2）感烟探测器、感温探测器的保护面积和保护半径应按表 11-3 确定。

表 11-3　感烟探测器、感温探测器的保护面积和保护半径

火焰探测器的种类	地面面积 S/m^2	房间高度 h/m	1 只探测器的保护面积 A 和保护半径 R					
			房间坡度 θ					
			$\theta \leqslant 15°$		$15° < \theta \leqslant 30°$		$\theta > 30°$	
			A/m^2	R/m	A/m^2	R/m	A/m^2	R/m
感烟探测器	$S \leqslant 80$	$h \leqslant 12$	80	6.7	80	7.2	80	8.0
	$S > 80$	$6 < h \leqslant 12$	80	6.7	100	8.0	120	9.9
		$h \leqslant 6$	60	5.8	80	7.2	100	9.0
感温探测器	$S \leqslant 30$	$h \leqslant 8$	30	4.4	30	4.9	30	5.5
	$S > 30$	$h \leqslant 8$	20	3.6	30	4.9	40	6.3

（3）一个探测区域内所需设置的探测器数量,不应小于下式的计算值:

$$N = S/(KA) \tag{11-1}$$

式中：N 为探测器数量,取整数;S 为该探测区域面积,m^2;A 为探测器的保护面积,m^2;K 为修正系数,特级保护对象宜取 0.7～0.8,一级保护对象宜取 0.8～0.9,二级保护对象宜取 0.9～1.0。

2）线型火灾探测器的设置

（1）红外光束感烟探测器的光束轴线至顶棚的垂直距离宜为 0.3～1.0m,距地高度不宜超过 20m。

（2）相邻两组红外光束感烟探测器的水平距离不应大于 14m;探测器至侧墙的水平距离不应大于 7m,且不应小于 0.5m;探测器的发射器和接收器之间的距离不宜超过 100m。

（3）缆式线型定温探测器在电缆桥架或支架上设置时,宜采用接触式布置;在各种皮带输送装置上设置时,宜设置在装置的过热点附近。

（4）设置在顶棚下方的空气管式线型差温探测器,至顶棚的距离宜为 0.1m。相邻管路之间的水平距离不宜大于 5m;管路至墙壁的距离宜为 1～1.5m。

11.3.3　火灾事故广播与警报系统设计

1. 火灾事故广播系统的设备

节目源通常为无线电广播,由激光唱机等设备提供,此外还有传声器、电子乐器等。它与音频功率放大器、消防控制系统等组成广播系统。消防联动控制系统可实现正常广播与事故广播的自动切换,便于正常广播与事故广播共用一套音频功率放大器和现场扬声器。

音频功率放大器用于进行音频信号的功率放大,一般用定压 120V 输出。音频功率放大器有过载保护功能,使用直流 24V 或交流 220V 供电。交流 220V 失电时,可用后备电池供电。

广播区域控制盘与音频功率放大器配合进行现场广播的分区控制,完成正常广播与事故广播的切换。它可分为多路、多区域。平时进行全区域正常广播,发生火警时,手动控制需要事故放音的区域进行火警事故广播,而其他区域仍为正常广播。

火灾事故广播系统设备由节目源、音频功率放大器、广播区域控制盘及消防/背景广播切换模块和现场扬声设备组成。"吸顶扬声器"壁挂音箱是常见的广播系统中的现场扬声设备。壁挂音箱为长方体状,安装于墙壁,外壳是防火塑料,功率为 3W。吸顶扬声器为圆柱形,安装在天花板上,功率为 3~6W。

2. 火灾事故广播扬声器的设计

火灾事故广播扬声器的设计,应符合下列要求。

(1) 民用建筑内扬声器应设置在走道和大厅等公共场所。每个扬声器的额定功率应不小于 3W,其数量应能保证从一个防火分区内的任何部位到最近一个扬声器的距离不大于 25m。走道内最后一个扬声器至走道末端的距离应小于 12.5m。

(2) 在环境噪声大于 60dB 的场所设置的扬声器,在其播放范围内最远点的播放声压级应高于背景噪声 15dB。

(3) 客房设置专用扬声器时,其功率不宜小于 1.0W。

3. 火灾事故的广播和业务广播系统合用

火灾事故的广播和业务广播系统合用时,设计应符合以下规范要求。

(1) 火灾时应能在消防控制室将火灾疏散层的扬声器和公共广播扩音机强制转入火灾应急广播状态。

(2) 消防控制室应能监控用于火灾应急广播时的扩音机的工作状态,并应具有遥控开启扩音机和采用传声器播音的功能。

(3) 床头控制柜内设有服务性音乐广播扬声器时,应有火灾应急广播功能。

(4) 应设置火灾应急广播备用扩音机,其容量应不小于火灾时需同时广播的范围内火灾应急广播扬声器最大容量总和的 1.5 倍。消防控制室应能显示火灾事故广播扩音机的工作状态,并能用传声器播音。

其控制切换方法一般有两种。

(1) 火灾事故广播系统仅利用业务广播系统的扬声器和传输线路,而火灾事故广播系统的扩音机等装置是专用的。当发生火灾时,由消防控制室切换输出线路,使其广播音响系统投入火灾事故广播。

(2) 火灾事故广播系统完全利用业务广播系统的扩音机、传输线路和扬声器等装置。

在消防控制室设有紧急播放盒(内含传声器放大器和电源、线路输出遥控按钮等)。发生火灾时,遥控广播音响系统紧急开启进行火灾事故广播。

以上两种方法都应注意使扬声器不管处于关闭或在播放音乐等状态都能紧急播放火灾事故广播,特别注意在设有扬声器开关或音量调节器的系统中的紧急广播方式(应用继电器切换到火灾事故广播线路上)。

设备可实现正常广播与事故广播的自动切换功能。一般系统内的火灾警报信号和事故广播的切换都是在消防控制室手动操作的,只有在自动化程度比较高的场所是按程序自动进行的。自动切换可以在消防控制室,也可以在楼层或各防火分区进行。

11.3.4　消防专用电话

(1) 消防专用电话网络应为独立的消防通信系统。

(2) 消防控制室应设置消防专用电话总机,且宜选择共电式电话总机或对讲通信电话设备。

(3) 消防控制室、消防值班室或企业消防站等处,应设置可直接报警的外线电话。

11.3.5　供电系统和接地

1. 系统供电

自动消防系统的主电源一般由市电供给。为防止市电中断给系统带来影响,必须设置直流备用电源,使其在市电中断时及时维持消防系统的供电。消防强电动力设备在市电中断时,应设置备用发电机维持正常运转。故消防系统应设有主电源、直流备用电源及备用发电装置。

1) 主电源供配电要求

(1) 主电源应接自供消防设备专用的电源系统或回路上,并依据现行规范的规定确定其负荷级别和要求。为提高供电的可靠性,供给火灾自动报警系统的回路应采用单独的供电回路;回路的用电设备配置,不应将与消防无关的电器设备接入。为便于维护和防止误操作,消防配电线路在接线端口应有标号,消防配电设备应有明显的名称标志,消防配电设备与普通的用电设备相互间应有分隔措施。

(2) 依据《建筑设计防火规范(2018年版)》(GB 50016—2014)规定,消防用电设备的两个电源或两回路线路,应在最末一级配电箱处自动切换。即一类高层建筑应按一级负荷的两个电源要求供电;二类高层建筑应按二级负荷的两回路要求供电。不论一级负荷供电还是二级负荷供电均应在消防用电的最末一级配电箱处自动切换,即在消防水泵、防排烟风机、防火卷帘、消防电梯及消防控制主机等用电设备处进行自动切换。为此,在上述消防用电设备至供电电源之间应敷设两条供电回路,且应采取相应的防火保护措施,这样才能保障消防用电设备在供电线路维修及供电电源故障时的供电需要。

2) 直流备用供配电要求

(1) 国家标准规定火灾自动报警系统的直流备用电源宜采用内藏的专用蓄电池,蓄电池容量应视系统的大小而定。近年来,系统中所采用的火灾报警控制器大多是联动型控制器,所以对控制系统所需的直流备用电源不仅要考虑火灾报警系统的容量,还应更多地考虑联动系统的容量。直流备用电源的容量,可按消防联动设备(如系统中的声光报警器、自动喷水灭火系统中的动作模块、防排烟系统中的各类阀口、电磁吸附式防火门、固定式灭火装置管道上的电磁阀、防火卷帘门动作模块等)在监视状态下工作 8h 后,最大负载条件启动受控设备并工作 30min 确定。

(2)《火灾自动报警系统设计规范》(GB 50116—2013)规定,当直流备用电源采用消防系统集中设置的蓄电池时,火灾报警控制器应采用单独的供电回路,并应保证在消防系统处于最大负载状态下不影响报警控制器的正常工作。所以,消防用电设备的电源应由单独配电线路供给,这样可避免消防用电设备供电回路故障时的影响和用电设备动作时引起的干扰。

3) 备用发电装置

现有的备用发电装置有很多种,比如:压缩空气备用发电机装置、备用电池发电装置等。

2. 系统接地

(1) 火灾自动报警系统接地装置的接地电阻值应符合下列要求:

① 采用专用接地装置时,接地电阻值不应大于 4Ω;

② 采用共用接地装置时,接地电阻值不应大于 1Ω。

(2) 火灾自动报警系统应设专用接地干线,并应在消防控制室设置专用接地板。专用接地干线应从消防控制室专用接地板引至接地体。

(3) 专用接地干线应采用铜芯绝缘导线,其线芯截面面积不应小于 $25mm^2$。专用接地干线宜穿硬质塑料管理设至接地体。

(4) 由消防控制室接地板引至各消防电子设备的专用接地线应选用铜芯绝缘导线,其线芯截面面积不应小于 $4mm^2$。

(5) 消防电子设备采用交流供电时,设备金属外壳和金属支架等应作保护接地,接地线应与电气保护接地干线(PE 线)相连接。

11.4 消防联动系统

11.4.1 消防联动系统的控制类型

消防联动控制系统有无联动、现场联动、集中联动等几种形式。实际工程中,报警系统与消防联动系统的配合有以下几种形式。

1. 区域-集中报警、横向联动控制系统

区域-集中报警、横向联动控制系统每层有 1 个复合区域报警控制器,具有火灾自动报警功能,能接收一些设备的报警信号,如手动报警按钮、水流指示器、防火阀等设备的信号,联动控制一些消防设备,如防火门、卷帘门、排烟阀等,并向集中报警器发送报警信号及联动设备动作的回授信号。此系统主要适用于高级宾馆建筑,每层或每区有服务人员值班,全楼有 1 个消防控制中心,有专门消防人员值班。

2. 区域-集中报警、纵向联动控制系统

区域-集中报警、纵向联动控制系统主要适用于高层"火柴盒"式宾馆建筑。这类建筑物标准层多,报警区域划分比较规则,每层有服务人员值班,整个建筑物设置 1 个消防控制中心。

3.大区域报警、纵向联动控制系统

大区域报警、纵向联动控制系统主要适用于没有标准层的办公大楼,如情报中心、图书馆、档案馆等。这类建筑物的每层没有服务人员值班,不宜设区域报警器,而在消防中心设置大区域报警器,有专门消防人员值班。

4.区域-集中报警、分散控制系统

区域-集中报警、分散控制系统在联动设备的现场安装有控制盒,以实现设备的就地控制,而设备动作的回授信号送到消防中心。消防中心的值班人员也可以手动操作联动设备。此系统主要适用于中、小型高层建筑及房间面积大的场所。

11.4.2 消防联动系统的控制模块

在火灾报警与联动灭火系统中有各种类型的输入、输出控制模块和信号模块。控制模块的作用是控制各种联动设备的启闭。信号模块的作用是把各种开关的动作信号反馈到报警器,在报警器上显示该开关设备的位置,从而使人了解火场的位置。

控制模块的功能如下所述。

1.消火栓系统的控制显示功能

其功能包括:控制消防水泵的开与关,显示打开泵按钮的位置,显示消防水泵的工作、故障状态。

2.自动喷水灭火系统的控制显示功能

其功能包括:控制自动喷水灭火系统的打开与关闭,显示喷淋水泵的工作状态、故障状态,显示报警阀、闸阀及水流指示器的工作状态。

3.二氧化碳气体自动灭火系统的控制显示功能

可以控制二氧化碳气体自动灭火系统的紧急启动和切断。控制火灾探测器联动的控制设备具有 30s 可调的延时功能,显示二氧化碳气体自动灭火系统的手动、自动工作状态功能。在报警、喷射各阶段,控制室应有相应的声光报警信号,且能手动切除声响信号。在延时阶段,应能自动关闭防火门、窗,停止通风及空调系统。

4.消防控制设备对联动控制对象的控制功能

包括:火灾报警后,停止有关部位的风机、关闭防火阀,并且接收其反馈信号功能;火灾确认后,关闭有关部位的防火门、防火卷帘,接收其反馈信号功能;火灾确认后,发出控制信号,强制电梯全部停于首层,接收其反馈信号功能。

5.消防控制设备接通火灾报警装置功能

火灾确认后,如果 2 层及 2 层以上楼层发生火灾,先接通着火层及相邻的上、下层的火灾报警装置;如果首层发生火灾,先接通 1 层、2 层及地下各层的火灾报警装置;如果地下室发生火灾,先接通地下各层、1 层的火灾报警装置。

6.消防控制设备接通火灾事故照明灯和疏散指示灯功能

火灾确认后,接通火灾事故照明灯和疏散指示灯,切断非消防电源。

各种控制模块的作用如图 11-13 所示。使用这些控制模块的目的,是利用模块的编码功能,通过总线制接线对设备进行控制,减少系统接线。这些模块也要占用报警器的输出端口,在这一点上与配用编码底座的探测器相同。模块的连接方法与控制器的连接方法相同。

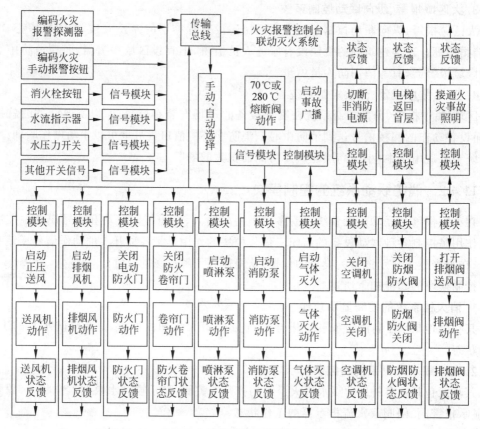

图 11-13　火灾自动报警系统以及联动系统控制模块

11.4.3　消防泵的控制

　　消防中心对室内消火栓系统应有下列控制与显示功能：控制消防水泵的启、停，显示启动按钮的位置和显示消防水泵的工作、故障状态。通过消火栓按钮可以直接启动消防泵；或者通过手动报警按钮，将手动报警信号送入控制室的控制器后，产生手动或自动信号控制消防泵启动，同时接收返回的水位信号。消防泵经中央监控室联动控制的过程如图 11-14 所示。

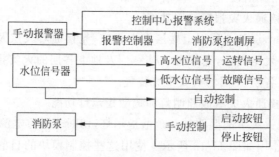

图 11-14　消防泵联动控制系统图

国内、外也有用双触点按钮兼容消火栓和手动火灾报警按钮的做法。这种兼容的消火栓,既可满足启动消防水泵和对消防控制室的控制功能,又可满足火灾自动报警系统的手动报警功能,具有兼容性。将此按钮放置于消火栓旁边墙上,合二为一。

布线时,可根据消防水泵高、低区的对应启泵关系,使每个供水区域内的水泵共用1条启泵线。

接线时,尽可能使得各楼层纵向位置对称,按钮的电源线和启泵线用总线连接方式,连成"或"控制关系,这样启动相对应的那台消防水泵,可以大大减少布线数。

对消火栓按钮所在楼层的地址进行编码,并纳入报警二总线,并且可在火灾报警控制器上显示。根据纵、横坐标的矩阵组合显示关系,可以知道任何消火栓按钮在对应纵、横坐标上的编号、启泵位置号。

11.4.4　消排烟设施的控制

1. 中心控制方式

中心控制方式通常的做法是,消防中心接到火警报警信息后,直接产生信号,控制排烟阀门开启,排烟风机启动,关闭空调、送风机、防火门等,并且接收各设备的返回信号和防火阀动作信号,监视各设备运行状况。中心控制方式如图11-15所示。

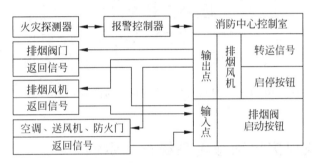

图 11-15　防排烟设施联动控制系统图

2. 模块控制方式

模块控制方式通常的做法是消防中心接收到火警信号后,产生排烟风机和排烟阀门等的动作信号,经总线和控制模块驱动各设备动作并且接收其返回信号,监测其运行状态。

1个排烟阀联动控制需设1个控制模块和1个监视模块。当探测器报警以后,控制模块接到报警器的指令,将开启排烟阀,排烟阀动作的反馈信号由监视模块完成。

11.4.5　防火卷帘门、防护门的控制

防火卷帘门的控制分为中心联动控制和模块联动控制两种方式。中心联动控制方式通常的做法是,当火灾发生时,防火卷帘根据消防中心连锁信号指令进行控制。也可根据火灾探测器信号指令进行控制。中心联动控制方式如图11-15所示。模块联动控制方式通常的做法是使卷帘首先下降到预定点,经一定延时后,卷帘降到地面,从而达到人员紧急疏散,灾区隔烟、隔水,控制火势蔓延的目的。

11.4.6　自动喷水灭火系统的控制

自动喷水灭火系统的水管中装有水流探测器(水流报警阀),当喷头开始喷水、水管中有水流动时,水流探测器发出报警信号,显示动作区域并启动消防水泵为系统供水。建筑物顶部的重力水箱容积一般有限,只能供数个喷头喷水数分钟。

当发生火灾时,由探测器发出的信号经过消防控制中心的联动盘发出指令,操纵电磁或手动两用阀打开阀门,从而各开式喷头就同时按预定方向喷洒。与此同时,联动盘还发出指令开动喷水泵保持水压。水流流经水流开关时,水流开关发出信号给消防中心,表明喷洒水滴灭火的区域,见图 11-16 所示自动喷水灭火系统联动控制系统图。

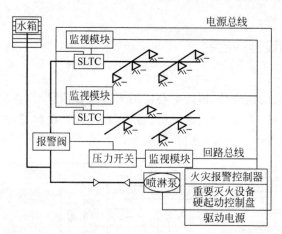

图 11-16　自动喷水灭火系统联动控制系统图

11.5　高层建筑火灾自动报警系统设计示例

11.5.1　工程概况和自动报警系统的选择

该工程为商住楼,总建筑面积为 $52\,000\text{m}^2$,地下 1 层,地上 23 层。地下 1 层为设备用房,1～3 层为商场,4～23 层为住宅。

根据《建筑设计防火规范(2018 年版)》(GB 50016—2014)和《火灾自动报警系统设计规范》(GB 50116—2013)的规定,该工程属于一类高层建筑,是一级保护对象。其建筑消防报警系统采用二总线,主要由以下几个部分构成。

1. 消防控制室

消防控制室设于地下 1 层,配有火灾报警控制器、总线联动控制盘、多线联动控制盘、消防电话总机、火灾广播等设备。

2. 报警设备

报警设备包括感温探测器、感烟探测器、消火栓按钮、手动火灾报警按钮、水流指示器和湿式报警阀等。

3. 传输线路

为了保证供电的安全可靠,消防设备的配电线路选用防火耐热的铜芯绝缘导线铜管敷设。导线截面的选择应适当放宽,因为在火灾发生时有可能因导线受热而使回路电阻增加。如果线路敷设于非燃烧体结构内,保护层厚度不应小于30mm;明设时在钢管上采取防火保护措施。通常把消防水泵的配电线路埋入地坪或楼板内,楼梯的事故照明则埋设在剪力墙或楼板内。

4. 联动控制设备

联动控制设备包括消防水泵、喷淋泵、正压送风机、防排风机、排烟阀、消防广播、消防电梯、切断非消防电源等消防设施和措施。地下层、商场、住宅部分的公共走廊、电梯前室和疏散楼梯等处应设置应急照明和疏散指示照明。

11.5.2　火灾自动报警系统的设计

1. 消防供电

该建筑为一类防火建筑,采用双回路供电,以保证消防用电,并备有柴油发电机作为应急电源。消防用电设备的配电按防火分区进行,从配电箱至消防设备应是放射式配电。每个回路的保护分开设置,以免相互影响。配电线路不设剩余电流保护装置,根据需要设置单相接地报警装置,以便监测电路是否发生接地故障。

消防系统接地利用大楼共用接地装置作为其接地极,引下线利用建筑物钢筋混凝土柱内两根 $\phi16\text{mm}$ 以上主筋通长焊接。在消防控制室设置专用的接地端子板引至接地极,专用接地干线应采用铜芯绝缘导线,其芯线截面积不应小于 25mm^2。专用接地干线穿硬质塑料管埋设至接地极,共用接地电阻小于 1Ω。由消防控制室接地端子板引至各消防电子设备的专用接地线选用铜芯绝缘导线,其芯线截面积不小于 4mm^2。

2. 探测器和手动报警按钮的设置

依据规范,该工程均采用感烟探测器。根据探测区域面积、楼层高度,采用公式 $N=\dfrac{S}{KA}$(K 取 0.9)计算出应设置探测器的数量,然后根据每个探测器的保护半径将这些探测器合理布置。每个防火分区至少设置1个手动报警按钮,并满足从1个防火分区内任何位置到最邻近的1个手动报警按钮的距离不大于30m。手动报警按钮应设置在公共活动场所出入口的明显位置,高度为 1.3~1.5m。

3. 火灾应急广播

该工程为一级保护对象,按规范宜设置火灾应急广播系统。火灾应急广播平时兼作背景音乐和正常广播用,共用一套播音设备。在走道和大厅等公共场所设置扬声器,每个扬声器功率不小于3W,其数量应能保证从每个防火分区内的任何部位到最近1个扬声器的距离不大于25m,走道内最后1个扬声器至走道末端的距离不大于12.5m。消防控制室内设置火灾广播备用扩音机,其容量不应小于火灾时需同时广播的范围内火灾应急广播扬声器最大容量总和的1.5倍。

4. 消防专用电话

按照规范规定,在消防水泵房、变配电室、电梯机房、消防电梯轿厢、备用发电机房、通风和空调机房、值班室、消防控制室设置了消防电话分机;在各层的手动报警按钮和消火栓报警按钮处设置电话插孔。消防电话总机与电话分机和电话插孔之间可以直接呼叫。在消防控制室内设置向消防部门直接报警的外线电话。

5. 消防联动控制

按照规范规定,消防水泵、喷淋泵、排烟风机等重要消防设备的启停采用总线编码模块控制,并在消防控制室内设置独立于总线的专用控制线路,应能手动直接控制。消防联动控制设备的动作状态信号均应送至消防控制室。在对火灾进行确认后,消防控制室应能立即采取控制消防水泵、防烟和排烟风机的启停,切换消防广播,迫降所有电梯停于首层,启动应急照明,切断非消防电源等消防措施。消防联动控制系统的可靠性直接关系到消防灭火工作的成败。所有消防用电设备均采用双路电源供电,并在末端设自动切换装置。消防控制设备还要求设置蓄电池作为备用电源。

11.5.3 火灾自动报警系统的配置方案

火灾自动报警系统的结构如图 11-17 所示。

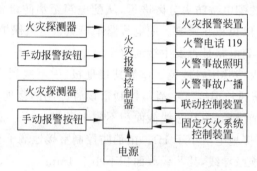

图 11-17　火灾自动报警系统的结构示意图

1. 火灾报警控制器

根据全楼编码点情况,设计选用 JB-TG-JBF-11S 型火灾报警控制器(联动型)。该控制器最大容量可扩展至 64 个回路,每个回路报警加联动共 200 点,可带 15 台火灾楼层显示器,可满足工程需要。

2. 消防广播设备

设计选用 120V 定压输出的消防广播设备,采用总线制结构,在楼层通过消防广播切换模块控制楼层广播。

3. 消防电话主机

设计选用 JBF-11S/TC 型多线制消防电话主机。每个固定消防电话分机采用 HGT211A型,独占一个消防电话主机中的一路,每层消防电话插孔 BN-2714 并联占用一路。

4. 火灾自动报警系统接线

联动设备通过总线编码模块 JBF-141F-N 与探测器挂在同一总线上,采用全总线控制方式,通过联动逻辑关系实现对联动设备的自动控制。在总线制联动控制系统中,报警控制器和控制模块之间为二总线,由报警控制器发出启动命令,控制模块动作启动相关联动设备。

消防联动控制设备除采用火灾报警系统传输总线编码模块控制启停外,还要求能手动直接控制。选用 JBF-11S/CD8 多线制控制盘,用于控制消防泵、喷淋泵、排烟风机等重要消防设备的启停。

用作防火分隔的防火卷帘门,在感烟探测器动作后下降到底。在疏散通道上的防火卷帘门两侧设置感烟、感温探测器组,分两步控制下降到底。感烟探测器动作后,卷帘下降到距地(楼)面 1.8m 处;感温探测器动作后,卷帘下降到底。

应急照明平时作为正常照明的一部分,灯具内置蓄电池,火灾时自动点亮。

火灾自动报警和联动传输线路的选择和敷设要求如图 11-18 所示。

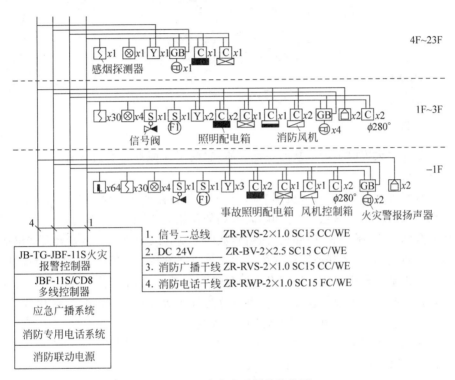

图 11-18　火灾自动报警接线图

第 12 章

建筑灭火器的配置设计

12.1 灭火剂

12.1.1 概述

灭火剂是发生火灾时不可或缺的一种物质,它的工作原理是通过各种途径有效地破坏燃烧条件,使燃烧中止。

灭火剂有很多种类,根据灭火机理不同,大体可分为物理灭火剂和化学灭火剂两种。物理灭火剂在灭火过程中起窒息、冷却和隔离火焰的作用,虽然它并不参与燃烧反应,但可以降低燃烧混合物温度,稀释氧气,隔离可燃物,从而达到灭火的效果。物理灭火剂包括水、泡沫、二氧化碳、氮气、氩气及其他惰性气体。化学灭火剂参与燃烧反应,通过在燃烧过程中抑制火焰中的自由基链式反应达到抑制燃烧的目的。化学灭火剂主要有卤代烷灭火剂、干粉灭火剂等多种。按照灭火剂的物理状态,也可分为气体灭火剂(卤代烷、二氧化碳等)、液体灭火剂(水、泡沫、7150 等)和固体灭火剂(干粉、烟雾等)。

当然灭火剂的使用会对环境造成一定的影响,但是随着科学技术的发展,灭火剂不断改进更新,研制成功的许多新型灭火剂的灭火性能进一步提高,并逐步消除了一些对环境的不良影响。

12.1.2 水灭火剂

水是最常用的灭火剂,可以单独用于灭火,也可以与其他不同的化学添加剂组成混合液使用。消防用水可以取自人工水源(如消火栓、人工消防水池),也可以取自天然水源(如地表水或地下水)。

1. 水的性质

水的吸热量比其他物质大,使 1kg 水温度上升 1℃需要 4186.8J 的热量。如果灭火时水的初温为 10℃,那么 1L 水达到沸点(100℃)时需 376.8kJ 的热量,再变成水蒸气则需 2260.0kJ 的热量。所以 1L 水总共能吸收 2636.8kJ 的热量,这是水的冷却作用。

同时,当水与燃烧物质接触时,会形成"蒸汽幕",能够阻止空气进入燃烧区,并能稀释燃烧区中氧气的含量,使燃烧强度逐渐减弱。当水蒸气的含量超过 30% 时,即可将火熄灭。

当水溶性可燃液体发生火灾时,在允许用水扑救的情况下,水可降低可燃液体浓度及燃烧区内可燃蒸气的浓度。此外,在扑救过程中用高压水流强烈冲击燃烧物和火焰,这种机械冲击作用可冲散燃烧物并使燃烧强度显著减弱。

水用于灭火的缺点是水具有导电性,不宜扑救带电设备的火灾;不能扑救遇水燃烧物质和水溶性燃烧液体的火灾。此外,水与高温盐液接触会发生爆炸,比水轻的易燃液体能浮在水的表面燃烧并蔓延等。这是用水作为灭火剂时应该注意的问题。

2．水的灭火作用机理

1）冷却作用

水的热容量和汽化热很大。水喷洒到火源处,使水温升高并汽化,就会大量吸收燃烧物的热量,降低火区温度,使燃烧反应速率降低,最终停止燃烧。一般情况下冷却作用是水的主要灭火作用。

2）对氧气的稀释作用

水在火区汽化,产生大量水蒸气,降低了火区的氧气浓度。当空气中的水蒸气体积浓度达到35％时,燃烧就会停止。

3）水流冲击作用

从水枪喷射出的水流具有速度快、冲击力大的特点,可以冲散燃烧物,使可燃物相互分离,使火势减弱。快速的水流会使空气扰动,使火焰不稳定,或者冲断火焰,使之熄灭。

此外,在扑灭水溶性可燃液体火灾时,水与可燃液体混合后可燃液体的浓度下降,液体的蒸发速率降低,液面上可燃蒸气的浓度下降,使得火势减弱,直至停止。

3．水流形态及其在灭火中的应用

1）直流水和开花水

由直流水枪喷出的密集水流称为直流水。直流水射程远,冲击力强,是水灭火的最常用方式。由开花水枪喷出的滴状水流称为开花水,开花水水滴直径一般大于$100\mu m$。直流水和开花水主要用于扑灭固体火灾（A类火灾）,也可以用来扑灭闪点在120℃以上、常温下呈半凝固状态的重油火灾以及石油和天然气井喷火灾。但不能用来扑救遇水燃烧物质的火灾,电气火灾,轻于水且不溶于水的可燃液体火灾以及储存大量浓硫酸、浓硝酸、浓盐酸等场所的火灾。因为一方面强大的水流使酸飞溅,流出后如遇可燃物质,有引起爆炸的危险;另一方面酸溅到人身上,会烧伤人。高温状态下的化工设备也不能用水扑救,以防止其遇冷水后骤冷引起形变或爆裂。

此外,直流水不能用来扑救有可燃粉尘聚集的厂房和车间的火灾。因为高速水流会将沉积粉尘扬起,引起粉尘爆炸。这类火灾最好用开花水流灭火。

在紧急情况下,必须带电扑灭电气火灾时,要保持一定的安全距离。对于扑灭380kV以内的电气设备引起的火灾,如果使用16mm口径的水枪,安全距离为16m。

2）细水雾

所谓"细水雾",是指在最小设计工作压力下、距喷嘴1m处的平面上,测得最粗部分的水雾直径$D_{v0.99}$不大于$1000\mu m$的水雾。细水雾灭火技术是利用水雾喷头在一定水压下将水流分解成细小水雾滴进行灭火或防护冷却的一种固定式灭火技术,它是在自动喷水灭火技术的基础上发展起来的,具有无环境污染（不会损耗臭氧层或产生温室效应）、灭火迅速、耗水量低、对防护对象破坏性小等特点。细水雾灭火在喷水灭火系统中占有重要的地位,已被看作是卤代烷系列灭火剂的主要替代品。对于防治高技术领域和重大工业危险源的特殊火灾,诸如计算机房火灾、航空与航天飞行器舱内火灾以及现代大型企业的电气火灾等,细水雾灭火展示出广阔的应用前景。

细水雾液滴的直径很小,增加了单位体积水微粒的表面积。而表面积的增大,更容易进行热吸收,冷却燃烧反应区。水微粒容易汽化,汽化后体积增大约 1700 倍。由于水蒸气的产生,既稀释了火焰附近氧气的浓度,窒息了燃烧反应,又有效地控制了热辐射。可以认为,细水雾灭火主要是通过高效率的冷却与缺氧窒息的双重作用完成的。

试验表明,细水雾的电气绝缘性很好。将细水雾喷入设有电动机、发电机和配电盘的封闭房间内,上述设备内部的电压为 $220\sim440\mathrm{V}$,结果显示,在释放过程中,电阻读数明显下降,但设备运转正常。在一般情况下,随着设备变得干燥,电阻值会恢复到正常值。因此,细水雾可能发展成卤代烷系列灭火剂的主要替代品。

产生细水雾的喷嘴是该灭火系统的关键部件,它含有一个或多个孔口,能够将水滴雾化。细水雾喷嘴产生水微粒的原理有 5 种:①液体以相对于周围空气很高的速度被释放出来,由于液体与空气之间存在速度差而被撕碎为水微粒子;②液体流碰到固定的表面,因碰撞产生水微粒子;③两股组成类似的水流相互碰撞,每股水流都形成水微粒子;④利用超声波和静电雾化器使液体振动或粉碎成水微粒子;⑤液体在压力容器中被加热到温度高于沸点,突然被释放到大气压力状态,形成细水雾。

3) 水蒸气

在一些工厂水蒸气是生产过程中必需的,也可以很方便地用来灭火。水蒸气主要适用于容积在 $500\mathrm{m}^2$ 以下的密闭厂房,进行全淹没式窒息灭火;也适用于扑救高温设备和煤气管道泄漏造成的火灾。

4. 水系灭火剂

水系灭火剂是指在水中加入添加剂,改变水的性能,从而提高水的灭火能力,减少水的用量,扩大水的灭火范围的一系列灭火剂。水系灭火剂包括强化水灭火剂、润湿水灭火剂、抗冻水灭火剂、减阻水灭火剂、增稠水灭火剂及其他新型水灭火剂。

1) 强化水灭火剂

在水中添加盐类强化剂,如碳酸钾(K_2CO_3)、碳酸氢钾($KHCO_3$)、碳酸钠(Na_2CO_3)、碳酸氢钠($NaHCO_3$)等,可提高水的灭火效果,这种类型的灭火剂称为强化水灭火剂。例如,在直径为 $1\mathrm{m}$ 的罐内进行扑灭石油产品火灾的试验中,喷射纯水,不能有效地灭火,但在水中添加 5% 的碳酸钠或碳酸氢钾,只用 $8\sim10\mathrm{s}$,便可把火扑灭。试验表明,对于可燃液体火灾,不同强化剂灭火效率的顺序如下:

$$NaHCO_3 < Na_2CO_3 < KHCO_3 < K_2CO_3$$

强化剂的添加量一般在 1%$\sim$5% 为宜,如添加过多,其灭火效率随添加剂添加量的增加提高甚微。

强化水灭火剂,除了具有水本身的灭火作用之外,添加的无机盐类会在火焰中汽化而析出游离金属离子,如 Na^+,K^+,这些离子与火焰中的自由基和过氧化物反应,可以中止链式反应,扑灭火灾。

2) 润湿水灭火剂

润湿水灭火剂是指在水中添加表面活性剂,以降低水的表面张力,提高水的润湿、渗透能力的灭火剂。

表面活性剂按其亲水基团的不同可分为 4 种类型。

（1）阴离子表面活性剂

如羧酸盐（RCOOM）、硫酸酯盐（ROSO$_3$M）、磺酸盐（RSO$_3$M）、磷酸酯盐、长链烷基苯醚磺酸盐。

（2）阳离子表面活性剂

如伯胺盐（R-NH$_2$·HCl）、仲胺盐、叔胺盐、季铵盐、烷基磷酸取代胺等。

（3）两性表面活性剂

如氨基酸型、甜菜碱型、咪唑啉型两性表面活性剂。

（4）非离子表面活性剂

如聚氧乙烯型、多元醇型非离子表面活性剂。

以上4种表面活性剂中，阴离子表面活性剂较便宜，阳离子和两性表面活性剂较贵。因此，常用的润湿剂多为磺酸盐和硫酸酯盐，属阴离子型。

润湿水灭火剂的研究较多，主要用于扑救不易润湿的物质的火灾。比如日本学者利用普通水和湿润性水（wet water）对10种普通塑料和3种泡沫塑料进行了灭火试验。试验表明，湿润水在大部分塑料表面的黏附量是普通水的2倍以上。用湿润水灭火可减少灭火时间30％～50％。他还研究了表面活性剂浓度与灭火时间的关系。结果表明，随着表面活性剂浓度的增加，灭火时间减少；但当浓度超过一临界值后，灭火时间不再减少。该浓度值大约是表面活性剂临界胶束浓度的10倍。灭火时使用的润湿剂水溶液浓度为0.5％～5％。

苏联列宁格勒林学院曾经用0.3％浓度的NP-1型磺酸盐和0.2％烷基苯磺酸钠的水溶液进行了扑灭泥煤、木材和其他木质材料的试验。与清水灭火相比，0.3％浓度的NP-1型磺酸盐水溶液灭火的用水量下降了33％～55％，见表12-1。

表 12-1　用 NP-1 型润湿水灭火剂扑灭木质火灾实验

燃烧物	液体总耗量/kg		节水百分比/%	燃烧物	液体总耗量/kg		节水百分比/%
	水	0.3%NP-1 溶液			水	0.3%NP-1 溶液	
散放的枯树枝	1	0.5	50	木材	0.3	0.2	33
泥炭	0.5	0.3	40	泥煤	0.8	0.4	50
绿地衣	1.4	0.8	38				

使用浓度为0.2％的磺酸盐水溶液扑救木材（木板堆垛尺寸 0.8m×0.8m×0.8m，火灾负荷达 50～55kg/m），节水 55％，火灾的试验结果见表12-2。

表 12-2　用 0.2% 的磺酸盐水溶液扑救木材火灾的试验

项　　目	灭火剂		项　　目	灭火剂	
	水	0.2%浓度的磺酸盐		水	0.2%浓度的磺酸盐
灭火时间/s	206	90	单位消耗量/(L/m^2)	25	5.6
总耗量/L	16	3.6	供给强度/(L/(m^2·s))	0.12	0.06
灭火器筒底内残留水量/L	1.9	0			

注：磷酸酯盐的化学通式有三种：磷酸单酯盐，ROPO(OM)$_2$；磷酸双酯盐，(RO)$_2$PO(OM)；磷酸三酯盐，(RO)$_3$PO。化学式无须标出。

3）抗冻水灭火剂

在我国北方,冬天气温较低。为了防止水结冰,应在水中加入防冻剂制成抗冻水灭火剂,以提高水的耐寒性。防冻剂的作用就是降低水的冰点。常用的防冻剂有盐类(如氯化钠、碳酸钾、氯化镁和氯化钙等)以及有机物质(如乙醇、乙二醇、丙二醇、甘油等)。

防冻剂的选用,要根据具体情况综合考虑。例如,如果使用地下水,水中钙、镁离子较多,就不宜使用碳酸钾,因为会形成碳酸钙沉淀。如果在水中还加入了其他灭火物质,应考虑它们之间的配伍相容性。

4）减阻水灭火剂

在水中加入微量的高分子聚合物可以改变水的流体动力学性能,降低流动阻力,使水射流更加密集,增加射程,这种类型的灭火剂称为减阻水灭火剂。常用的减阻剂有聚丙烯酰胺、聚氧化乙烯加尔树脂等,其相对分子质量在 10^6 量级,添加浓度在 $0.01\%\sim5\%$。

例如,上海理工大学研制的 PWC 和 PW-30 型高分子减阻剂,成功地应用在城市消防工作中。采用浓度为 $(100\sim150)\times10^{-6}$ 的 PWC 和 PW-30 稀溶液,在上海、兰州等城市进行现场消防试验,灭火效果很好,主要数据见表 12-3。由表 12-3 可见,加入减阻剂,流量增加了 57.1%,射程增加了 107%,达 1 倍以上。

表 12-3　消防减阻剂的效果

介质	水泵出口压力/10^5Pa	水枪入口压力/10^5Pa	流量/（m³/h）	射程/m
清水	8.5	1.35	70	18.8
减阻稀溶液	8.2	3.85	110	37.9

5）增稠水灭火剂

在水中加入增稠性添加剂,可使水的黏度增加,显著提高水在物体表面的黏附性能,在物体表面形成黏液覆盖层,减少水的流失,提高灭火速度,还可有效地防止水的流失对财产和环境的二次破坏。这种类型的灭火剂称为增稠水灭火剂,是灭火剂研究的重要方向之一。常用的增稠剂分为无机增稠剂和有机高分子增稠剂两种。

无机增稠剂如水玻璃(硅酸钠凝胶溶液),配成 20%～40% 的水溶液作为灭火剂。该灭火剂具有一定的黏度,能黏附于物体表面。在火焰的烘烤下,可逐渐变成阻燃的固体防护层。在高温下水玻璃还能发泡,使防护层变厚,从而隔绝空气,防止火的蔓延,以扑灭火灾。该灭火剂尤其适用于森林等大面积火灾的灭火。

水溶性高聚物如聚乙烯醇、羧甲基纤维素钠(CMC)等也可作为增稠剂,制成灭火剂,可利用普通灭火器械喷洒。该灭火剂扑灭森林火灾时,其黏液可黏附在枝叶之上,起到灭火作用。与水相比,黏液不易流入土壤,亦不易蒸发,可在森林火区周围形成防火隔离带。

6）其他新型水灭火剂

近年来,水系灭火剂的发展迅速,出现了许多新型灭火剂。

在德国、日本等国家,在水中加入吸水性颗粒添加剂制成的新型灭火剂已得到推广使用。吸水性颗粒吸水并膨胀,从而使一部分水保持在颗粒中,一部分水仍呈游离状态。当喷洒到物体表面后,部分游离水会流失,而吸水性颗粒则会停留在物体表面,形成覆盖层,可以增强灭火效果。

在日本,使用 IM-300 和 IM-1000(一种丙烯酸与淀粉共聚物颗粒)作为添加剂。该添加剂具有吸水膨胀性能,吸水倍数可达 1000 倍。在扑灭模拟木材火灾试验中,使用 10L 该灭火剂,10s 内即可灭火;而使用清水灭火时,需 18L 水,灭火时间达 3min。将该灭火剂涂于木板表面,将木板面放在距火焰 10cm 处烘烤,在 3min 内不会被引燃。

在德国,使用 Hydrex 型丙烯酸或甲基丙烯酸盐共聚物,按 0.4% 的比例加入水中,即可制成灭火剂。其中吸水颗粒的含水量占总水量的 50% 以上。灭火时间和灭火用水量可减少 30%～35%,水的流失可减少 85%。为了防止高吸水颗粒在加入水中时胶结成块,影响其在水中的分散速度,可在高吸水颗粒中掺入聚乙烯醇 300 或 400 或磷酸二铵作为隔离剂。隔离剂在吸水性颗粒之间形成屏障,从而防止吸水性颗粒的胶结,加快其分散、吸水和膨胀速度。

SD 系列强力灭火剂是天津消防研究所研制的一种新型水系灭火剂,有 SD-8 和 SD-18 两种型号。其主要成分为:水为 70%～75%;混合盐为 1%～20%;助剂为 3%～5%;润湿剂为 1%～2%;增稠剂为 0.5%～2%。其物理性能见表 12-4。加入混合盐可以降低凝固点,增稠剂可以提高黏附性,而润湿剂提高了灭火剂在可燃物中的渗透性。

表 12-4　SD 系列强力灭火剂的物理性能

型号	相对密度（20℃）	pH 值（20℃）	表面张力（20℃）/(mN/m)	黏度（20℃）/(10⁻³Pa·s)	凝固点/℃	沉降物/%
SD-8	1.11	6.8	28	196	−10	微量
SD-18	1.10	6.7	28	156	−18	微量

SD 强力灭火剂主要适用于扑救固体物质火灾(A 类火灾)。其灭火效能与其他灭火剂的对比见表 12-5。表中的灭火级别表示木垛的大小,数值越大,则木垛越大。如 5A 级别的木垛,木条长 50cm,每层 5 根;而 8A 级别的木垛,木条长 80cm,每层 8 根。从表 12-5 中可见,SD 系列强力灭火剂可灭 13A～21A 级别的火灾,灭火性能高于其他类型的灭火剂。

表 12-5　SD 强力灭火剂与其他灭火剂灭火效能比较

灭火器类别		灭火剂充装量		灭火级别
		容量/L	质量/kg	
泡沫型（普通化学泡沫）	手提式	6		5A
	推车式	9		8A
		65		21A
卤代烷型	1211		4	5A
			6	8
	1301		4	3A
干粉型（磷镁干粉）			4～5	8A
			6～8	13A
强力灭火液	SD-8	4		13A
		7		21A
	SD-18	4		13A
		7		21A

冷火 302 灭火剂是美国北美环球公司生产的新型灭火剂,在水中加入添加剂,可以提高水对火区的冷却能力,使灭火效率显著提高。生产这类产品的还有美国环境安全公司,其产品名称为 FLAREX,CURUIEX,COALEXIH 和 TIREX。

7) 水系灭火剂中的防腐剂和抗蚀剂

为了保证水系灭火剂的储存稳定性和减少对容器的锈蚀,需在水中加入防腐剂和抗蚀剂。

水系灭火剂在长期储存时,水中会滋生各种细菌、霉菌,使灭火剂产生沉淀和异味,降低灭火性能。常用的防腐剂有苯甲酸(钠)、甲酚钠、山梨酸钾、苯菌灵、水杨酸苯胺、铵盐型阳离子表面活性剂等。加入量一般为 0.01%～0.1%。

水系灭火剂对金属容器的腐蚀也是不容忽视的。防止腐蚀的方法有两种:一种是在金属容器的内壁涂上保护材料层(例如塑料);另一种是在水中添加抗蚀剂,抑制腐蚀。抗蚀剂的抗蚀原理如下:

(1) 利用氧化剂在金属表面形成一层致密的氧化层,阻止金属的进一步腐蚀。这种类型的抗蚀剂主要是无机阳性抗蚀剂,如碱金属的磷酸盐、铬酸钾及亚硝酸钠等氧化剂。

(2) 减慢金属锈蚀的原电池反应。金属表面的锈蚀是在阳极区发生氧化反应,消耗水中的溶解氧;在阴极区发生还原反应,产生 OH^-。如果加入有机抗蚀剂,如单宁酸、抗坏血酸等,可以吸收水中的溶解氧;如果加入无机阳性抗蚀剂,如碳酸氢钾,它能在阴极区同 OH^- 反应生成碳酸钙保护层,从而减缓金属的锈蚀反应。

12.1.3 泡沫灭火剂

泡沫是由液体的薄膜包裹气体形成的小气泡群。用水作为泡沫液膜的气体可以是空气,也可以是二氧化碳。由空气构成的泡沫叫空气机械泡沫或空气泡沫,由二氧化碳构成的泡沫叫化学泡沫。泡沫的灭火机理是利用水的冷却作用和泡沫层隔绝空气的窒息作用。燃烧物表面形成的泡沫覆盖层,可使燃烧物表面与空气隔绝,由于泡沫层封闭了燃烧物表面,可以遮断火焰的热辐射,阻止燃烧物本身和附近可燃物质的蒸发;泡沫析出的液体可对燃烧表面进行冷却,而且泡沫受热蒸发产生的水蒸气能降低氧的浓度。这类灭火剂对可燃性液体的火灾最适用,是油田、炼油厂、发电厂、油库以及其他企业单位油罐区的重要灭火剂,也可用于普通火灾的扑救。

灭火用的泡沫必须具有以下特性:

(1) 泡沫的密度小于油的密度,微泡要具有凝聚性和附着性;

(2) 液膜的强度对热应具有一定的稳定性和流动性;

(3) 泡沫对机械或风应具有一定的稳定性和持久性。

化学泡沫是利用硫酸铝($Al_2(SO_4)_3$)和碳酸氢钠($NaHCO_3$)的水溶液作用,产生 CO_2 泡沫,其反应式如下:

$$6NaHCO_3 + Al_2(SO_4)_3 \cdot 18H_2O \longrightarrow 6CO_2 + 2Al(OH)_3 + 3Na_2SO_4 + 18H_2O$$

碳酸氢钠和泡沫稳定剂都溶于水,和硫酸铝的水溶液起反应,并由于化学反应而形成泡沫,所以称之为化学泡沫,它对于扑灭汽油、柴油等易燃液体的火灾较为有效。不过,由于化学泡沫灭火设备较为复杂,投资大,维护费用高,因此近来多采用设备简单、操作方便的空气泡沫灭火设备。

空气泡沫灭火剂可分为普通蛋白泡沫灭火剂、氟蛋白泡沫灭火剂等类型。

普通蛋白泡沫是在水解蛋白和稳泡剂的水溶液中用发泡机械鼓入空气,并猛烈搅拌使之相互混合而形成充满空气的微小稠密的膜状泡沫群。这种泡沫能有效地扑灭烃类液体火焰。氟蛋白泡沫液是在普通蛋白泡沫中加入1%的"6201"预制液(又称FCS溶液,由氟碳表面活性剂、异丙醇、水三者组成,比例为3∶3∶4)配制而成的,有较高的热稳定性、较好的流动性和防油、防水等性能,可用于油罐液下喷射灭火。氟蛋白泡沫弥补了普通蛋白泡沫流动性较差、易被油类污染等缺点。氟蛋白泡沫通过油层时,使油不能在泡沫内扩散而被分隔成小油滴,这些小油滴被未污染的泡沫包裹,浮在液面上,形成一个包含有小油滴的不燃烧但能封闭油品蒸气的泡沫层。其泡沫层内即使含汽油量达25%,也不会燃烧;而普通蛋白泡沫层内含10%的汽油时,即开始燃烧,这说明氟蛋白泡沫有较好的灭火性能。氟蛋白泡沫的另一个特点是能与干粉配合扑灭烃类液体火灾。

对于醇、酮、醚等水溶性有机溶剂,如果使用普通蛋白泡沫灭火剂,则泡沫膜中的水分会被水溶性溶剂吸收而使泡沫消失。针对水溶性可燃液体对泡沫具有破坏作用的特点,研制出了抗溶性泡沫灭火剂。这种灭火剂是在普通蛋白泡沫中添加有机酸金属络合盐制成的。有机酸金属络合盐与泡沫中的水接触时,会析出有机酸金属皂,在泡沫壁上形成连续的固体薄膜。该薄膜能有效地防止水溶性有机溶剂吸收水分,从而可以使泡沫持久地覆盖在溶剂表面上,因而其灭火效果较好。但其不宜扑救如乙醛(沸点20.2℃)等沸点很低的水溶性有机溶剂火灾。

12.1.4 干粉灭火剂

干粉是细微的固体微粒,其作用主要是抑制燃烧。常用的干粉有碳酸氢钠、碳酸氢钾、磷酸二氢铵、尿素干粉等。

碳酸氢钠干粉中碳酸氢钠占93%,滑石粉占5%,硬脂酸镁占0.5%~2%,其中后两种成分是加重剂和防潮剂。从干粉灭火器中喷出的灭火粉末覆盖在固体的燃烧物上,能够构成阻碍燃烧的隔离层。此种固体粉末灭火剂遇火时会放出水蒸气和二氧化碳,其反应式如下:

$$2NaHCO_3 \longrightarrow Na_2CO_3 + H_2O + CO_2 - Q$$

钠盐在燃烧区吸收大量的热,起到冷却和稀释可燃气体的作用。同时干粉灭火剂与燃烧区的氢化合物起作用,夺取燃烧反应的游离基,起到抑制燃烧的作用,致使火焰熄灭。

干粉灭火剂综合了泡沫、二氧化碳和四氯化碳灭火剂的特点,具有不导电、不腐蚀、扑救火灾速度快等优点,可扑救可燃气体、电气设备、油类、遇水燃烧物质等物品的火灾。

干粉灭火剂的缺点:一是灭火后会留有残渣,因而不宜用于扑灭精密机械设备、精密仪器、电动机等的火灾;二是由于干粉灭火剂冷却性较差,不能扑灭阴燃火灾,不能迅速降低燃烧物品表面温度,容易发生复燃。

12.1.5 二氧化碳灭火剂

二氧化碳灭火剂的主要作用是稀释空气中的氧浓度,使其达到燃烧的最低需氧量以下,火即自动熄灭。二氧化碳灭火剂是将二氧化碳以液态的形式加压充装于灭火器中。因液态二氧化碳易挥发成气体,挥发后体积将扩大760倍,当它从灭火器中喷出时,由于汽化吸收热量而立即变成干冰。此种霜状干冰喷向着火处,立即汽化,而把燃烧处包围起来,从而起到隔绝和稀释氧的作用。当二氧化碳在空气的含量为 30%～35% 时,燃烧就会停止。二氧化碳灭火剂的灭火效率很高。

由于二氧化碳不导电,所以可用于扑灭电气设备的火灾。对于不能用水灭火的遇水燃烧物质,使用二氧化碳扑救最为适宜。因为二氧化碳能不留痕迹地把火焰熄灭,因此在可燃固体粉碎、干燥过程中发生起火以及精密机械设备等着火时,都可用二氧化碳灭火剂扑救。

二氧化碳灭火剂的缺点:一是冷却作用不好,火焰熄灭后,温度可能仍在燃点以上,有发生复燃的可能,故不适用于空旷地域的灭火;二是不能用于扑救碱金属和碱土金属的火灾,因二氧化碳与这些金属在高温下会起分解反应,游离出碳粒子,有发生爆炸的危险,如 $2Mg + CO_2 \longrightarrow 2MgO + C$;三是二氧化碳能够使人窒息。这是应用二氧化碳灭火剂时应注意的问题。

12.1.6 四氯化碳灭火剂

四氯化碳的灭火机理是能蒸发冷却和稀释氧浓度。四氯化碳为无色透明液体,不助燃、不自燃、不导电、沸点低(76.8℃),其灭火作用主要是利用它的这些性质。当四氯化碳落到火区中时,迅速蒸发,由于其蒸气重(约为空气的 5.5 倍),能密集在火源四处包围住正在燃烧的物质,因此可以起隔绝空气的作用。若空气中含有 10% 容积的四氯化碳蒸气,则燃着的火焰就会迅速熄灭,故四氯化碳是一种阻燃能力很强的灭火剂,特别适用于带电设备的灭火。

四氯化碳有一定腐蚀性,用于灭火时其纯度应在 99% 以上,不能混有水分及二硫化碳等杂质,否则更易侵蚀金属。另外,当四氯化碳受热到 250℃ 以上时,能与水蒸气发生作用生成盐酸和光气;如与炽热的金属(尤其是铁)相遇,则生成的光气更多;与电石、乙炔气相遇,也会发生化学变化,放出光气。光气是剧毒的气体,空气中最高允许浓度仅为 0.0005mg/L;同时四氯化碳本身亦有毒性,空气中最高允许浓度为 25mg/L。所以四氯化碳灭火剂禁止用于扑救电石和钾、钠、铝、镁等的火灾。

12.1.7 卤代烷灭火剂

碳氢化合物(如甲烷)中的氢原子被卤族原子取代后,所生成化合物的化学性质和物理性质会发生明显变化。例如,甲烷是一种比空气轻的易燃气体,其分子中的 4 个氢原子被卤族原子氟替代就生成 CF_4,CF_4 是一种不燃的气体。命名为 1211 灭火剂的是二氟一氯一溴甲烷,分子式为 CF_2ClBr,它是一种无色、略带芳香味的气体,化学性质稳定,对金属腐蚀性小,有较好的绝缘性能,毒性也较小。1211 灭火剂能有效地扑灭电气设备火灾、可燃气体火灾、易燃和可燃液体火灾以及易燃固体的表面火灾;不宜扑灭自己能供氧气的化学药品(如硝化纤维)、化学性质活泼的金属、金属的氢化物和能自燃分解的化学药品的火灾。

12.1.8 其他灭火剂

1. 7150 灭火剂

7150 灭火剂为轻金属火灾专用灭火剂。7150 灭火剂的化学名称是三甲氧基硼氧六环 $(CH_3O)_3B_2O_3$,为无色透明的可燃液体,热稳定性较差,在火焰温度作用下能分解或燃烧。其灭火原理就是利用 7150 灭火剂的燃烧可很快耗尽金属表面附近的氧,同时,生成的水和二氧化碳可稀释空气中的氧,起窒息作用。分解或燃烧后生成硼酐(B_2O_3),在高温条件下形成玻璃状熔层,流散在轻金属表面(及缝隙当中),形成硼酐隔膜,使金属与空气隔绝。在窒息与隔绝的双重作用下,燃烧中止。7150 灭火剂主要用于铝、镁及其合金。海绵状的钛等轻金属的火灾。

以干燥的空气或氮气作推进剂,将 7150 灌于灭火器中,灭火时尽量使硼酐膜稳定。储运应按易燃液体规定进行,并应防潮湿和高温。

2. 原位膨胀石墨灭火剂

原位膨胀石墨灭火剂是石墨经处理后的变体,外观为灰黑色鳞片状粉末,稍有金属光泽,是一种新型金属灭火剂。

石墨是碳的同素异构体,无毒、没有腐蚀性。温度低于 150℃时,密度基本稳定;温度达到 150℃时,密度变小,开始膨胀;温度达到 800℃时,体积膨胀可达膨胀前的 54 倍。

碱金属或轻金属起火后,将原位膨胀石墨灭火剂喷洒在燃烧物质表面上,在高温作用下,灭火剂中的添加剂逸出气体,使石墨体积迅速膨胀,可在燃烧物表面形成海绵状的泡沫;同时与燃烧的金属接触的部分被液态金属润湿,生成金属碳化物或部分石墨层间化合物,形成隔绝空气的隔膜,使燃烧中止。

原位膨胀石墨灭火剂的应用对象为钠、钾、镁、铝及其合金的火灾。使用时灌装于灭火器内,灭火时以低压喷射到燃烧物上;或盛于小包装塑料袋内,灭火时投入燃烧金属的表面。储存一般需要密封,且温度应低于 150℃。

3. 沙子和灰铸铁末(屑)

这是两种非专门制造的灭火剂,它们单独应用于规模很小的磷、镁、钠等火灾,起隔绝空气或从火焰中吸热(冷却)的作用,可以灭火或控制火灾的发展。

4. 发烟剂

发烟剂是一种深灰色粉末状混合物,由硝酸钾、三聚氰胺、木炭、碳酸氢钾、硫黄等物质混合而成。

发烟剂通常利用烟雾的自动灭火装置(由发烟器和浮子组成),将其置于 2000m² 以下原油、渣油或柴油罐内,1000m² 以下航空煤油储罐内的油面。在火灾温度作用下,发烟剂燃烧,产生二氧化碳、氮气等惰性气体(占发烟量的 85%),在罐内油面以上的空间内形成均匀而浓厚的惰性气体层,阻止空气向燃烧区的流动,并使燃烧区可燃蒸气的浓度降低,使燃烧窒息。发烟剂不适合开敞空间使用。

5. 氮气

氮气是空气的组成部分,约占空气体积的 78%。采用空气深冷分离法制取氧气的同时,可获得大量的氮气。氮气为无色、无味的惰性气体,化工设备、管道内的可燃气体可以利用氮气进行吹扫,以置换出可燃气体或空气、设置固定或半固定氮气灭火设备,可以扑救高温、高压物料的火灾。

氮气的灭火原理是,氮气施放到燃烧区后,稀释可燃气体和氧气的浓度,当氮气的施放量达到可燃物维持燃烧的最低含氧量以下时,燃烧即停止。

6. 水蒸气

这里所说的水蒸气指的是由工业锅炉制备的饱和蒸汽或过热蒸汽。饱和蒸汽的灭火效果优于过热蒸汽。凡有工业锅炉的单位,均可设置固定式或半固定式(蒸汽胶管加喷头)蒸汽灭火设备。

水蒸气是惰性气体,一般用于易燃和可燃液体、可燃气体火灾的扑救。一般应用于房间、舱室内,也可应用于开敞空间。水蒸气的灭火原理是,在燃烧区内充满水蒸气可阻止空气进入燃烧区,使燃烧窒息。试验表明,对汽油、煤油、柴油和原油火灾,当空气中的水蒸气含量达到 35%(体积分数)时,燃烧即停止。

水蒸气在使用时应注意防止热蒸汽灼伤。水蒸气遇冷会凝结成水,因此应保持一定的灭火延续时间和供应强度(一般在无损失条件下是 0.002kg/(m³·s),有损失条件下是 0.005kg/(m³·s))。

12.2 灭火器

12.2.1 灭火器的基本常识

灭火器是一种可由人力移动的轻便灭火器具,它能在其内部压力作用下,将所充装的灭火剂喷出,用来扑救火灾。众所周知,灭火器是扑救初期火灾的重要消防器材,它轻便灵活,可移动,工作人员稍加训练即可掌握其操作使用方法,确属消防实战灭火过程中较理想的第一线灭火工具。灭火器种类繁多,其适用范围也有所不同,只有正确选择灭火器的类型,才能有效地扑救不同种类的火灾,达到预期的效果。

1. 灭火器的分类

灭火器的种类很多,按其移动方式可分为手提式和推车式;按驱动灭火剂的动力来源可分为储气瓶式、储压式、化学反应式;按所充装的灭火剂则又可分为泡沫、干粉、卤代烷、二氧化碳、酸碱、清水等。

我国现行的国家标准将灭火器分为手提式灭火器和推车式灭火器。下面就人们经常见到和接触到的手提式灭火器的分类、适用范围及使用方法作简要介绍。

1) 按充装的灭火剂分类

按充装的灭火剂,灭火器可分为以下 5 类

(1) 干粉类的灭火器,其充装的灭火剂主要有两种,分别为碳酸氢钠和磷酸铵盐;

(2) 二氧化碳灭火器;

(3) 泡沫型灭火器;

(4) 水型灭火器;

(5) 卤代烷型灭火器(俗称"1211"灭火器和"1301"灭火器)。

2) 按驱动灭火器的压力形式分类

按驱动灭火器的压力形式,灭火器可分为以下 3 类。

(1) 储气式灭火器

灭火剂由灭火器上的储气瓶释放的压缩气体或液化气体的压力驱动的灭火器。

(2) 储压式灭火器

灭火剂由灭火器同一容器内的压缩气体或灭火蒸气的压力驱动的灭火器。

(3) 化学反应式灭火器

灭火剂由灭火器内化学反应产生的气体压力驱动的灭火器。

2.灭火器的基本结构

灭火器的外形结构基本相似,本体为一柱状球形头圆筒,由钢板卷筒焊接或拉伸成圆筒焊接而成。二氧化碳灭火器本体由无缝钢管闷头制成,本体用以盛装灭火剂(或驱动气体)。清水灭火器由筒体、筒盖、二氧化碳储气瓶、喷射系统和开启机构等部件组成。

1)筒体

筒体是存放灭火剂的容器,由筒身、连接螺圈和底圈组成。连接螺圈是灭火器筒体与筒盖互相连接的零件。

2)筒盖

筒盖也称器头,是使筒体密封的盖子,通过连接螺圈与筒体相互连接。筒盖上还装有二氧化碳储气瓶、开启机构、提圈等部件。器头是灭火器操作机构,其性能直接影响灭火器的使用效能。

3)二氧化碳储气瓶

二氧化碳储气瓶是用来储存液化二氧化碳的容器,是清水灭火器的动力源。二氧化碳储气瓶属高压容器,采用无缝钢管经加热、旋压收口制成。储气瓶一般采用膜片式密封,金属膜片依靠储气瓶上部的螺帽,紧压在钢瓶的密封口上。为了保证储气瓶的安全,密封膜片同时被设计成一个超压安全保护装置。当储气瓶压力升高到20~25MPa时,密封膜片会自动破裂,泄放出二氧化碳气体,从而保证安全。

4)喷射系统

喷射系统是灭火剂从筒体向外喷射的通道,由虹吸管和喷嘴组成。虹吸管由塑料制成,底部装有过滤网,上部装有水位标志。喷嘴一般制成圆柱形或圆锥形,可喷出柱状水流,俗称直流喷嘴。根据需要,也可制成喷雾喷嘴或开花喷嘴。

5)开启机构

开启机构由穿刺钢针、限位弹簧、开启杆、保险帽等零件组成。穿刺钢针用于刺破储气瓶上的密封膜片。限位弹簧用于保证在平时使穿刺钢针与密封膜片之间保持一定的间隙,以免碰坏而造成误喷射。开启杆是供使用者开启灭火器时用手掌拍击的零件。

3.灭火器型号编制

我国灭火器的型号是按照《消防产品分类及型号编制导则》(XF/T 1250—2015)的规定编制的,它由类、组、特征代号及主要参数几部分组成。类、组、特征代号用大写汉语拼音字母表示;主要参数代表灭火器的充装量,用阿拉伯数字表示。阿拉伯数字代表灭火剂质量或容积,一般单位为kg或L。

一般编在型号首位的是灭火器本身的代号,通常用"M"表示。

灭火剂代号一般编在型号第2位:P——泡沫灭火剂,酸碱灭火剂;F——干粉灭火剂;T——二氧化碳灭火剂;Y——1211灭火剂;SQ——清水灭火剂。

形式号一般编在型号中的第3位,是各类灭火器结构特征的代号。目前我国灭火器的结构特征有手提式(包括手轮式)、推车式、鸭嘴式、舟车式、背负式5种,其型号分别为S,T,Y,Z,B。

MFZ,MFZL型手提储压式干粉灭火器具有操作简单安全、灭火效率高、灭火迅速等特点。内装的干粉灭火剂具有电绝缘性能好、不易受潮变质、便于保管等优点,使用的驱动气体无毒、无味,喷射后对人体无伤害。灭火器瓶头阀上装有压力表,具有显示内部压力的作用,便于检查和维修。

MFZ 型为碳酸氢钠灭火剂,适用于扑灭可燃液体、可燃气体及带电设备的初期火灾。

MFZL 型为磷酸铵盐灭火剂,适用于扑灭可燃固体、可燃液体、可燃气体及带电设备的初期火灾。

MFZ,MFZL 型干粉灭火器可广泛应用于油田、油库、工厂、商店、配电室等场所。

规格有 MFZ(L)1,MFZ(L)2,MFZ(L)3,MFZ(L)4,MFZ(L)5,MFZ(L)6,MFZ(L)7 等。

4. 不同类型的火灾灭火器的选择

(1) 扑救 A 类火灾即固体燃烧的火灾应选用水型、泡沫、磷酸铵盐干粉、卤代烷型灭火器。

(2) 扑救 B 类即液体火灾和可熔化的固体物质火灾应选用干粉、泡沫、卤代烷、二氧化碳灭火器(这里值得注意的是,化学泡沫灭火器不能灭 B 类极性溶剂火灾,因为化学泡沫与有机溶剂接触,泡沫会迅速被吸收,使泡沫很快消失,这样就不能起到灭火的作用。醇、醛、酮、醚、酯等都属于极性有机溶剂)。

(3) 扑救 C 类火灾即气体燃烧的火灾应选用干粉、卤代烷、二氧化碳灭火器。

(4) 扑救带电火灾应选用卤代烷、二氧化碳、干粉灭火器。

(5) 扑救 A,B,C 类火灾和带电火灾应选用磷酸铵盐干粉、卤代烷灭火器。

(6) 对 D 类火灾即金属燃烧的火灾,就我国目前情况来说,还没有定型的灭火器产品。目前国外扑灭 D 类火灾的灭火器主要有粉装石墨灭火器和灭金属火灾专用干粉灭火器。在国内尚未定型生产灭火器和灭火剂的情况下,可采用干沙或铸铁末灭火。

灭火器按照适宜扑灭的可燃物质分为 4 类,各类灭火器的使用范围见表 12-6。

表 12-6 4 类灭火器的使用范围

类　型	使　用　范　围
A 类灭火器	用于扑灭 A 类物质(如木材、纸张、布匹、橡胶和塑料等)的火灾,称为 A 类灭火器,如清水灭火器
B,C 类灭火器	用于扑灭 B 类物质(各种石油产品和油脂等)和 C 类物质(可燃气体)的火灾,称为 B,C 类灭火器,如化学泡沫灭火器、干粉灭火器、二氧化碳灭火器等
D 类灭火器	用于扑灭 D 类物质(钾、钠、钙、镁等轻金属)的火灾,称为 D 类灭火器,如轻金属灭火器
ABCD 类灭火器	又称通用灭火器,如磷铵干粉灭火器,可扑灭各种火灾

5. 常见灭火器的灭火原理

在我国常见的手提式灭火器只有 3 种:手提式干粉灭火器、手提式二氧化碳灭火器和手提式卤代烷型灭火器。其中卤代型灭火器由于对环境保护有影响,已不提倡使用。目前,在宾馆、饭店、影剧院、医院、学校等公众聚集场所使用的多数是磷酸铵盐干粉灭火器(俗称"ABC 干粉灭火器")和二氧化碳灭火器,在加油、加气站等场所使用的是碳酸氢钠干粉灭火器(俗称"BC 干粉灭火器")和二氧化碳灭火器。根据二氧化碳既不能燃烧,也不能支持燃烧的性质,人们研制了各种各样的二氧化碳灭火器,有泡沫灭火器、干粉灭火器及液体二氧化碳灭火器、风力灭火器。

1) 干粉灭火器的灭火原理

干粉灭火器内充装的是干粉灭火剂。干粉灭火剂是用于灭火的干燥且易于流动的微细粉末,由具有灭火效能的无机盐和少量的添加剂经干燥、粉碎、混合而成。

2) 风力灭火器的灭火原理

风力灭火器的原理就是消除掉着火的第 3 个条件——温度,使火焰熄灭。风力灭火器将大股的空气高速吹向火焰,使燃烧的物体表面温度迅速下降,当温度低于燃点时,燃烧就停止了。

风力灭火器的结构很简单,由电动马达、风叶、风管、电池组成。

3) 泡沫灭火器的灭火原理

其原理是利用化学反应

$$Al_2(SO_4)_3 + 6NaHCO_3 \longrightarrow 3Na_2SO_4 + 2Al(OH)_3 \downarrow + 6CO_2 \uparrow$$

产生二氧化碳气体,形成泡沫,使火源与空气隔绝,达到灭火效果。

4) 二氧化碳灭火器的灭火原理

二氧化碳具有较高的密度,约为空气的 1.5 倍。在常压下,液态的二氧化碳会立即汽化,一般 1kg 的液态二氧化碳可产生约 0.5m³ 的气体。因而,灭火时,二氧化碳气体可以排除空气而包围在燃烧物体的表面或分布于较密闭的空间中,降低可燃物周围或防护空间内的氧浓度,产生窒息作用而灭火。另外,二氧化碳从储存容器中喷出时,会由液体迅速汽化成气体,而从周围吸收部分热量,起到冷却的作用。

二氧化碳灭火器主要用于扑救贵重设备、档案资料、仪器仪表、600V 以下电气设备及油类的初期火灾。

5) 清水灭火器的灭火原理

清水灭火器中的灭火剂为清水。水在常温下具有较低的黏度、较高的热稳定性、较大的密度和较高的表面张力,是一种古老而使用范围广泛的天然灭火剂,易于获取和储存。它主要依靠冷却和窒息作用进行灭火。因为每千克水自常温加热至沸点并完全蒸发汽化,可以吸收 2593.4kJ 的热量,因此,它利用自身吸收显热和潜热的能力发挥冷却灭火作用,是其他灭火剂所无法比拟的。此外,水被汽化后形成的水蒸气为惰性气体,且体积将膨胀 1700 倍左右。在灭火时,由水汽化产生的水蒸气将占据燃烧区域的空间、稀释燃烧物周围的氧含量,阻碍新鲜空气进入燃烧区,使燃烧区内的氧浓度大大降低,从而达到窒息灭火的目的。当水呈喷淋雾状时,形成的水滴和雾滴的比表面积将大大增加,增强了水与火之间的热交换作用,从而强化了其冷却和窒息作用。另外,对一些易溶于水的可燃、易燃液体还可起稀释作用;采用强射流产生的水雾可使可燃、易燃液体产生乳化作用,使液体表面迅速冷却、可燃蒸气产生速率下降而达到灭火的目的。

6) 简易式灭火器的灭火原理

简易式灭火器是近几年开发的轻便型灭火器,它的特点是灭火剂充装量在 500g 以下,压力在 0.8MPa 以下,而且是一次性使用,不能再充装的小型灭火器。按充入的灭火剂类型分,简易式灭火器有 1211 灭火器(也称气雾式卤代烷灭火器)和简易式干粉灭火器(也称轻便式干粉灭火器),还有简易式空气泡沫灭火器(也称轻便式空气泡沫灭火器)。简易式灭火器适用于家庭使用,简易式 1211 灭火器和简易式干粉灭火器可以扑救液化石油气灶及钢瓶上角阀或煤气灶等处的初期火灾,也能扑救火锅起火和废纸篓等固体可燃物燃烧的火灾;简易式空气泡沫灭火器适用于油锅、煤油炉、油灯和蜡烛等引起的初期火灾,也能对固体可燃物燃烧的火进行扑救。

其原理是利用化学反应:

$$2NaHCO_3 + H_2SO_4 \longrightarrow Na_2SO_4 + 2H_2O + 2CO_2 \uparrow$$

产生比空气密度大的二氧化碳气体,阻断空气,破坏燃烧三要素。

12.2.2 手提式灭火器

手提式灭火器移动方便、使用便捷,是日常生活中最常见、最普及的灭火器。手提式二氧化碳系列灭火器是按《建筑灭火器配置设计规范》(GB 50140—2005)标准要求制造,适用于扑灭油类、易燃液体、可燃气体、电气设备、文物资料的初期火灾,是车辆、船舶、工厂、科研单位、博物馆等必备的消防器材。它有以下多种类型。

1. 泡沫灭火器

泡沫灭火器有手提式和推车式泡沫灭火器两类。手提式化学泡沫灭火器,以化学泡沫剂溶液进行化学反应生成的二氧化碳作为施放化学泡沫的驱动气体。按构造形式可分为普通型 MP 和舟车型 MPZ 两种。图 12-1 所示为手提式泡沫灭火器,由筒身、筒盖、瓶胆、瓶胆盖、喷嘴和螺母等组成。

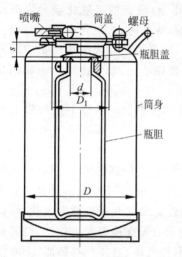

图 12-1　手提式泡沫灭火器的
结构示意图

1) 应用范围

化学泡沫灭火器主要用于固体物质和可燃液体火灾的扑救,而不适用于带电设备、水溶性液体(醇、醛、醚、酮、酯等)、轻金属火灾等的扑救。MP 型可设置于工厂、企业、公共场所、住宅场所;MPZ 型除上述场所外,主要设置于汽车、船舶等场所。

使用手提式泡沫灭火器时,应将灭火器竖直向上平衡地提到火场(不可倾倒)后,再颠倒筒身略加晃动,使碳酸氢钠和硫酸铝混合,产生泡沫从喷嘴喷射出去,进行灭火。

2) 使用时的注意事项

(1) 若喷嘴被杂物堵塞,应将筒身平放在地面上,用铁丝疏通喷嘴,不能采取打击消防工程筒体等措施。

(2) 在使用时筒盖和筒底不朝人身,防止发生意外爆炸时筒盖、筒底飞出伤人。

(3) 应设置在明显而易于取用的地方,而且应防止高温和冻结。

(4) 使用 3 年后的手提式泡沫灭火器,其筒身应做水压试验。平时应经常检查泡沫灭火器的喷嘴是否畅通、螺母是否拧紧,每年应检查一次药剂,看是否符合要求。

3) 技术性能

化学泡沫灭火器有 6L,9L 两种规格、4 种型号,见表 12-7。

表 12-7　化学泡沫灭火器技术性能

型号	灭火剂量/L	有效喷射时间/s	有效喷射距离/m	喷射滞后时间/s	喷射剩余率/%	使用温度范围/℃	灭火级别 A类	灭火级别 B类	外形尺寸(宽度×直径×高度)/(mm×mm×mm)	质量/kg
MP6	0.3～6	≥40	≥6				5A	3B	175×165×548	10
MP9	0.3～9	≥60	≥8	≤5	≤10	4～55	8A	4B	175×165×598	13
MPZ6	0.3～6	≥40	≥6				5A	3B	175×165×575	10.85
MPZ9	0.3～9	≥60	≥8				8A	4B		

注:型号意义为:M—灭火器;P—泡沫;Z—舟车型;6(9)灭火剂最低量。

4）维护与保养

灭火器使用温度范围为 4～55℃。灭火剂应按规定方法和容量配制与灌装。应定期对灭火器进行检查,若灭火剂变质,则应更换;每次更换灭火剂前应对灭火器本体内外表面进行清洗和检查,有明显锈蚀者应予舍弃;更换灭火剂后,应标明更换日期。可充装灭火剂继续使用;每次水压试验后,应注明试验日期。灭火器的维修应由专业单位承担。灭火器应防止潮湿、烈日暴晒和高温,冬季应注意防冻。

2.二氧化碳灭火器

二氧化碳灭火器是(高压)储压式灭火器,以液化的二氧化碳气体本身的蒸气压力喷桶作为喷射动力。二氧化碳灭火器有手提式和鸭嘴式两类,其基本结构包括钢瓶(筒体)、阀门、喷筒(喇叭)和虹吸管 4 部分,如图 12-2 所示。

钢瓶由无缝钢管制成,肩部打有钢瓶的质量(重量)、CO_2 重、钢瓶编号、出厂年月等钢字。阀门用黄铜、手轮用铝合金铸造。阀门上有安全膜,当压力超过允许极限时即自行爆破,起泄压作用。喷筒用耐寒橡胶制成。虹吸管连接在阀门下部,伸入钢瓶底部,管子下部切成 30°的斜口,以保证二氧化碳能连续喷完。筒身内二氧化碳在使用压力(15MPa)下处于液态,打开二氧化碳灭火器后,压力降低,二氧化碳由液体变成气体。由于吸收汽化热,喷嘴边的温度迅速下降,当温度下降到 -78.5℃时,二氧化碳将变成雪花状固体(常称干冰)。因此,由二氧化碳灭火器喷出来的二氧化碳常常是呈雪花状的固体。

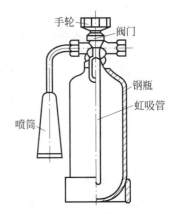

图 12-2　二氧化碳灭火器

鸭嘴式二氧化碳灭火器使用时只要拔出保险销,将鸭嘴压下,即能喷出二氧化碳灭火。手提式二氧化碳灭火器(MT 型)只需将手轮逆时针旋转,即能喷出二氧化碳灭火。

1）应用范围

二氧化碳灭火器适用于易燃及可燃液体、可燃气体和低压电气设备、仪器仪表、图书档案、工艺品、陈列品等的初期火灾补救,可放置在贵重物品仓库、展览馆、博物馆、图书馆、档案馆、实验室、配电室、发电机房等场所。扑救棉麻、纺织品火灾时,需注意防止复燃。不可用于轻金属火灾的扑救。

2）使用注意事项

(1)二氧化碳灭火剂对着火物质和设备的冷却作用较差,火焰熄灭后,温度可能仍在燃点以上,有发生复燃的可能,故不适用于空旷地域的灭火。

(2)二氧化碳能使人窒息,因此,在喷射时人要站在上风处,尽量靠近火源,在空气不流畅的场所,如乙炔站或电石破碎间等室内喷射后,消防人员应立即撤出。

(3)二氧化碳灭火器应定期检查,当二氧化碳质量减少 1/10 时,应及时补充装罐。

(4)二氧化碳灭火器应放在明显而易于取用的地方,且应防止气温超过 42℃ 并防止日晒。

3）技术性能

二氧化碳灭火器以灭火剂充装量划分,规格为 2,3,5,7kg 系列 4 种。技术性能应符合表 12-8 的规定。

表 12-8　手提式二氧化碳灭火器的技术性能

型号	灭火计量/kg	充装系数/(kg/L)	灭火剂纯度/%	有效喷射距离/m	有效喷射时间/s	喷射剩余率/%	灭火级别(B类)	适用温度/℃
MT2	$2^{+0}_{-0.15}$			≥8	≥1.5		1B	
MT3	$3^{+0}_{-0.15}$	≤0.67	≥98	≥8	≥1.5	10	2B	$-10\sim55$
MT5	$5^{+0}_{-0.2}$			≥9	≥2		3B	
MT7	$7^{+0}_{-0.2}$			≥12	≥2		4B	

4) 维护与保养

二氧化碳灭火器应存放在干燥通风、温度适宜、取用方便之处,并应远离热源,严禁烈日暴晒。环境温度低于-20℃的地区,尽量不要选用二氧化碳灭火器,因其在低温下蒸气压力低,喷射强度小,不易灭火。搬运时,应注意轻拿轻放,避免碰撞,保护好阀门和喷筒。对灭火器应定期(最长为一年)检查外观和称重,如果失重量超过充装量的 5%,应维修和再充装。灭火器每 5 年或充装前应进行一次水压试验,试验压力为设计压力的 1.5 倍。灭火器经启动后,即使喷出不多,也应重新充装。灭火器的维修和充装应由专业厂家进行,维修或充装后应标明厂名(或代号)和日期。经检验测试确定为不合格的灭火器,不得继续使用。

3. 四氯化碳灭火器

图 12-3 所示为四氯化碳灭火器,它由筒身、阀门、喷嘴、手轮等组成。使用四氯化碳灭火器时,应将其颠倒,然后按逆时针方向转动手轮,打开阀门,则四氯化碳立即从喷嘴喷出,进行灭火。

四氯化碳灭火器在使用时应注意如下事项。

(1) 四氯化碳是一种阻火能力很强的灭火剂,但在不少条件下能生成盐酸和光气,如前所述,所以,在使用四氯化碳灭火器时,必须戴防毒面具,并站在上风处。

(2) 四氯化碳灭火器应设在明显而易于取用的地方,且应防止受热、日晒或腐蚀。

(3) 四氯化碳灭火器应每隔半年检查一次气压,若气压低于0.6MPa,应重新加压,使其压力保持不小于 0.8MPa;定期检查灭火器的质量,若质量减少 1/10 以上,应再充装;每隔 3 年应对筒身进行水压试验,在 1.2MPa 的压力下,持续 2min 不渗漏、不变形时,才可继续使用。

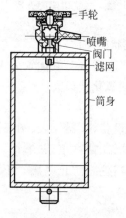

图 12-3　四氯化碳灭火器

手轮
喷嘴
阀门
滤网
筒身

4. 干粉灭火器

干粉灭火器是以干粉为灭火剂,二氧化碳或氮气为驱动气体的灭火器。按驱动气体储存方式可分为储气瓶式(MF)和储压式(MFZ)两种类型。有手提式干粉灭火器、推车式干粉灭火器和背负式干粉灭火器 3 类。

图 12-4 所示为储气式手提干粉灭火器,由筒体、二氧化碳小钢瓶、喷枪等组成,以二氧化碳干粉为动力气体。小钢瓶设在筒外的,称为外装式干粉灭火器(已限期淘汰);小钢瓶设在筒内的称为内装式干粉灭火器,如图 12-5 所示。储压式干粉灭火器省去了储气钢瓶,驱动气体采用氮气,不受低温影响,从而扩大了使用范围。

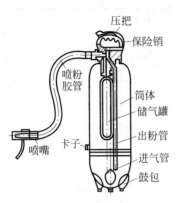

图 12-4　干粉灭火器(储气式)

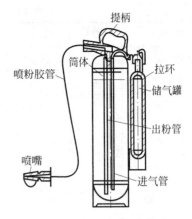

图 12-5　干粉灭火器(内装式)

1) 应用范围

干粉灭火器适于扑救石油及其产品、油漆等易燃液体、可燃气体、电气设备的初期火灾(B,C 类火灾),工厂、仓库、机关、学校、商店、汽车、船舶、科研部门、图书馆、展览馆等单位可选用此类灭火器。若充装多用途(ABC)干粉,还可扑灭 A 类火灾。

2) 使用时的注意事项

手提式干粉灭火器喷射灭火剂的时间短,有效的喷射时间最短的只有 6s,最长的也只有 15s。因此,为迅速扑灭火灾,使用时应注意以下几点。

(1) 应了解和熟练掌握灭火器的开启方法。使用手提式干粉灭火器时,应先将灭火器颠倒数次,使筒内干粉松动,然后撕去器头上的铅封,拔去保险销,一只手握住胶管,将喷嘴对准火焰的根部,另一只手按下压把或提起拉环,在二氧化碳的压力下喷出干粉灭火。应使灭火器尽可能在靠近火源的地方开始启动,不能在离起火源很远的地方就开启灭火器。喷粉要由近而远向前平推,左右横扫。

(2) 手提式干粉灭火器应设在明显而易于取用,且通风良好的地方。每隔半年检查一次干粉质量(是否结块),称一次二氧化碳小钢瓶的质量。若二氧化碳小钢瓶的质量减少 1/10 以上,则应补充二氧化碳。应每隔一年进行水压试验。

3) 技术性能

手提式干粉灭火器有 MF 和 MFZ 两种型号,按灭火剂充装量主要划分为 1,2,3,4,5,6,8,10kg 8 个规格,各种手提干粉灭火器的技术性能应符合表 12-9 的规定。

5. 1211 灭火器

1211 灭火器是以二氟一氯一溴甲烷(CF_2ClBr)为灭火剂,以氮气作驱动气体的灭火剂,有手提式和推车式两种。图 12-6 所示为手提式 1211 灭火器,它由筒体(钢瓶)和器头两部分组成。筒体用无缝钢管或钢板滚压焊接制成;器头一般用铝合金制造,其上有喷嘴、阀门、虹吸管或压把、压杆、弹簧、喷嘴、密封阀、虹吸管、保险销等。灭火剂量大于 4kg 的灭火器,还配有提把和橡胶导管。

1) 应用范围

由于 1211 灭火器灭火效率高,毒性低,电绝缘性好,对金属无腐

图 12-6　1211 灭火器

表 12-9 干粉灭火器的技术性能

项目规格		MF1	MF2	MF3	MF4	MF5	MF6	MF8	MF10
灭火剂量/kg		1±0.05	2±0.05	3	4	5	6	8	10
有效喷射时间/s		≥6.0	≥8.0	≥8.0	≥9.0	≥9.0	≥9.0	≥12.0	≥15.0
有效喷射距离/m		≥2.5	≥2.5	≥2.5	≥4.0	≥4.0	≥4.0	≥5.0	≥5.0
喷射滞后时间/s		≤5.0	≤5.0	≤5.0	≤5.0	≤5.0	≤5.0	≤5.0	≤5.0
喷射剩余率/%		≤10.0	≤10.0	≤10.0	≤10.0	≤10.0	≤10.0	≤10.0	≤10.0
电气绝缘性能/kV		≥50	≥50	≥50	≥50	≥50	≥50	≥50	≥50
使用温度范围/℃	MF	-10~55	-10~55	-10~55	-10~55	-10~55	-10~55	-10~55	-10~55
	MFZ	-20~55	-20~55	-20~55	-20~55	-20~55	-20~55	-20~55	-20~55
灭火性能	MF	2B	5B	7B	10B	12B	14B	18B	20B
	MFZ	3A	5A	8A	8A	8A	13A	13A	21A

蚀,灭火后不留痕迹,因此,它适用于油类、电气设备、仪器仪表、图书档案、工艺品等初期火灾的扑救,可设置在贵重物品仓库、配电室、实验室、宾馆、饭店、商场、图书馆、车辆和船舶等场所。

2) 使用时的注意事项

使用手提式 1211 灭火器时,应先撕下铅封,拔出保险销,在距离火源 1.5~3m 处对准火焰根部,一手压下压把、压杆,即将密封阀打开。灭火剂在氮气压力作用下,通过虹吸管由喷嘴喷出。当松开压把时,压杆在弹簧作用下升起,封闭喷嘴停止喷射。使用灭火器时,应注意筒盖向上,不应水平或颠倒使用;应将灭火剂喷向火焰根部,向火源边缘推进喷射,以迅速扑灭火焰。灭火器应放在阴凉干燥且便于使用的地方。每半年检查一次 1211 灭火器的质量,若质量减少 1/10 以上,应重新装药和充气。

3) 技术性能

1211 灭火器按充装的灭火剂质量划分,系列规格分为 0.5,1,2,4,6kg 5 种。在(20±5)℃时其性能参数应符合表 12-10 的规定。

表 12-10 1211 灭火器的性能

型号	灭火剂量/kg	充装系数/(kg/L)	氮气压力(20℃)/MPa	密封性试验压力(20℃)/MPa	适用温度/℃	有效喷射距离/m	有效喷射时间/s	灭火级别 A类	灭火级别 B类
MY0.5	$0.50^{+0}_{-0.02}$					≥1.5	>6		1B
MY1	$1.00^{+0}_{-0.02}$					≥2.5	>6		2B
MY2	$2.00^{+0}_{-0.04}$	<1.1	1.5	2.5	-20~55	≥3.5	≥8	3A	4B
MY4	$4.00^{+0}_{-0.08}$					≥4.5	≥9	5A	8B
MY6	$6.00^{+0}_{-0.08}$					≥5.0	≥9	8A	12B

12.2.3 推车式灭火器

推车式灭火器总体质量较大,为便于移动操作,安装有拖架和拖轮。推车式灭火器的类型有:推车式干粉灭火器、推车式1211灭火器、推车式化学泡沫灭火器、推车式二氧化碳灭火器。

推车式灭火器的结构形式、适用范围、维护保养与相应的手提式灭火器基本相同。但是,推车式灭火器的拖轮是保证灭火器移动的关键部件,应经常检查和保养,保证完整好用。推车式灭火器的操作由两人完成,一人操作喷枪,接近火源,扑救火灾;另一人负责开启灭火器的阀门,移动灭火器。

1. 推车式干粉灭火器

推车式干粉灭火器的基本结构见图 12-7。国内产品均为储气瓶式(内挂或外挂)。筒体上装有器头护栏,器头上装有压力表。推车式干粉灭火器按灭火剂充装量划分为 25,35,50,70,100kg 系列 5 个规格。推车式干粉灭火器的技术性能见表 12-11。

表 12-11　MFT 系列干粉灭火器的技术性能

型号	灭火剂量/kg	工作压力/MPa	喷射时间((20±5)℃)/s	喷射距离((20±5)℃)/m	灭火面积/m²	适用温度/℃	胶管尺寸(内径×长度)/(mm×mm)	总质量/kg
MFT25	25		≥12	≥8	7		25×6000	90
MFT35	35		≥15	≥8	9		25×6000	90
MFT50	50	0.8～1.1	≥20	≥9	13	−10～55	25×8000	121
MFT70	70		≥25	≥9	18		25×10 000	145
MFT100	100		≥32	≥10	25			315

2. 推车式1211灭火器

推车式1211灭火器由推车、钢瓶(储压式)、手轮式阀门、护栏、压力表、喷射胶管、手把开关、伸缩喷杆和喷嘴等组成。伸缩喷杆最大伸长时可达2m,便于接近火源或扑救高处火灾。喷嘴有两种形式:一种是雾化型,喷雾面积大;另一种是直射型,射程远。推车式1211灭火器的结构见图12-8。推车式1211灭火器按充装量划分为25,40kg两种规格,其技术性能见表12-12。

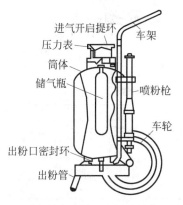

图 12-7　推车式干粉灭火器的结构示意图

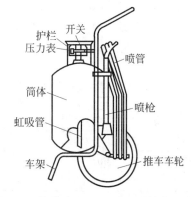

图 12-8　推车式1211灭火器的结构示意图

表 12-12　MYT 系列 1211 灭火器技术性能

型号	灭火剂量/kg	工作压力/MPa	喷射时间((20±5)℃)/s	喷射距离((20±5)℃)/m	喷雾面积/m²	适用温度/℃	外形尺寸（长×宽×高）/(mm×mm×mm)	总质量/kg
MYT25	25	1.2	≥25	7～8	2.5	−20～55	465×120×1000	67
MYT40	40		≥40				465×150×1000	84

3. 推车式化学泡沫灭火器

推车式化学泡沫灭火器的结构见图 12-9。推车式化学泡沫灭火器的结构与舟车式泡沫灭火器相近。顺时针方向旋转手轮，可以通过螺杆将胆塞压紧在内胆瓶口上。在筒盖上装有安全阀，当筒内压力超过允许极限时，可自动卸压，防止筒体爆裂。喷射系统由阀门、滤网、喷管和喷枪组成。操作时，先逆时针方向旋转手轮，放倒灭火器，颠倒 9 次，打开阀门，即可喷射泡沫。推车式化学泡沫灭火器按灭火剂灌装量划分为 65,100L 两个规格，其技术性能见表 12-13。

表 12-13　MPT 系列化学泡沫灭火器技术性能

型号	灭火剂量/kg	喷射时间/s	喷射距离/m	喷雾面积/m²	适用温度/℃	外形尺寸（长×宽×高）/(mm×mm×mm)	总质量/kg
MPT65	65	≥90	≥10	3.6	4～55	291×660×1238	133
MPT100	100	≥100		5		371×708×1370	170.5

4. 推车式二氧化碳灭火器

推车式二氧化碳灭火器的结构见图 12-10。其阀门为螺纹式阀门，其余结构与手提式二氧化碳灭火器相同。推车式二氧化碳灭火器按灭火剂充装量划分为 20,25,30kg 3 种规格，其技术性能见表 12-14。

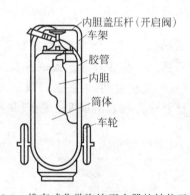

图 12-9　推车式化学泡沫灭火器的结构示意图

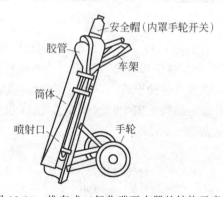

图 12-10　推车式二氧化碳灭火器的结构示意图

表 12-14　MTT 系列二氧化碳灭火器技术性能

型号	灭火剂量/kg	喷射时间/s	喷射距离/m	适用温度/℃	充装系数/(kg/L)	灭火剂纯度/%	胶管长度/m	总质量/kg
MTT20	20±0.5	40～55	≥10	4～55	≤0.67	≥98	5	96
MTT25	25±0.5	50～55					5	106
MTT30	30±0.5	60～65					5	120

12.2.4 灭火器的选择与设置

灭火器属于常备的灭火器材,是扑救初期火灾的重要消防器材,它轻便灵活,使用者经过简单训练就可掌握其操作方法。但是,如果不了解灭火器的局限性,选用了不合适的灭火器扑救火灾,或者不合理地设置灭火器,不仅扑灭不了火灾,而且可能引起灭火剂对燃烧的逆反应,甚至可能发生爆炸伤亡事故。因此在设置灭火器时,要根据被保护场所的火灾危险性、火灾时可能蔓延的速度、扑救难度、设备(或燃料)特点、可燃物的数量以及根据被保护场所的面积、灭火器的灭火级别进行灭火器类型、型号和数量的选择。

1. 灭火器的选择

正确、合理地选择灭火器是成功扑救初期火灾的关键,因此选择灭火器主要应考虑以下几个因素。

1) 灭火器配置场所的火灾等级和火灾种类

根据灭火器配置场所的使用性质及其可燃物的种类,可判断该场所可能发生哪种类别的火灾。如对碱金属(如钾、钠)火灾,不能选择水型灭火器,因为水与碱金属反应会生成大量氢气,容易引起爆炸。配置灭火器的工业与民用建筑,其火灾危险等级可划分为轻危险级、中危险级、严重危险级 3 个级别。被保护场所的火灾危险等级分类见表 12-15,灭火器适用灭火对象及灭火器级别分类见表 12-16。

表 12-15 灭火器配置场所危险等级分类

危险等级	工 业 建 筑	民 用 建 筑
严重危险级	火灾危险性大,可燃物多,起火后蔓延迅速或容易造成重大损失的场所。如闪点<60℃的油品和有机溶剂的提炼、回收、洗涤部位及其泵房,甲、乙类液体生产厂房,化学危险品库房,甲、乙类液体储罐区、场等	功能复杂,可燃物多,用火、用电多,设备贵重,火灾危险性大,起火后蔓延迅速或容易造成重大损失的场所。如高级旅馆的公共活动用房,电子计算机机房及数据库,贵重的资料室、档案室,重要的电信机房等
中危险级	火灾危险性大,可燃物多,起火后蔓延较迅速场所。如闪点>60℃的油品和有机溶剂的提炼、回收工段及其抽送泵房,木制品、针织品、谷物的加工厂和库房等	用火、用电多,火灾危险性大,可燃物较多,起火后蔓延迅速的场所。如高级旅馆的客房部、百货大楼、营业厅、综合商场、电影院、剧院、会堂、礼堂、体育馆的放映室等
轻危险级	火灾危险性小,可燃物少,起火后蔓延较缓慢场所。如金属加工厂房,仪表、器械或车辆装配车间,非燃烧的工艺品库房,非燃烧或难燃烧制品库房,原木堆场等	用火、用电少,火灾危险性小,可燃物较少,起火后蔓延缓慢的场所。如电影院、剧院、会堂、礼堂、体育馆的观众厅,医院门诊部、住院部,学校教学楼,幼儿园与托儿所的活动室,办公楼等

2) 对保护对象的污损程度

为了保护贵重物资与设备免受不必要的污渍损失,灭火器的选择应考虑其对保护物品的污损程度。例如,在电子计算机房内,干粉灭火器和卤代烷灭火器都能灭火,但是用干粉灭火器灭火后,残留的粉状覆盖物对计算机设备有一定的腐蚀作用和粉尘污染,且难以做好清洁工作;而用卤代烷灭火器灭火,没有任何残迹,对设备没有污损和腐蚀作用,因此,电子计算机房选用卤代烷灭火剂比较适宜。

表 12-16　灭火器适用灭火对象及灭火器级别分类

灭火器类型		灭火剂充装量		灭火剂规格及适用对象					
		容量/L	质量/kg	A 类	B 类	C 类	D 类	E 类	ABCDE 类
水型（清水、酸碱）	手提式	7		5A	×	×	×	×	
		9		8A	×				
泡沫型（化学泡沫）	手提式	6		5A	2B	×	×	×	
		9		8A	4B				
	推车式	40		13A	18B	×	×	×	
		65		21A	25B				
		90		27A	35B				
干粉式	普通型（碳酸氢钠） 手提式		1	×	2B	o	×	▲	×
			2	×	5B				
			3	×	7B				
			4	×	10B				
			5	×	12B				
			6	×	14B				
			8	×	18B				
			10	×	20B				
	普通型（碳酸氢钠） 推车式		25	×	35B	o	×	▲	
			35	×	45B				
			50	×	65B				
			70	×	90B				
			100	×	120B				
	多用型（碳酸铵盐） 手提式		1	3A	2B	o	×	▲	o
			2	5A	5B				
			3	5A	7B				
			4	8A	10B				
			5	8A	12B				
			6	13A	14B				
			8	13A	18B				
			10	21A	20B				

续表

灭火器类型			灭火剂充装量		灭火剂规格及适用对象					
			容量/L	质量/kg	A 类	B 类	C 类	D 类	E 类	ABCDE 类
卤代烷型	1211 型	手提式		0.5	×	1B	o	×	o	o
				1	×	2B				
				2	3A	4B				
				3	5A	6B				
				4	8A	8B				
				6	8A	12B				
		推车式		20	×	24B	o	×	o	
				25	×	30B				
				40	×	35B				
	1301 型	手提式		2	×	4B	o	×	o	
				4	×	8B				
二氧化碳类型		手提式		2	×	1B	o	×	o	×
				3	×	2B				
				5	×	3B				
				7	×	4B				
		推车式		20	×	8B	o	×	o	
				25	×	10B				

注：o 为适用对象；▲为精密仪器设备不选用；×为不用。

3) 使用灭火器人员的素质

应先对使用人员的年龄、性别和身手敏捷程度等素质进行大概的分析估计,然后正确选择灭火器。如机械加工厂中大部分是男工,体力比较强,可选择规格大的灭火器;而商场中大部分是女营业员,体力较弱,可以优先选用小规格的灭火器,以适应工作人员的体质,有利于迅速扑灭初期火灾。

4) 选择灭火剂相容的灭火器

在选择灭火器时,应考虑不同灭火剂之间可能产生的相互反应、污染及其对灭火的影响。干粉和干粉、干粉和泡沫之间联用都存在一个相容性的问题。不相容的灭火剂之间可能发生相互作用,造成泡沫消失,致使灭火效力明显降低,因此不能联用。例如,磷酸铵盐干粉与碳酸氢钠干粉、碳酸氢钾干粉不能联用,碳酸氢钠(钾)干粉与蛋白(化学)泡沫也不能联用。

5) 设置点的环境温度

若环境温度过低,则灭火器的喷射灭火性能显著降低;若环境温度过高,则灭火器的内压剧增,会有爆炸伤人的危险。这就要求将灭火器设置在其适用温度范围之内的环境中。

6) 在同一场所选用操作方法相同的灭火器

这样选择灭火器有几个优点:一是为培训灭火器使用人员提供方便;二是在灭火中操作人员可方便地采用相同的方法连续操作,使用多具灭火器灭火;三是便于灭火器的维修和保养。

7) 根据不同类别的火灾选择不同类型的灭火器

不同类别的火灾可选择的灭火器类型如表 12-17 所示。

表 12-17 不同类别火灾可选择的灭火器

火灾类型	灭　火　器	火灾类型	灭　火　器
A 类	水型、泡沫、磷酸铵盐、卤代烷型灭火器	D 类	粉状石墨、灭 D 类火灾专用灭火器
B 类	干粉、泡沫、卤代烷、二氧化碳灭火器	带电火类	卤代烷、二氧化碳、干粉灭火器
C 类	干粉、卤代烷、二氧化碳灭火器		

注:(1) 化学泡沫灭火器不能用于 B 类极性溶剂火灾。

(2) 扑救 A、B、C 类火灾和带电设备火灾应选择磷酸铵盐干粉、卤代烷型灭火器。

(3) D 类火灾可采用干沙或铸铁末扑灭。

2. 灭火器设置要求

灭火器的设置要求主要有以下几点。

(1) 灭火器的铭牌必须朝外。

这是为了使人们能直接看到灭火器的主要性能指标、适用扑救火灾的类别和用法,以便正确选择和使用灭火器,充分发挥灭火器的作用,有效地扑灭火灾。

此外,对于那些必须设置灭火器而又确实难以做到显而易见的特殊情况,应设明显的指示标志,指明灭火器的实际位置,使人们能及时迅速地取到灭火器。如在大型房间或存在视线障碍等场所,不设置明显的指示标志,人们就不能直接看见灭火器设置场所的情况。

(2) 灭火器不应设置在超出其使用温度范围的地点。

在环境温度超出灭火器使用温度范围的场所设置灭火器,必然会影响灭火器的喷射性能和使用安全,甚至延误灭火时机。因此,灭火器应设置在其使用温度范围内的地点(见表 12-18)。

表 12-18 灭火器使用的温度范围

灭火器类型		使用温度范围/℃
清水灭火器		+4~+55
酸碱灭火器		+4~+55
化学泡沫灭火器		+4~+55
干粉灭火器	储气瓶式	-10~+55
	储压式	-20~+55
卤代烷灭火器		-20~+55
二氧化碳灭火器		-10~+55

（3）灭火器不应设置在潮湿或强腐蚀性的地点或场所。

如果灭火器长期设置在潮湿或强腐蚀性的地点或场所,会严重影响其使用性能和安全性能。如果某些地点或场所情况特殊,则应在技术上或管理上采取相应的保护措施。如多数推车式灭火器和部分手提式灭火器设置在室外时,应采取防雨、防晒等措施。

（4）灭火器应选择正确的设置位置并设置稳固。

手提式灭火器设置在挂钩、托架上或灭火器箱内,其顶部距地面高度应小于1.5m,底部离地面高度不宜小于0.15m。设置在挂钩或托架上的手提式灭火器要竖直向上放置。设置在灭火器箱内的手提式灭火器,可直接放在灭火器箱的底面上,但其箱底面距地面高度不宜小于0.15m。推车式灭火器不要设置在斜坡和地基不结实的地点。灭火器应设置稳固,具体地说,手提式灭火器要防止发生跌落、倾倒等现象,推车式灭火器要防止发生滚动等现象。

（5）灭火器的设置不得影响安全疏散。

这不仅指灭火器本身,还包括与灭火器设置的相关托架、箱子等附件不得影响安全疏散,主要考虑两个因素:一是灭火器的设置是否影响人们在火灾发生时及时的安全疏散;二是人们在取用各设置点灭火器时,是否影响疏散通道的畅通。

（6）灭火器应设置在便于取用的地点。

能否方便安全地取到灭火器,在某种程度上决定了灭火的成败。如果取用灭火器不方便,即使离火灾现场再近,也有可能因取用的拖延而使火势扩大,从而使灭火器失去作用。因此,灭火器应设置在不会危及人身安全和阻挡碰撞、能方便取用的地点。

（7）灭火器应设置在明显的地点。

灭火器应设置在正常通道上,包括房间的出入口处、走廊、门厅及楼梯等明显地点。灭火器设置在明显地点,能使人们一目了然地知道在何处可取用灭火器,避免因寻找灭火器而耽误灭火时间,以便及时有效地扑灭初期火灾。

（8）应注意灭火器的保护距离。

灭火器的保护距离指的是配置场所内任一着火点至最近灭火器设置点的行走距离。A,B,C类场所灭火器的最大保护距离见表12-19。

表 12-19　灭火器最大保护距离　　　　　　　　　　　　　　　m

灭火器种类	扑救火的级别					
	A 类			B,C 类		
	轻危险级	中危险级	严重危险级	轻危险级	中危险级	严重危险级
手提式灭火器	25	20	15	15	12	9
推车式灭火器	50	40	30	30	25	18

注:（1）设置在 E 类场所的灭火器,其最大保护距离应参照同时存在的 A,B,C 类场所的要求配置。

（2）设有固定灭火装置的场所,灭火器的最大保护距离可分别按 A,B,C 类场所的要求配置。

（3）同一保护场所可设多个设置点。

3. 灭火器的配置基准

灭火器的配置,应针对配置场所的火灾危险等级和灭火器的灭火级别（包括适用对象）,确定灭火器的配置基准（即最小配置数量）。灭火器的配置基准见表12-20。

表 12-20　灭火器的配置基准

场所的危险等级	扑救火的级别					
	A 类			B、C 类		
	轻危险级	中危险级	严重危险级	轻危险级	中危险级	严重危险级
单具灭火器最小灭火级别	3A	5A	5A	1B	4B	8B
最大保护面积/m²	20	15	10	10	7.5	5

注：(1) C 类场所,灭火器可参照 B 类场所的要求配置;E 类场所,灭火器可参照与其同时存在的 A,B,C 类场所的要求配置。

(2) 在配置场所内,若有燃烧面积等于或大于 1m² 的 B 类火灾,除按表 12-20 要求配置灭火器外,尚应增配灭火器,其灭火器级别应大于或等于该燃烧面积除以 0.2m² 所得的 B 值(1B=0.2m²)。

(3) 配置灭火器的规格和数量,其灭火器级别值的总和不得小于所需要灭火器级别的合计值。

(4) 一个配置场所内灭火器数量不应少于 2 具。灭火器数量较多的场所,每个设置点的灭火器配置数量不宜多于 5 具。

(5) 设有室内灭火栓的场所,可减少应配置灭火器数量的 30%;设有固定灭火系统的场所,可减少应配置灭火器数量的 50%;同时设有室内消火栓和固定灭火器的配置场所,可减少应配置灭火器数量的 70%。

12.2.5　灭火器的设计计算

灭火器配置设计计算过程如下。

1. 灭火器配置场所的计算单元

(1) 当相邻配置场所的危险等级和火灾种类均相同时,可按楼层或防火分区合并作为 1 个计算单元配置灭火器。如办公楼每层的成排办公室、宾馆每层的成排客房等,可按层或防火分区将若干个配置场所合并作为 1 个计算单元配置灭火器。

(2) 当相邻配置场所的危险等级或火灾种类不相同时,可分别单独作为 1 个计算单元配置灭火器。如建筑物内相邻的化学实验室与电子计算机房等,就可分别单独作为 1 个计算单元配置灭火器。这时 1 个配置场所即为 1 个计算单元。

按楼层和防火分区进行考虑,一方面是为了便于建筑设计人员和审核人员掌握;另一方面也利于配置设计计算,并且能同其他标准和规范的概念和要求协调。

2. 灭火器保护面积的计算

原则上应按建筑场所的净使用面积进行计算,但鉴于其计算太过烦琐,实际计算起来很不方便,所以在建筑工程中简化为按建筑面积计算灭火器配置场所的保护面积。在可燃物露天堆垛,甲、乙、丙类液体储罐,可燃气体储罐等应按堆垛、储罐占地面积计算,不能按使用面积来进行配置计算。否则,就是不合理、不经济的。

3. 灭火器配置场所所需灭火级别

灭火器配置场所所需灭火级别应按下式计算:

$$Q = K \frac{S}{U}$$

式中：Q 为灭火器配置场所所需灭火级别,A 或 B。S 为灭火器配置场所的保护面积,m²。U 为 A 类火灾或 B 类火灾的灭火器配置场所相应危险等级的灭火器配置基准,m²/A 或 m²/B。K 为修正系数,无消火栓和灭火系统时,$K=1$;有消火栓时,$K=0.7$;有灭火系统时,$K=0.5$;有消火栓和灭火系统,或为可燃物露天堆垛,甲、乙、丙类液体储罐,可燃气体储罐时,$K=0.3$。

例如,有一个中危险级的 A 类配置场所,其保护面积为 $360m^2$,且无消火栓和灭火系统,要求计算该配置场所所需的灭火级别。根据上述我们知道,$S=360m^2$,$U=15m^2/A$,$K=1.0$,则

$$Q=K\frac{S}{U}=1.0\times\frac{360}{15}A=24A$$

显然 24A 就是该配置场所所需的灭火级别。

假如配置场所设有消火栓,则该配置场所所需的灭火级别就是

$$Q=K\frac{S}{U}=0.7\times\frac{360}{15}A=16.8A$$

假如配置场所设有灭火系统,则该配置场所所需的灭火级别就是

$$Q=K\frac{S}{U}=0.5\times\frac{360}{15}A=12A$$

假如该配置场所设有消火栓和灭火系统,则该配置场所所需的灭火级别就是

$$Q=K\frac{S}{U}=0.3\times\frac{360}{15}A=7.2A$$

4. 地下建筑灭火器配置场所所需灭火级别

地下建筑灭火器配置场所所需灭火级别应按下式计算:

$$Q=1.3K\frac{S}{U}$$

若以上所举例的中危险级 A 类配置场所是一地下建筑,则该配置场所所需灭火级别为

$$Q=1.3\times1.0\times\frac{360}{15}A=31.2A$$

若该配置场所设有消火栓,则该配置场所所需的灭火级别为

$$Q=1.3\times0.7\times\frac{360}{15}A\approx21.8A$$

若该配置场所设有灭火系统,则该配置场所所需的灭火级别为

$$Q=1.3\times0.5\times\frac{360}{15}A=15.6A$$

若该配置场所设有消火栓和灭火系统,则该配置场所的灭火级别为

$$Q=1.3\times0.3\times\frac{360}{15}A\approx9.4A$$

5. 灭火器配置场所每个设置点的灭火级别

灭火器配置场所每个设置点的灭火级别应按下式计算:

$$Q_e=\frac{Q}{N}$$

式中:Q_e 每个灭火器设置点的最小需配灭火级别,A 或 B;N 为灭火器配置场所中设置点的数量。

例如,有一配置场所的灭火级别计算值为 24A,在考虑了保护距离和灭火器实际设置位置的情况后,假设最终选定了 3 个设置点,那么,我们就可在通常的情况下,计算出每一个设

置点的灭火级别为

$$Q_e = \frac{24}{3} = 8A$$

6. 灭火器配置场所和设置点实际配置的所有灭火器的灭火级别

灭火器配置场所和设置点实际配置的所有灭火器的灭火级别均不得小于计算值。例如,算出某一配置场所灭火级别为 24A 即 $Q = 24A$,则该配置场所实际配置灭火器的 A 类灭火级别(用 Q_t 表示)总和应大于或等于 24A,即 $Q_t \geqslant 24A$。若设置点为 3 个,则每个设置点实际配置的 A 类灭火器灭火级别(用 Q_s 表示)不应小于 24/3A = 8A,即 $Q_e \leqslant Q_s$。

7. 灭火器配置设计计算程序

灭火器配置设计计算应按下述程序进行:

(1) 确定各灭火器配置场所的危险等级;

(2) 确定各灭火器配置场所的火灾种类;

(3) 划分灭火器配置场所的计算单元;

(4) 测算各单元的保护面积;

(5) 计算各单元所需灭火级别;

(6) 确定各单元的灭火器设置点;

(7) 计算每个灭火器设置点的灭火级别;

(8) 确定每个设置点灭火器的类型、规格与数量;

(9) 验算各设置点和各单元实际配置的所有灭火器的灭火级别(应不小于其计算值);

(10) 确定每具灭火器的设置方式和要求,在设计图上标明其类型、规格、数量与设置位置。

第 13 章

性能化防火设计

13.1 性能化防火设计的基本概念

随着消防安全工程学原理和方法在建筑防火设计中的应用,产生了一种新的建筑防火设计方法——以性能为基础的建筑防火设计方法,简称性能化防火设计或性能化设计。

13.1.1 处方式防火设计

详细地规定了防火设计必须满足的各项设计指标或参数,设计人员只需要按照规范条文的要求按部就班地进行设计,不用考虑所设计的建筑物具体达到什么样的安全水平,有些像医生看病开处方一样,这种设计方法被称为"处方式"的设计方法,也有的人称之为"规格式的""规范化的"或"指令性的"设计方法。

处方式的防火设计规范,是长期以来人们与火灾斗争过程中总结出来的防火、灭火经验的体现,同时也综合考虑了当时的科技水平、社会经济水平以及国外的相关经验。这种规范清楚明了、简单易行,对设计和验收评估人员的要求不高,能够满足大多数规模或功能等要求较简单建筑的设计与监督需要。因此,处方式的防火设计规范,在规范建筑物的防火设计、减少火灾造成的损失方面起到了重要作用。随着科学技术和经济的发展,各种复杂的、多功能的大型建筑迅速增多,新材料、新工艺、新技术和新的建筑结构形式不断涌现,都对建筑物的防火设计提出了新的要求。新形势下出现的新问题包括:①建筑规模越来越大,功能越来越复杂;②新的建筑形式的出现;③结构形式的个性化;④中庭类建筑的出现。

处方式防火设计存在以下几方面的问题。

(1)处方式的防火设计规范,通常都详细地规定了设计必须满足的各项设计指标或参数,这严重束缚了建筑师和设计人员的创造性,限制了新技术的应用,往往导致设计千篇一律。

(2)尽管规范的规定是按照建筑的用途、规模、结构形式等进行划分的,但是不能否认,这只是在某一范围内对各个不同的建筑物比较粗略的划分。这使得在规范应用中会出现一些不应有的偏差,对一些建筑物要求过严,而对另一些建筑物则过松。

(3)规范中的一些内容来自于经验,缺乏科学的、定量的论据。另外,照搬国外的做法可能不完全适合我国的情况,更何况我国幅员辽阔,各地区具有较大的差异。

(4)规范的制定或修订过程的周期较长,因此执行的规范与实际的设计需要之间存在时间上的滞后,在一定程度上限制了新技术、新材料、新工艺、新建筑形式的应用和发展。

(5)难以达到"安全性"和"经济性"的合理匹配。处方式防火设计规范一般不明确指出合理的安全目标或标准是什么,而是给出设计的最低标准。因此,这种设计很难做到既经济又合理。

13.1.2 性能化防火设计

"性能化设计"是以某些安全目标为设计目标,基于综合安全性能分析和评估的一种工程方法。

性能化防火设计方法是建立在火灾科学和消防工程学(消防安全工程学)基础上的一种新的建筑防火设计方法。它运用消防安全工程学的原理与方法,根据建筑物的结构、用途和内部可燃物等方面的具体情况,对建筑物的火灾危险性和危害性进行定量的预测和评估,从而得出最优化的防火设计方案,为建筑物提供最合理的防火保护。性能化防火设计与处方式的防火设计相比较,具有以下特点。

1. 基于目标的设计

在性能化防火设计中,安全目标是设计人员必须关心的内容之一。安全目标是防火设计应该达到的最终目标或安全水平,除非规范中有明确的规定,一般应该同消防主管部门、建筑业主、建筑使用方共同协商确定。安全目标确定后,设计人员应根据建筑物的各种不同空间条件、功能要求及其他相关条件,自由选择达到防火安全目标而应采取的各种防火措施并将其有机地结合起来,构成建筑物的总体防火设计方案。

2. 综合的设计

在性能化设计中,应该综合考虑各个防火子系统在整个设计方案中的作用,而不是将各个子系统单纯地叠加。其次,只考虑建筑物的设计是不够的,而必须同时考虑在施工阶段应该体现设计中所要求的性能,防止在维护管理时功能下降,并要正确合理地使用。

3. 合理的设计

应在保证建筑物需要满足的防火安全水平的前提下,既安全又经济、合理地配置各个防火子系统。

13.2 性能化防火设计的支撑体系和基本内容

13.2.1 性能化设计的运行流程

性能化设计的运行流程如图 13-1 所示。

13.2.2 性能化设计的 3 个支撑要素

实现性能化设计首先必须要有 3 个必要的支撑要素。

1. 性能规范

规范的作用是制定防火安全的系统目标。其条文非常简洁,性能规范的制定必须有配套科研项目的配合,需要来自科研、工程及管理等各个领域的专家共同进行。由指令性规范向性能规范的转型不是一蹴而就的。目前国际上所谓性能规范都只包含部分性能规定,并没有百分之百的性能规范。指令性规定将逐步被性能规定替代,但在相当长的时期内二者可以并存。

2. 技术指南

与性能规范相配套的技术指南提供了一些较成熟的设计方法供设计人员参考,并对建

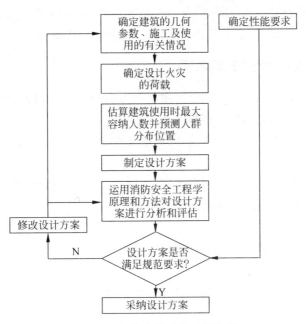

图 13-1　性能化设计的运行流程

筑物内消防系统整体的有效性进行了评估。另外,还给出了为实现规范中的性能目标所应达到的性能参数的取值范围。

技术指南的 3 个基本功能:

(1) 为消防工程师和消防审核部门提供指导,以帮助其确定并验证某个建筑项目是否达到了消防安全目标。

(2) 对性能化设计过程中应予考虑的参数进行明确说明。

(3) 为消防工程师提供一种设计方法,使他们能够制定出既可以达到消防安全要求,又不受其他不必要的限制,同时能被各有关方面所接受的消防安全设计方案。

3. 评估模型

建立在科学实验、计算模型和概率分析基础上的评估模型可对设计方案在建筑火灾中的实际应用效果进行测算和模拟,并判断其是否能实现既定的性能目标。在火灾安全评估方面有许多评估模型,其中两种较复杂的评估模型被认为是评价性能设计的最重要的评估模型。

1) 区域模型

区域模型通常把房间分为两个控制体,即上部热烟气层与下部冷空气层。目前使用比较多的、有典型作用的区域模型是由美国标准与技术研究所开发的计算多室火灾与烟气蔓延的 CFAST 模型。CFAST 可以用来预测用户设定火源条件下建筑内的火灾环境。

2) 场模型

场模型也称作 CFD(computational fluid dynamics)模型,即计算流体动态模型,是用数学方法,通过求解代表物理定律的数学方程,来预测流体流动、热传输、质量传输、化学反应和相关现象的模型。目前国际上广泛采用 FLUENT 和 FDS 软件来求解 CFD 模型。FLUENT 软件作为大型商业软件的杰出代表,在模型制作、网格划分、湍流模型等方面具有无与伦比的优势;其劣势为虽然具有燃烧模型,但是没有为消防专门进行过优化,模型配置需要较强的流体力学背景。而 FDS 作为专业消防的唯一一款免费软件,也具有相当的普及性,但是只能用矩形来模拟复杂形状,结果会有一定程度的失真。

13.2.3　性能化设计的基本内容

英国建筑物防火安全工程(FSE)设计主要参考资料为英国国家标准《建筑物防火安全工程——防火安全工程原则的应用指南》(BS DD240：Part I：1997)。

FSE 设计可分为 4 个阶段:定性设计、定量分析、基准比对评估、报告与结果。

1) 定性设计

定性设计用以探讨建筑设计有何危害、会造成什么后果,或设定防火安全目标及分析方法。此阶段可帮助设计师了解整体的防火策略。

2) 定量分析

定量分析是指对防火建议方案的有效性加以计算验证,有以下两种方法。

(1) 决定性程序

将火灾成长、扩展、烟移动及对人员后果影响予以定量化(从理论分析、经验关系推论、使用方程式及火灾模拟方法方面)。

(2) 概率性程序

估算发生某种不预期火灾情景的可能性(利用火灾发生频率的统计数据、系统可靠度、建筑背景资料及决定性程序所获得的资料)。

定量分析系统包含以下 6 项子系统。

① SS1：起火居室内火灾的发生及发展。

② SS2：烟及有毒气体的扩散。

③ SS3：火灾延烧超过起火居室以外。

④ SS4：火灾探测及消防设施的启动。

⑤ SS5：消防行动介入。

⑥ SS6：人员避难。

3) 基准比对评估

基准比对评估是指以所设定的基准值(从决定性程序或概率性程序中获得)与实际结果(绝对限界值或比较限界值)进行比较。

4) 报告与结果

报告与结果的内容宜包括研究目标、建筑物基本资料描述、结果分析(假设条件、计算过程、灵敏度分析)、结果与合格基准比较、管理要求、结论、参考资料等。

13.3　性能化设计的基本步骤

13.3.1　确定性能化设计的内容及工程参数

1. 性能化设计的内容

建筑物的防火设计必须依据国家现行的防火规范进行,只有在下列情况下才允许采用性能化的设计方法。

（1）防火规范和标准没有涵盖，按现行规范和标准实施确有困难或影响建筑物使用功能的建筑工程。

（2）由于采用新技术、新材料、新的建筑形式和新的施工方法，在实际应用中有可能产生防火安全问题的建筑工程。

（3）重大建筑工程，安全目标超出一般要求的政治敏感度高的工程，一旦发生火灾危害严重、影响大的工程。

（4）特殊工程，如地铁、隧道、地下建筑工程等。

（5）根据具体情况可以是整座建筑物、建筑物中的某些特殊部分或建筑物的某一特定系统。

2. 工程参数

工程参数包括但不限于以下内容：建筑的用途、功能、使用与管理方法，建筑的规模、尺寸、结构形式和布局，特殊的需要重点保护的区域，可燃物的分布、数量和性质，人员的数量、类型、精神状态、健康状况等。

13.3.2 确定消防安全的总体目标、功能目标和性能目标

1. 总体目标

消防安全总体目标是一个范围比较广泛的概念，它表示的是社会所期望的安全水平。消防安全总体目标主要用概括性的语言进行描述，概括地说，消防安全应达到的总体目标应该是保护群众生命安全、保护群众财产安全、保护使用功能或服务的连续性、保护环境不受火灾的有害影响。

2. 功能目标

功能目标的要求常常可以在性能化规范中找到。例如，"使不临近起火位置的人员有足够的时间达到一个安全的地方，而不受火灾的危害。"也就是说，为了达到保护生命安全的目标，建筑及其系统所具有的功能必须能够保证人员在火灾发生时疏散到安全的地方。一旦功能目标确定后，下一步就需要确定建筑及其系统具备上述功能应该达到的性能要求，即性能目标。

3. 性能目标

为了实现防火总体目标和功能目标，建筑材料、建筑构件、系统组件以及建筑方法等必须满足一定性能水平的要求。性能水平是可以量化的，在性能化设计中还将对其进行并行计量和分析计算。该性能目标将对建筑的防火分隔、火灾探测与报警系统、防排烟系统，甚至自动喷水灭火系统的性能提出要求。

13.3.3 制定设计目标

为了实现防火总体目标，设计必须达到的性能水平，称为设计目标或性能指标。因此，设计目标是评估设计方案是否能够达到总体安全目标的最终依据。

下面以保护生命安全为总体目标，举例说明之。

（1）防火安全总体目标是保护生命安全。

（2）功能目标为保证整个建筑物内的人员能够有充足的时间疏散到安全的地点，在疏散过程中必须保护人们不会受到热辐射和火灾烟气的危害。

（3）性能目标为限制着火房间火灾的蔓延。如果火灾没有蔓延到着火房间以外,那么起火房间以外的人员就不会受到火灾热辐射和火灾烟气的影响。

（4）为了满足上述目标,应该制定防止着火房间发生轰燃的指标。设计小组根据房间的具体情况可能会建立一个性能指标,比如控制着火房间内烟层的温度不超过 500℃,因为在这个温度下,烟层的热辐射不会点燃室内的其他物品,从而不会发生轰燃。

13.3.4 确定火灾场景

每个火灾场景都应该涉及火灾特性、建筑物特性和人员特性 3 部分内容。

（1）火灾特性具体包括火灾位置、起火源、可燃物特性、火灾增长规律等。

（2）建筑物特性包括建筑布局、建筑结构、建筑材料、建筑的运营管理情况、门窗的状态、通风条件、消防系统的状况以及其他环境条件等。

（3）人员特性包括建筑内人员的数量、人员的分布、人员的状态(睡眠或清醒)、对环境的熟悉程度、人员的类型(老人、中青年、儿童、残疾人)等。

13.3.5 建立设计火灾

设计火灾并不是用来描述建筑内的真实的火灾是如何发生、发展的,而是用来评估在该火灾条件下防火设计方案的安全水平是否达到设计的要求,因此所选择的设计火灾应具有典型性和代表性,并应该使得所采用的防火措施具有一定的安全裕度。

概括设计火灾特征的最常用方法是采用火灾增长曲线。热释放速率随时间变化的典型火灾增长曲线,一般具有火灾增长期、最高热释放速率期、稳定燃烧期和衰减期等共同特征。

13.3.6 提出和评估设计方案

应提出多个消防安全设计方案,并按照规范的规定进行评估,以确定最佳的设计方案。

13.3.7 编写性能设计报告

由于设计报告是性能化设计能否被批准的关键因素,所以它需要包括分析和设计过程的全部步骤,并且编写的格式和方式应符合权威机构的要求和用户的需要。编写的报告中应包含以下内容。

1) 工程范围及性能化设计的内容

例如,建筑特征、人员特征、原有的防火措施、来自各方面的设计的限制条件,以及需要进行性能化设计的范围等。

2) 安全目标

安全目标部分应包括建筑业主、建筑使用方、建筑设计单位、性能化防火设计咨询单位和消防主管部门共同认定的总体安全目标和性能目标,并说明性能目标是怎样建立的。

3) 设计目标(性能指标)

设计目标部分应该说明对应不同性能目标的性能指标是什么,是如何确定的,考虑了哪些不确定因素,采用了哪些假设条件。

4) 火灾场景设计

火灾场景设计部分需要说明选择火灾场景的依据和方法,并对每一个火灾场景进行讨论。

5）设计方案的分析与评估

设计方案的分析与评估部分应包括：分析与评估中采用的工具、方法和参考资料，计算中的边界条件和输入参数，并说明设计方案是如何满足安全判定指标的。

6）总结

总结部分是对前面所有工作的总结，应包括此次设计的内容、目标、最终设计方案、相关的假设条件或要求。

7）单位和人员资质说明

单位和人员资质说明部分包含设计单位的名称、经营范围、设计资质，参与本设计项目的防火工程师的相关工作经历等。

13.4　性能化防火设计的研究现状

自 20 世纪 70 年代起，一些发达国家就开始系统研究以火灾性能为基础的建筑防火设计方法。英国早在 1985 年修订其建筑规范时就已经将性能化的设计方法作为一种可供选择的防火设计方法。新西兰、日本和澳大利亚在大量研究工作的基础上，提出了性能化的设计规范和指南。美国、加拿大、法国、芬兰、瑞典等国也都在积极开展性能化设计方面的研究工作。在我国，采用性能化防火设计并制定相应的规范也是大势所趋，目前正处于积极准备之中。

13.4.1　国外性能化防火设计的研究现状

1. 英国

英国第一部有关防火的建筑规范是 1666 年伦敦大火后开始制定的。1973 年将大部分已有的法规进行统一，形成了一部法案，但在形式上仍然是处方式的规范。20 世纪 80 年代初，英国对建筑规范进行了改革，于 1985 年完成了建筑规范的修订，明确提出可以将性能化设计方法作为一种可选的防火设计方法，率先实现了建筑防火设计由处方式设计规范向性能化设计规范的转变。1997 年正式发布了英国国家标准 BS DD240《建筑火灾安全工程（草案）》，为建筑的防火安全设计提供了一个工程解决方法的框架。

2. 加拿大

1941 年加拿大颁布了第一个能够被其境内所有地区采用的建筑规范——加拿大建筑规范（NBC）。有关性能化设计消防安全评估方面的工作始于 20 世纪 80 年代初。目前加拿大以目标为基础的规范框架包括 3 个部分：①一套不断明确的目标；②具有明确功能和目标的强制性要求；③可接受的解决方案和批准文件。

3. 新西兰

新西兰的性能化规范研究工作始于 20 世纪 80 年代末，并于 1992 年颁布了性能化的建筑法规《新西兰建筑规范》。新西兰坎特伯雷大学高级工程中心研究制定了《防火安全设计指南》，该设计指南提供了防火安全设计的指导原则和方法。

4. 美国

美国同时存在 3 种规范。其中，国家建筑规范主要适用于美国中西部、东北部和大西洋沿岸中部;南方建筑规范主要适用于美国南部;统一建筑规范适用于美国西部。1971年,美国的通用事务管理局制定了《建筑火灾安全判据》(Building Fire Safety Criteria)的附录D《以目的为基准的建筑防火系统方法指南》。此后,美国防火协会标准 NFPA550《防火系统概念树指南》(Guide To Systems Concepts for Fire Protection)和 NFPA101A《保证人员安全的替代性方法指南》(Guide on Alternative Approaches to Life Safety)相继完成。20世纪80年代,在美国实施了一个国家级的火灾风险评估项目,其结果形成了 FRAMWORKS 模型。1988年美国消防工程师协会(SFPE)编辑出版了大型工具书《SFPE防火工程手册》(Handbook of Protection Engineering)。1991年后,卡斯特(Caster)和米切姆(Meacham)等人开始研究性能化分析和设计的步骤,1997年,出版合著《以性能为基础的火灾安全导论》(Introduction to Performance-based Fire Safety)。2000年,SFPE(Society of Fire Protection Engineers)在这些人的研究基础上,编写了《建筑物性能化防火分析与设计工程指南》(The SFPE Guide To Performance-based Fire Protection Analysis and Design,Draft for Comments)。NFPA(National Fire Protection Association)也开始发展体现性能化防火分析与设计思想的标准。NFPA采用的基本上是处方式设计方法和性能化设计方法并存的双轨制。

5. 日本

自20世纪50年代起,日本一直采用高度指令性的建筑规范体系,即《建筑基准法》。1982年日本建设省的建筑研究院制定了《建筑物综合防火安全设计体系》,1994年翻译成中文《建筑物综合防火设计》。1993—1998年,日本建设省开展了"防火安全性能评估方法的研究",制定了性能化建筑防火安全的框架。1996年,日本开始修订《建筑基准法》,使该法案向性能化规范转变,并于2000年6月颁布实施,在《建筑基准法》中提供了安全疏散和结构耐火的评估验证方法。

6. 澳大利亚

20世纪70年代末,澳大利亚与加拿大国家研究院合作,开始进行建筑火灾危险性评估模型的研究,分别形成了澳大利亚的 CESARE-RESK 程序和加拿大的 FIRECAM 程序。澳大利亚于1989年起草了《全国建筑防火系统规范草案》。1996年,澳大利亚正式颁布了本国的第一部性能化建筑防火设计规范——《Building Code of Australia—1996》,简称 BCA96。1996年,防火规范改革中心推出了《防火工程指南》(Fire Engineering Guideline),该指南以落实性能化规范为中心,制定出一套三等级的防火工程系统评估方法。

13.4.2 国外发展性能化防火设计的特点

(1)在研究性能化防火设计的发展规划时,仔细考虑发展合理的以火灾性能为基础的建筑防火设计体系。

(2)性能化防火设计的关键是对建筑物的火灾危险状况做出科学的、客观的、恰如其分的分析。

(3)对每一个国家来说,在其性能化防火设计规范制定出来之前,性能化设计方法就已经在建筑设计中发挥了重要作用。

(4)制定性能化防火设计规范体系,不仅需要发展以火灾性能为基础的设计方法,还需要制定与这种规范相配套的技术法规(如设计指南等)。

（5）规划并实施性能基础规范体系的组建工作,除了需要建立以火灾性能为基础的建筑防火设计技术法规外,还需要建立一些必要的保证条件,如研究提出并确定建筑防火设计审查的方法与程序、相应的专业教育与专业人才培养制度、专业人员的资质认定标准和认证制度等。

（6）在性能化防火设计规范制定出来以后,性能化设计也不可能完全取代处方式的设计。在相当长的时期内,处方式设计方法仍将发挥作用。

13.4.3　我国性能化防火研究设计的现状

1965 年前后,公安部成立 4 个消防科研所,这标志着火灾科学和消防工程学的研究在我国正式启动。1984 年,中国消防协会正式成立。1985 年,中国人民武装警察部队学院消防工程系和消防指挥系正式成立。1986 年,由联合国开发计划署和中华人民共和国建设部联合投资组建中国建筑科学研究院建筑防火研究所。1989 年,火灾科学国家重点实验室开始筹建,主要从事火灾科学的理论研究工作。1995 年,国家"九五"科技攻关项目"地下大型商场火灾研究"确立,表明我国开始关注建筑物的性能化防火设计。2000 年,国家"十五"科技攻关项目"重大工业事故与城市火灾防范及应急技术的研究"确立,标志着我国建筑物性能化防火设计的理论研究和应用研究开始进入全面发展阶段。

目前,虽然性能化防火设计方法是防火设计的一种发展趋势,但在一个很长的时期内我们还不能完全脱离处方式的设计方法,原因有以下 4 点:

（1）处方式的设计方法虽然有局限性,但是已经形成了一套系统化的分析和设计方法,而性能化防火设计在这一方面还不够完善。

（2）人们对性能化防火设计需要一个认识和接受的过程,而且需要培养一批具备性能化防火设计资质的设计人员。

（3）性能化的设计需要进一步的规范。特别是在设计指标、设计方法和分析工具选择方面,目前并没有形成统一的标准。

（4）目前国际上性能化防火设计在理论和工程技术方面已经取得了巨大的发展,但是还有许多问题需要进一步研究,包括火灾试验数据库的建立和适合工程应用的分析工具的开发等。

性能化设计规范是指导人们按性能化方法进行建筑防火设计的法规文件,它对进行性能化设计中应当满足的要求、应当遵守的规程和应当注意的问题等做出必要的规定。指令性规范与性能规范不是简单的代替,而是在相当长的时期内并存或互补,这样既不妨碍新技术的应用,又能够保持当前的安全程度。

在我国推行性能化防火设计和制定相应的性能化规范时,应注意以下几个问题。

（1）正确认识我国现行规范的地位。

目前对于大部分建筑防火设计来说,重要的是应当强调严格执行现行规范,而不是急于用目前尚不够完善的性能化设计方法全面取代处方式设计规范。即使今后在我国制定出了性能化防火设计规范,但在一段相当长的时间内,处方式防火设计方法也将继续存在。

（2）客观地认识两种规范的优缺点。

处方式防火设计规范存在着不少缺点,主要表现在:

① 规范中有些规定过于死板,难以适应不同地区的具体要求。

② 这种规范不利于及时运用先进的消防技术。

③ 处方式规范中不少规定不适用于许多特殊建筑,有些矛盾还相当明显。

④ 按照处方式设计规范的条文要求,某些差别较大的建筑可能采取几乎一模一样的防火要求,难以做到火灾防治的科学性、有效性和投资合理性的统一。

处方式设计规范也有许多突出的优点,规范的很多条文是根据大量经验教训或试验数据总结出来的,在其规定的范围内具有很强的可靠性,而且设计简单、便于操作。

现行的性能化防火设计规范也存在一定的缺点,例如,要求进行大量的定量计算,设计者必须具备坚实的火灾安全的基础知识,有些计算所需要的时间较长、工作量大,设计方法不够方便。

(3) 进一步分析、消化国外的性能化防火设计方法和规范。

(4) 积极而慎重地支持性能化防火设计方法的应用。

建立工程设计试点,同时选用一些比较成熟的火灾危险分析方法进行定量评估,并按严格的程序进行设计和审批,以取得一些有益的运作经验。

(5) 制定适应现阶段需要的性能化防火设计指南。

在大力支持采用性能化防火设计的同时,国家行政主管部门还应当制定一些适用的监督、检查和管理办法,或称之为"性能化防火设计指南",作为现阶段开展性能化设计的技术指导。

(6) 为制定我国的性能化设计规范做好准备。

13.5 建筑火灾过程的计算机模拟——火灾模型

13.5.1 火灾模型的种类

运用数学手段模拟计算火灾的发展过程是认识火灾特点和开展有关分析的重要手段,尤其对建筑物的性能化分析和设计来说尤为重要。我国经过二三十年的研究,业已发展出多种分析火灾的数学模型,一般简称为火灾模型。据统计,现在有 $60\sim70$ 种比较完善的火灾模型可供选用。

火灾模型可分为确定性模型和不确定性模型两大类。

确定性模型是根据质量守恒、动量守恒和能量守恒等基本物理定律建立的。如果给定有关空间的几何尺寸、物性参数、相应的边界条件和初始条件,利用这种模型就可以得到相当准确的计算结果。

不确定性模型包括统计模型和随机模型等。这种模型把火灾的发展看成一系列连续出现的状态(或事件),而由一种状态转变成另一种状态有一定的概率,通过这种概率的分析计算,可以得到出现某种结果状态的概率分布。

常用的确定性火灾模型主要有经验模型、区域模型、场模型和网络模型等。

(1) 经验模型是以实验测定的数据和经验为基础建立的。依据实际火场的资料和大量的火灾试验,分析整理关于火灾分过程的经验公式。

(2) 区域模型、场模型和网络模型则是将质量、动量、能量等基本定律结合温度、烟气的浓度以及人们关心的其他参数表达成微分方程组。

① 区域模型通常把房间分为两个控制体,即上部热烟气层与下部冷空气层。在火源所在的房间,有时还增加一些控制体来描述烟气羽流与顶棚射流。

② 场模型把一个房间划分为几千个甚至上万个小控制体,可以是一维、二维或者三维的,因而可以给出室内各个局部的有关参数的变化。

③ 网络模型则把系统中的每个特殊区域(例如间)作为一个节点处理。在每个节点上,烟气的温度、浓度、代表的组分的含量等参数具有相同的值。这种模型的最大优点是它可以考虑包括多个房间,但其结果显然比较粗糙。

13.5.2 国际上常用的火灾模型

1. 经验模型

FPETOOL 由 Fire Protection Engineering Tools 缩写而成,是美国国家标准与技术研究院(NIST)建筑与火灾研究所开发的一种专家系统工具模型。本模型主要使用一些成熟的经验公式来描述建筑火灾的多个分过程。

2. 区域模型

1) ASET 与 ASET-B 模型

ASET 是 Available Safe Egress Time 的缩写,其含义是有效安全疏散时间计算程序。它也是由美国 NIST 开发的,该模型是一个用于计算门窗关闭的单个房间内热烟气层温度和高度的模型。ASET-B 模型是 ASET 模型的简化版本,它具有与 ASET 基本相同的功能,该模型可以用来预测起火房间内人员生命开始受到伤害和财产损失的时间。

2) HARVARD-V 和 FIRST 模型

HARVARD-V 模型是由美国哈佛大学埃蒙斯(Emmons)和密特勒(Mitler)等开发的单室区域模型。FIRST 模型则是美国 NIST 在 HARVARD-V 的基础上发展而成的,它可以计算在用户设定的引燃条件或设定的火源条件下,单个房间内火灾的发展情况,可以预测多达 3 个物体被火源加热和引燃的过程。

3) CFAST 与 HAZARD1 模型

CFAST 模型是美国 NIST 开发的区域式计算多室火灾与烟气蔓延的程序。该模型主要由早期的 FAST 模型发展而来,它还融合了 NIST 开发的另一个火灾模型 CCFM 中先进的数值计算方法,从而将 CFAST 模型和火灾探测模型 DETECT、人员承受极限模型 TENEB 及人员疏散模型 EXIT 组合起来,形成功能更健全的 HAZARD1 模型。这一模型一度受到人们的普遍关注。

3. 场模型

1) JASMINE 模型

JASMINE 模型是英国火灾研究站(Fire Research Station,FRS)在计算流体动力学模型 PHOENICS 的基础上开发出来的专用于火灾过程场模拟计算的模型,它采用了湍流双方程模型和简单的辐射模型。

2) FDS 模型

FDS(Fire Dynamics Simulator)是美国 NIST 开发的一种场模拟程序,FDS 采用数值方法求解一组描述热驱动的低速流动的 Navier-Stokes 方程,重点计算火灾中的烟气流动和热传递过程。

4. 其他模型

1）BFSM 模型

BFSM 模型是一种用来评估住宅式建筑内的火灾发展、燃烧产物的蔓延以及人员疏散行为三者之间相互关系的模型。这个模型是一个概率模型。

2）COMPF2 模型

COMPF2 模型是一种分析单个房间轰燃的专用模型。

3）DETACT-QS 模型

DETACT-QS 模型是用于计算不受限顶棚下由温度控制的消防装置启动时间的专用模型。

4）ASCOS 模型

ASCOS 模型是一种分析烟气控制系统中稳态空气流动的专用模型。

5）FASBUS 模型

FASBUS 模型是一种运用有限元方法分析暴露于火场中的钢框架楼板耐抗火反应的专用模型。

13.5.3 火灾模型的局限性

（1）包括区域模型和场模型在内的大部分火灾模型并没有模拟可燃物的实际燃烧过程。热释放速率是反映物品燃烧特性的基本参数，目前测定该参数的常用方法是将火源抽象为一个按一定规律变化的热源。

（2）输入参数的准确性难以保证。模拟计算结果的正确性取决于输入数据的合理性，因此就有可能导致模拟计算的结果与实际情况有一定的偏差。

（3）现在多数成熟的火灾模型都在某种程度上与试验数据进行了比较，不过还没有哪种模型曾经进行过全面验证。

（4）每种模型的适用范围是有限的，模型开发者只能做到在一定的范围内保证模型计算的结果可靠，因此使用者必须熟悉模型的基本假设及其局限性。

13.6 建筑火灾中人员安全疏散的计算机模拟——疏散模型

13.6.1 人员安全疏散的基本条件

火灾中人员的安全疏散指的是在火灾烟气未达到危害人员生命的状态之前，将建筑物内的所有人员安全疏散到安全区域的行动。

可用安全疏散时间（ASET）是指火灾发展到对人构成危险所需的时间，其表达式见式(13-1)。

所需安全疏散时间（RSET）是指人员疏散到达安全区域所需要的时间，其表达式见式(13-2)。

下面结合图 13-2 所示的时间线概念予以说明。

$$ASET = t_d + t_h \tag{13-1}$$

$$RSET = t_b + t_c + t_s \tag{13-2}$$

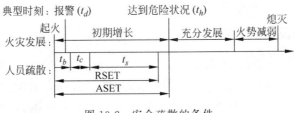

图 13-2 安全疏散的条件

式中：t_b 为从起火到室内人员觉察到起火的时间，s；t_c 为疏散准备所用的时间，s；t_s 为疏散到安全地带的时间，s。

因而保证人员安全疏散的基本条件是

$$ASET > RSET$$

13.6.2　火灾时临界危险状态的判断

火灾中的临界危险状态是指在火灾环境中可对室内人员造成严重伤害的火灾状态。

（1）当上部烟气层的温度高于 180℃，人体接受的热辐射通量超过 0.25W/cm² 时，将对人造成严重灼伤。

（2）当烟气层界面低于人眼特征高度（通常为 1.2～1.8m），烟气层温度为 110～120℃ 时，会直接烧伤人。

（3）当烟气层界面低于人眼特征高度，CO 浓度达到 0.25% 时，就可对人构成严重危害。对于具体火灾而言，这 3 种危险状态哪一个先达到，就采取哪一个作为判断依据。

13.6.3　人对火灾的反应过程

大量调查分析表明，在火灾中人们所做出的反应大体可分为察觉火灾迹象、确认火灾发生和采取逃生行动 3 个主要步骤。

1）觉察火灾迹象

火灾迹象可以直接觉察到，例如，闻到烟气的异味，看到烟气的蔓延；也可以间接得到，例如，通过声光报警系统听到、看到，或由其他人告知等。

不同的人对火灾迹象的反应存在很大的差别，不同类型人员，其反应的时间过程可能相差很大。

2）确认火灾发生

确认火灾发生包括证实火灾存在、确定火灾危险、评估火灾危险、选择是否疏散或者是否重新评估等。

3）采取逃生行动

逃生行动主要有以下几种类型：

（1）寻找火源，主动灭火；

（2）通知或协助他人撤离；

（3）向消防队报警，请求灭火支援；

（4）收拾财物，然后逃离；

（5）直接逃离现场；

（6）出现恐慌行为,无法自主行动或盲目行动。

13.6.4 人员疏散模型的研究

从 20 世纪 80 年代开始,人员疏散的计算机模拟就得到了迅速发展,现在国际上已有 20 多种发展比较成熟的人员疏散模型,如 EVACENT,EXIT89,EGRESS,CRISP 等已受到人们较多的注意。有些模型是针对建筑类型开发的,其适应性较强,如 EXIT89 适用于高层建筑的人员疏散,BFIRES 更加适用于医院等类型建筑的人员疏散。在一些综合性的建筑火灾风险评估模型中也大都包括人员疏散模型,例如 HAZARD1 中的 EXIT 模型、FIRECAM 程序中人员逃生子模型等。

1. 人员疏散模型的类型与结构

按疏散模式来分,主要有单一参数模型、运动模型和混合模型 3 类。

（1）单一参数模型是根据非紧急状况下的人员疏散演习的结果建立的,可以简单计算一定数量的人通过限定宽度的出口或确定距离的通道所需的时间。

（2）运动模型基本上是将在网络中运动的人群近似看作管中流动的水,人员的疏散方向和速度仅仅由人员的密度、出口的疏散能力等因素决定。

（3）混合模型不仅考虑受限空间的物理状况,而且考虑人员的行为特点,也就是说考虑人员对火灾信号的响应及其个体的行为特点,例如他们对火灾的响应时间、选择出口的方式等。

在建立人员疏散模型时,需要解决以下几个基本问题。

1）受限空间的表示方法

受限空间的表示方法通常有细网络法和粗网络法两种。在每种方法中,所涉及的空间都被划分为若干小区域,每个小区域都以某种特定的方式与邻近的小区域相连。

（1）细网络法

细网络法将整个受限空间划分为许多小的网络节点。用这种方法可以比较准确地表示受限空间的几何形状及其内部障碍物的位置,并可在人员疏散的任意时刻确定每个人的准确位置。

（2）粗网络法

粗网络法按照实际建筑结构的分隔状况来确定其几何形状,因此网络的每个节点可以表示一个房间或一段走廊,不过节点与该区域的实际大小无关。按照各区域在建筑中的实际位置,用适当的表示长度的曲线将有关网络节点连接起来。这类模型能表示建筑物内的人员从一个房间移动到另一个房间的情况,而不能表示这些人员从所在大区域内的某个位置移动到另一个位置的情况。

2）人群特征的分析方法

对于受限空间的人群特征有个体分析和群体分析两种方法。

（1）个体分析

大多数模型允许模型的使用者设定个体的特性,或用随机方法确定个体的特性。这些个体的特性可用于个人决定运动的过程,而该过程与所模拟的其他人员无关,只与被选定的个人经历有关。

（2）群体分析

有些模型则将所考虑的人员当作一个具有共同特性的群体处理,就是说采用了群体分析法。这类模型在描述人员疏散过程时，不是针对逃生的个体，而是针对由大量人员组成的群体。

3）人员行为的表示方式

按照行为的决定方式，行为模型大致可分为无行为准则模型、函数式行为模型、复杂行为模型、基于行为准则的模型和基于人工智能的模型 5 种。

（1）无行为准则模型

无行为准则模型完全依赖对人群的运动和空间几何形状的表示来影响建筑物内相关人员的疏散，并对其进行预测判断。

（2）函数式行为模型

函数式行为模型用一个方程或一组方程来描述整个人群的特征，以便达到全面控制人员响应的目的。所有的函数来自于其他从事人员行为模拟的研究领域，例如，有些模型的方程就来源于物理学。

（3）复杂行为模型

有些模型通过复杂的物理方法来隐含表示人的行为决定准则。这些模型可能是基于第二手数据建立的，包括心理的或社会的影响数据，因而它强烈依赖于第二手数据的准确性和有效性。

（4）基于行为准则的模型

基于行为准则的模型，允许现场人员按照预先规定的一套准则来做决定，这些准则可以在一些特定情况下起作用。大多数基于行为准则的模型都是随机模型。

（5）基于人工智能的模型

在人工智能模型中，个体人员被设计成能对周围环境进行智能分析的模拟人或与之相近的智能人，因此它可以准确地表示人员独立做决定的过程，但它取消了模型使用者对现场模拟人员行为的控制权。

2. 常用的疏散模型

1）Simulex

Simulex 是由苏格兰集成环境解决有限公司开发的，用来模拟大量人员在多层建筑物中的疏散行为的软件。该软件可以模拟具有大型、复杂几何形状，带有多个楼层和楼梯的建筑物，可以接受 CAD 生成的定义单个楼层的文件。

用户可以自定义疏散出口位置、宽度，并在楼层平面图上单个或成组的放置人员，而由软件来进行整栋建筑的疏散距离计算，生成"等距图"。疏散开始后，人员将根据自身"等距图"，按照距离最短的原则向疏散出口移动。

2）STEPS

STEPS（Simulation of Transient Evacuation and Pedestrian Movements，瞬态疏散和步行者移动模拟）软件是一种三维疏散软件，由 Mott MacDonald 设计。该软件专门用于分析建筑物中人员在正常及紧急状态下的疏散状况。适用建筑物包括：大型综合商场、办公大楼、体育馆、地铁站等。

3）EXIT89

EXIT89 是由国际防火协会开发的疏散模型，用于模拟大型的、有高密度人员的建筑的疏散，例如高层建筑。它可以跟踪个体在建筑物内的行动轨迹，也可以模拟烟气对疏散的影响,通过用户定义的烟气阻塞或者从 CFAST 输出结果。

4) Building Exodus

Building Exodus 软件,由格林尼治大学的 Exodus 开发团队开发,是一种模拟个人行为和封闭区间的细节的计算机疏散模型,该模型考虑了人与人之间、人与建筑结构之间和人与环境之间的相互作用。它可以模拟大建筑物中的上千人的疏散情况并且包括火灾数据。模型跟踪每一个人在建筑物中的移动轨迹,他们可能走出建筑物,也可能被火灾(例如热、烟和有毒气体)伤害。

其他常用的疏散软件还有 ASERI,EGRESS,PATHFINDER 等。

第 **3** 部分

石油化工防火与消防
系统设计

第 14 章

石油化工企业总体布局防火设计

14.1　布局防火设计的基本原则

在石油化工企业设计中,贯彻"预防为主,防消结合"的方针,采取防火措施,以防止和减少火灾危害。

企业总平面要根据建筑工程的火灾危险性、地形、周围环境以及常年主导风向等情况进行合理布置。厂区的总平面布置一般是先根据生产工艺流程、生产性质、生产管理、工段划分等情况,将全厂划分为若干个生产区域,使之功能明确,运输管理方便。各个生产区域可以根据生产工艺要求设若干车间,另外还有仓库、堆场、动力设施等。从防火安全角度讲,主要考虑以下原则。

(1) 满足生产工艺要求。

满足生产或储存需要是进行厂区总平面布置的前提。生产工艺流程及储存物品的内部流通规律是进行工业企业总平面设计的主要技术依据,防火要求也应该遵循这一原则。

(2) 合理划分防火区域。

一个石化企业一般都由生产车间、辅助用房及服务于生产或物品储存的设施组成,不同性质的石化企业具有不同的火灾危险性。根据不同的火灾危险性划分防火区段是控制火灾发生、蔓延的一种有效措施。

(3) 考虑建筑物的朝向及体积。

在相同爆炸冲击波的作用和相同距离条件下,承受冲击波的面积越大,所受到的爆炸冲击波的压力越大,破坏就越严重。因此,在易燃、易爆的生产区域内,要充分考虑建筑物的朝向与体积问题。为保证一旦发生意外建筑物不被爆炸冲击波摧垮,在满足生产要求的前提下,建筑物宜小不宜大,尤其不宜盖超大跨度的建筑物。对同一结构类型的建筑物来讲,纵向刚度要比横向刚度大,刚度大则抵抗爆炸冲击波的能力就强,就越不容易被破坏。

14.2　布局防火设计的要求

按照上述基本原则,石油化工企业在进行总体布局时,应根据工程的生产流程以及各组成部分的生产特点和火灾危险性,结合地形、风向等条件,按功能分区,集中布置。

(1) 可能散发可燃气体的工艺装置、罐组、装卸区或全厂性污水处理场等设施宜布置在人员集中场所及明火或散发火花地点的全年最小频率风向的上风侧;在山区或丘陵地区,还应避免布置在窝风地带。

（2）液化烃罐组或可燃液体罐组不应毗邻布置在高于工艺装置、全厂性重要设施或人员集中场所的阶梯上。但受条件限制或有工艺要求时，可燃液体原料储罐可毗邻布置在高于工艺装置的阶梯上，但应采取防止泄漏的可燃液体流入工艺装置、全厂性重要设施或人员集中场所的措施。液化烃罐组或可燃液体罐组不宜紧靠排洪沟布置。

（3）空分站要求吸入的空气应洁净，应布置在空气清洁地段，并宜位于散发乙炔及其他可燃气体、粉尘等场所的全年最小频率风向的上风侧，若空气中含有可燃气体，一旦被吸入空分装置，则有可能引起设备爆炸等事故。

（4）全厂性的高架火炬在事故排放时可能产生"火雨"，且在燃烧过程中，还会产生大量的热、烟雾和有害气体等。其在风的作用下，如吹向生产区，则对生产区的安全有很大威胁。为了安全生产，全厂性的高架火炬宜位于生产区全年最小频率风向的上风侧。

（5）在汽车装卸设施、液化烃罐装站及各类物品仓库区域，由于机动车辆频繁进出，汽车排气管可能喷出火花，若穿行生产区则极不安全。为提高厂区防火要求，上述设施应靠厂区边缘布置，设置围墙与厂区隔开，并设独立出入口直接对外，或远离厂区独立设置。

（6）采用架空电力线路进出厂区的总变电所应布置在厂区边缘，防止发生火灾损坏高压架空电力线，影响全厂生产。

（7）生产区不应该种植含油脂较多的树木，宜选择含水分较多的树种；工艺装置或可燃气体、液化烃、可燃液体的罐组与周围消防车道之间，不宜种植绿篱或茂密灌木丛；在可燃液体罐组防火堤内，可种植高度不超过 15cm、含水分较多的四季常青草皮；液化烃罐组防火堤内严禁绿化；厂区的绿化不应妨碍消防操作。

（8）甲、乙类火灾危险性的生产区、储存区不得修建办公楼、宿舍等建筑；同时，为防止火灾蔓延，应用实体围墙与外界隔开。规模较大的企业应该根据实际需要，合理划分生产区、储存区、生产辅助设施区和行政办公、生活福利区等。

第 15 章

石油化工工艺与设备防火设计

15.1 石油化工典型工艺过程的防火设计

在石油化工生产、加工、输送、储运中常常伴随着易燃、易爆、高温、高压、深冷、有毒有害和腐蚀等危险因素。由于高温、高压、深冷能够提高生产效率,降低能源,取得更好的经济效益,因此石油化工的生产工艺日益向高深发展,火灾的风险也随之加大。例如石油裂解装置内的温度高达 $800\sim900℃$,生产尿素的反应压力在 10MPa 以上,高压聚乙烯需要在 $100\sim300$MPa 的压力和 $180\sim280℃$ 的高温下才能聚合生成,乙烯生产要在小于 $30℃$ 的低温下才能运送和储存。高温、高压、深冷易使设备材料损坏,使金属材料发生蠕变,改变金相组织,降低机械强度;低温会使得设备材料变脆易裂,因此事故易发。多发性、突发性和严重危害性是石油化工装置的主要特点。1987 年 7 月 8 日的石化丙烯腈装置事故、1996 年 6 月 18 日的高化苯酚丙酮装置事故、1996 年 7 月 19 日和 2002 年 7 月 23 日的石化二次乙烯装置事故,以及 2007 年 9 月 19 日的高桥精细化工厂事故,都说明了石油化工生产的事故多发性和危害性。研究石油化工工艺以及装置的火灾危险性,有助于我们了解并掌握石油化工装置的特征和事故发生的规律,有助于我们掌握事故处置的主动权,针对性地采取处置对策,有助于减轻或消除事故危害。

15.1.1 氧化反应单元防火

一方面,氧化单元过程在石油化工生产中起着重要作用,通过它可以利用基本有机原料生产各种有机化工产品,例如醇类、醛类、酮类、酸类、环氧化物、有机过氧化物、含氧化工产品;另一方面,因生产过程中潜在的火灾危险性较大,其防火防爆工作十分重要。

1. 氧化反应火灾爆炸危险性分析

（1）原料和产品易燃、易爆、有毒。

被氧化物质大都具有火灾爆炸危险性,例如乙烯、丙烯、萘、乙醛、氨等。某些氧化中间产物不稳定,甚至还有火灾爆炸危险,例如液相氧化反应系统往往存在一定量的烃类过氧化氢和过氧酸类中间产物,当其浓度积累到一定程度后会发生分解而导致爆炸。非均相丙烯氨氧化反应副产品的氢氰酸、乙腈和丙烯醛是可燃有毒的物质。部分氧化产品也具有火灾爆炸危险性,例如乙烯氧化生成的环氧乙烷是可燃气体;甲醇氧化生成的甲醛（含 36.7％甲醛）是易燃液体;丙烯氨氧化生成的丙烯腈是易燃液体。

（2）反应温度高，放热量大。

氧化反应强烈放热，反应温度高，传热情况复杂。非均相氧化系统中存在催化剂颗粒内及其与气体间的传热，以及床层与管壁间的传热。催化剂的载体往往是导热欠佳的物质，因此，如采用固定床反应器，床层温度分布受到传热效率的限制，可能产生较大温差，甚至引起反应器飞温，导致火灾爆炸事故；如采用流化床反应器，反应热若不能及时移出，反应器内稀相段上就极易发生燃烧，因为原料在浓相段尚有一部分未转化，进入稀相段后会进一步反应放热，当温度达到物料的自燃点就可能发生燃烧。

（3）原料混合气具有爆炸性。

被氧化物与氧化剂的配比是反应过程中重要的火灾爆炸危险因素。有的原料配比处在爆炸极限范围之内，例如，丙烯氨氧化反应的丙烯与空气在原料总体积中分别占 6.16% 和 67.7%，两者之比为 9.1%（丙烯的爆炸极限为 2%～11%）；苯酐生产中萘与空气的质量比为 1∶9 左右，萘蒸气在空气中的体积浓度为 2.25%（萘蒸气爆炸极限为 0.88%～5.9%）。有的反应在接近爆炸极限的条件下进行，如甲醇蒸气在空气中氧化，其配比接近爆炸极限；乙烯氧化生成环氧乙烷或乙醛的反应中，循环气的氧含量在爆炸极限附近，如果控制不当，易形成爆性混合气体。液相氧化反应速率比气-固相催化氧化反应慢，物料在反应器等设备中滞留量很大，故危险性增大。

（4）副反应放热，增大火灾危险性。

反应过程中如扩散速率不快，反应产物会积聚在催化剂表面附近，将导致深度氧化的连串反应发生。此外，平行的副反应也比较复杂而难以控制。例如，丙烯氨氧化反应易发生一系列副反应，产生氢氰酸、丙烯醛和深度氧化产物二氧化碳和一氧化碳；乙烯氧化制环氧乙烷，其副反应产生二氧化碳和水，这些副反应均为强放热反应，增加了反应过程的总放热量；深度氧化为二氧化碳和一氧化碳的反应，是导致流化床反应器稀相段温度升高发生燃烧的另一主要原因。

在乙烯经环氧化生产环氧乙烷中，完全氧化副反应增多，会增加反应热当量（当选择性由 70% 降至 40% 时，反应放出的热量会增加 1 倍）。

（5）原料中杂质具有危险性。

原料气中的杂质会使催化剂中毒，例如杂质乙炔能使 Ag 催化剂形成乙炔银，与催化剂溶液中的 Cu 离子作用生成乙炔铜，受热会发生爆炸性分解；杂质氯与硫化物也会使催化剂中毒。某些杂质还能影响爆炸极限，例如氢会使原料气的爆炸极限浓度降低，而增加爆炸危险性。原料中的杂质还能使副反应增多，增大反应放热效应。

（6）易产生结焦，堵塞设备管道。

有些氧化物如丙烯腈、氢氰酸、环氧乙烷易发生聚合生成固态物质，某些产物高温下易发生结焦，导致管路堵塞。例如丙烯氨氧化温度超过 500℃ 反应产物就有结焦现象。此外，长期滞留在设备中的残留物、附着物与空气接触往往会发生自燃。例如苯酐生产中的萘焦油、苯二甲酸钠、硫化亚铁在常温下就有自燃危险性；苯酐焦油在 220℃、顺丁烯二亚铁在 180℃ 时，也有自燃危险。

（7）物料易产生静电。

氧化使用的物料为电介质。它们在管道内高速流动或经阀门、喷嘴喷出时会产生静电，最高静电电压可达万伏以上。装置中存在静电放电也有引起火灾的可能性。

2.防火防爆技术措施

（1）防止反应物料泄漏。

一般工艺危险中的"排放和泄漏控制"项，特殊工艺危险中的"毒性物质""易燃及不稳定物质的数量""腐蚀""泄漏-连接头和填料处"等项都与泄漏有关。必须采取措施降低泄漏率，从而降低火灾和中毒危险。设备应选材合理，减少腐蚀，精心维护，保持良好运转状态。

（2）控制反应温度。

反应温度是氧化反应器工艺控制的主要参数。对于列管式固定床反应器，防止反应失控而产生飞温的措施有：在原料气中加入微量抵制剂，使催化剂部分毒化；在原料气入口处附近的反应管上层，放置些被惰性载体稀释的催化剂或已被部分老化的催化剂；采用分段冷却法，提高换热速率。流化床反应器内设置的U形冷却管要有足够的冷却面积，要确保连续供给冷却剂，同时可通过原料气的预热温度来调节反应温度。当液相氧化反应器的单位体积所需传热面很大时，不宜将传热装置设置在反应器内，应采用外循环冷却器，尤其在大规模生产中。

（3）抵制反应物料的爆炸危险性。

当仪表或装置失灵，氧化反应器内物料浓度处于燃烧范围内或附近时，特殊工艺危险中"易燃范围内及接近易燃范围的操作"的危险系数将增加。应当采取措施，降低反应物料的爆炸危险性。原料混合器放置在反应器进口附近，以确保原料在混合器中混合后立即进入反应器，减小可能发生爆炸的空间。在接近爆炸极限条件下进行的氧化反应，应严格控制原料气与空气或氧气的混合比例。生产装置要有自动化控制仪表、组分分析的安全连锁警报装置。此外，还可采取原料气和氧气或空气分别进料方式，以避免爆炸性混合物的形成。

（4）配置安全保护和防火设施。

氧化反应器的火灾、爆炸危险性非常高，设计中采用了较多的安全装置和防火设施进行补偿，使实际危险性下降了几个等级。因此，在生产实践中必须十分重视安全装置的完好率和投用率，否则装置的危险等级会回升。氧化反应器中设置的氮气、水蒸气管线，一是用于保护反应器，二是用于灭火。当反应器的稀相段温度升高时，应及时通入氮气或水蒸气。因水蒸气有较大热容，可以将大量反应热量带走，避免过热现象发生，有利于反应温度控制；同时水蒸气或氮气还能稀释物料，防止进入爆炸极限而发生爆炸。在原料混合器、氧化反应器等易形成爆炸性混合物设备上安装防爆片等抑爆装置，以减小爆炸的破坏作用。为了防止可燃原料气体爆炸或燃烧危及人身和设备系统安全，在反应器前的气态投料管道上以及放空管上安装阻火器，防止回火在整个系统内蔓延。

15.1.2　还原反应单元防火

在化学反应中，使得物质分子中的原子得到电子，即有负电荷增加或者正电荷减少的反应叫还原反应。还原和氧化总是同时发生。在有机合成工业中发生的还原反应主要是使硝基化合物分子中的硝基变成氨基，或者在不饱和的化合物中加氢使其变成饱和的化合物。还原反应种类很多，有的比较安全，有的很不安全，具有火灾、爆炸危险性。

1.还原反应火灾爆炸危险性分析

（1）物料、产品具有火灾爆炸危险性。

参与还原反应的物质大多具有火灾爆炸危险性，如硝基苯、一氧化碳、硝基萘等。许多常用的还原剂也有火灾爆炸危险性,如氢气、保险粉、硼氢化钾、氢化锂铝等。某些还原反应的中间产物以及产品,特别是硝基化合物还原反应的中间产物具有火灾爆炸危险性,例如在邻硝基苯甲醚还原为邻氨基苯甲醚的过程中产生的氧化偶氮苯甲醚,受热到150℃时能自燃。

(2) 生产工艺具有危险性。

无论是利用初生态氢还原,还是利用催化剂活化氢气进行还原,在反应过程中都有氢气的存在,特别是后者使用的氢气量很大,氢气泄漏到厂房中就会与空气形成爆炸性混合物。有些加氢还原反应,如催化加氢是多相反应,一般需要在高压下进行,氢气在高压情况下爆炸范围加宽,自燃点降低,增加了危险性,高压氢气泄漏的危险性也更大。

还原反应是强烈的放热反应,温度不加控制会使反应加速,从而造成冲料或物理性的爆炸事故。在有的反应过程中,温度过高还会引起参加反应物料或中间产物自燃。

2. 防火防爆技术措施

(1) 加强危险品的防火管理。

大部分要被还原的物质由于具有易引起火灾、爆炸的危险性质,应按照其危险类别进行防火安全管理。在氢气使用量较大的情况下,其储存气柜应与生产设备或厂房保持规定的距离。还原剂中的保险粉、硼氢化钾、锌粉等物质要注意防水、防潮。氢化锂铝平时要浸没在煤油中储存。严禁氧化剂与还原剂混存、混运。

(2) 严格控制工艺参数。

应严格控制物料的投入数量和速率,严格控制酸溶液的浓度,尤其是用锌粉或铁粉与盐酸作用产生初生态氢气还原硝基时,要严格控制投料量和速率。投锌粉过多,则短时间内产生氢气太多,易发生冲料危险。

在还原反应过程中,应严格控制温度和压力,防止反应温度达到反应物料或其生成物的自燃点,防止温度升高造成压力骤增而引起设备爆裂。

用水溶解保险粉时,要控制温度,可在搅拌条件下将保险粉分次加入冷水中,待溶解后再与有机物接触,进行反应。

(3) 用惰性气体保护和置换。

危险性大的还原剂,如氢化锂铝需要在氮气的保护下使用。厂房内应通风良好,并设有天窗或风帽,或在墙上部砌成花墙,以便于溢出的氢气排出。反应器中产生的多余的氢气可用排气管导出厂房屋顶,排气管上应加装阻火器。

(4) 设置安全装置。

有压设备和机械(如氢气压缩机)应安装安全阀,反应器、合成塔等除了安装安全阀以外,还要加装防爆片。车间内宜设置氢气检测报警装置,以便在氢气-空气混合物达到危险状态前及时处理。

(5) 采用危险性小的还原工艺。

化工生产中应尽可能采用危险性小、还原效率高的还原工艺。例如,以硫化钠代替铁粉还原,既可以避免氢气产生,又可以避免发生铁泥堆积的问题。

15.1.3　聚合反应单元防火

聚合反应是石油化工企业生产塑料、橡胶、纤维和离子交换树脂等产品的重要工艺过程。从消防安全角度来看，聚合工艺系统庞大复杂，涉及易燃易爆物质，在高温高压下进行生产，具有较大的火灾危险性。

聚合是若干个分子化学结合为一个更复杂的分子的过程，分为加聚和缩聚两大类，其中加聚有本体聚合、溶液聚合、悬浮聚合和乳液聚合 4 种方式。

1. 聚合反应火灾爆炸危险性分析

（1）高活性的单体易发生氧化、自聚、热聚反应。

聚合原料单体基本上为由碳氢构成的不饱和烃，性质活泼，在高温下容易发生氧化、自聚和热聚反应。例如，丁二烯在一定条件下，能在设备内生成性质极不稳定的丁二烯过氧化物、端基聚合物和自聚物。过氧化物易分解爆炸，自聚物则能在设备中迅速积累增加，致使设备或管道胀裂，大量物料流出，从而引起燃烧和爆炸。

（2）高压设备和管道内物料易泄漏，形成爆炸性混合物。

聚合过程是在较高温度和压力条件下的密闭设备和管道中进行的，其原料包括溶剂及其他助剂，绝大部分属于易燃易爆物质，数量大、爆炸极限宽、闪点低和易挥发。生产过程中，可燃物料泄漏常有发生。易燃气体或液体蒸气一般比空气重，泄漏出来后往往沉积于地表、沟渠及厂房死角，并且长期积聚不散，与空气易形成爆炸性混合气体，碰到火源便会发生燃烧甚至爆炸。

（3）聚合反应若温度控制不当，易发生暴聚。

聚合反应均为放热和热动力不稳定过程，当热量来不及导出时会出现"暴聚"现象，反应失去控制而引发爆炸事故。例如，1kg 乙烯聚合时可能产生约 3500kJ 的热量，而乙烯物料的比热容在聚合反应的温度和压力下约为 2.6J/(kg·℃)，如果乙烯聚合转化率每升高 1%，则反应物料温度因反应热会升高 12～13℃；此热量若得不到及时移出，当体系温度升到 350℃以上时，乙烯便会发生爆炸性分解。环氧乙烷聚合时放出热量约为 85～125kJ/mol，而其蒸发热仅为 25.5kJ/mol，所以环氧乙烷聚合时，容器中可产生相当高的环氧乙烷蒸气压力，从而引起爆炸。

（4）催化剂的性质增大过程的危险性。

聚合过程所使用的催化剂，有的为强氧化剂，有的易分解爆炸，有的易自燃。如三乙基铝、三异丁基铝、异戊基铝、一氯二乙基铝与二乙基铝的等分子混合物等与空气接触立即燃烧，遇水易爆炸。催化剂三氟化硼和空气接触也会发生剧烈反应，冒白烟。过氧化物催化剂遇高温则会发生分解、爆炸。如聚合过程中催化剂加入过量，引发剂的比例过高，聚合反应速率加快，产生的反应热不易导出，还可能导致暴聚。

（5）原料含杂质引发危险。

原料中的某些杂质对聚合有催化作用或能引起不良副反应，其结果会使聚合过程变得无法控制。高压聚乙烯生产中，原料乙烯不纯，尤其是含乙炔量过高，压缩时就易聚合放热而发生爆炸。丁二烯中含氧量为 500ppm 时，就会产生端基聚合物。

（6）聚合产物具有潜在的危险性。

聚合产物黏性大，设备和管道常有被其黏堵的可能性。采用管式聚合器的最大问题是反应后的聚合产物黏挂管壁发生堵塞，引起管内压力和温度变化，甚至因局部过热引起物料裂解，成为爆炸事故的原因。此外，从生产装置中清理出来的自聚物、热聚物遇空气容易自燃。

(7) 聚合后处理过程中,在设备内可能形成爆炸性混合物。

聚合反应完毕后,聚合器内除聚合体外,还有未反应完的单体、溶剂、乳化剂、催化剂等易燃易爆物,若后处理不当,会引发危害。例如,用气体压出聚氯乙烯聚合物料时,若气体为压缩空气,则空气中的氧会与物料中残存的氯乙烯形成爆炸性混合物。

(8) 静电危险性分析。

多数聚合产品,如聚氯乙烯、橡胶、合成纤维及树脂类物质等,其电阻率大都在 $10^{12}\Omega\cdot cm$ 左右,最易产生静电。又由于在聚合产品输送至粉体聚合物料仓以及由料仓分装的过程中都很容易产生静电,易引起静电起火或爆炸,因此会影响产品质量,妨碍生产和伤害人体等。

2. 防火防爆技术措施

(1) 防止单体自发聚合。

应该严格控制单体的温度,设备和储槽应设置有效的单体冷却装置,防止局部过热。应防止在设备死角长期积聚物料。储存单体量不能过多,时间不得过长。储槽必须定期清理,避免形成自聚物及过氧化物。

(2) 严格控制原料的纯度。

应有严格的质量检验制度,保证原料中不含对聚合有引发作用或能引起不良副反应的杂质。例如聚乙烯的生产原料乙烯,纯度要求质量分数大于9.99%,其中乙炔质量分数低于0.01%,并且不含氧化性催化杂质。

(3) 正确使用催化剂。

在配置催化剂过程中必须注意安全,搬运物料时要轻拿轻放,防止撞击发生危险。烷基铝等要防止与空气接触发生自燃和遇到水受潮发生爆炸。过氧化物要防止遇高温分解发生爆炸燃烧。应严格控制催化剂的加入量,需要根据物料的温度进行调节,当温度高时,加入量适当减少;温度低时,加入量适当增加。

(4) 防止暴聚反应。

在聚合反应开始阶段或进行过程中都有发生暴聚的可能性。反应时应按照投料顺序和投料配比准确投料,总物料不应超量。反应前期要防止升温过快,当反应加速后,放热量逐渐增加,要及时冷却降温。在反应过程中,要十分注意温度和压力的变化。

(5) 防止设备发生堵塞。

开车前,要仔细检查管内是否被堵塞,如果被堵塞,应先清除堵塞再开车。防止聚合物黏挂管式反应器管壁甚至堵塞反应器的方法有:添加防黏剂;给流体加周期性脉冲,使得物料周期性的突然增速冲刷管壁。应定期清理可能积聚自燃聚合物的设备。清理时,不得使用铁质工具或者金属条,可用氮气或者水蒸气吹扫。清理出来的自聚物必须送至安全地点处置。

(6) 采用惰性气体保护。

聚合系统应配备惰性气体保护装置,使用的氮气纯度应在99.5%以上,操作前或操作完毕后,打开设备前,整个系统均需要进行氮气置换。当生产过程中出现故障,温度升高或发现局部过热现象时,必须立即向设备充氮加以保护。

(7) 设置防事故设施。

聚合生产装置应设控制工艺参数的自动连锁系统,如设置物料温度与催化剂加入量的连锁装置、聚合釜的压力或温度极限调节报警装置。当参数超出安全规定范围时,这种系统应能立即进行自动调节;当调节无效时应能发出报警信号,通告操作人员采取紧急措施排除故障;故障排除不当或不及时,自动控制系统应能发出切换、放空或灭火等指令。危险性较大的部位还应采取二重、三重保护。聚合釜应备有事故排放罐或供排出反应物料用的备用容器和放空管,以便在设备发生沸溢、设备泄漏的紧急状态下,将反应釜内液体物料及时排入事故排放罐,通过放空管排出气态物料,阻止事故扩大。在进入聚合反应器之前的管道上,应安装液封或砂封等阻火设备,以防止燃烧爆炸的蔓延扩展。

15.1.4　裂解反应单元防火

裂解是有机化合物受热分解和缩合成不同分子量产品的反应过程。制备乙烯、丙烯等低级烯烃的烃类裂解装置是石油化工的最基础和最重要的装置。裂解生产过程中物料多为气态,操作在高温压力条件下进行,并且还有深冷分离工序,装置复杂,连续性强。因此,预防火灾及爆炸工作十分重要。

1. 裂解反应火灾爆炸危险性分析

(1) 设备、管线、阀门泄漏。

裂解生产厂内常备大量液化气原料,裂解气也多以液态储存。储槽有一定压力,如槽体有不严密处,物料将会大量泄漏散发出来,遇明火会发生爆炸或燃烧。设备或阀门破裂将造成高温原料和裂解气的泄漏而致灾。蓄热炉和砂子炉阀门较多,切换频繁。此外,砂子炉内大量的固体颗粒对设备磨损较严重,易造成设备、管线、阀门破裂而引发泄漏。

(2) 高温裂解气火灾危险。

高温的裂解气,若生产过程中遇到停水、水压不足或误操作,导致气体温度冷却不下来,就会烧坏设备而引起火灾。裂解反应温度远高于物料的自燃点,一旦泄漏,便会立即发生自燃。

(3) 管式裂解炉易产生结焦。

在裂解过程中,由于二次反应,在裂解炉管内壁上和急冷换热器的管内壁上容易形成结焦。随着裂解的进行,结焦不断积累,影响管壁的导热性能,将造成局部过热,甚至堵塞炉管,引起事故。

(4) 再生或分离系统有爆炸危险。

砂子炉反应器顶部空间压力与储料斗之间的压力差如果过大就不能保证砂子正常循环,而使反应器油气窜入上砂管,引起砂管和砂阀结焦,更严重的将是裂解气窜入储砂斗而引起爆炸危险。裂解气分离操作在压力下进行,若设备材质有缺陷,操作过程中易造成负压或超压;或压缩机冷却不够、润滑不良;或管线、设备因腐蚀穿孔、裂缝,将引发设备爆炸或泄漏物料着火。

(5) 深冷分离易发生冻堵。

深冷分离在超低温下进行,若原料气或设备系统残留水分,深冷系统设备就会发生冻堵胀裂而引起爆炸着火。

(6) 加氢过程火灾危险性较大。

加氢过程是为了脱去炔烃而对乙炔、碳三、汽油物料进行加氢气的过程。氢气为易燃易爆气体,火灾危险性较大,如果加氢反应操作不当、氢炔比例失调,便会导致温度急剧升高,从而造成催化剂结焦失活,反应器壁出现热蠕变破裂,物料泄漏着火甚至爆炸。

(7) 工艺流程中存在引火源。

裂解炉为明火设备,装置泄漏出的易燃易爆气体遇到裂解炉火源爆炸的事故屡有发生。

裂解炉点火时,如果扫膛不净,炉膛内积存的爆炸性混合气体就可能发生爆炸。裂解原料或产物均为易积累静电的电介质,其在设备系统内流动的过程中,特别是在加压输送时,易产生和积累静电,潜伏着静电火灾危险。

2.防火防爆技术措施

(1)合理布置工艺装置。

裂解炉尽量远离可能泄漏液化气、可燃气或蒸气的工艺设备和储罐,应布置在这些设备、储罐或构筑物的侧风向或上风向。分离塔宜露天设置或置于敞开式建筑物内。液化气储罐区应布置在裂解装置的下风向或侧风向,并应有一定的防火间距。

(2)严格控制工艺参数。

为严格控制操作温度,应安装自动测温与调温等连锁系统。重要部位应设置上限与下限温度报警装置,当超过温度限制时,能自动降温、泄压、切断进料阀门、紧急放空。在装置开、停车时,要制定炉升温曲线、恒温和降温等工艺指标,严格执行工艺操作规程。

应严格控制物料在管道中的流速,防止静电的产生和积聚。投料要严格控制比例、速率、数量,防止物料升温后体积膨胀造成设备或容器爆裂。加氢过程中要严格控制氢炔比,防止加氢反应器急剧升温。塔、罐、容器的液位过低易被抽瘪,液位过高易跑冒物料,应有低位和高位报警、自动切除进料或出料的连锁控制系统。

(3)避免裂解炉结焦造成危害。

为降低管式裂解炉内焦炭沉积速度和除去器壁内表面沉积的焦炭,应定期切换轻质原料,加入大量水蒸气,并可在裂解前的原料中加入对焦炭氧化起催化作用的氢氧化钾溶液。

(4)设置安全装置。

裂解炉应安装防爆门。裂解炉机器冷却冷凝系统和分离塔设备均应设置紧急排放管或事故放空罐。压力容器及设备均应安装安全阀、压力表、爆破片等防爆泄压装置。在高温设备或明火裂解炉连接的管线上应安装阻火器或水封,以阻止火势蔓延扩大。在不同压力的管道或设备之间安装逆止阀,防止高压系统的气体或液体窜入低压系统引发爆炸。

(5)紧急处理并配备灭火设施。

对于可能发生的各种事故,都要制定相应的事故紧急处理预案,防止人员惊慌失措。管道破裂的紧急处理措施有切断料源、紧急放空、停止加热、吹扫蒸气、防止结焦堵塞管道。为防止因停电或停水造成高温裂解气得不到冷却,冷凝冷却系统应备有两路电源和水源。一旦停电、停水或水压降低,可施行紧急放空,停车处理。紧急停车措施包括停止进料,停止加热,关闭与事故有关的阀门,紧急放空等。放空时,先放液箱,后放气箱,并通过放空罐回收排放物或将其送至火炬烧掉。应根据装置特点配备相应的灭火设施。在裂解、极冷系统,压缩机房和泵房应设置蒸汽灭火管线。为防止装置泄漏的易燃易爆气体扩散至明火裂解炉而发生爆炸,应在可能有可燃气体泄漏区与明火炉区之间设置可燃气体自动检测报警装置,并可在报警时启动连锁的蒸汽幕固定灭火设施。

15.1.5　硝化反应单元防火

硝化在炸药、医药、农药、溶剂和燃料中间体生产中被广泛应用,是有机化学工业生产中的一种重要的化学反应。然而,硝化过程具有极大的火灾爆炸危险性,因此生产操作中的防火防爆工作十分重要。

1. 硝化反应火灾爆炸危险性分析

（1）硝化生产中反应热量大，温度不易控制。

硝化反应一般在较低温度下便会发生，易于放热，反应不易控制。硝化过程中，引入一个硝基，可释放出 152.4～153.2kJ/mol 的热量。在生产操作过程中，若投料速度过快、搅拌中途停止、冷却水不足都会造成反应温度过高，导致爆炸事故。此外，混酸中的硫酸被反应生成水稀释时，还将产生相当于反应热 7.5%～10% 的稀释热。制备混酸时，混酸锅会产生大量混合热，使温度达 90℃ 或更高，甚至造成硝酸分解生成大量的二氧化氮和水；如果存在部分硝基物，还可能引起硝基物爆炸。

（2）反应组分分布与接触不均匀，可能产生局部过热

大多数硝化反应是在非均相中进行的，反应组分的分散不均匀而引起局部过热，会导致危险出现。尤其在间歇硝化的反应开始阶段，停止搅拌，或由于搅拌叶片脱落，造成搅拌失效是非常危险的，因为这时两相很快分层，大量活泼的硝化剂在酸相中积累，引起局部过热；一旦搅拌再次开动，就会突然引发激烈的反应，瞬间可释放过多的热量，引起爆炸事故。

（3）硝化易产生副反应和过反应。

许多硝化反应具有深度氧化占优势的连锁反应和平行反应的特点，同时还伴有磺化、水解等副反应，直接影响到生产的安全。氧化反应出现时放出大量的褐色二氧化氮气体，伴随着混合物的温度迅速升高而引起硝化混合物从设备中喷出，发生爆炸事故。芳香族的硝化反应常发生生成硝基酚的氧化副反应，硝基酚及其盐类性质不稳定，极易燃烧、爆炸。在蒸馏硝基化合物（如硝基甲苯）时，所得到的热残渣可能发生爆炸，这是由于热残渣与空气中氧相互作用的结果。

（4）水和硝化物混合产生热量。

如果混酸中进入水，会促使硝酸大量蒸发，不仅强烈腐蚀设备，而且还会造成爆炸。水通过设备管道和壳体的不严密处渗入到硝化物料时，会引起液态物料温度和气压急剧上升，反应进行很快，可分解产生气体而发生爆炸。

（5）硝化剂具有强烈的氧化性和腐蚀性。

常用的硝化剂如浓硝酸、发烟硫酸、混酸具有强氧化性和腐蚀性；硝酸盐又是氧化剂，它们与油脂、有机化合物尤其是不饱和有机化合物接触时，能引起燃烧或爆炸。硝酸蒸气对呼吸道有强烈的刺激作用，硝酸分解出的二氧化氮除对呼吸道有刺激作用外，还会使人血压下降、血管扩张。

（6）硝化产品具有爆炸的危险性。

多硝基化合物和硝酸酯受热、摩擦、撞击或接触着火源，极易发生爆炸或着火。脂肪族硝基化合物闪点较低，属易燃液体；芳香族硝基化合物中苯及其同系物的硝基化合物属可燃液体或可燃固体；二硝基和多硝基化合物性质极不稳定，受热、摩擦或强烈撞击时可能发生分解爆炸，具有很大的破坏力。它们爆炸的难易程度为：O-硝基化合物最敏感，N-硝基化合物次之，C-硝基化合物再次之。在常温下，只要有 2J/cm² 的机械冲击能量作用于硝化甘油即可引起爆炸。干燥的硝化棉能自燃，受到火焰作用能立即着火，大量燃烧有可能发生爆轰。

2. 防火防爆技术措施

(1) 严格按照硝化的安全规程生产。

硝化关键设备的工艺规程需经专门的科研和设计单位审定,没有这些部门的相应鉴定,不允许改变生产工艺。生产操作人员必须熟悉生产工艺规程,操作条件,原材料、产品、中间产物的火灾爆炸性质,以及事故情况下的应急处理措施。

(2) 严格控制操作温度。

配制混酸时应严格控制温度在 30~50℃,并能及时移去混合释放的热量。严格控制硝化温度时,要注意如下几个方面:控制好物料配比和加料速度,采用双重阀门控制硝化剂的加料,禁止固体物料大块投入;硝化过程中如果出现红棕色二氧化氮气体,这是由于温度升高,是可能导致危险发生的征兆,要立即停止加料;硝化器有足够的冷却面积,能连续供给冷却剂,配有冷却水源备用系统,除应设有环状供水管和两个水入口外,还应设置专用的高位水槽,其容量至少可供 30min 冷却用水量;物料混合均匀,反应器搅拌机应有启动的备用电源,有保护性气体搅拌或人工搅拌的辅助设施。

(3) 防止水漏入硝化锅。

硝化器夹套和蛇管冷却系统的水位和水压应略低于器内的液位和液压。为了能及时发现反应器的裂纹或孔洞,在排水管可安装自动电导报警器,当管中漏入极少量酸时,水的导电率会发生变化,利用这种变化进行检测并发出声响报警;也可用 pH 试纸随时检查出口的酸度来检测。

(4) 注意后处理过程中的火灾危险。

硝基化合物具有爆炸性,因此必须特别注意此类物质后处理过程中的危险性。蒸馏硝基化合物一般在真空下操作,蒸馏余下的热残渣往往含有硝基酚或多硝基化合物及其盐类,应进行必要的清排渣操作和安全处置。在处理硝基化合物的干燥产品时应特别小心。硝化产品(如硝化甘油)在输送过程中较危险,采用水喷射器使硝化甘油和水形成乳化液后再输送较为安全,乳化完全时,具有不起爆和不传爆的特点。

(5) 消除工艺过程的不安全因素。

硝化原料使用前要进行检验,彻底清除不饱和碳氢化合物和杂环族化合物等易引起副反应的杂质,才能投入生产。硝化剂要禁止与纱头、油回丝等有机材料接触。硝化器搅拌轴的润滑剂和套管导热剂不可使用普通机械油或甘油,要用硫酸,防止机油或甘油被硝化生成爆炸性物质。制备混酸时,不宜采用压缩空气搅拌,因压缩空气带入的水气或油类会增加爆炸的危险性。卸料时若采用加压卸料,器内蒸气会逸出泄入厂房,必须改用真空卸料。硝化器上的加料口关闭时,为了排出设备中的气体,应安装可移动的排气罩,设备必须采用抽气法或利用带有铝制涡轮的防爆型通风机来通风。在生产厂房内不允许存放起爆物品以及与生产无关的用具。硝基化合物应在严格规定的温度和安全条件下单独存放。在设备和仓库中储存的硝基化合物不应超过规定量。

(6) 控制消除引火源。

硝化反应的车间或生产厂房严禁带入一切火种;进入生产厂房的人员不得穿硬底鞋和携带硬质物件,生产使用的工具应是软质的;操作时应注意轻放,严禁在硝化产品的物件上敲击;电气设备应按规定选择防爆型设备;设备需要动火检修时,应拆卸设备和管道,将其移至车间外安全地点,用水蒸气反复冲洗残留物质,经分析合格后方可动火。

（7）采用连续硝化过程代替间歇过程。

硝化工艺采用连续法比间歇法更有优势。连续硝化过程所需反应器容积小，可因每次投料少和设备中滞留的硝化产物量较少，明显地降低火灾爆炸危险性和中毒危险；能加快物料和热量的交换，提高过程控制和调节的可靠性。采用多段式硝化器可使硝化过程达到连续化。TNT（2,4,6-三硝基甲苯）生产的连续过程已投入使用。

（8）设备、管道要符合要求。

硝化反应器在材质和设计上应符合安全生产要求。甘油硝化器应采用铅制的，盛装容器和管道均应用橡胶制品，管道上不得使用金属开关，其搅拌轴上应备有小槽以防油落入硝化器中。硝化设备和管道应保持良好的气密性，以防硝化物料溅到蒸汽管道等高温物体表面上引起燃烧或爆炸。设备和管道中不应有使物料长期滞留的死角。

（9）设置安全装置。

对于危险性大的硝化反应，硝化器应附设相当容量的紧急放料器，在温度失控出现事故时能保证迅速排放掉反应器内物料，防止温度继续升高而发生分解爆炸事故。放料阀可将自动控制的气动阀与手动阀并用。硝化器应设置反应温度、加料速度及其备用设备自动控制的连锁装置，当反应温度上升超过规定值、电动机和搅拌装置损坏、反应物液面低于或高于规定值时，能发出信号并自动停止加料，以防止事故发生。为了预防传爆发生，输送硝化产品的管道上最好安装爆轰隔断器。

（10）限制火灾爆炸蔓延扩大。

生产爆炸性硝化产品的硝化器和其他设备应设置在牢固的防爆构筑物内，以限制硝化物爆炸蔓延扩散。与硝化过程无关的设备应从硝化工序中迁出，硝化工序与生活、行政或其他生产性建筑物间要确保有安全距离。

15.2 石油化工典型装置的防火设计

石油化工装置具有连续性、工艺过程的复杂性特点，其装置布置高度密集，管道纵横交错，密密麻麻，让人眼花缭乱。在错综复杂的石油化工装置中，塔、炉、罐、槽、泵、管线是基本构成要素。因生产物料、产品工艺要求等生产要素不同，石油化工装置的工艺参数也有很大的差别。这里重点分析以下装置。

15.2.1 加热与熔融装置防火

1. 加热装置防火

加热是促进化学反应和物料蒸发、蒸馏、裂解等操作的必要手段。加热的方法一般有直接火加热（烟道气加热）、水蒸气或热水加热、载体加热以及电加热等。

1）直接火加热

直接火加热的加热炉是用直接火焰加热或烟道气加热。一般来说，处理易燃物料时，用火直接加热的火灾危险性最大。

（1）受热设备

直接火加热的受热设备主要有受热反应器、管式加热炉和转筒式加热炉3种。

① 受热反应器

受热反应器一般称反应锅,置于炉灶上受火直接作用。这种方法简单,适用于高温熬炼的生产作业。

② 管式加热炉

管式加热炉有方箱式、立式和圆筒式等。炉内排列有许多根管子,管内为被加热的物料,管子直接受炉膛内火焰作用。此种设备多见于炼油和石油化工工业的生产装置中,处理量比较大。

③ 转筒式加热炉

转筒式加热炉主要用于烘干物料。它主要由筒体、滚圈、拖轮、齿轮、传动装置和装卸料装置组成。转筒稍微倾斜支撑在两个拖轮上,用动力带动回转。筒体一端通燃烧室的混合室,物料顺着筒体倾斜方向运动,与从燃烧室来的热烟道气接触被烘干,最后干料从筒体的另一端卸出。

(2)防火设计

① 加热炉门与加热设备间应用砖墙完全隔离,不使生产厂房内存在明火。炉膛应采用烟道气或辐射方式加热,避免火焰直接接触设备,以防因误操作而烧穿加热炉或管子。加热炉的烟囱、烟道等灼热部位应符合防火要求,且要定期检查维修。

② 加热锅内残渣应经常清除,以免局部过热引起锅底破裂。容量大的加热炉发生漏料时,可将炉内物料及时排入事故排放罐,以防事故扩大。

③ 在燃气加热设备进气管道上应安装阻火器以防回火。以煤粉为燃料的加热炉,应防止煤粉爆炸。在制粉系统上应安装爆破片。煤粉漏斗应保持一定储量,不许倒空,以避免空气进入形成爆炸性混合物。

④ 以气体、液体为燃料的加热炉,在点火前应吹扫炉膛,排出可能积存的爆炸性混合气体,以免点火时发生爆炸。

2)水蒸气、热水加热

采用水蒸气、热水加热方法对处理易燃易爆物料比较安全,在工业上应用较为广泛。

(1)受热设备

用水蒸气或热水做载体进行加热的设备通常采用的是带有夹套的容器,由罐体、罐盖和夹套以及进出接管组成。此法适用于温度不高的生产。

(2)防火设计

① 设备和管道应有足够的耐压强度。要定期检验设备的耐压强度,并应在设备和管道上加装压力计和安全阀。

② 高压蒸汽加热设备和管道应与可燃物隔离。高压蒸汽温度随着压力的升高而升高,当饱和蒸汽压力达到11MPa时,蒸汽温度可升高至183℃。因此,加热设备和管道应有保温层,要防止可燃物或可燃建筑构件与之接触而发生受热自燃。要注意控制蒸汽压力,防止温度升高。在处理与水反应的物料时,不宜采用水蒸气或热水加热;高压水蒸气加热的设备或管道应保温良好,避免引燃可燃物以及发生烫伤。

③ 使用和储存二硫化碳的场合不得采用蒸汽采暖。

3)载体加热

工业上,温度较高而且必须控制温度的生产过程常常使用载体加热方法。这种方法易控制,较稳定,加热效率高,在较小压力下能得到较高的温度。载体加热中所用的载热体种类很多,通常应用的有油类、联苯醚、二苯醚、无机盐等。使用这些载热体加热可使加热均匀,并能获得较高的温度。由于载热体不同,其火灾危险也不同,故防火措施亦有区别。

（1）受热方式

用火直接通过充油夹套进行加热,加热均匀,但在设备中处理有着火爆炸危险的物料时,火灾危险性较大。必须注意的防火要点是：将加热炉门与反应设备用砖墙隔绝,或将加热炉设于车间外面,将热油输送到需要加热的设备内循环使用；油循环系统应严格密闭,热油不得泄漏；因为矿物油易除水干燥,超温黏度不大,易流动且无毒,故载热用油要选择闪点较高的矿物油,应定期检查和清除油锅、油管上的沉积物。另外,使用封闭式电加热器浸入油浴内进行加热可以完全隔绝明火,所以在实验室和试剂厂中宜采用这种加热方法。

联苯醚又称为道生油,是含联苯 26.5%、二苯醚 73.5% 的低熔点混合物。联苯为无色鳞片结晶,不溶于水,相对密度 1.04。用联苯醚加热分为直接火加热夹套方式和液相循环加热方式两种。

（2）防火设计

① 载体加热系统应作为压力设备来管理,道生炉的设计要合理,炉子的选材、制造要严格,工艺要严谨。联苯醚具有较强的渗透力,它能渗透软质垫衬物,因此,管路最好用焊接方法或采用金属垫片进行法兰连接。不得用水锅炉或者耐压很低的土锅炉改造成道生炉。炉子上应安装压力计、安全阀、放生管和油位指示管。道生蒸气管和回油管管径不宜太小,以防堵塞。

② 有机载热体的容器和加热物质系统应该密闭,防止渗漏。道生炉宜采用火管式炉。

③ 开车或检修后开工,道生系统内的水分应排净；添加新的加热载体,要经脱水预热,排除水分。

④ 在道生炉运行过程中,如遇到压力突升的紧急情况,必须立即打开放空阀泄压,并关闭通向加热设备的阀门,以截断可能由被加热设备漏出的水分。同时熄火,检查系统有无渗漏,如果嗅到有强烈的道生油刺激气味时,一般应停炉检查。

⑤ 停炉时,应先放出被加热设备中的物料,后关道生蒸汽阀,这样物料不会漏入道生系统中。停工检修时,应检查设备有无渗漏。开工试车时,应先把进气阀和回油阀全部打开,然后按规定升温,把残留的水分排出。

⑥ 使用道生炉要严格控制温度不超过 350℃,为此应有灵敏好用的控温仪表,以防温升超压导致危险。

4）电加热

（1）受热方式

电加热有电炉加热和电感加热两种。电加热温度易控制和调节,发生事故时可迅速切断电源,是一种比较安全的加热方法。

① 电炉加热是一种普遍的加热方法,电炉丝一般镶嵌在耐火材料制作的绝缘体内,通电时电炉丝产生高温。电炉分为敞开式和封闭式两种,电热棒是封闭式的管状电热设备。

② 电感加热是一种新型加热方法,它是在钢制容器或管道上缠绕绝缘导线,通入交流

电,利用容器或管道的器壁由电感涡流产生的温度而加热物料。

（2）防火设计

① 用电炉加热易燃物质时，应采用封闭式电炉，电炉丝与被加热的器壁应有良好的绝缘，以防止短路击穿器壁，使得设备内易燃易爆物质泄漏而发生火灾。

② 改进绝缘结构，增大电距离，提高绝缘强度。

③ 对进厂的绝缘部件严格进行质量检查，不可使用热稳定性差、绝缘强度低的部件。

④ 在绝缘部位增设绝缘检测仪，一旦发现绝缘下降，及时采取措施。

⑤ 严禁超温、超压、超负荷运行。

⑥ 被加热的物料应选择热稳定性好、机械强度高的物料，并要加强除尘净化。如加热催化剂时，应保证机械能和热稳定性不变；对催化剂应仔细筛净；加热气体物料时，要加强除尘、滤油；压缩机、循环机要定期注油、排油。

⑦ 提高电感加热设备的安全可靠程度。电感加热的导线应采用具有较大截面积的导线，以防过负荷；导线要采用防潮、防腐蚀、耐高温的绝缘材料，增加绝缘层厚度，添加绝缘保护层；接线部分加大接触面积，增加跨接条，以防产生接触电阻等。此外，应加强通风，防止形成爆炸性混合物。在设备布置上，为防止跑冒滴漏物料与电感线圈接触，应把电感线圈密封起来或不在电感加热设备的上方设置易燃液体计量槽、中间槽等设备，同时要加强维护检查，以便及时发现问题、及时处理。

2. 熔融装置防火

1）受热方式

在工业生产中，常需将某些固体物料熔融之后进行化学反应或使用、加工等。熔融过程的主要火灾危险来源于被熔融物料的化学性质、固体质量、熔融时的黏稠程度、熔融中副产物的产生、熔融设备、加热方式以及被熔融物料的破碎程度等方面。被熔融物料的火灾危险性主要是物料本身的可燃性。当被熔融物料中有杂质时，尤其是沥青、石蜡等可燃物料中含有水时，极易形成喷溅而引起火灾。熔融可燃物料时，如投料过多，温度过高，易造成熔融物料外溢，甚至因有水分而沸腾喷溅，遇灶火的火焰引起着火。有些建筑工地需要用煤油等易燃液体稀释沥青，由于沥青温度很高，易使煤油着火，或因蒸发的煤油蒸气遇炉灶明火而引起火灾。

2）防火设计

（1）选用合适的建造材料。

当使用直接火加热时，炉灶、烟道应按熔融物质所需的最高温度选用建造材料，认真施工，并在黏土浆内掺入适量的砂子以防止开裂。在使用过程中，应对烟道、炉灶经常检查，发现裂缝及时修补，防止发生火灾。在熔融锅台上应设置金属防溢槽，避免液体溢出与灶火接触。

（2）控制被熔融物料的数量和温度。

在熔融操作时，设备内被熔融物料不应该装得过满，一般不应超过容量的 2/3，以防止熔融物料内含有杂质或水分，液体沸腾膨胀，溢出锅外；熔融设备内被熔融物料也不能过少，以防止掌握不好时间，温度升高过快，达到被熔融物料的自燃点而自燃起火。

（3）采用灭火辅助设施。

熔融可燃物料的场所应备有消防用水，配备泡沫、干粉、干沙、铁铲等灭火器材。用高压蒸汽加热的熔融设备,应安装压力表和安全阀,并应遵守有关加热操作的要求。

15.2.2　蒸发与蒸馏装置防火

蒸发与蒸馏装置是石油化工生产的重要单元,应用十分广泛。蒸发是在液体表面发生的汽化现象,是石化生产中最简单的过程,一般压力不大,温度不高,相对危险性较小。蒸馏是借液体混合物中各组分沸点的不同来分离液体,将混合物分离为纯组分的操作过程。蒸馏按操作方法分为间歇蒸馏和连续蒸馏;按压力可分为常压蒸馏(一般蒸馏)、减压蒸馏(真空蒸馏)、加压蒸馏(高压蒸馏)、特殊蒸馏 4 种。其过程是:原料→加热→蒸发→分馏→冷凝→得到不同产品。

1. 典型装置

用于蒸馏的主要设备称为蒸馏塔。蒸馏塔按塔板结构(内部结构)可分为填料塔、筛板塔、浮阀塔、泡罩塔、舌型塔、哨旋塔以及管式塔等多种形式的塔器。为了实现经济效益和满足安全设置的需要,在石油工业生产中采用常压蒸馏与减压蒸馏联用并连续进行的方法。

常减压蒸馏装置又称为原油的一次加工,包括 3 个工序:原油的脱盐、脱水;常压蒸馏;减压蒸馏(见图 15-1)。

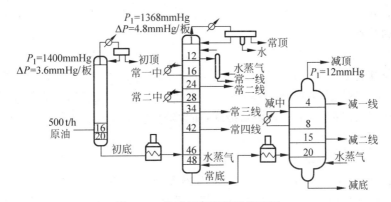

图 15-1　常减压蒸馏装置流程图

常压塔的工作温度一般在 370℃ 左右,真空度为 760mmHg。例如:工作压力为 0.2MPa 的原油→换热器和加热炉加热到 360～370℃→常压塔→分离出汽油、煤油、柴油。减压塔的工作温度为 420℃,真空度为 700～720mmHg。

2. 防火设计

蒸馏过程所处理的物料在许多情况下是易燃物,操作温度和压力不同,火灾危险性各异。在工业生产中,多数蒸馏设备的负荷较大,一旦发生爆炸或火灾,危害巨大。

(1) 防止形成爆炸性混合物。

电脱盐脱水器开工时应排净罐内空气,充满油后再通高压电,以免电火花引起罐内油气和空气的混合物爆炸。高压电器应经常检查、维修,发现绝缘不良或电场强度超高时应停止使用,防止产生电火花。蒸馏系统应严格进行气密性和耐压试验检查,保证其密闭。减压蒸馏正常生产时,与塔相连的法兰、放空阀应严密,防止空气吸入塔内形成爆炸性气体。蒸馏完毕后要注意正确消除真空,当塔内温度冷却到 200℃ 以下时,方可缓慢消除塔内真空度。

（2）严格按照规程安全操作。

蒸馏操作中,不但要注意对温度、压力、进料量、回流量等操作参数的严格控制,而且要注意它们之间的相互制约和相互影响,应尽量使用自动操作与控制系统,以减少人为操作的失误。通蒸汽加热时,气门开启度要适宜,防止因开得过大,使物料急剧蒸发,大量蒸汽排不出去而使压力增高,引起设备爆裂。操作中要时刻注意保持蒸馏系统的通畅,防止进出管道堵塞,压力升高,造成危险。避免低沸物和水进入高温蒸馏系统,高温蒸馏系统开车前必须将塔及附属设备内的冷凝水放尽,以防其突然接触高温物料,发生瞬间汽化增压而导致喷料或爆炸。冷凝冷却器中的冷却剂或冷冻盐水不能中断,防止高温蒸汽使后续设备内温度增高,或逸出设备遇火源而引起火灾爆炸事故。

（3）保证加热炉安全。

加热炉是采用明火对管内原料进行加热,生产中应使各路进料均匀,避免局部过热。炉用燃油、瓦斯的压力和流量要控制平稳,必须严格控制加热炉的出口温度。减压加热炉的炉管在生产中应注入适量蒸汽,以免炉管结焦。如果发现火苗扑炉管及炉管晃动、鼓泡、漏油等,应及时处理。每次点火前,必须用氮气或蒸汽置换燃料管线内的空气至含氧量降低到0.2%～1%为止,以防点火时发生回火,并再向炉膛内吹扫10～15min,驱净可燃气体。点炉时必须先点火,后开燃油或燃气阀。在炉膛内应设置可燃气体浓度检测报警装置和自动安全点火控制装置。

（4）采取防腐措施。

蒸馏设备和管道在材质和设计上应符合安全生产要求,可采用合理的流速和必要的腐蚀裕度,避免在输油线上出现90°急转弯头。选择合适的耐腐蚀材料、涂料和耐磨衬里;采取阳极保护和阴极保护;采取工艺防腐措施,如含硫物料在进入蒸馏设备之前要进行除硫处理,使用中和剂和缓释剂等。

（5）加强装置的检查维护,发现设备破损应及时修复。

定期更换仪器、仪表、设备容器、管线等,坚决杜绝设备带病运转、超期服役和超负荷运行。加热炉必须加强维修,每次检修必须对管壁测厚,清炉除焦。炉龄老、管子剥蚀严重的,应予更新。设置安全装置和灭火设施,脱盐脱水罐应装设停电、停泵、漏油报警装置,并注意检查其使用状况。

（6）蒸馏设备应具有完备的温度、压力、流量仪表装置。

减压蒸馏的真空泵应装有单向阀,防止突然停车时空气流入设备内。加压蒸馏设备应设置安全泄放装置。加热炉应设防爆门,以便发生爆炸时能及时泄压。系统应附设紧急放空管等安全装置,在出现事故时能保证迅速排放掉反应器内物料,防止发生爆炸事故。系统的排气管应通至厂房外,管上应安装阻火器,大型石化企业中的排放管应通向火炬装置。

常减压蒸馏装置电气设备必须防爆,并有良好的接地。在装置区、罐区应设置固定式可燃气体泄漏监测报警器,以便及时发现火情。加热炉、蒸馏塔、汽提塔以及轻重油泵房内应设有蒸汽灭火设施,装置内设泡沫灭火系统,其控制阀应设在便于操作的地方,保证装置一旦出现火情能迅速、及时地控制,防止蔓延扩大。

（7）强化防火安全管理。

制定健全的防火安全生产规章制度、责任制度,用电、用火制度,以及有效而完善的应急事故处理规程。建立与制定强有力的防火安全监督、巡检制度,及时查出事故隐患,控制不安全因素。

15.2.3　制冷装置防火

1. 典型装置

冷却、冷凝、冷冻是石油化工生产中的重要环节。一般生产都有热交换,有加热也有冷却,通过热交换中的不同温度来控制、生产需要的产品。冷却、冷凝所使用的设备统称为冷凝、冷却器。一般说来,冷冻范围在−100℃以上的称为冷冻,而在−200～−100℃或更低的温度称为深度冷冻,简称深冷。适当选择冷冻剂及其操作过程,几乎可以降到摄氏零度或热力学最低温度程度。乙烯的沸点是−103.7℃,因此乙烯的生产装置需要经过深冷处理才能液化储存。一般常用的压缩冷冻装置由压缩机、冷凝器、蒸发器与膨胀阀4个部分组成。石化企业30万吨乙烯装置以柴油为原料,进行裂解和分离,生产聚合级乙烯和化学级丙烯的副产品。

乙烯的沸点为−103.7℃,在常温下蒸发可得到−70～−100℃的低温,乙烯的临界温度为9.5℃,能在高压(3MPa)和较高的温度(−25℃)下冷凝,也能在低压(0.27MPa)和较低温度(−123℃)下蒸发。石油化工生产中,乙烯、丙烯是石油裂解的产品,可以就地取材,因此在石油化工生产中常把乙烯作为冷冻剂。乙烯生产中常用丙烯作乙烯的冷冻剂(乙烯在0.1MPa下沸点为−47.7℃),乙烯与丙烯交换冷却,经过多级压缩逐级降温。乙烯、丙烯在常温下均属可燃气体,乙烯的爆炸极限为2.75%～34%,丙烯的爆炸极限为2%～11.1%。

由于乙烯、丙烯均属不饱和烃,其性质的不稳定性、深冷装置高压和低温对装置的破坏性,以及乙烯、丙烯的易燃易爆性等特性,使得石油化工生产中深冷装置的火灾危险性极大。

2. 防火设计

1) 冷却(凝)及冷冻过程防火

(1) 应根据被冷却物料的温度、压力、理化性质以及所要求冷却的工艺条件,正确选用冷却设备和冷却剂。忌水物料的冷却不宜采用水做冷却剂,必需时应采取特别措施。

(2) 应严格注意冷却设备的密闭性,防止物料进入冷却剂中或冷却剂进入物料中。

(3) 冷却操作过程中,冷却介质不能中断,否则会造成积热,使反应异常,系统温度、压力升高,引起火灾或爆炸。因此,冷却介质温度控制最好采用自动调节装置。

(4) 开车前,首先应清除冷凝器中的积液;开车时,应先通入冷却介质,然后通入高温物料;停车时,应先停物料,后停冷却系统。

(5) 为保证不凝可燃气体安全排空,可充氮进行保护。

(6) 高凝固点物料冷却后易变得黏稠或凝固,在冷却时要注意控制温度,防止物料卡住搅拌器或堵塞设备及管道。

2) 冷冻过程的防火

(1) 对于制冷系统的压缩机、冷凝器、蒸发器以及管路系统,应注意耐压等级和气密性,防止设备、管路产生裂纹、泄漏。此外,应加强压力表、安全阀等的检查和维护。

(2) 对于低温部分,应注意其低温材质的选择,防止低温脆裂发生。

(3) 当制冷系统发生事故或紧急停车时,应注意被冷冻物料的排空处置。

(4) 对于氨压缩机,应采用不发生火花的电气设备;压缩机应选用低温下不冻结且不与制冷剂发生化学反应的润滑油,且油分离器应设于室外。

(5)注意冷载体盐水系统的防腐蚀。

15.2.4 输送装置防火

1. 输送方式

输送液体物料的方式主要包括自流、虹吸、泵送、真空抽送和压缩气体压送等,涉及的设备主要有离心泵、往复泵和旋转泵。离心泵是通过泵体内高速旋转的叶片给液体以动能,再将动能转化为静压能,然后排出泵外。由于离心力作用,叶轮通道内的液体被排出,此时叶轮进口处呈负压,液体被吸入。离心泵在开动前,泵内吸入管必须用液体充满或采取其他措施,以防止气缚现象发生。在输送可燃液体时,其管内流速不应大于安全流速,且管道应有可靠的接地措施,以防静电聚集。同时要避免吸入口产生负压,以防空气进入系统导致爆炸或抽瘪设备。往复泵主要由泵体、活塞和两个单向活门构成。依靠活塞的往复运动将动能以静压力形式直接传给液态物以增加液体的动能。往复泵按其吸入液体动作可分为单动、双动及差动3种类型。旋转泵与往复泵均属于正位移动泵,它与往复泵的主要区别是没有活门,只有在泵中旋转的转子。其原理是依靠转子旋转,留出空间形成低压将液体连续吸入和排出。常见的旋转泵有齿轮泵、转子泵、螺旋泵、偏心泵和叶片泵等。

气体物料的输送设备根据压力不同可分为压缩机、鼓风机、送风机和真空泵。压缩机的压缩比在4以上,或终压在0.3MPa以上;鼓风机所产生的压力为0.015～0.3MPa;送风机所产生的压力不超过0.015MPa;真空泵按照机械作用原理分为往复真空泵、液体真空泵和喷射泵等几种,真空泵用于减压,终压为当地的大气压强。

2. 防火设计

(1)优先采用虹吸和自流的输送方法。

由于采用虹吸和自流的方式输送易燃易爆液体较为安全,故应优先选择。用气体压送易燃液体时,不可采用压缩空气,以防形成爆炸性混合物。对于闪点很低的可燃液体,应用氮气或二氧化碳等气体压送。闪点较高及沸点在130℃以上的可燃液体,如有良好的接地装置,可用空气压送。

(2)宜采用蒸汽往复泵。

输送易燃液体时宜采用蒸汽往复泵。如采用离心泵,则泵的叶轮应用有色金属制造,以防撞击产生火花。设备和管道均应有良好的接地,以防静电引起火灾。

(3)保证各连接处的密封。

输送可燃液体的泵和管道连接处必须紧密、牢固,以免输送过程中胶管受压脱落漏料而引起火灾。

(4)采用液环泵。

输送液化可燃气体宜采用液环泵,因为此种泵比较安全,但在抽送或压送可燃气体时,进气入口应该保持一定余压,以免造成负压吸入空气,形成爆炸性混合物。

(5)压缩机气缸、储气罐要有足够的强度。

为避免压缩机气缸、储气罐以及输送管路等因压力增高而引起爆炸,要求这些部分有足够的强度。此外,要安装经核验转速可靠的压力表和安全阀,安全阀泄压时,应将危险气体导至安全的地点,还可安装压力超高报警器、自动调节装置或压力超高自动停车装置。

（6）保证良好的润滑和冷却。

压缩机在运行中不能中断润滑油和冷却水，并注意冷却水不能进入气缸，以防产生水锤。氧气压缩机严禁与油类接触，其润滑剂一般采用含10％以下甘油的蒸馏水，其中水的含量应以汽缸壁充分润滑而不产生水锤为准。

（7）采用相应的压送设备并设置安全装置。

对于压送特殊气体的压缩机应根据所押送气体物料的化学性质，采取相应的防火措施。如乙炔压缩机同乙炔接触的部件不允许用铜来制造，以防产生具有爆炸危险性的乙炔铜等。可燃气体的输送管道应经常保持正压，并根据实际需要安装单向阀、水封和阻火器等安全装置；管内流速不应过高，管道应有良好接地，以防静电聚集放电引起火灾。可燃气体和易燃蒸气的抽送、压缩设备的电机部分，应为符合防爆等级要求的电气设备，否则应穿墙隔离设置。

固定顶油罐灭火系统设计

16.1 泡沫灭火剂的种类

泡沫灭火剂是用于扑救可燃、易燃液体的有效灭火剂,它主要在液体表面生成凝聚的泡沫漂浮层,起窒息和冷却作用。

16.1.1 泡沫灭火剂的分类

1. 按混合比例分类

按照泡沫液与水混合的比例,泡沫灭火剂可分为 1.5％型、3％型、6％型等。

2. 按发泡倍数分类

泡沫灭火剂按其发泡倍数可分为低倍数泡沫灭火剂、中倍数泡沫灭火剂和高倍数泡沫灭火剂 3 类。低倍数泡沫灭火剂的发泡倍数一般在 20 倍以下,中倍数泡沫灭火剂的发泡倍数在 20～200 倍,高倍数泡沫灭火剂的发泡倍数一般在 200～1000 倍。

3. 按使用特点分类

泡沫灭火剂按其使用场所和特点可分为 A 类泡沫灭火剂和 B 类泡沫灭火剂,B 类泡沫灭火剂又可分为非水溶性泡沫灭火剂(如蛋白泡沫灭火剂、氟蛋白泡沫灭火剂、"轻水"泡沫灭火剂)和抗溶性泡沫灭火剂(凝胶型抗溶泡沫灭火剂、水成膜抗溶泡沫灭火剂、氟蛋白抗溶泡沫灭火剂、成膜蛋白抗溶泡沫灭火剂、成膜氟蛋白抗溶泡沫灭火剂、中倍数抗溶泡沫灭火剂)。

4. 按合成泡沫的基质分类

泡沫灭火剂按合成泡沫的基质可分为蛋白型泡沫灭火剂和合成泡沫灭火剂。蛋白型泡沫灭火剂主要有普通蛋白泡沫灭火剂、氟蛋白泡沫灭火剂、成膜氟蛋白泡沫灭火剂、抗溶和成膜蛋白抗溶泡沫灭火剂。合成泡沫灭火剂主要有高倍数泡沫灭火剂,高、中、低倍通用泡沫灭火剂,水成膜泡沫灭火剂,抗溶水成膜灭火剂,A 类泡沫灭火剂。

16.1.2 常用的泡沫灭火剂

1. 化学泡沫灭火剂

1) 组分和作用

化学泡沫灭火剂主要以硫酸铝、碳酸氢钠两种药剂作为发泡剂,并添加氟碳表面活性剂、碳氢表面活性剂为增效剂制成。

2）性能

化学泡沫灭火剂具有黏度小，流动性和自封能力好，灭火效率高等特点。其灭火效率为同量 YP 型化学泡沫灭火剂的 2～3 倍；而且全部采用合成原料，不易变质，储存期较长。

3）灭火原理

使用时，设法使酸性剂和碱性剂的水溶液混合。反应生成的二氧化碳，一方面在溶液中形成大量细小的泡沫；另一方面使灭火器中的压力很快上升，将生成的泡沫从喷嘴喷出。反应生成的胶状氢氧化铝则分布在泡沫上，使泡沫具有一定的黏性，且易于黏附在燃烧物上，并增强泡沫的热稳定性。药剂中的氟碳表面活性剂可使灭火剂溶液的表面张力和临界胶束浓度降低，易于成泡；同时可使溶液的扩散系数为正值，能在非水溶性可燃液体表面形成一层水膜；碳氢表面活性剂则可使泡沫稳定，并对成膜具有一定的辅助作用。

4）保管方法

内剂和外剂必须分开包装，以每具灭火器所需的内、外剂量为一最小包装单位，一律用聚乙烯或聚氯乙烯塑料袋包装，然后再分别以纸箱或木箱包装。

在运输过程中应避免受潮和暴晒。

化学泡沫灭火剂应储存在阴凉、干燥的库房中；内剂和外剂应分开堆放，堆垛不宜过高。

5）有效期

化学泡沫灭火剂经配制后充装于灭火器内，有效期为一年。

化学泡沫灭火剂的泡沫是通过两种药剂的水溶液发生化学反应生成的，由于其灭火效果较差、腐蚀性强、保质期短、对人体和环境有害，在我国已经被停止使用多年了。

2. 空气泡沫灭火剂

空气泡沫灭火剂的泡沫是通过搅拌而生成的。按其发泡倍数可分为低倍数泡沫、中倍数泡沫和高倍数泡沫 3 类。根据发泡剂的类型和用途，低倍数泡沫灭火剂又可分为蛋白泡沫、氟蛋白泡沫、水成膜泡沫、抗溶性泡沫和成膜氟蛋白泡沫灭火剂 5 种类型。

1）蛋白泡沫灭火剂

蛋白泡沫是泡沫中最基本的一种，分动物蛋白和植物蛋白两种。它的主要成分是水和水解蛋白，再加入适当的稳定、防冻、缓释、防腐及黏度控制等添加剂制成，是一种黑褐色的黏稠液体，具有天然蛋白质分解后的臭味。泡沫液中还含有一定量的无机盐，如氯化钠、硫酸亚铁等。平时储存在包装桶或储罐内，灭火时通过比例混合器与压力水流按 6∶94 或 3∶97 的比例混合，形成混合液，混合液在流经泡沫管枪或泡沫产生器时吸入空气，并经机械搅拌后产生泡沫，喷射到燃烧区实施灭火。

1922 年，美国标准石油公司的詹宁斯把动物胶和硫酸亚铁喷射到汽油表面，防止其蒸发起火，这是世界上最早把蛋白泡沫用于消防的试验。后来德国的威森保鲁和斯培玛发现，蛋白质加水分解物是最好的泡沫灭火剂，他们把蛋白质加水分解物与硫酸亚铁水溶液作为两种水溶液分别放置，使用时混合起来，吸入空气搅拌发泡；后来，他们又在蛋白质加水分解物中添加硫酸亚铁盐，作为一种浓缩剂使用，开发了现在的蛋白泡沫。他们还发现，5％的浓度与淡水或海水组成混合液，产生 8 倍的泡沫，能稳定地留在石油的表面。德国汉堡的斯塔玛公司至今还在销售这种泡沫液。

（1）灭火原理

蛋白泡沫灭火剂所产生的空气泡沫比重轻（一般在 0.1～0.5），流动性能好，抗烧性强，又不易被冲散，能迅速在非水溶性液体表面形成覆盖层将火扑灭。由于蛋白泡沫还能黏附在垂直的表面上，因而也可以扑救一般固体物质的火灾。

（2）特点

蛋白泡沫的优点主要是原料易得，生产工艺简单，成本低，泡沫稳定性好，对水质要求不高，储存性能较好等。但与其他泡沫相比，蛋白泡沫的流动性能较差，抵抗油质污染的能力较低，不能用于液下喷射灭火，也不能与干粉灭火剂联用（其泡沫与干粉接触时，很快就被破坏）。主要用于扑救油类火灾。

（3）应用范围

蛋白泡沫灭火剂主要用于扑救一般非水溶性易燃和可燃液体火灾，也可用于扑救一般可燃固体物质的火灾。

由于蛋白泡沫灭火剂有良好的热稳定性和覆盖性能，还被广泛应用于石油储罐的灭火，或将泡沫喷入未着火的油罐，以防止其被附近着火油罐的辐射热引燃。使用蛋白泡沫灭火剂施救原油、重油储罐火灾时，要注意可能引起的油沫沸溢或喷溅。

2）氟蛋白泡沫灭火剂

美国的国民泡沫公司于 1965 年开发了商品为 AER-O-FOAMXL 的氟蛋白泡沫。氟蛋白泡沫流动性好，并且在受油品污染的情况下也不轻易消泡，能以液下喷射的形式使用。后来，英国的安格斯公司、ICI 公司也制成了氟蛋白泡沫液，以 FP-70 的商品在市场上销售。在欧美，氟蛋白泡沫问世后，很快就替代了蛋白泡沫成为保护大型油罐的主流灭火剂。

（1）组分

在蛋白泡沫中加入"6201"预制液，即可成为氟蛋白泡沫灭火剂。"6201"预制液又称 FCS 溶液，是由"6201"氟碳表面活性剂、异丙醇和水按 3∶3∶4 的质量比配制成的水溶液。"6201"氟碳表面活性剂在 6％型和 3％型氟蛋白泡沫液中的质量分数分别为 0.33％和 0.66％。因此，这两种类型的氟蛋白泡沫液按规定混合比产生的氟蛋白泡沫，其"6201"氟碳表面活性剂的含量均为 0.0196％（质量分数）。

（2）灭火原理和泡沫特点

氟蛋白泡沫的灭火原理与蛋白泡沫基本相同。但由于氟碳表面活性剂的作用，使它的水溶液和泡沫性能发生了显著的变化，从而提高了灭火效率。

① 水溶液的表面张力和界面张力明显降低。

实验证明，蛋白泡沫溶液与水按规定混合比配制的水溶液，其表面张力约为 4.6×10^{-4} N/cm，而按规定混合比配制的氟蛋白泡沫灭火剂的水溶液，在"6201"和 OBS 含量为 0.015％时的表面张力约为 2.1×10^{-4} N/cm。而且，"6201"和 OBS 还能降低灭火剂水溶液与油类之间的界面张力。表面张力和界面张力的降低，都意味着产生泡沫所需的能量相对减小。

② 泡沫易于流动。

泡沫的临界切应力大小与泡沫的流动性有直接的关系，切应力越小，泡沫的流动性越好。实验测定，蛋白泡沫的临界切应力约为 2.0×10^{-3} N/cm；而氟蛋白泡沫的临界切应力约为 1.0×10^{-3} N/cm。因而，氟蛋白泡沫的流动性比蛋白泡沫好得多。氟蛋白泡沫灭火时以较薄的泡沫层即能迅速地将油面覆盖，且泡沫比较牢固，不易被破坏；即使被冲破，由于它有良好的流动性和自愈性，也能快速自行愈合。

③ 泡沫疏油能力强。

灭火时,往往由于泡沫喷射与油面发生冲击作用,而使部分泡沫潜入油中,并夹带一定量的油再浮到油面上来。当蛋白泡沫含有一定油量时即能自由燃烧,因而不能用于液下喷射。而氟蛋白泡沫灭火时,由于氟碳表面活性剂分子中的氟碳链既有疏水性又有很强的疏油性,可以在泡沫与油的交界面上形成水膜,又能把油滴包于泡沫之中,阻止了油的蒸发,降低了含油泡沫的燃烧性。实验证明,蛋白泡沫中含汽油量达到 2% 以上时,即有可燃性,达到 8.5% 时即可自由燃烧;而氟蛋白泡沫中的汽油含量需高达 23% 以上时才能自由燃烧。

④ 与干粉联用性好。

蛋白泡沫不能与一般干粉联用。

因为干粉中所用的防潮剂(如硬脂酸镁)对泡沫有很大的破坏作用,两者一经接触,泡沫就会很快被破坏而消失,所以蛋白泡沫只能与经过特制的干粉联用。而氟蛋白泡沫则由于氟碳表面活性剂的作用,具有抵抗干粉破坏的能力。蛋白泡沫中含有 0.01% 的"6201"或 OBS 时,即有明显的抗干粉破坏的能力;当"6201"或 OBS 的含量达到 0.015%~0.02% 时,与干粉就有良好的联用性。因此,氟蛋白泡沫灭火剂可与各种干粉联用,且均能取得良好的灭火效果。干粉灭火剂灭火速度快,可以迅速压住火势;泡沫则覆盖在油面上,能防止复燃。两者联用时,充分发挥各自的长处,即可把火迅速扑灭。

（3）应用范围

氟蛋白泡沫灭火剂与蛋白泡沫灭火剂一样,主要用于扑救各种非水溶性可燃、易燃液体和一些可燃固体火灾,广泛用于扑救大型储罐(液下喷射)、散装仓库、输送中转装置、生产加工装置、油码头及飞机火灾等。其使用方法、储存要求与蛋白泡沫灭火剂相同。

3）水成膜泡沫灭火剂

1946—1952 年,美国海军技术研究所的特威斯曼在研究团体的湿润性时发现,氟表面活性剂既具有斥水性,又具有斥油性。该研究所的查布研究员把氟表面活性剂作为灭火剂应用,并开发了把它与干粉灭火剂一起使用的联用系统。这种泡沫析出的氟表面活性剂水溶液在油表面形成薄膜,浮在上面,在灭火后可以抑制蒸气产生并防止复燃。由于它可以在油的表面形成轻的水性薄膜,美国海军称其为轻水泡沫,并于 1964 年获得专利。

（1）组分

水成膜泡沫灭火剂由氟碳表面活性剂、碳氢表面活性剂和添加剂(泡沫稳定剂、抗冻剂、助溶剂、增稠剂等)及水组成。氟碳表面活性剂是其中的主要成分,所占比例为 1%~5%,它可以是一种,也可以是多种表面活性剂的混合物。其亲水基团可为阳离子型或阴离子型,也可为两性或非离子型的,使用最多的是阴离子型。水成膜泡沫灭火剂还含有 0.1%~0.5% 的聚氧化乙烯,用以改善泡沫的抗复燃能力和自封能力。

水成膜泡沫灭火剂中使用的碳氟表面活性剂的含量为 0.01%~0.5%。它不仅能增强泡沫的发泡倍数和稳定性,而且能降低水成膜泡沫水溶液与油类之间的界面张力,增强与油料之间的亲和力,有助于水膜的形成和扩散,使一部分不能形成扩散膜的氟碳表面活性剂也能更好地成膜,形成坚固的含水膜。

水成膜泡沫中的溶剂为乙二醇丁醚、二乙二醇丁醚等,用量为 5%~40%。它们对各个组分具有助溶作用,并可以增强泡沫性能、适当降低泡沫液的凝固点,有助于泡沫的形成。

（2）灭火原理

在扑救石油产品火灾时,依靠泡沫和水膜的双重作用,而泡沫起主导作用。

① 泡沫的灭火作用

由于水成膜泡沫中氟碳表面活性剂和其他添加剂的作用,使其具有比氟蛋白泡沫更低的临界切应力(其临界切应力为 6.0×10^{-4} N/cm 左右)。当泡沫喷射到油面上时,由于其流动性非常好,因此很快在油面上展开,并结合水膜的作用把火迅速扑灭。

② 水膜的灭火作用

水成膜泡沫的特点是能在油类的表面上形成一层很薄的水膜,这是氟碳表面活性剂和碳氢表面活性剂共同作用的结果。

这层水膜可使油品与空气隔绝,阻止油气蒸发,更有利于泡沫流动,加速灭火。但仅靠水膜的作用还不能有效地灭火。实际上,水成膜泡沫的灭火原理是:当把泡沫喷射到燃烧的油面时,泡沫一面在油面上散开,另一面在油面上形成一层水膜,抑制油品的蒸发,使其与空气隔绝,并使泡沫迅速流向尚未直接喷射到的区域,进一步灭火。

4）抗溶性泡沫灭火剂

水溶性可燃液体,例如醇、酯、醚、醛、有机酸和胺等,它们的分子极性较强,能大量吸收泡沫中的水分,使泡沫很快破坏而不起灭火作用。所以不能用蛋白泡沫、氟蛋白泡沫和轻水泡沫来扑救此类液体火灾,而必须用抗溶性泡沫来扑救。

（1）类型

抗溶性泡沫灭火剂的主要类型有:①以水解蛋白为基料,添加脂肪酸锌有机金属盐制成的金属皂型抗溶性灭火剂,目前已淘汰;②以水解蛋白或合成表面活性剂为发泡剂,添加海藻酸盐一类天然高分子化合物制成的高分子型抗溶性泡沫灭火剂;③由氟碳表面活性剂和多糖制成的触变型抗溶性泡沫灭火剂;④以蛋白泡沫液添加特制的氟碳表面活性剂和多种金属盐制成的氟蛋白型抗溶性泡沫灭火剂;⑤以硅酮表面活性剂为基料制成的抗溶性泡沫灭火剂等。

（2）灭火原理

抗溶性泡沫原液用水稀释时,不产生沉淀物,其混合液为一种透明、均相的液体。泡沫一接触水溶性溶剂的表面,立即发生反应,夺取泡沫层中的水分,同时形成一种既不溶于水,又不溶于溶剂的均匀而黏稠的薄膜;从而可以有效地防止水溶性溶剂对泡沫的破坏,提高泡沫的稳定性和持久性。灭火时泡沫迅速覆盖液面,或黏附于燃烧物固体表面,形成严密的覆盖层,从而隔绝空气使火熄灭。灭火时,泡沫能在极性溶剂表面形成一层含气泡的凝胶层,这种膜能有效地防止极性溶剂破坏,从而达到覆盖灭火的目的。

（3）应用范围

抗溶性泡沫主要用于扑救乙醇、甲醇、丙酮、醋酸乙酯等一般水溶性可燃、易燃液体的火灾;不宜用于扑救低沸点的醛、醚、有机酸和胺等有机液体的火灾。虽然也可以扑救一般油类和固体火灾,但由于其价格较高,一般不予采用。

（4）使用特点

这种灭火剂的原料来源丰富,制造工艺简单,价格便宜,泡沫腐蚀性小,有效期长,可与水预先混合,混合液输送距离不受限制。抗溶性泡沫灭火剂可用于普通泡沫灭火设备,也可用于固定式、半固定或移动式灭火系统。使用时仍需要安装泡沫缓冲装置。

（5）使用方法

可采用通用的灭火设备,可以进行预混。如采用 U 形施放器时,在离液面 40cm 处,使泡沫沿容器壁流入,则效果最好。在实际使用中采用 6% 和 9% 的混合比,均可获得较好的灭火效果。

5)高倍数泡沫灭火剂

20 世纪 60 年代,高倍数泡沫及其应用技术在英国、美国、瑞典、日本等国得到了迅速发展。它以合成表面活性剂为基料,通过高倍数泡沫产生器可发出 500～1000 倍的泡沫,大量泡沫迅速充满被保护的区域和空间。

此种灭火剂通过隔绝燃烧所需的氧(空气)而实施灭火。此外高倍数泡沫还有冷却和阻止火场中热传导的作用。自 20 世纪 70 年代起,我国先后开发出淡水型、海水型、耐烟耐温型高倍数泡沫系列产品,并研制出相应的地上和地下建筑火灾的固定式灭火系统,逐步实现了应用技术的标准化、系列化。

(1)组分

高倍数泡沫灭火剂一般由发泡剂、稳定剂、溶剂、抗冻剂、硬水软化剂、助溶剂等组成。

(2)主要性能指标

高倍数泡沫灭火剂的外观应是均相液体,无明显毒性,具有生物降解性。使用温度范围为:普通型为 −5～40℃,耐寒型为 −10～40℃,超耐寒型为 −20～40℃。

(3)灭火原理

高倍数泡沫灭火剂水溶液通过高倍数泡沫产生器生成,其发泡倍数高达 200～1000 倍。气泡直径一般在 10mm 以上。由于它的体积膨胀大,再加上高倍数泡沫产生器的发泡量大(大型的可在 1min 内产生体积大于 1000m³ 的泡沫),泡沫可以迅速充满着火空间,覆盖燃烧物,使燃烧物与空气隔绝;泡沫受热后产生的大量水蒸气大量吸热,使燃烧区温度急剧下降,并稀释空气中的含氧量,阻止火场的热传导、对流和热辐射,防止火势蔓延。因此,高倍数泡沫灭火技术具有混合液供给强度小,泡沫供给量大,灭火迅速,安全可靠,水渍损失少,灭火后现场处理简单等特点。

(4)应用范围

高倍数泡沫灭火剂主要适于扑救非水溶性可燃、易燃液体火灾和可燃流散液体火灾(如从油罐流淌到防火堤以内的火灾或从旋转机械中漏出的可燃液体的火灾等),以及仓库、飞机库、地下室、地下通道、矿井、船舶等有限空间的火灾。液化天然气等深冷液体的储罐有泄漏时,也可施用高倍数泡沫,以起到防止蒸气挥发和着火的作用。

由于高倍数泡沫的比重小,又具有较好的流动性,所以在产生泡沫的气流作用下,通过适当的管道,可以输送到一定的高度或较远的地方去灭火。

油罐着火时,油罐上空的上升气流升力很大,而泡沫的比重却很小,不能覆盖到油面上,所以不能用高倍数泡沫灭火剂扑救油罐火灾;但对室内储存的少量水溶性可燃液体火灾,有时也可用全淹没的方法来扑灭。

在使用高倍数泡沫灭火时,要注意进入高倍数泡沫产生器的气体不得含有燃烧过的气体、烟尘和酸性气体,以免破坏泡沫。

(5)储存

在高倍数泡沫灭火剂的运输和储存期间,不得混入其他类型的灭火剂,并应放置于阴凉、干燥的地方,防止阳光暴晒。储存环境温度应在规定的范围内,储存 2 年后应进行全面的质量检查,其各项性能指标不得低于标准规定的要求。

16.2　泡沫灭火系统的设计

扑救油罐火灾的灭火剂主要是空气泡沫。空气泡沫对油层可以起到隔绝作用、隔热作用、冷却作用和稀释作用。固定顶油罐可采用低倍数和中倍数泡沫灭火,它适用于储存闪点低于28℃或高于60℃的各类石油类产品。低倍数泡沫灭火系统的固定顶油罐根据油品的不同,采用不同的供给泡沫系统,可分为液上喷射泡沫灭火系统、液下喷射泡沫灭火系统及半液下喷射泡沫灭火系统。油罐液上喷射泡沫灭火系统可选用蛋白空气泡沫液、氟蛋白泡沫液、水成膜(轻水)泡沫液等灭火。液下喷射泡沫灭火系统是将氟蛋白空气泡沫从燃烧的液面下喷入,泡沫通过液层由下往上运动达到燃烧的液面进行灭火。半液下喷射泡沫灭火系统采用低倍数泡沫液,泡沫的性质不受限制,各种低倍数泡沫液均可使用。

16.2.1　油罐液上喷射泡沫灭火系统设计

1. 液上喷射泡沫灭火系统相关知识

1) 液上喷射的特点

(1) 油罐液上喷射泡沫灭火系统可选用蛋白空气泡沫液、氟蛋白泡沫液和水成膜(轻水)泡沫液等灭火。

(2) 液上喷射灭火对油品的污染小于液下喷射灭火。

(3) 液上喷射操作简单,灭火迅速。

(4) 喷射泡沫灭火混合液的供给强度大。

由于空气泡沫液制造的原料、工艺水平不同,存放条件不同,质量也不同。泡沫液质量越低,供给强度应该越大。液体的闪点越低,燃烧温度越高,对泡沫破坏能力就越大,因此,泡沫供给强度就应该越大。水溶性易燃液体对泡沫的破坏能力很大,扑救这类储罐火灾时,泡沫供给强度应更大些。燃烧面积越大,泡沫流动时间越长,泡沫破坏的数量越多,要求泡沫供给强度就越大。根据《泡沫灭火系统设计规范》(GB 50151—2010)的规定,泡沫混合液的供给强度及连续供给时间不应小于表16-1中的数据,水溶性的液体泡沫混合液供给强度不应小于表16-2中的规定。

表16-1　泡沫混合液的供给强度和连续供给时间

液体类别	供给强度/(L/(min·m²))		连续供给时间/min
	固定式、半固定式	移动式	
甲、乙类(闪点<60℃)	6.0	8.0	40
丙类(闪点≥60℃)	6.0	8.0	30

表16-2　水溶性的液体泡沫混合液的供给强度和连续供给时间

液体名称	供给强度/(L/(min·m²))	连续供给时间/min
	固定式、半固定式	
甲醇、乙醇、丁酮丙烯腈、醋酸乙酯	12	25
丙酮、丁醇	12	30

2）液上喷射泡沫灭火系统

（1）固定式泡沫灭火系统的选择

油罐总储量≥500m³ 的独立的非水溶性甲、乙、丙类液体储油罐区，总储量≥200m³ 的水溶性甲、乙、丙类液体储油罐区，都可选择固定式泡沫灭火系统。当然采用固定式泡沫灭火系统时，除固定式泡沫灭火设备外，还应设置泡沫枪、泡沫钩管等移动式泡沫灭火设备。固定式泡沫灭火系统的组成见图16-1，可分为自动式或半自动式泡沫灭火系统，由储水池、泡沫液储罐、泡沫液比例混合器及泵等组成。

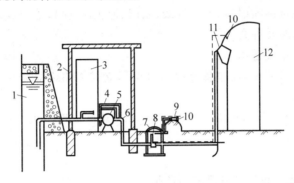

图 16-1 固定式泡沫灭火系统

1—储水池；2—泡沫泵站；3—泡沫液储罐；4—泡沫液比例混合器；5—泵；6—管道；7—阀门井；
8—控制装置；9—泡沫喷头；10—自动报警装置；11—泡沫产生器；12—储油罐

固定在油罐上的管道上均安装报警装置。当报警装置接到着火信号后立即传送到泡沫系统的动力装置上，泡沫被输入着火油罐内，便于及时灭火。

设置泡沫枪的数量应根据油罐直径大小而定，其数量及连续供给时间见表 16-3。

表 16-3 泡沫枪的数量和连续供给时间

储罐直径/m	PQ8 型泡沫枪配备数量/支	连续供给时间/min	储罐直径/m	PQ8 型泡沫枪配备数量/支	连续供给时间/min
<23	1	10	>33	3	30
23～33	2	20			

（2）半固定式液上喷射泡沫灭火系统

半固定式液上喷射泡沫灭火系统如图 16-2 所示。

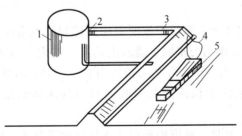

图 16-2 半固定式液上喷射泡沫灭火系统

1—储油罐；2—泡沫产生器；3—防火堤；4—消火栓；5—泡沫消防车

　　企业内机动消防设施较强的企业附属甲、乙、丙类液体储罐区和石油化工生产装置区火灾危险性较大的场所均可采用半固定式泡沫灭火系统。但要注意,企业内的泡沫消防车的台数要与所设计的半固定式泡沫灭火系统最大泡沫用量匹配。半固定式泡沫灭火系统是将固定在储油罐上的泡沫产生器用具有3%坡度的泡沫混合液管道引至防火堤外,并距地面0.7m高处设置带闷盖的管牙接口,接口尺寸应与所选用管道为同一口径。

　　当油罐发生火灾时,可利用泡沫消防车或其他泡沫设备将泡沫混合液输进泡沫发生器内,达到灭火目的。半固定式液上喷射灭火系统由消防车(供给混合液)、高背压泡沫产生器和固定安装在油罐底部的喷射口、泡沫管线、闸门、逆止阀、接口等组成。

　　(3) 移动式泡沫灭火系统

　　移动式泡沫灭火系统适用于:

　　① 储罐总储量<500m³,而单罐容量≤200m³,立式罐储罐壁高度不大于7m的地上非水溶性甲、乙、丙类液体;

　　② 储罐总储量<200m³,而单罐容量≤100m³,罐壁高度不大5m的地上非水溶性甲、乙、丙类液体立式储罐;

　　③ 卧式储罐;

　　④ 甲、乙、丙类液体卸装区易泄漏的场所。

　　移动式泡沫灭火系统、泡沫灭火设备不固定在油罐上。当油罐发生火灾时,临时将整套灭火设备运至现场进行灭火,见图16-3。

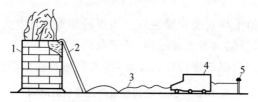

图16-3　移动式泡沫灭火系统

1—储油罐;2—泡沫钩管;3—水带;4—消防车;5—消火栓

　　3) 液上喷射泡沫灭火系统的主要设备

　　(1) 泡沫液储罐

　　用钢质材料焊接而成卧式或立式的储罐,罐内、外应进行防腐处理。常用规格有300L,400L,500L,600L,700L,800L,1m³,1.2m³,1.5m³,2m³。

　　(2) 泡沫比例混合器

　　泡沫比例混合器是泡沫灭火系统中按所需比例控制吸入泡沫液的一种设备,它安装在消防泵上,将泡沫液按所需比例与水混合送入泡沫发生器内。泡沫比例混合器进口的工作压力范围为0.6~1.4MPa,出口的工作压力范围为0~0.05MPa,见表16-4。

　　泡沫比例混合器与泡沫液储罐安装时吸入口与泡沫液储罐的最低液位差不得大于1m,否则泡沫液吸不上来。

　　隔膜压式比例混合器是一种隔膜储罐式正压比例混合器,可以使泡沫液与水分开,泡沫使用后,剩余的泡沫液可继续使用。它由泡沫比例混合器、钢制泡沫液储罐、橡胶软袋、球阀、压力表及管道组成。当压力水进入比例混合器后,通过管道进入泡沫液储罐,水挤压橡

表 16-4　国产泡沫比例混合器性能参数

型号	调节手柄指示数值/(L/s)	吸入泡沫液量/(L/s)
PH32 PH32C	4	0.24
	8	0.48
	16	0.96
	24	1.44
	32	1.92
PH48	16	0.96
	24	1.44
	32	1.92
	48	2.88
PH64 PH64C	16	0.96
	32	1.92
	48	2.88
	64	3.84

胶软袋内的泡沫液,使软袋内的泡沫液经吸液管道挤出,与水混合后成泡沫混合液输入到泡沫产生器。其性能参数见表 16-5。

表 16-5　隔膜压力式比例混合器性能参数

型号	工作压力/MPa	泡沫混合液流量/(L/s)	泡沫混合液比例/%	泡沫液储罐容量/L	储罐最大工作压力/MPa
PHY64	1.0	16～64	3 和 6	3000～7600	1.2
PHY32	1.0	4～32	3 和 6	700～3000	1.2
PHY16	1.0	0～16	3 和 6	0～700	1.2

（3）泡沫产生器

泡沫产生器固定安装在油罐上圈板处,当泡沫混合液流量≤8L/s 时,泡沫喷射口中心距油罐壁顶部 200mm;当泡沫混合液流量＞8L/s 时,泡沫喷射口中心距油罐壁顶部 280mm。泡沫产生器适用于低倍数泡沫灭火系统。国产泡沫产生器按照安装使用方式可分为横式(PC 型)和竖式(PS 型)两种。PC 型泡沫产生器的安装见图 16-4,规格见表 16-6;PS 型泡沫产生器的安装见图 16-5,规格见表 16-7。

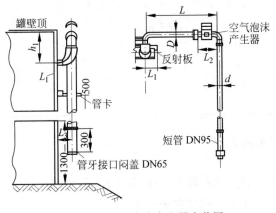

图 16-4　PC 型泡沫产生器安装图

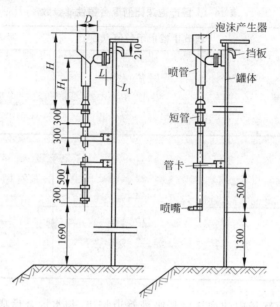

图 16-5　PS 型泡沫产生器安装图

表 16-6　PC 型泡沫产生器的规格

型号	进口压力/MPa	流量/(L/s) 混合液	泡沫	混合液输入管口径/mm
PC4	0.5	4	25	50
PC8	0.5	8	50	65
PC16	0.5	16	100	75
PC24	0.5	24	150	100

表 16-7　PS 型泡沫产生器的规格

型号	规格/(L/s)	混合液输入管口径/mm
PS13A	25	50
PS14A	50	70
PS15A	100	80
PS16A	150	100
PS17A	200	125

泡沫产生器的进口处压力为 0.3～0.6MPa，它对应的泡沫混合液流量按以下公式计算：

$$q = k_1 \sqrt{p}$$

式中：q 为泡沫混合液流量，L/s；k_1 为泡沫产生器流量特性系数，见表 16-8；p 为泡沫产生器的进口压力，MPa。

表 16-8　PC 型和 PS 型泡沫产生器流量特性系数

PC 型号	PC4	PC8		PC16	PC24
k_1	0.57	1.13		2.26	3.39
PS 型号	PS13A	PS14A	PS15A	PS16A	PS17A
k_1	0.54	1.07	2.14	3.12	4.28

泡沫产生器设置数量见表 16-9。

（4）泡沫枪

泡沫枪是一种移动式泡沫喷射灭火设备，其工作压力为 0.7MPa，可与水泵、消防车配套使用，设置数量见表 16-3，性能参数见表 16-10。

表 16-9　泡沫产生器设置数量

油罐直径/m	泡沫产生器设置数量/个	油罐直径/m	泡沫产生器设置数量/个
<10	1	26～35	4
10～20	2		
21～25	3		

表 16-10　泡沫枪性能参数

型号	工作压力/MPa	泡沫液量/(L/s)	混合液量/(L/s)	泡沫量/(L/s)	射程/m	质量/kg
PQ4		0.24	4	≥25	≥24	2.8
PQ8	0.7	0.48	8	≥50	≥28	3.5
PQ16		0.96	16	≥100	≥32	6.9

（5）泡沫炮

泡沫炮分固定式和移动式两种。

移动式泡沫炮的工作原理为：当油罐发生火灾时，将泡沫定位好，炮嘴对准目标，固定支架，与两条直径 65mm 的水带连接，进行泡沫灭火。其性能参数见表 16-11。

表 16-11　移动式泡沫炮性能参数

型号	工作压力/MPa	进水量/(L/S)	泡沫液吸入量/(L/s)	泡沫混合液量/(L/s)	泡沫量/(L/s)	射程/m	
						泡沫	水
PLY32	1.0	30.08	1.92	32	200	45	50

固定式泡沫炮是一种水与泡沫联用的装置，具有射流集中、射程远、泡沫量大等优点。其性能参数见表 16-12。

表 16-12　固定式泡沫炮性能参数

型号	工作压力/MPa	泡沫混合液量/(L/s)	泡沫量/(L/s)	射程/m	
				泡沫	水
PPC300A	0.8	50	300	≥65	68

2. 普通蛋白空气泡沫灭火计算

扑救油罐火灾，不仅需要大量的冷却用水，而且需要大量的灭火设备和灭火剂。

1）参数

（1）灭火延续时间

泡沫灭火延续时间取决于泡沫的抗烧性。普通蛋白空气泡沫的抗烧性在 7min 以上。因此，空气泡沫灭火延续时间按 5min 计算，也就是说，要在 5min 时间内，保证供给足以扑灭火灾的泡沫量。

（2）空气泡沫液的储量和灭火（配制泡沫）用水储备量

空气泡沫液由于长期储存或保管不当可能降低质量，火场上可能出现反复或不利局面，需要重新组织优势力量，增加泡沫供给强度。因此，空气泡沫液储备量应为一次灭火用量的 6 倍。同样，灭火用水储备量也应为一次灭火用水量的 6 倍。

空气泡沫液与水的混合比例为 6∶94,即 6L 空气泡沫液与 94L 水混合,若发泡倍数按6 倍计算,可生成 600L 空气泡沫。

（3）着火液面积

储罐区应按直径最大（着火液面积最大）、火灾危险性最大的储罐液面积计算。卧式罐着火面积按整个罐组的占地面积计算,若占地面积超过 400m² ,一般仍按 400m² 计算。

库房、堆场的着火面积按库房、堆场占地面积计算,若占地面积超过 400m² ,一般仍按400m² 计算。

（4）空气泡沫枪

油罐爆炸和着火可能导致罐壁破裂,使易燃和可燃烧液体外流。扑救油罐火灾时,应考虑满足扑救溢流液体火焰的要求。扑救溢流液体火焰需用的 PQ8 型空气泡沫枪的数量,不宜小于表 16-3 的要求。

2）计算步骤和公式

（1）着火油罐液面积

① 圆柱形液面积按下式计算:

$$A = \frac{\pi D^2}{4}$$

式中: A 为液面积,m² ; D 为油罐直径,m。

② 矩形罐（或油槽）液面积按下式计算:

$$A = ab$$

式中: A 为液面积,m² ; a 为长边长,m; b 为短边长,m。

③ 卧式成组罐的液面积按土堤内的面积计算,超过 400m² 时,仍按 400m² 计算。

（2）计算空气泡沫量

泡沫量可按下式计算:

$$Q = Aq_1$$

式中: Q 为泡沫量,L/s; A 为液面积,m² ; q_1 为泡沫供给强度,L/(min · m²)。

（3）确定空气泡沫产生器数量

空气泡沫产生器的数量可按下式计算:

$$N = \frac{Q}{q_2}$$

式中: N 为泡沫产生器数量,个; Q 为泡沫量,L/s; q_2 为每个泡沫产生器的泡沫产生量,L/s。

（4）计算升降式泡沫管架或泡沫钩管的数量

如果固定式、半固定式灭火系统遭到破坏,应采用移动式灭火系统,其需要的升降式泡沫管架或泡沫钩管的数量为

$$N = \frac{Q}{q_3}$$

式中: N 为升降式泡沫管架或泡沫钩管数量; Q 为泡沫量,L/s; q_3 为每个升降式泡沫管架或泡沫钩管的泡沫产生量,L/s。

（5）计算泡沫混合液量

油罐所需的泡沫混合液量取决于泡沫产生器的数量和每个泡沫产生器的泡沫产生量,或者取决于泡沫钩管（或升降式泡沫管架）的数量和每个泡沫钩管的泡沫产生量。

油罐所需混合液量可按下式计算：

$$Q_混 = N \cdot q_混$$

式中：$Q_混$ 为油罐所需混合液量，L/s；N 为泡沫产品或泡沫钩管数量；$q_混$ 为每个泡沫产生器或泡沫钩管或升降式泡沫管架的混合液量，可查表 16-6、表 16-7 和表 16-10 或表 16-11 确定。

（6）计算泡沫消防车数量

计算公式为

$$N = \frac{Q_混}{消防车供水能力}$$

式中：$Q_混$ 为油罐所需混合液量，L/s；消防车供水能力即每辆车供水量，L/s。

（7）计算泡沫液储备量

空气泡沫液储备量为一次灭火计算用量的 6 倍，可按下式计算：

$$储备量 = 一次灭火用量 \times 发泡倍数$$

即

$$Q_储 = Q_混 \, \alpha_1 t_1 \beta_1$$

式中：$Q_储$ 为储备量，L；$Q_混$ 为混合液量，L/s；α_1 为混合液含液百分比，取 6%；t_1 为泡沫混合液的连续供给时间，取 40min；β_1 为发泡倍数，取 6。

（8）计算灭火用水储备量

灭火用水储备量是指配制泡沫用水储备量，可按下式计算：

$$储备量 = 一次灭火用水量 \times 倍数$$

即

$$Q_{备水} = Q_混 \, \alpha_2 t_2 \beta_2$$

式中：$Q_{备水}$ 为泡沫灭火用水储备量，L；$Q_混$ 为混合液量，L/s；α_2 为混合液含水百分比，取 94%；t_2 为灭火延续时间，取 40min；β_2 为倍数，取 6。

（9）计算消防用水量

消防用水量为冷却用水储备量和泡沫灭火用水储备量之和。

（10）确定泡沫枪数量

泡沫枪的数量可查表 16-3 确定。

例 16-1　已知：容量为 5000m³ 立式钢质固定顶油罐 1 个，油罐直径 23.76m，高度 12.53m，存油品为汽油。采用普通蛋白泡沫液灭火剂，选用固定式液上喷射泡沫灭火系统灭火，并采用移动式冷却方式。

计算数据：泡沫供给强度 0.6L/(s·m²)。

解　计算

（1）油罐的燃烧面积

$$F = \frac{\pi D^2}{4} = \frac{3.14 \times 23.76^2}{4} m^2 \approx 433.39 m^2$$

（2）计算泡沫量

$$443.39 \times 0.6 L/s \approx 266 L/s$$

（3）设计泡沫量

设计泡沫量 ≥ 计算泡沫量/0.85 = 313L/s　（考虑效率下降 15%）

选用两个 PC24 型空气泡沫产生器和一个 PC8 型空气泡沫产生器,总的额定泡沫产生量为 350L/s。

(4) 泡沫混合液用量(以发泡倍数 6.25 倍计算)

$$350/6.25L/s = 56L/s$$

泡沫液用量(采用 6% 泡沫液)

$$56 \times 6\% L/s = 3.36L/s$$

一次灭火泡沫液储备量(连续供给时间为 40min)

$$\frac{3.36 \times 40 \times 60}{1000} m^3 = 8.064 m^3$$

(5) 配制泡沫用水量

$$56 \times 94\% L/s = 52.64L/s$$

一次灭火配制泡沫用水量

$$\frac{52.64 \times 40 \times 60}{1000} m^3 \approx 126.34 m^3$$

例 16-2 已知一组地上汽油罐有 6 个,其直径都是 10.6m,罐与罐之间的距离为 15m,假设其中一个油罐起火,采用半固定式泡沫灭火系统,要求计算冷却用水量和消防车及水枪的数量。泡沫供给强度为 0.8L/(s·m²)。

解 (1) 求着火油罐液面积

$$A = \frac{\pi D^2}{4} = \frac{3.14 \times 10.6^2}{4} m^2 \approx 88 m^2$$

(2) 计算空气泡沫量

$$Q = A q_1 = 88 \times 0.8L/s = 70.4L/s$$

(3) 确定空气泡沫产生器数量

查表 16-9 知空气泡沫产生器设置数量,可以选用一个 PC8 型和一个 PC4 型空气泡沫产生器。如果选用两个 PC8 型泡沫产生器更好。每罐至少安装两个泡沫产生器。

$$N = \frac{Q}{q} = \frac{70.4}{50} 个 \approx 2 个$$

(4) 计算升降式泡沫管架或泡沫钩管数量

如果采用移动式泡沫灭火系统,应按上述计算方法计算泡沫量和升降式泡沫管架或泡沫钩管数量。

(5) 确定泡沫混合液量

$$Q_混 = N q_混 = 2 \times 8L/s = 16L/s$$

查表 16-6 知,每个 PC8 型空气泡沫产生器混合液量为 8L/s。

(6) 计算泡沫消防车或混合器数量

如果采用东风牌泡沫消防车,供水能力按 18L/s 计算,则

$$N = \frac{Q_混}{消防车供水能力} = \frac{16}{18} 辆 \approx 1 辆$$

查表 16-4 知,一个 PH32 型泡沫混合器完全可以满足供给 16L/s 混合液的需要。

(7) 计算泡沫液储备量

$$储备量 = 一次灭火用量 \times 倍数$$

即
$$Q_{储} = Q_{混} \times 0.06 \times 30 \times 60 \times 6 = 16 \times 0.06 \times 30 \times 60 \times 6L = 10\ 368L$$

（8）计算泡沫灭火用水储备量

$$储备量 = 一次灭火用水量 \times 倍数$$

即
$$Q_{备水} = Q_{混} \times 94\% \times 30 \times 60 \times 6 = 16 \times 94\% \times 30 \times 60 \times 6L$$
$$= 27\ 072 \times 6L = 162.432m^3$$

（9）计算消防用水总量

冷却用水总量为 $884.16m^3$。冷却用水总量和灭火用水储备量的总和即为消防用水总量：

$$(884.16 + 162.432)m^3 = 1046.592m^3$$

（10）确定泡沫枪数量

查表 16-3 知，直径 23m 以下油罐，需配备一支 PQ8 型空气泡沫枪。

一支泡沫枪所需的泡沫液、水和消防车也应按上述要求和方法进行计算。

16.2.2 油罐液下喷射泡沫灭火系统设计

液下喷射泡沫灭火就是将氟蛋白空气泡沫从燃烧的液面下喷入，泡沫通过油层由下往上运动到燃烧的油面进行灭火。采用氟蛋白空气泡沫液，其产生的泡沫表面都是由活性剂排列而成的，具有独特的疏油性，灭火设备的流动性强，可省投资。

液下喷射泡沫灭火系统有固定式和半固定式两种。

1. 固定式液下喷射泡沫灭火系统

1）组成

固定式液下喷射泡沫灭火系统由消防水泵、泡沫混合器、混合液管线、高背压泡沫产生器和喷射口、阀门与单向阀（油罐与泡沫产生器之间安装）组成。泡沫入口安装在油罐底部，当油罐发生爆炸时，泡沫灭火不宜受到破坏，可以正常工作。

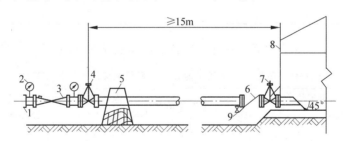

图 16-6 液下喷射泡沫灭火系统图

1—管牙接口；2—压力表；3—高背压泡沫产生器；4—控制阀门；

5—防火堤；6—单向阀；7—阀门；8—储油罐；9—排水阀

2）液下喷射泡沫灭火的缺点

（1）液下喷射泡沫灭火有一定的局限性，不适用于各种油品，国内多用于汽油、煤油、柴油等油品的灭火。

（2）液下喷射泡沫灭火系统要求采用高背压泡沫产生器，泡沫产生器具有较高的出口背压。同时选用析液时间长的泡沫液。

（3）油罐与泡沫产生器之间安装的阀门和单向阀经常开启，会造成油品泄漏。在单向阀之前安装一层防爆膜，可以防止渗漏。

（4）适用于浮顶油罐和内浮顶油罐，不能用于水溶性甲、乙、丙类液体储罐（如醇、酯、醚、酮、羧酸等水溶性液体储罐）。

3）用氟蛋白空气泡沫灭火时所需用量的计算

（1）氟蛋白泡沫供给强度

氟蛋白泡沫供给强度是指 1s 内通过油层往 $1m^2$ 油面上供给氟蛋白泡沫的数量。氟蛋白泡沫混合液供给强度不小于 $6L/(min \cdot m^2)$，适用于汽油、煤油、柴油等易燃、可燃液体地上式固定顶油罐。

（2）灭火延续时间和泡沫倍数

氟蛋白泡沫混合液连续供给时间可按 30min 计算，也就是说，要在 30min 内，保证足以扑灭火灾的泡沫量。泡沫发泡倍数按 3 倍计算。

（3）泡沫喷射口的安装高度

泡沫喷射口的安装高度应该在油罐水垫层之上，油罐安装喷射口的数量取决于油罐直径，见表 16-13。

4）软管式液下喷射泡沫灭火系统

软管式液下喷射泡沫灭火系统是通过软管将泡沫输送到燃烧的油面之下，见图 16-6。其特点为：①不受泡沫液种类的限制；②对油品不污染；③防止油品由泡沫管往外渗漏，保证了安全；④灭火迅速，维修方便。

软管式液下喷射泡沫灭火系统可采用普通蛋白泡沫液。泡沫混合液供给强度见表 16-14。

表 16-13　油罐直径和泡沫喷射口的数量

油罐直径/m	油罐最少的泡沫喷射口数量/个
<23	1
23~33	2
>33	3

表 16-14　泡沫混合液供给强度

油品闪点/℃	泡沫混合液供给强度/(L/(min·m²))	泡沫连续供给时间/min
28	9	30
28~45	6	30
>45	3.6	30

软管式液下喷射泡沫灭火系统泡沫产生器性能参数见表 16-15。

表 16-15　软管式液下喷射泡沫灭火系统泡沫产生器性能参数

型号	泡沫混合液量/(L/s)	工作压力/MPa	泡沫倍数	泡沫液用量/(L/s)	喷嘴直径/mm	聚乙烯导管直径/mm
Y-23	23	0.7~0.8	3.5	1.4	28	300
Y-46	46	0.7~0.8	3.5	2.8	38	400

5）高背压泡沫产生器

高背压泡沫产生器是液下喷射泡沫灭火系统的主要设备，主要由喷嘴、混合管段和扩散器组成。当有压力的泡沫混合液以高速度喷射流通过喷嘴后，在混合管段内形成真空负压区，吸入空气与泡沫混合液混合后形成泡沫，输入油罐内。因为泡沫通过油罐内的油层喷射到燃烧的油面上，要求泡沫产生器有较高的背压，以克服油层产生的静压力和泡沫管线产生的阻力，使泡沫能够达到燃烧的油层之上。

为达到灭火目的,高背压泡沫产生器的出口压力应大于泡沫管道的阻力和罐内液体静压力之和,而进口压力应为 0.6～1.0MPa,其泡沫混合液流量可按下式计算:

$$q = k_2 \sqrt{p}$$

式中:k_2 为高背压泡沫产生器流量特性系数,按表 16-8 取用;p 为高背压泡沫产生器的进口压力,MPa;Q 为泡沫混合液流量,L/s。

高背压泡沫产生器可安装在距油罐大于 15m 小于 200m 处。对于储罐内油层不稳定的液面,可调节泡沫产生器的阀门,以控制背压的高低。高背压泡沫产生器的性能参数见表 16-16。

表 16-16　高背压泡沫产生器性能参数

型号	工作压力/MPa	背压/MPa	泡沫混合液量/(L/min)	泡沫液量/(L/s)		泡沫倍数	泡沫 25% 析液时间/s	泡沫产生器总长/mm
				6%	3%			
PCY450			450	0.48	0.24			1020
PCY450G			450	0.48	0.24			927
PCY900	0.7	0.21	900	0.96	0.48	2.5～4	均大于 180	1245
PCY900G			900	0.96	0.48			1170
PCY13500G			1350	1.44	0.72			1372
PCY1800G			1800	1.8	0.96			1688

6) 氟蛋白泡沫液的储备量和灭火(配制泡沫)用水储备量

氟蛋白泡沫液的储备量和灭火(配制泡沫)用水储备量为一次灭火用量的 6 倍。

7) 液下喷射泡沫灭火泡沫在油品中的浮升速度

由于泡沫喷射方式不同,泡沫通过油层引起油品对流的情况也不相同,泡沫在油品液面上覆盖的情况也不同。根据试验可知,5000m³ 的油罐中,泡沫浮升速度为 0.45～0.57m/s;小型油罐中,泡沫浮升速度为 0.4m/s。当泡沫浮升到油面后,泡沫在油上水平展开速度均为 3.3m/s。

着火油罐液面积应按储罐区最大、最危险的油罐计算。高背压泡沫产生器型号不同,技术数据也不同,可参照表 16-16 进行计算。

2. 计算步骤和公式

(1)求着火油罐液面积

$$A = \frac{\pi D^2}{4}$$

式中:A 为油罐液面积,m²;D 为油罐直径,m。

(2)计算氟蛋白泡沫量

$$Q = Aq_1$$

式中:Q 为泡沫量,L/s;A 为油罐液面积,m²;q_1 为氟蛋白泡沫供给强度,L/(s·m²)。

(3)计算高背压泡沫产生器数量

$$N = \frac{Q}{q_2}$$

式中:N 为高背压泡沫产生器数量,个;Q 为泡沫量,L/s;q_2 为高背压泡沫产生器泡沫产生量,L/s。

(4) 计算泡沫混合液量

$$Q_混 = Nq_3$$

式中：$Q_混$ 为混合液量，L/s；N 为高背压泡沫产生器数量；q_3 为一个高背压泡沫产生器的混合液量，L/s。

(5) 计算泡沫消防车(泡沫混合器)数量

$$N_车 = \frac{Q_混}{消防车供水能力}$$

式中：N 车为消防车数量。

(6) 计算泡沫液储备量

氟蛋白泡沫混合液中的水和泡沫液的比例可采用 94:6，亦可采用 97:3。当采用 3% 型氟蛋白泡沫液时，应采用优质的动物蛋白水解的空气泡沫液为基料。泡沫液储备量为

$$储备量 = 一次灭火用量 \times 倍数$$

即

$$Q_储 = Q_混 \times 6\% \times 灭火延续时间(s) \times 6$$

或者

$$Q_储 = Q_混 \times 3\% \times 灭火延续时间(s) \times 6$$

式中：$Q_储$ 为泡沫液储备量，L；3% 和 6% 为泡沫液在混合液中的百分比；6 为倍数。

(7) 计算泡沫灭火用水储备量

$$Q_备水 = Q_混 \times 94\% \times 灭火延续时间(s) \times 6$$

式中：$Q_备水$ 为灭火用水储备量，L；94% 为混合液中含水比例；6 为倍数。

(8) 消防冷却用水量

冷却用水总量与泡沫灭火用水储备量的总和，即为消防用水总量。冷却用水储备量应按本章计算消防用水总量的方法计算。

例 16-3 已知容量为 10 000m³ 立式钢质固定顶油罐 1 个，罐直径 31.28m，高度 14.07m，储存油品为航空煤油。灭火剂采用氟蛋白泡沫液，采用固定式液下喷射泡沫灭火系统。泡沫混合液供给强度应小于 6L/(min·m²)，泡沫发泡倍数为 3 倍。

解 (1) 油罐的燃烧面积

$$F = \frac{\pi D^2}{4} = \frac{\pi \times 31.28^2}{4} m^3 \approx 768.46 m^3$$

(2) 计算泡沫混合液量

$$768.46 \times 0.1 L/s = 76.846 L/s$$

选用液下喷射泡沫产生器，查表 16-16 知，应选 PCY1800G 型 3 个。

(3) 设计氟蛋白泡沫混合液量

$$30 \times 3 L/s = 90 L/s$$

(4) 氟蛋白泡沫液量

$$90 \times 6\% L/s = 5.4 L/s$$

一次灭火泡沫液储备量(泡沫混合液的连续供给时间为 30min)

$$\frac{5.4 \times 30 \times 60}{1000} m^2 = 9.72 m^2$$

(5) 配制泡沫用水量

$$90 \times 94\% L/s = 84.6 L/s$$

一次灭火配制泡沫用水量

$$\frac{84.6 \times 30 \times 60}{1000}m^3 = 152.28m^3$$

（6）油罐泡沫管径及泡沫喷射口的选择

泡沫混合液量＝90L/s

泡沫量＝90×3L/s＝270L/s

选用3个泡沫喷射口进入油罐,每个泡沫喷射口泡沫混合液量为90L/s,泡沫管径为200mm,泡沫喷射口与管选用同一口径,其泡沫流速低于3m/s,合乎国标规定。

16.2.3　油罐半液下喷射泡沫灭火系统设计

1. 半液下喷射泡沫灭火系统的特点

（1）半液下喷射泡沫灭火系统采用低倍数泡沫液,泡沫性质不受限制,各种泡沫均可使用。

（2）当着火油罐发生爆裂变形时,半液下喷射泡沫灭火系统仍能正常使用,且灭火时间短。

（3）灭火泡沫是通过软管喷射到燃烧的油面上,泡沫通过油层时不与油品直接接触,以减少对油品的污染和泡沫的损失。

2. 组成

油罐半液下喷射泡沫灭火装置由一根垂直安装在油罐底部的带盖密封储存软管的立管及立管旁的一根小口径旁通管组成,见图16-7。软管是耐油的无孔的合成尼龙管,管长根据灭火油罐高度而定。将尼龙软管折叠压紧后置于立管之内,立管上安装一个密封盖,以防止油品进入立管。在立管旁的一根小口径旁通管用于排气。当泡沫被压入软管时,首先管内空气被压缩,压缩空气通过旁通管将立管顶部的密封盖冲开,带压泡沫将软管弹射出液面,浮于油面之上,将泡沫喷射于燃烧油面上,进行灭火。半液下喷射泡沫灭火系统适用于闪点低于60℃的油品火灾。半液下喷射泡沫灭火系统见图16-8,半液下喷射泡沫灭火装置泡沫喷射示意图见图16-9,规格见表16-17。

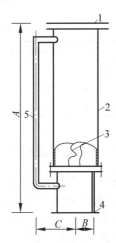

图16-7　半液下喷射泡沫灭火装置图

1—顶盖；2—储存软管的立管；3—耐油软管；4—进口法兰；5—旁通管

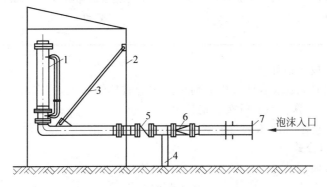

图16-8　半液下喷射泡沫灭火系统图

1—半液下喷射泡沫灭火装置；2—罐壁；3,4—支架；5—单向阀；6—控制阀门；7—供液接口

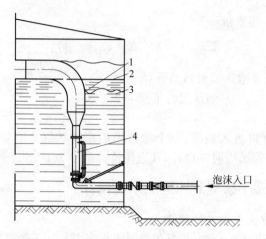

图 16-9　半液下喷射泡沫灭火装置泡沫喷射示意图

1—耐油软管；2—泡沫层；3—油层；4—半液下喷射泡沫灭火装置

表 16-17　半液下喷射泡沫灭火装置规格

半液下喷射泡沫灭火装置规格/(mm×mm)	油罐面积/m²	最大泡沫量/(L/min)	法兰直径/mm
75×100	75	2000	80
100×150	250	6500	100
150×200	500	13 000	150

16.2.4　用抗溶性空气泡沫灭火时所需要的用量计算

抗溶性空气泡沫适用于扑救水溶性易燃、可燃液体储罐火灾。对于甲醇、乙醇、异丙醇、丙酮、醋酸乙酯等水溶性液体储罐，可采用 6‰型锌胺络合盐-水解蛋白抗溶性空气泡沫。抗溶性空气泡沫灭火的设备有消防水泵（消防车）、PHY16 型空气泡沫压力玻璃混合器、空气泡沫产生器和泡沫钩管、泡沫缓冲（降落）圆槽等。

1. 计算的依据

（1）抗溶性空气泡沫供给强度

抗溶性空气泡沫供给强度取决于水溶性液体的种类，不应小于表 16-18 的要求。

表 16-18　抗溶性空气泡沫供给强度

水溶性液体名称	供给强度/(L/(s·m²))	水溶性液体名称	供给强度/(L/(s·m²))
甲醇、乙醇、丙酮、醋酸乙酯	1.50	乙醚	3.50
异丙醇	1.80		

（2）发泡倍数按 6 倍计算。

（3）灭火延续时间：水溶性有机溶剂对泡沫的破坏性较大，宜在较短时间内扑灭，一次灭火时间按 10min 计算。储备量按 3 倍计算。

（4）混合比。抗溶性泡沫液与水的比例为 6：94。

2. 计算步骤和公式

（1）求储罐液面积

$$A = \frac{\pi D^2}{4}$$

式中：A 为储罐液面积，m^2；D 为储罐直径，m。

（2）计算抗溶性空气泡沫量

$$Q = Aq_1$$

式中：Q 为泡沫量，L/s；q_1 为泡沫供给强度，$L/(s \cdot m^2)$；A 为液面积，m^2。

（3）计算空气泡沫产生器数量

$$N = \frac{Q}{q_2}$$

式中：N 为空气泡沫产生器数量；Q 为泡沫量，L/s；q_2 为一个空气泡沫产生器的泡沫发生量，L/s。

（4）计算混合液量

$$Q_混 = Nq_混$$

式中：$Q_混$ 为混合液量，L/s；N 为空气泡沫产生器数量；$q_混$ 为一个空气泡沫产生器混合液量，L/s。

（5）计算 PHY16 型空气泡沫压力比例混合器数量

$$N_压 = \frac{Q_混}{q_3}$$

式中：$N_压$ 为压力比例混合器数量；$Q_混$ 为混合液量，L/s；q_3 为 PHY16 型空气泡沫压力比例混合器输出混合液量，L/s。

（6）计算泡沫消防车数量

$$N_车 = \frac{Q_混}{消防车供水能力}$$

（7）计算一次灭火所需泡沫液用量

$$一次灭火用液量 = Q_混 \times 6\% \times 灭火所需时间(s)$$

（8）计算一次灭火所需水量

$$一次灭火用水量 = Q_混 \times 94\% \times 灭火所需时间(s)$$

（9）计算灭火用泡沫液储备量和灭火用水储备量

$$储备量 = 一次灭火用水量 \times 倍数$$

3. 计算举例

例 16-4　有一乙醇储罐，直径 9m。要求采用半固定式抗溶性泡沫灭火设备。问：为了制定灭火作战计划，需安装几个空气泡沫产生器？需要几个压力比例混合器？需要几辆泡沫消防车（不包括冷却储罐用）？需要储备多少抗溶性泡沫液和灭火用水？

解　（1）求乙醇储罐液面积

$$A = \frac{\pi D^2}{4} = \frac{3.14 \times 9^2}{4} m^2 \approx 64 m^2$$

（2）计算抗溶性泡沫量

$$Q = Aq_1 = 64 \times 1.5 L/s = 96 L/s$$

（3）计算空气泡沫产生器数量

查表 16-6 知，可用 PC8 型横式空气泡沫产生器，其发泡量为 50L/s，则

$$N = \frac{Q}{q_2} = \frac{96}{50} \text{个} \approx 2 \text{个}$$

（4）计算混合液量

查表 16-6 得,每个 PC8 型横式空气泡沫产生器混合液量为 8L/s,则

$$Q_{混} = Nq_{混} = 2 \times 8\text{L/s} = 16\text{L/s}$$

（5）计算 PHY16 型压力比例混合器的数量

查表 16-5 可知,一个 PHY16 型压力比例混合器混合液最大输出量为 16L/s,则

$$N_{压} = \frac{Q}{q_3} = \frac{16}{16} \text{个} = 1 \text{个}$$

（6）计算泡沫消防车数量

消防车供水能力按 20L/s 计算,则

$$N_{车} = \frac{Q_{混}}{\text{消防车供水能力}} = \frac{16}{20} \text{辆} \approx 1 \text{辆}$$

（7）计算一次灭火所需泡沫液用量

一次灭火用液量 $= Q_{混} \times 6\% \times$ 灭火所需时间 $= 16 \times 6\% \times 10 \times 60\text{L} = 576\text{L}$

（8）计算一次灭火所需水量

一次灭火用水量 $= Q_{混} \times 94\% \times$ 灭火所需时间 $= 16 \times 94\% \times 10 \times 60\text{L} = 9024\text{L}$

（9）计算灭火用泡沫液储备量和灭火用水储备量

储备量 = 一次灭火用水量 × 倍数

泡沫液 $= 576 \times 3\text{L} = 1728\text{L} = 1.728\text{m}^3$

水 $= 9024 \times 3\text{L} = 27\,072\text{L} = 27.072\text{m}^3$

16.3　干粉灭火系统的设计

干粉灭火剂的灭火原理主要是通过在加压气体作用下喷出的粉雾与火焰接触、混合时发生物理、化学作用,切割火焰,破坏燃烧链,迅速扑火或抑制火灾。另外,还有部分稀释氧气和冷却的作用。干粉灭火剂是干燥且易于流动的微细粉末,由具有灭火效能的无机盐和少量的添加剂经干燥、粉碎、混合而成。

干粉灭火剂一般分为 BC 干粉和 ABC 干粉两大类,对于金属火灾,通常使用的是专用干粉,称为金属干粉。现在国内消防企业又研发了一种超细干粉灭火剂,由于其粒径小,可以像气体一样释放于空间,以达到更大的灭火范围及灭火性能。

一套完整的干粉系统,除核心位置的干粉药剂外,还应该有驱动单元、干粉存储设备、终端喷射设备、输送管路阀门等。现阶段使用的常规驱动均为高压气体驱动,其中较为理想、也是使用最为广泛的是高压氮气,氮气的具体要求请参阅《干粉灭火系统设计规范》(GB 50347—2004)5.1.2 节。

系统释放高压氮气,使之与干粉药剂混合并对其进行加压,在该压力下干粉被输送到终端喷放设备上喷放并对需保护对象进行灭火保护。所以,干粉存储设备、终端喷射设备以及输送管路都应选择适合系统安全工作压力等级的设备。按《干粉灭火系统设计规范》(GB

50347—2004)5.1.1节的规定,干粉存储容器设计压力可取1.6MPa或2.5MPa等级。其余干粉存储容器应符合国家现行标准《压力容器安全技术监察规程》的规定;驱动气体储瓶及其充装系数应符合国家现行标准《气瓶安全监察规定》的规定。终端喷射设备也需根据出粉压力选择合适压力等级的产品。

下面以一套成熟的干粉设备为例,说明干粉系统的组成:①高压气体容器瓶(带出口容器阀);②容器阀开启机构(自动控制、手动控制和机械应急操作,对于局部保护,经常有人的保护场所可不设自动启动控制);③减压器;④干粉储存容器;⑤出口阀(选择阀);⑥终端喷射设备(包括干粉炮、干粉枪、干粉喷嘴);⑦控制单元(应急启动按钮或控制柜)。

根据相应的保护对象的火灾性质,选择适用的干粉药剂进行干粉设计。干粉选择依据概括如下。

(1) BC干粉灭火剂

BC干粉灭火剂可以扑灭BC类火灾。适用于易燃、可燃液体、气体及带电设备的初期火灾,不适合固体类物质火灾。因此,在配电房、厨房、机房等易发生可燃液体、气体火灾和带电火灾的场所,可配备BC类干粉灭火剂。但这些场所往往不是单纯的液体和气体火灾,因此,此类场所也多半配备ABC干粉灭火剂。

(2) ABC干粉灭火剂

ABC干粉灭火剂可扑救固体、液体、气体和带电设备火灾,适用范围最广。ABC干粉灭火剂可用于各类公共场合、办公场所、宾馆、饭店、汽车、轮船甚至家庭,但不得用于扑救金属材料火灾。

(3) 超细干粉灭火剂

目前国内超细干粉有两种产品,其中一种是经过筛选的普通ABC干粉,平均粒径为$10\sim20\mu m$,其灭火效率比普通ABC干粉要高$1\sim2$倍,其他各项性能与ABC干粉相同;另外一种是专项研发的"超细干粉灭火剂",这是一种无毒、无害,对人体皮肤无刺激,对保护物无腐蚀,在常态下不分解、不吸湿、不结块,具有良好的流动性、弥散性和电绝缘性的新型灭火剂,平均粒径小于$5\mu m$,灭火效率是普通干粉的$6\sim10$倍。

只有选择了正确的干粉药剂,才能对被保护对象进行有效的保护,彻底地扑灭可能引起的火灾。对于干粉灭火系统来说,选择适合的药剂是设计的根本前提。

1. 干粉灭火剂的分类

(1) 钠盐干粉以碳酸氢钠为基料,主要成分为碳酸氢钠、活性白土、云母粉等,其主要性能指标见表16-19。

表 16-19　钠盐干粉的主要性能指标

松密度/(g/cm³)	≥0.85	吸湿率/%	≤2.0
比表面积/(cm²/g)	2000～4000	流动性/s	≤8.0
含水率/%	≤0.20	充填喷射率/%	≥90

钠盐干粉适用于扑灭各类油品火灾、可燃气体火灾及电器火灾。

(2) 全硅化碳酸氢钠干粉由小苏打、滑石粉、云母粉、硅油等成分组成,其主要性能指标见表16-20。

表 16-20　全硅化碳酸氢钠干粉的主要性能指标

松密度/(g/cm³)	1.65	吸湿率/%	0.5
比表面积/(cm²/g)	3500	流动性/s	4.0
含水率/%	0.15	充填喷射率/%	95

全硅化碳酸氢钠干粉适用于扑灭甲、乙和丙类可燃液体火灾、可燃气体火灾和电器设备火灾,也可与氟蛋白泡沫或"轻水"泡沫灭火剂共同联用,扑救大面积油类火灾。

(3) 磷酸铵盐干粉含有$(NH_4)_2SO_4$,$(NH)_3PO_4$,$(NH_4)_2HPO_4$ 或焦磷酸铵盐,由活性白土、云母粉、石墨粉等成分组成,其主要性能指标见表 16-21。

表 16-21　磷酸铵盐干粉的主要性能指标

松密度/(g/cm³)	≥0.75	吸湿率/%	≤2.0
比表面积/(cm²/g)	2000～4000	流动性/s	≤15.0
含水率/%	≤0.2	充填喷射率/%	≥95

(4) 钾和盐干粉以 $KHCO_3$,KCl 和 K_2SO_4 为基料,并掺以活性白土、云母粉等有效成分组成,其主要性能指标见表 16-22。

表 16-22　钾和盐干粉的主要性能指标

松密度/(g/cm³)	≥0.85	吸湿率/%	≤2.0
比表面积/(cm²/g)	2000～4000	流动性/s	≤8.0
含水率/%	≤0.20	充填喷射率/%	≥90

2. 干粉灭火系统的选择

储存轻质油品的拱顶油罐,可选用固定式干粉灭火系统,即干粉灭火剂储罐用管道与安装在油罐内的干粉喷头连接成一体,成为一个完整的固定式干粉灭火系统。该系统适用于单个油罐,不适用于油罐数量较多的油库。对于缺乏电源的地方较为方便。

3. 干粉灭火系统的主要设备

1) 加压气体储瓶

将二氧化碳气或氮气加压后储于钢瓶内,作为输送干粉灭火剂的动力。通常氮气瓶加压到 15MPa,1kg 干粉用氮气量 40L。为了清扫管线,每 1 千克干粉再增加 10L 氮气。

2) 压力调节阀

压力调节阀也称减压阀,主要将高压氮气瓶的压力减小到 1.5～2.0MPa 后输入到干粉灭火剂储罐内。

3) 干粉灭火剂储罐

干粉灭火剂储罐用钢板焊接制成,其容量有：50,100,150,200,500,1000,1500,2000L。

从表 16-23 中可以看出,干粉灭火剂储量约为干粉储罐容量的一半,其目的是保证有充足的气体进入储罐内,以利于将干粉灭火剂喷出。

表 16-23　干粉灭火剂储罐容量和储存量

干粉灭火剂储罐容量/L	50	100	150	200	500	1000	1500	2000
干粉灭火剂储存量/kg	24	48	64	90	230	460	680	920

干粉灭火剂储罐可分为加压式和蓄压式两种。

（1）加压式干粉灭火剂储罐以高压氮气瓶内的压力作为喷射干粉的动力,正常情况下,干粉灭火剂储罐处于常压状态。

（2）蓄压式干粉灭火剂储罐不设置高压氮气储瓶,而在储存干粉灭火剂的储罐内直接充填压力为 1.5～2.0MPa 的氮气,作为喷射干粉的动力,每千克干粉灭火剂用氮量为10L。

4.干粉灭火剂供给强度

用于扑灭储油罐、油泵房和油品仓库火灾时,干粉灭火剂的供给强度参照表 16-24。

表 16-24　干粉灭火剂的供给强度　　　　　　　　　　　　　　　　kg/m²

燃烧面积/m²	喷射方式		
	水平方向喷射	垂直方向喷射	其他方式
<6	3.33	5.66	5.66
6～10	3.80	6.40	6.40
10～20	4.60	7.80	7.80
20～30	5.27	8.66	8.66
30～40	5.62	9.25	9.25
40～50			10.00

5.输送干粉灭火剂的管道

输送干粉灭火剂的管道采用钢管,管道直径、长短、弯曲率对于干粉流量和流动状态有直接影响。管径过大,流速减小,就会造成氮气和干粉分离,使干粉下沉,形成管道堵塞,达不到灭火效果。反之,管径过小,流速过大,会使阻力损失增大,也不利于使用。一般情况下,最低流速应在 2.5m/s 以上。

不同管径管道内干粉灭火剂的最小流量见表 16-25。

表 16-25　干粉灭火剂在管道内最小流量

管径/mm	25	32	40	50	65	80	90	100
最小流量/(kg/s)	1.54	2.68	3.74	6.29	10.8	15.7	21.5	27.9

对输送干粉灭火剂管道的要求如下:

（1）选用无缝钢管。

（2）钢管应牢固地固定在可靠的管件上。

（3）喷射干粉时,干粉流速大,冲刷管壁,会使管壁温度升高,容易产生静电,因此管道上应设置可靠的接地装置。

（4）尽量缩短管道距离,减少弯曲。

（5）输送干粉灭火剂的管道,由于气流速度高,管道会产生相对震动,因此对管道应加以固定。管道固定点间距见表 16-26。

表 16-26　干粉灭火剂输送管道固定点间距

管道公称直径/mm	20	25	32	40	50	65	80	90	100	125
固定点间距/m	1.7	1.9	1.9	2	3	4	4	4	4.5	5

（6）输送干粉灭火剂的管道流向改变时，应按图 16-10 所示的支管配置方向设计。

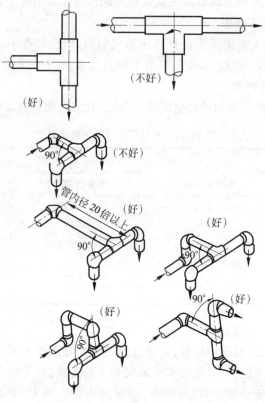

图 16-10　干粉支管配置图

6. 干粉灭火剂喷头

干粉灭火剂喷头是喷射干粉的主要设备（见图 16-11），在设计喷头时应考虑到以下几点：

（1）喷粉面积大，喷出的干粉能形成完整的封闭面。

（2）喷粉强度大，在单位时间内能喷出足够数量的干粉，足以使火焰熄灭。

（3）射程远，落粉密度均匀。

（4）封闭性强，不会产生死角。

7. 干粉灭火系统的计算

（1）干粉用量计算

对于轻质油品储罐的钠盐干粉灭火剂，供给强度不小于 $0.3\mathrm{kg/(m^2 \cdot s)}$，灭火时间应不少于 30s。

（2）干粉储罐容量计算

$$V_C = \frac{iSt}{0.95 r_\pi}$$

式中：V_C 为干粉储罐容量，$\mathrm{m^3}$；i 为干粉灭火剂供给强度，$\mathrm{kg/(s \cdot m^2)}$；$t$ 为灭火时间，s；S 为灭火油罐的液面面积，$\mathrm{m^2}$；r_π 为干粉密度，$\mathrm{kg/m^3}$。

（3）输送干粉用的气体储气量的计算

$$G_r = \frac{G_\pi}{\mu} + G_{rc} + G_{rB}$$

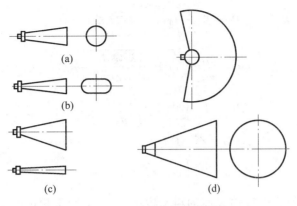

图 16-11　干粉喷头示意图

(a) 直射型；(b) 双孔型；(c) 扇形；(d) 喇叭形

式中：G_r 为储气量，kg；G_π 为干粉储量，kg；G_{rc} 为干粉储罐内剩余气体量，kg；G_{rB} 为储气瓶内剩余气体量，kg；μ 为干粉和气体混合比，kg/kg。其中

$$G_{rc} = 0.75 P_p V_C r_0$$

式中：P_p 为干粉储罐工作压力，MPa；V_C 为干粉储罐容量，L；r_0 为气体容量，L。

（4）储气瓶数量

$$n = \frac{G_r}{\omega_B \rho_B}$$

式中：n 为储气瓶数量；ω_B 为储气瓶容量，m^3；ρ_B 为在工作压力和温度下的气瓶内气体的密度，kg/m^3。

（5）干粉喷头数量计算

$$n_p = \frac{Q}{q}$$

式中：n_p 为干粉喷头数量；Q 为干粉灭火供给量，kg/s；q 为一个喷头的平均喷粉量，kg/s。

（6）由于干粉输送管线压力随长度增加不断降低，因此干粉输送管线长度应尽可能缩短，弯头越少越好，弯头要求平滑。干粉输送弯头的弯曲半径应符合下式的要求：

$$\frac{R_\omega}{d_r} \geqslant 10$$

式中：R_ω 为管线弯曲半径，m；d_r 为管线内径，m。

（7）干粉储罐内气体工作压力的计算

$$P_C = \sum \Delta P + P_H$$

式中：P_C 为干粉储罐内气体的工作压力，MPa；$\sum \Delta P$ 为干粉管线总的压力损失，MPa；P_H 为干粉喷头前的压力，MPa。其中

$$\sum \Delta P = \Delta P_r + \Delta P_\pi + \Delta P_P + \Delta P_M + \Delta P_B$$

式中：ΔP_r 为气体在管线内的压力损失，MPa；ΔP_π 为干粉对管壁摩擦的压力损失，MPa；ΔP_P 为管线内干粉由静止状态到加速运动的压力损失，MPa；ΔP_M 为弯头的压力损失，MPa；ΔP_B 为垂直管段的压力损失，MPa。各项的计算式如下：

$$\Delta P_r = P_H \left(\sqrt{1 + \frac{\lambda_r Q_\pi^2 L}{\mu F^2 d g r_H P_H}} - 1 \right)$$

$$\Delta P_\pi = P_H \left(\sqrt{1 + \frac{\lambda_\pi Q_\pi^2 L}{\mu F^2 d g r_H P_H}} - 1 \right)$$

$$\Delta P_P = P_H \left(\sqrt{1 + \frac{1.15 Q_\pi^2}{\mu F^2 d g r_H P_H}} - 1 \right)$$

$$\Delta P_M = Z_K \Delta P_P$$

$$\Delta P_B = P_H \left(e^{1.73 \mu \frac{r_H}{P_H} h} - 1 \right)$$

式中：λ_r 为阻力系数(由管线内表面的粗糙度确定)；Q_π 为干粉供给量，kg/s；L 为管线长度，m；μ 为气体和干粉混合比，kg/kg；F 为管线截面积，m^2；d 为管线内径，m；g 为重力加速度，m/s^2；r_H 为干粉喷头前的气体密度，kg/m^3；λ_π 为气体和干粉混合的阻力系数；Z 为干粉输送管线上的弯头数量；K 为局部阻力系数，取 0.3～0.4；h 为垂直管段高度，m。

8. 干粉灭火系统的检查与保养

（1）对干粉灭火系统应按设计要求进行严格检查，其设备、配件均应按标准规定进行有序的检查，不可漏项。

（2）检查各部件安装是否正确，操作是否灵活、可靠。

（3）必要时应作干粉灭火剂喷射试验。

（4）加压气体储瓶应 2～3 年检查一次，检查密封状况，并进行强度试验。

（5）应 2～3 年对干粉灭火剂进行质量检查，检查是否结块，若已结块应予置换；同时对其性能进行检验，看是否达到规定的性能指标，若达不到应立即更换。

第 17 章

浮顶油罐灭火系统设计

浮顶油罐是在固定顶油罐内加上一个能随油面高低上下浮动的顶盖制成的,它适用于储存闪点在 28～45℃ 的甲类油品。

17.1 浮顶油罐的灭火特性

浮顶油罐的灭火特性如下。

(1) 防火安全性能高。

由于浮顶直接与油面接触,不存在油气空间,罐内储存油品产生的油气量减小,降低了油品损耗,油罐的防火安全性能高。

(2) 火势小,易于扑灭。

通常浮顶油罐容易着火的地方在浮盘与油罐壁之间的环行密封圈上,着火面积小,火势不大,易于扑灭。

17.2 灭火系统设计

1. 外浮顶油罐泡沫灭火系统计算

根据浮顶油罐本身所具有的特性,按具体情况可采用固定式、半固定式或移动式泡沫灭火系统。浮顶油罐泡沫灭火系统要在浮顶油罐的浮盘上加一圈泡沫堰板,见图 17-1。浮顶油罐着火大部分一般位于浮顶与罐壁之间环行密封圈上的薄弱部位,罐体破裂很少。为了保证灭火,泡沫覆盖厚度不应小于 200mm。

(1) 浮顶油罐的燃烧面积,应按罐壁与泡沫堰板之间的环形面积计算。泡沫堰板距离罐壁不应小于 1.0m。当采用机械密封时,泡沫堰板高度不应小于 0.25m;当采用软密封时,泡沫堰板高度不应小于 0.9m。在泡沫堰板最下部还应设置排水孔,其开孔面积按 $1m^2$ 环形面积设两个 $12mm \times 8mm$ 的长方形孔计算。

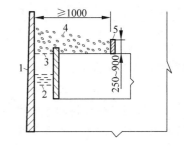

图 17-1 浮顶油罐泡沫堰板示意图
1—罐壁;2—油品;3—密封圈;
4—泡沫层;5—泡沫堰板

(2) 泡沫灭火系统所需泡沫混合流量,按其燃烧面积计算,其泡沫混合液的最小供给强度、泡沫产生器的最大保护周长和连续供给时间,均按表 17-1 的规定执行。

表 17-1 泡沫混合液供给强度、泡沫产生器保护周长和连续供给时间

型号	流量/(L/min)	供给强度/(L/(min·m²))	周长/m	连续供给时间/min
PC4	240	12.5	18	30
PC8	240	12.5	36	30

(3) 根据英国石油协会《炼油厂安全法》规定,浮顶油罐低倍数泡沫灭火系统泡沫混合液的用量按下式计算:

$$G = 0.36A$$

式中:G 为泡沫混合液用量,m³/h;A 为浮顶油罐密封圈的环形面积,密封圈宽度按 0.6m 计算,浮顶油罐泡沫挡板高度为 0.3~0.6m。

2. 内浮顶油罐泡沫灭火系统计算

(1) 采用易熔材料制作的浅盘式和浮盘式内浮顶油罐的燃烧面积应按油罐横截面面积计算,泡沫混合液的供给强度和连续供给时间见表 17-2。

表 17-2 泡沫混合液的供给强度和连续供给时间

液体类别	供给强度/(L/(min·m²))		连续供给时间/min
	固定式或半固定式	移动式	
甲、乙类(闪点<60℃)	6.0	8.0	40
丙类(闪点≥60℃)	6.0	8.0	30

水溶性液体泡沫混合液的供给强度和连续供给时间见表 17-3。

表 17-3 水溶性液体泡沫混合液的供给强度和连续供给时间

液体类别	供给强度/(L/(min·m²))	连续供给时间/min
	固定式或半固定式	
丙酮 、丁醇	12	30
甲醇、乙醇、丁酮丙烯腈、醋酸乙酯	12	25

(2) 单双盘式内浮顶油罐的燃烧面积、泡沫混合液的供给强度和连续供给时间,均按外浮顶油罐泡沫灭火系统计算。但其泡沫堰板距罐壁不应小于 0.55m,其高度不应小于 0.5m。

(3) 采用易熔材料制作的浅盘式和浮盘式内浮顶油罐的泡沫产生器型号及数量,应根据计算所需的泡沫混合液量确定,其设置的数量不应小于表 17-4 的规定。

表 17-4 泡沫产生器设置数量

储罐直径/m	泡沫产生器设置数量/个	储罐直径/m	泡沫产生器设置数量/个
<10	1	21~25	3
10~20	2	26~35	4

(4) 单盘式和双盘式内浮顶油罐的泡沫产生器的规格与数量按表 17-4 的规定执行。

3. 泡沫输送管道的设计要求

（1）内浮顶油罐上安装的泡沫产生器应采用独立的泡沫混合液管道引至防火堤外。

（2）外浮顶油罐上安装的泡沫产生器，可以每两个一组在泡沫混合液立管下端合用一根泡沫管道引至防火堤外。当3个或3个以上泡沫产生器在泡沫混合液立管下端合用一根管道引至防火堤外时，可在每个泡沫混合液立管上安装控制阀门。当采用半固定式泡沫灭火系统时，引出防火堤外的每一根泡沫混合液管道所需泡沫混合液流量，不应大于一辆消防车的供给量。

（3）连接油罐上泡沫产生器的泡沫混合液立管要用管卡固定在油罐上，管卡间距不宜大于3m，在混合液立管下端应设锈渣清扫口，以便及时清除沉渣。

（4）在外浮顶油罐的梯子平台上，应设置带有闷盖的管牙接口，此接口用管道沿罐壁引至距地面0.7m处或引出防火堤，在引出的泡沫管道上要设置相应的管牙接口。

（5）在防火堤内设置的泡沫混合液的水平管道要设置在管墩和管架上，但不应与管墩、管架固定，同时管道应有3‰的坡度，坡向防火堤外，以排出积液。

（6）设置在防火堤外的泡沫混合液管道的高处应安装排气阀。管道应有2‰的坡度，坡向控制阀和放空阀。泡沫混合液管道的设计流速一般不大于3m/s。

第 18 章

球罐灭火系统设计

18.1 球罐灭火系统的特点

　　球罐常用来储存液化烃类石油气,其发生火灾的根源是内部物质的泄漏。液化烃球罐发生火灾时,若球罐内尚有剩余可燃气体时就将火扑灭,剩余的可燃气体泄漏出来与空气混合到一定的浓度,遇明火就会发生爆炸,产生更大的危害。因此,控制液化烃球罐火灾的根本措施是切断气源和紧急排空。在完成放空之前应维持其稳定燃烧,同时对着火罐及相邻罐进行喷水冷却保护,使球罐不会因受热发生破坏。因为液化烃会吸收热量而大量蒸发,导致罐内温度、压力升高。罐壁的热量不能及时传出,温度迅速升高,强度急剧下降。如果不及时供给冷却水,一般在火灾持续 10min 左右将出现热塑裂口,储罐破裂。因此对储罐壁进行及时有效的冷却是防止球罐发生破裂而引起灾难性火灾事故的重要措施。

18.2 系统设计

18.2.1 设计基本参数的确定

　　根据《石油化工企业设计防火标准(2018 年版)》(GB 50160—2008)中有关规定可知:火灾延续时间为 6h 时固定式水喷雾冷却系统用水量为 5127.84m³,移动式冷却水流量按罐组内最大一个储罐计算应为 94.96L/s,用水量为 2051.14m³,一次消防总用水量为7178.98m³。

1. 供水管道设计

系统管道设计的原则是压力平衡,即同一环管上各喷头工作压力的平衡,各环管间压力的平衡。只有压力平衡,供水量才能平衡,布水才均匀。为此在管道设计时,应采取以下措施:

　　(1) 上、下半罐体上的供水环管应尽量对称布置。

　　(2) 环管应由两条对称布置的立管供水,以确保同一环管上喷头的实际工作压力基本相等。特别是对于容积为 2000m³ 的储罐而言,环管较长,阻力较大,由两条对称布置的立管供水,可降低环管阻力。

　　(3) 在环管的第 3 圈以下,环管与供水立管连接处设减压孔板,调节各环路水压,使各环路水压基本一致,从而使各环上喷头的工作压力基本相等,且不小于 0.35MPa。

　　(4) 容积大于 1000m³ 的储罐,罐体直径较大,顶环与底环之间的高差达十多米,垂直压差较大。为平衡水压,上、下半罐体应分别由两条对称布置的立管供水,上、下半罐体的供水管各自独立控制。这一措施还满足了夏季防晒喷淋只做上半罐体喷淋的要求。

水雾喷头内径只有几毫米,容易堵塞,为此在球罐底部的供水管上设 Y 形过滤器。Y 形过滤器可起过滤、防堵的作用,在系统喷水完毕后,可以将过滤器的后盖打开,将系统排空,防止系统管道因积水结冰而造成管道的损伤。为防止控制阀后的管道内壁生锈,锈渣堵塞水雾喷头,控制阀后的管道采用热镀锌无缝钢管,球罐环管采用无缝钢管,整体热镀锌处理,丝扣连接。

2. 系统控制

采用可燃气体报警和火焰探测的自动控制方式,不需要湿式传动管路,对环境的适应性强,可靠性好。当罐区有气体泄漏时,可燃气体报警器将泄漏信号传送到火灾系统进行报警,值班人员可现场检查,及时处理。罐区设火灾探测器,将罐区发生的火灾信号传送到中心控制室的火灾系统进行报警,并启动消防系统。根据液化烃储罐的火灾特点,水喷雾冷却系统可以采用现场手动控制。因为储罐区无人值守,采用了气动控制阀。气动阀开启迅速,系统响应时间短。

18.2.2　水雾喷头

水雾喷头应均匀分布在各个环管上,保证冷却时球罐表面积能够完全被覆盖且能满足冷却用水的流量要求,水雾喷头的平面布置方式可为矩形或菱形。当按矩形布置时,水雾喷头之间的距离不应大于 1.4 倍水雾喷头的水雾锥底圆半径;当按菱形布置时,水雾喷头之间的距离不应大于 1.7 倍水雾喷头的水雾锥底圆半径。当保护对象为球罐时,水雾喷头的喷口应面向球罐,水雾锥沿纬线方向相交,沿经线方向相接。水雾喷头与储罐外壁之间的距离不大于 0.70m。

18.2.3　水雾锥底半径

水雾锥底圆半径按下式计算:

$$R = B \cdot \tan\frac{\beta}{2}$$

式中:R 为水雾锥底圆半径,m;B 为水雾喷头的喷口与罐壁之间的距离;β 为水雾喷头的雾化角,(°)。

本次设计中,$B = 0.65\text{m}$,$\beta = 120°$,则

$$R = 0.65 \times \tan\frac{120°}{2}\text{m} = 1.126\text{m}$$

18.2.4　喷头的布置（2000m³ 球罐）

1. 经线方向喷头布置（水雾锥宜相接）

假设设置 10 圈水平环管,喷头与罐外壁间距为 0.65m,喷头的雾化角 β 的计算方法如下。

每圈环管上均匀分布的喷头均指向球心,则冷却保护的罐壁为对应球心角为 α 的环状罐壁,见图 18-1。

当 $n = 10$ 时,$\alpha = 18°$。因为球罐体积 $V = 2000\text{m}^3$,

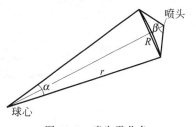

图 18-1　喷头雾化角

根据球形体积公式 $V = \frac{4}{3}\pi r^3$，代入计算可得 $r = 7.9\mathrm{m}$。则喷头的雾化角 β 计算如下：

$$\sin\frac{\alpha}{2} = R/r$$

$$R = 0.156 \times 7.9\mathrm{m} = 1.2324\mathrm{m}$$

根据三角关系，有

$$\tan\frac{\beta}{2} = \frac{R}{0.65 + \left(r - r\cos\frac{\alpha}{2}\right)} = \frac{1.2324}{0.65 + (7.9 - 7.9 \times 0.988)} \approx 1.6547$$

可得

$$\beta/2 = 58.85°$$

即

$$\beta = 117.70°$$

2. 纬线方向喷头布置（水雾锥应相交）

纬向水雾喷头按矩形布置，喷头之间的间距按 1.4 倍的水雾锥底圆半径设置，即水雾喷头之间的距离（近似弧长），$D = 1.125 \times 1.4\mathrm{m} = 1.575\mathrm{m}$。

其计算图见图 18-2，计算结果及喷头安装数量见表 18-1。

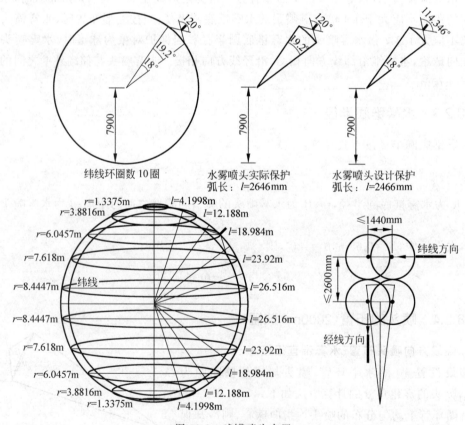

图 18-2 球罐喷头布置

表 18-1 纬线方向喷头布置

纬线环圈数	纬线环圈半径/m	纬线环圈弧长/m	纬线环圈上设计安装喷头数量/只	安装间距及设计保护弧长/(m/只)	备 注
1	$r=1.3375$	$L=8.40$	6	1.40	单罐需要水量：$Q=123L/s$ 喷头水量：$q_s=30L/min$ 水雾喷头型号：ZSTW A-30-120，$K=16$ 当 $P\geqslant0.35MPa$ 时，$q\geqslant30L/min$ 喷头水雾锥底圆半径：$R=1.125m$ 喷头间距(近似弧长)：$D=1.125\times1.4=1.575m$ 实际保护弧长：$L=2.64m$
2	$r=3.8816$	$L=24.38$	17	1.434	
3	$r=6.0457$	$L=37.97$	27	1.406	
4	$r=7.618$	$L=47.84$	34	1.407	
5	$r=8.447$	$L=53.03$	38	1.3955	

上下以赤道线对称，单罐水喷雾喷头总计为：244 个

单罐水喷雾供给冷却水量为：
$$Q=1.95\times S_{球表面积}\times9L/(min\cdot m^2)=122L/s$$

18.2.5 冷却环管及喷头

《石油化工企业设计防火标准(2018 年版)》(GB 50160—2008)8.10.10 节第一条规定，全压力式及半冷冻式液化烃储罐固定式消防给水管道，当储罐容积大于 $400m^3$ 时，供水竖管采用两条，并对称布置；当采用固定式水喷雾系统时，罐体管道设置宜分为上半球和下半球两个独立的供水系统。为了保证供水的均匀性及达到简化自动控制的要求，尽可能将环管设成偶数，使得上、下两个半球所承担的环管数量及喷头数量完全相等。环管设置数量可以根据喷头布置经线方向相接且雾化角度不大于 120°进行试算。

水喷雾冷却系统的设计流量按下式计算：
$$Q_s=kQ_j$$
式中：Q_s 为系统的设计流量，L/min；Q_j 为系统的计算流量，L/min；k 为安全系数，取值范围为 1.05～1.10。其中
$$Q_j=K\sqrt{10P}$$
式中：K 为水雾喷头的流量系数，由生产厂提供；P 为水雾喷头的工作压力，MPa。

一般情况下，将球罐上、下两个半球的水喷雾冷却系统设计成完全独立的两个系统，每个独立的系统均由两条供水竖管供水，每个半球的两条供水竖管连通后引至围堰距离球罐 15m 以外的阀门井内，每个阀门井内设置阀门组一套，包括电动蝶阀、闸阀、Y 形过滤器及压力表等。

因规范规定固定消防用水量为着火罐和邻近罐用水量之和，邻近罐用水量是着火罐的 1/2，这样，当发生火灾时，着火罐上、下两个半球的阀门都打开，邻近罐上半球的阀门打开，即可满足消防流量的要求。当需要喷淋降温时，可以先打开上半球的阀门，若温度不能降低，再将下半球的阀门打开。当探测到事故发生需要进行喷淋时，通过远传信号将相应的电动阀门打开。阀门井内的压力表的作用是检测电动阀门是否打开，以保证事故发生时供水的安全性。控制阀组后的管道平时处于无压状态，若阀门打开则压力表应显示有压，若将打开信号输送给电动阀，阀后的压力表仍然显示无压，则表明电动阀可能损坏，应及时利用人工将阀门井内的旁通阀打开。

第 19 章

油罐的消防冷却设计

冷却油罐是扑救油罐火灾的一项首要任务。油罐着火,罐壁烧热,如果不能及时有效地冷却,不仅导致猛烈的燃烧,引起邻近油罐着火,而且会很快造成油罐变形或破坏。因此,油罐着火后,必须首先进行冷却。不仅要冷却着火油罐,而且要冷却着火油罐 1.5 倍直径以内的邻近油罐。冷却油罐所需用量,包括用水量,消防车、水枪的数量,都必须事先进行计算。冷却用水量是很大的,冷却时间很长。用泡沫灭火之前,要进行冷却;火灾扑灭后,由于油罐温度很高,油液仍有复燃的危险,仍需要进行冷却。

地上式、半地下式固定顶金属油罐着火时,为了达到迅速灭火的目的,应尽快向燃烧油罐内喷射泡沫,同时还要对燃烧油罐进行水冷却。因为着火油罐的金属罐壁直接受到火焰的作用,应加强对油罐壁冷却降温,以防止火势扩大和保障相邻油罐安全。因此对着火油罐及相邻油罐进行冷却是完全必要的。

我国曾对 5000m³ 汽油低液面敞口油罐着火后的辐射热进行过测试。当测点高度等于罐壁高时(距着火油罐壁的距离为着火油罐直径的 1.5 倍),辐射热强度平均值为 2171W/m²,4 个方向平均最大值为 2387W/m²,绝对最大值为 3517W/m²。

1976 年 5000m³ 汽油罐氟蛋白泡沫液下喷射灭火试验中,当油面高度为 11.3m,测点高度等于罐壁高时,4 个方向辐射热强度平均最大值为 4942W/m²,绝对最大值为 5815W/m²。这些数据是在对油罐用水冷却的条件下进行测试的。相反,如果油罐不进行水冷却,辐射热强度会更大。特别当油罐处于低液位时,着火油罐的罐壁直接受到火焰威胁的面积大,罐壁升温更快。在一般条件下,5min 左右,罐壁温度可达 500℃,使罐壁钢板强度降低50% 左右;10min 后罐壁温度可达 700℃ 以上,钢板强度降低 90% 以上,很容易造成罐体变形或破裂。因此,必须及时冷却着火油罐。着火油罐用水冷却后,罐壁温度均低于 200℃。

19.1 固定顶油罐消防冷却设计

绝大多数固定顶油罐火灾是由电火花(静电、闪电及作业时电火花)引起油罐爆炸而起火的。通常固定顶油罐爆炸后,罐顶部分或全部被掀掉,罐体也不同程度受到破坏。固定顶油罐着火是在全部液体表面燃烧,并会产生浓烟、烈火和强烈的热辐射。因此,固定顶油罐的灭火系统设计特点是:

(1) 燃烧面积按储罐全部液面计算。

(2) 需要较大的泡沫混合液供给强度用以对付凶猛的火灾。

(3) 泡沫产生器、泡沫及泡沫混合液的连接管道、阀门的设置,均需考虑着火时易于被损坏的情况。

1. 固定顶油罐的消防冷却范围

（1）着火的地上、半地下固定顶油罐与着火油罐直径 1.5 倍范围内的相邻地上、半地下油罐均应冷却，当相邻地上、半地下油罐超过 3 座时，应按 3 座较大油罐计算。

（2）着火的地下或覆土油罐及其相邻的地下或覆土油罐均不冷却，但应考虑灭火时的保护用水量（指人身掩护和冷却地面及油罐附件的水量）。

2. 固定顶油罐消防冷却水和保护用水供给强度

当采用固定式水冷却方式时，着火油罐的冷却水供给强度按油罐表面积计算为 2.5L/ (min · m²)，而相邻油罐冷却水供给强度按罐壁表面积 1/2 计算为 1.0L/(min · m²)。采用环形冷却管冷却方式可用一个圆形管。当冷却罐壁一半表面积时，环形冷却水管可做成两个或 4 个圆弧形管。

当采用移动式水冷却方式时，着火油罐冷却水供给强度不应小于 0.5L/(s · m)。在使用 ϕ16mm 水枪时不应小于 0.6L/(s · m)，采用 ϕ19mm 水枪时不应小于 0.8L/(s · m)。冷却范围的计算长度应按油罐的周长计。邻近为保温油罐时，冷却水供给强度不应小于 0.2L/(s · m)。在使用 ϕ16mm 水枪时不应小于 0.35L/(s · m)，采用 ϕ19mm 水枪时不应小于 0.7L/(s · m)。冷却范围应按油罐周长计算。但是当油罐壁高于 17m 时，就不宜采用移动式水枪冷却。

对于地下或覆土油罐，保护用水供给强度不应小于 0.3L/(s · m)，用水量计算长度按最大油罐周长计算。

国外对着火油罐消防冷却水供给强度的规定可参见表 19-1。

表 19-1　国外着火油罐消防冷却水供给强度

国名	规范名称	着火油罐消防冷却水供给强度/(L/(s · m))	国名	规范名称	着火油罐消防冷却水供给强度/(L/(s · m))
英国	防火协会	1.74	法国	公司规范	0.53
美国	防火协会	1.44	日本	火灾协会	0.35
苏联	油库标准	0.5	联邦德国	国家规范	1.18

3. 固定顶油罐消防冷却水供给时间

对于油罐直径小于或等于 20m 的地上、地下、半地下、覆土油罐，消防冷却水供给时间应为 4h。当油罐直径大于 20m 时，消防冷却水供给时间应为 6h。

4. 固定顶油罐固定式消防冷却系统设计

（1）环形管式消防冷却系统

环形管式消防冷却系统是在油罐上层沿圈板圆周安装一圈环形冷却水管，做成一个圆形有孔眼的管子（见图 19-1～图 19-3）固定在油罐上层圈板上。为节约用水量，可以将固定的环形水管分成两个半圆或 4 个圆弧形管，利用阀门进行控制。对着火油罐，采用整个环形水管供水，对相邻油罐则打开靠近着火油罐一面的半个圆弧水管供水。

（2）着火油罐消防冷却水量计算

$$Q = \pi D q \tag{19-1}$$

式中：Q 为着火油罐消防冷却用水量，L/s；D 为着火油罐直径，m；q 为着火油罐冷却水供给强度,L/(s·m),一般为 0.5L/(s·m)。

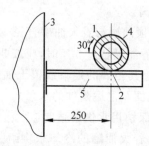

图 19-1　油罐消防冷却水固定式环形管示意图

1—喷孔($\phi5\sim6$mm,间距 100mm);2—喷孔($\phi4$mm,孔间距 3mm);

3—油罐壁;4—环形水管;5—支架

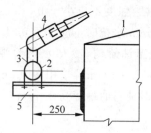

图 19-2　环形冷却水管与喷头联合使用的

消防冷却系统示意图

1—油罐;2—环形冷却水管;3—立管;

4—缝式喷头;5—支架

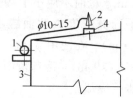

图 19-3　油罐顶部消防冷却

水系统示意图

1—环形消防冷却水管;2—喷头;

3—油罐壁;4—呼吸阀

环形消防冷却水管的直径计算如下:

$$d = \sqrt{\frac{4Q}{\pi V}} \tag{19-2}$$

式中:d 为环形消防水管直径,m;Q 为着火油罐消防冷却用水量,m³/s;V 为管内水的流速(管内水的流速一般在 2.5m/s 左右),m/s。

5. 固定顶油罐移动式消防冷却系统设计

固定顶油罐移动式消防冷却系统比固定式消防冷却系统机动、灵活。在油罐上不用安装固定的环形水管,而是采用移动的直流水枪进行冷却。由于受到风力和风向等因素的影响,冷却水不可能完全喷淋到油罐上。因此,移动式冷却水供给强度应比固定式冷却水量大。对移动式冷却系统的冷却水供给强度规定如下:

(1)着火油罐为固定顶油罐(包括保温油罐),采用 $\phi16$mm 水枪时,冷却水供给强度不应小于 0.6L/(s·m)。

(2)相邻的不保温油罐采用水枪冷却时,冷却水供给强度不应小于 0.35L/(s·m);相邻油罐为保温油罐时,其冷却水供给强度不应小于 0.2L/(s·m)。冷却水供给强度范围的计算长度均为油罐周长的一半。

(3)地下或覆土油罐的保护用水供给强度不应小于 0.3L/(s·m)。

移动式消防冷却方法是采用口径为 $\phi16$mm 和 $\phi19$mm 的两种直流式水枪。水枪出口压力通常为 0.35MPa。$\phi16$mm 水枪适用于高度不大于 15m 的油罐,$\phi19$mm 水枪适用于高度不大于

17m 的油罐。为了确保消防人员的安全和有效地冷却油罐,水枪充实水柱长度不宜小于 10m。

直流水枪充实水柱高度取决于水枪倾斜角度及水枪距地面高度,即

$$S_K = \frac{H_1 - H_2}{\sin 60°}$$ (19-3)

式中:S_K 为水枪的充实水柱高度,m;H_1 为着火点距地面的高度,m;H_2 为水枪距地面的高度,m;

为了保证水枪出口有充实的水柱高度,必须保证水枪喷嘴处的水压,即

$$h = \frac{a S_K}{1 - \phi a S_K}$$ (19-4)

式中:h 为水枪喷嘴处的水压,m(H_2O);a 为射流总高度与充实水柱高度比值,$a = 1.19 + 80 \times (0.01 S_K)^4$;$S_K$ 为需要的充实水柱高度,m;ϕ 为与喷嘴口径有关的特性系数,

$$\phi = \frac{0.25}{d + (0.1d)^3}$$ (19-5)

式中:d 为水枪喷嘴口径,m。水枪喷嘴的特性系数见表 19-2。

表 19-2 水枪喷嘴的特性系数 ϕ 和 β

喷嘴口径 d/mm	13	16	19	喷嘴口径 d/mm	13	16	19
ϕ	0.0165	0.0124	0.0097	β	0.358	0.808	1.570

单支水枪出水量为

$$q_s = \sqrt{\beta h}$$ (19-6)

式中:q_s 为水枪出水量,L/s;β 为水枪特性参数(见表 19-2);h 为水枪喷嘴处的水压,MPa。

水枪的数量为

$$n_s = \frac{Q_1 + Q_2}{t q_s}$$ (19-7)

式中:n_s 为水枪数量,支;Q_1 为着火油罐消防冷却用水量,L/s;Q_2 为邻近油罐消防冷却用水量,L/s;t 为消防冷却时间,s。

移动式消防冷却水一般由油罐区周围的消火栓供给。消火栓的数量和位置取决于油罐的大小和油罐的位置。为了保证消火栓与被消防冷却油罐的距离不大于消火栓的作用半径,消火栓作用半径可按下式计算:

$$R = 0.8L + S_K \cos 60°$$ (19-8)

式中:R 为消火栓作用半径,m;L 为水带设计长度,m;S_K 为充实水柱高度,m;0.8 为水带折减系数。

根据防火规定,每个消火栓的出水量应按 $10 \sim 15$L/s 计算;消火栓的位置应按保护半径确定,保护半径不宜大于 120m。

19.2 浮顶油罐消防冷却设计

相对而言,浮顶油罐的安全性能较高,着火初期火势一般较小,易于扑灭。因此对浮顶油罐的消防冷却要求不同于固定顶油罐。

1. 浮顶油罐的消防冷却范围

对于着火的浮顶、内浮顶油罐应进行冷却,但对其相邻油罐可不必冷却。对于浮盘为浅盘和浮舱用易熔材料制作的内浮顶油罐冷却用水量应按固定顶油罐计算。

2. 浮顶油罐及内浮顶油罐消防冷却水供水范围和供水强度

当采用固定冷却方式时,着火的浮顶油罐和内浮顶油罐的消防冷却水供给强度为 $2.0L/(min \cdot m^2)$,对于浮盘为浅盘和浮舱用易熔材料制作的内浮顶油罐,消防冷却水供给强度为 $2.5L/(min \cdot m^2)$。

当采用移动冷却方式时,着火的浮顶油罐和内浮顶油罐在使用 $\phi16mm$ 水枪时,消防冷却水供给强度不应小于 $0.45L/(s \cdot m)$,但浮盘为浅盘和浮舱用易熔材料制作的内浮顶油罐在使用 $\phi19mm$ 水枪时,消防冷却水供给强度应不小于 $0.6L/(s \cdot m)$。冷却范围的计算长度均为油罐的周长。

以内浮顶油罐为例进行消防冷却设计,储罐参数为:罐体为内浮顶罐,容积 $5000m^3$,罐体外径 19m,罐高 19m。

19.2.1 总用水量的计算

《石油化工企业设计防火标准(2018 年版)》(GB 50160—2008)第 8.5.5 条规定:罐壁高于 17m 的储罐应设置固定式消防冷却系统;着火罐为浮顶罐时,应对罐壁整体进行冷却,供水强度不应小于 $2.0L/(min \cdot m^2)$;邻近罐需冷却时,冷却表面为罐壁表面积的 1/2。第 8.4.6 条规定,其冷却时间为 4h。

一般罐区极少出现两罐同时起火现象,现取一罐起火,一罐需冷却为最大冷却时供给情况为例进行计算:

$$Q = 2.0 \times \pi dh \times \frac{3}{2} \Rightarrow Q = 3400L/min \tag{19-9}$$

$$v_{水池} = Q \times t = 3400 \times 60 \times 4L = 816\ 000L = 816m^3$$

19.2.2 喷头的选型及布置

1. 喷头数量确定

水雾喷头的平面布置方式可为矩形或菱形。当按矩形布置时,水雾喷头之间的距离不应大于 1.4 倍水雾喷头的水雾锥底圆半径;当按菱形布置时,水雾喷头之间的距离不应大于 1.7 倍水雾喷头的水雾锥底圆半径。水雾锥底圆半径可按下式计算:

$$R = B \cdot \tan\frac{\theta}{2} \tag{19-10}$$

式中:R 为水雾锥底圆半径,m;B 为水雾喷头的喷口与保护对象之间的距离,m;θ 为水雾喷头的雾化角,(°)。

此次设计选用矩形布置,喷头雾化角 $\theta = 120°$;$B = 1m$。

故喷头工作时单个喷头喷洒范围见图 19-4。

由式(19-10),可得

$$R = 1 \times \tan60° m = 1.73m$$

喷头之间距离应大于 $1.4R$,故设计距离为

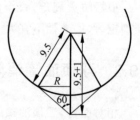

图 19-4 喷头喷洒示意图

$$1.4R = 2.4\,\text{m}$$

喷头环圈周长

$$l = 2\pi\left(\frac{D}{2}+1\right) = 2 \times \pi \times 10.5\,\text{m} = 65.94\,\text{m}$$

每圈喷头个数

$$n = \frac{65.94}{2.4} \approx 27.5, \quad 取整为 28$$

喷头圈数共 4 圈,总喷头数:4×28 个 $=112$ 个,喷头布置剖面如图 19-5 所示。

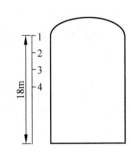

图 19-5 喷头布置剖面图

2. 喷头选型

由于水幕喷头喷出的水能形成雾状层及膜状层的双层效果,其均匀性、隔离性、冷却效果均很好。水幕喷头的工况直接决定水泵的选型,合理选择喷头、优化喷头布置是油罐水冷却系统节能降耗的途径之一。

选型依据如下所述。

(1) 已选用雾化角为 120° 的喷头。

(2) 着火时单罐须冷却水流量 $Q = 816\,\text{L/min}$,故单个喷头流量为 $q = \dfrac{816}{122}\,\text{L/min} \approx 6.69\,\text{L/min}$。

取水幕喷头 SMTBD-10-120,其主要参数为:$k = 4.4 \pm 0.14$,$Q = (10 \pm 0.2)\,\text{L/min}$,雾化角 120°。

喷头流量根据下式计算:

$$q = k\sqrt{10P} \tag{19-11}$$

式中:q 为喷头流量,L/min;P 为喷头工作压力,MPa;k 为喷头流量系数。

工作压力取 $0.5\,\text{MPa}$,流量系数取 4.4,则

$$q = 4.4 \times \sqrt{10 \times 0.5}\,\text{L/min} = 9.84\,\text{L/min}$$

所以水幕喷头 SMTBD-10-120 满足设计要求。

19.2.3 管径的选取

1. 环管管径

已知 $q = \dfrac{1}{4}\pi d^2 \cdot v = 2266.6\,\text{L/min}$(单罐最大用水量),一般情况 $v \leqslant 5\,\text{m/s}$,故

$$d \geqslant 98.1\,\text{mm}$$

故环管取 DN100 的钢管。

2. 配水管管径

BC 段配水管流量为环管的 $\dfrac{1}{4}$,流量

$$q_{BC} = 2266.6 \times \frac{1}{4}\,\text{L/min} = 566.65\,\text{L/min}$$

流速同样取 5m/s,可得 $d_{BC}=49.0$mm。故 BC 段环管取 DN50 的钢管。

AB 段配水管为环管的 $\frac{1}{8}$,流量 $q_{AB}=2266.6\times\frac{1}{8}L/min\approx283.3$L/min,$v=5$m/s,计算得 $d_{AB}=34.7$mm。故 d_{AB} 段环管取 DN40 的钢管。

3. 泵及扬程

泵扬程应按下式计算:

$$H=\sum h+P_0+Z \tag{19-12}$$

式中:H 为入口供水压力,即扬程,MPa;$\sum h$ 为局部及沿程损失之和,MPa;P_0 为最不利点处泡沫产生装置或泡沫喷射装置的工作压力,MPa;Z 为最不利点与消防水池的最低水位或系统水平供水引入管中心线之间的静压差,MPa。

水力计算示意如图 19-6 所示,水力计算时,对于长路径管道,局部损失可取沿程损失的 0.2 倍,即 $\sum h=1.2\sum h_f$,$\sum h_f$ 由下式计算:

$$\sum h_f=iL \tag{19-13}$$

式中:i 为每米管道的水头损失;L 为节流管长度。

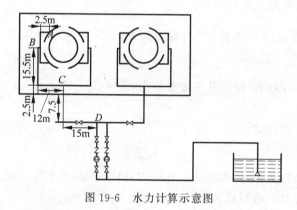

图 19-6　水力计算示意图

根据《自动喷水灭火系统设计规范》(GB 50084—2017)第 9.2.2 条规定,每米管道水头损失由下式计算

$$i=0.000\,010\,7\times\frac{v^2}{d_j^{1.3}} \tag{19-14}$$

式中:v 为管道内水的平均流速;d_j 为管道的计算内径。

《自动喷水灭火系统设计规范》(GB 50084—2017)第 5.0.1 条规定,最不利点喷头最小工作压力为 0.05MPa。

水力计算步骤如下。

图 19-6 中,A 点即为最不利点。

不同节点的工作压力如下:

$$AB\ 段:\sum h_{fAB}=iL=0.000\,010\,7\times\frac{5^2}{0.39^{1.3}}\times12\text{MPa}\approx0.008\text{MPa}$$

$$BC\ 段:\sum h_{fBC}=iL=0.000\,010\,7\times\frac{5^2}{0.49^{1.3}}\times27.5\text{MPa}\approx0.015\text{MPa}$$

$$环管部分 \sum h_{f环} = i \times L = 0.000\,010\,7 \times \frac{5^2}{0.99^{1.3}} \times 25\,\text{MPa} \approx 0.007\,\text{MPa}$$

总

$$\sum h_f = (0.008 + 0.015 + 0.007)\,\text{MPa} = 0.03\,\text{MPa}$$

$$\sum h = 1.2 \sum h_f = 0.03 \times 1.2\,\text{MPa} = 0.036\,\text{MPa}$$

故

$$Z = \rho g h = 1000 \times 10 \times 18\,\text{Pa} = 0.18\,\text{MPa}$$

所以

$$H = (0.03 + 0.036 + 0.18)\,\text{MPa} = 0.246\,\text{MPa}$$

根据扬程及流量：$Q = 3400\,\text{L/min}$，$H = 0.246\,\text{MPa}$，查阅《苏尔寿离心泵手册》，可由国际标准选取单级清水离心泵，型号为 IS50-400-125。

19.3 卧式油罐消防冷却设计

卧式油罐耐压力较高，油气损耗小，相对而言着火危险较低，但也应对其进行消防冷却。

1. 卧式油罐的消防冷却范围

着火的地上卧式油罐应进行水冷却，着火罐直径与长度之和的一半范围内的相邻罐，也应进行冷却。

2. 卧式油罐消防冷却或保护用水供给强度及供给时间

卧式油罐可采用移动冷却方式，对着火油罐冷却水供给强度不应小于 $6\,\text{L/(min·m}^2)$；相邻油罐冷却水供给强度不应小于 $3\,\text{L/(min·m}^2)$。其冷却面积应按油罐投影面积计算。

卧式地上油罐消防冷却供水时间应为 1h，或为不小于 $50\,\text{m}^3$ 水池的供水时间。

19.4 高架水枪消防冷却设计

高架水枪可用于着火油罐及邻近油罐的灭火和冷却。

1. 高架水枪的优点

(1) 冷却控制范围大，冷却效率高。

(2) 高架水枪因居高临下，射程远、流量大，能上下喷射、左右旋转，机动灵活。

(3) 消防车和消火栓控制不到的地方，高架水枪易于控制到，能够对一些"死点"进行防火与灭火。

2. 高架水枪的作用

(1) 高架水枪对轻质油罐及其他装置和设备不能达到安全灭火的效果，但能起到冷却、降温、控制火势蔓延的作用。

(2) 对着火油罐的邻近油罐及其附属设备和装置采用高架水枪进行消防冷却保护，能降低其温度，确保安全。

(3) 油罐着火时，可对附近设备用水枪保护起来，防止燃烧区扩大。

3. 高架水枪用水量

高架水枪出口直径一般不应小于 28mm，进口水压不低于 0.4MPa，耗水量 17L/s，水枪角度一般为 30°,水流控制半径不小于 30m。由于水枪角度的改变,水流控制半径就会改变。

可用下式计算水流控制半径:

$$R_K = f R_{K30} \tag{19-15}$$

式中:R_K 为高架水枪水流控制半径,m;R_{K30} 为高架水枪 30°时水流控制半径,m;f 为系数(见表 19-3)。

表 19-3　系数 f 的参考值

水枪角度	15°	20°	25°	30°	35°	40°	50°	60°	70°
f	1.18	1.10	1.05	1.00	0.95	0.92	0.88	0.85	0.80

4. 高架水枪的安装与布置

(1) 高架水枪安装在高台支架上的 2.7m×2.7m 的正方形或半径为 1.5m 的圆形平台上,平台周围设置栏杆,以保证安全。

(2) 固定式高架水枪应与固定高压给水管网连接,并设置排水阀门,以防冻结。

(3) 半固定式高架水枪需要安装 80mm 的水带接头,其中管距地面的距离应为 1.3m。也可利用消防车或移动式消防水泵升压。

(4) 每 4 个油罐可设 2 台高架水枪。

(5) 总容量达 2000m³ 的卧式油罐区,至少应设置 2 台高架水枪。

(6) 高架水枪应设置在距油罐防火堤不小于 10m 处。

参 考 文 献

[1] 樊建军. 建筑给水排水及消防工程[M]. 北京：中国建筑工业出版社，2005.

[2] 徐志嫱，李梅. 建筑消防工程[M]. 北京：中国建筑工业出版社，2009.

[3] 樊建军，梅胜，何芳. 建筑给水排水及消防工程[M].2 版.北京：中国建筑工业出版社，2009.

[4] 景绒. 建筑消防给水系统[M]. 北京：化学工业出版社，2006.

[5] 谢水波. 建筑给水排水与消防工程[M]. 长沙：湖南大学出版社，2007.

[6] 姜鹤峻.最新建筑给水排水设计使用手册[M].长春：吉林电子出版社，2005.

[7] 樊建军，等.建筑给水排水及消防工程[M].2 版.北京：中国建筑工业出版社，2009.

[8] 郎禄平. 建筑自动消防工程 [M].北京：中国建筑工业出版社，2006.

[9] 李亚峰，等. 建筑消防工程实用手册 [M]. 北京：化学工业出版社，2008.

[10] 雷志明.高层建筑消防给水方式的类型及选择[J]. 给水排水，2001，27(1)：58-62.

[11] 李华东. 消防给水系统实用技术研究[D]. 重庆：重庆大学，2004.

[12] 司戈.自动喷水灭火系统的可靠性和有效性[J]. 消防技术与产品信息，2009，9：64-71.

[13] GB 50084—2001 自动喷水灭火系统设计规范[S].2005 年版.北京：中国计划出版社，2005.

[14] 樊俊. 浅析高层建筑消防供水系统[J].工程与建设，2008，22(5)：629-631.

[15] 逄宏. 高层建筑消防给水方式的类型及选择[J]. 本溪冶金高等专科学校学报，2003，5(2)：26-27.

[16] 杨琦. 我国自动喷水灭火系统技术的现状与发展[J]. 消防技术与产品信息，2003，11：22-24.

[17] 赵雷.自动喷水灭火系统洒水喷头及发展趋势[J]. 亚洲消防，2008，3：53-55 .

[18] 何以申. 国家规范《自动喷水灭火系统设计规范》修订情况简介[J].给水排水，2007(增刊)：157-160.

[19] 戴淑萍. 湿式自动喷水灭火系统环状管网水力计算研究 [D]. 重庆：重庆大学，2008.

[20] 巩志敏. 高层建筑消防灭火技术研究[D]. 天津：天津大学，2005.

[21] 李海波，杨晓峰. 建筑火灾烟气危害及防控措施[J]. 建筑安全，2009，6：49-52.

[22] 杨旭红. 浅析火场烟气的危害与防排烟方式[J]. 山西师范大学学报(自然科学版)，2010，24(6)：146-148.

[23] 兰彬，钱建民. 国内外防排烟技术研究的现状和研究方向[J]. 消防科学与技术，2000，2：17-18.

[24] 刘方，胡斌，付祥钊. 中庭烟气流动与烟气控制分析[J]. 暖通空调 HV&AC，2000，30(6)：42-47.

[25] 高洪菊，彭燕华. 中庭建筑防排烟方法概述[J]. 消防技术与产品信息，2005，9：3-6.

[26] 陈颖. 风速法在机械加压送风量计算中的应用分析[J]. 消防科学与技术，2010，29(11)：958-961.

[27] 周剑峰，黄琦. 自然排烟及其控制系统的设计[J]. 建筑科学，2005，21(2)：53-56.

[28] 白洁. 烟气控制系统设计浅析[J]. 消防技术与产品信息，2012，4：38-40.

[29] 王智勇，张少辉. 影响高层建筑内热烟气流动的因素分析[J]. 武警学院学报，2006，22(8)：22-23.

[30] 高洪菊. 建筑火灾中影响烟气流动过程的基本要素[J]. 消防技术与产品信息，2003，5：14-15.

[31] 薛垂平，邢智力. 防排烟设备选用及控制原理[J]. 暖通空调 HV&AC，2012，42(8)：75-77.

[32] 杜红. 疏散内走道排烟设施的选择[J]. 消防技术与产品信息，2012，1：39-41.

[33] 罗新鹏. 浅析民用高层建筑机械排烟系统消防安全措施控制[J]. 安防科技，2009，8：44-46.

[34] 王继国. 自然排烟与机械排烟的适用性研究[J]. 科技传播，2010，4：50.

[35] 李自娟，刘刚. 高层建筑防排烟设计应用实例[J]. 消防技术与产品信息，2012，8：10-13.

[36] 杜红. 防排烟工程[M]. 北京：中国人民公安大学出版社，2003.

[37] 吕建，赖艳萍，梁茵. 建筑防排烟工程[M].天津：天津大学出版社，2012.

[38] 徐志胜，姜学鹏. 防排烟工程[M].北京：机械工业出版社，2011.

[39] 赵国凌. 防排烟工程[M].天津：天津科技翻译出版公司,1991.

[40] 李天荣. 建筑消防设备工程[M].重庆：重庆大学出版社,2002.

[41] 孙静. 自动消防系统的供电及配电布线[J].消防技术与产品信息,2011,7：56-57.

[42] 马之凌. 火灾自动报警系统设计中应注意的问题[J].浙江建筑,2006,23(12)：65-67.

[43] 孙萍. 高层建筑火灾自动报警系统设计[J].低压电器,2009,24：29-32.

[44] 全国智能建筑技术情报网,中国建筑设计研究院机电院. 火灾自动报警与消防联动控制系统：设计及安装图集[M].北京：中国建筑工业出版社,2007.

[45] 孙萍. 高层建筑火灾自动报警系统设计[J].低压电器,2009,24：29-32.

[46] 吴省存,古贵升. 火灾自动报警系统综述[J].科学之友,2010,5：135-136.

[47] 王立新. 高层民用建筑火灾自动报警系统设计综述[J].有色冶金设计与研究,1999,20(3)：54-57.

[48] 李子波. 中心控制室的火灾报警联动系统的设计与实现[D].上海：华东理工大学,2011.

[49] 高贵宾. 谈火灾报警联动控制设备的电源配置[J].消防技术与产品信息,2012,8：46-47.

[50] 张敏,王功胜. 火灾报警与联动控制系统[J].消防技术与产品信息,2004,11：45-55.

[51] 刘海燕. 火灾自动报警系统工作原理及联动应用[J].测控技术,2005,24(12)：71-75.

[52] 李福君. 火灾自动报警系统的应用现状及发展趋势[J].消防技术与产品信息,2012,6：40-42.

[53] 赵英然. 智能建筑火灾自动报警系统设计与实施[M].北京：知识产权出版社,2005.

[54] 赵英然. 建筑电气设计实例图册：火灾报警与控制篇[M].北京：中国建筑工业出版社,2003.

[55] 中华人民共和国公安部. GB 50116—1998 火灾自动报警系统设计规范[S].北京：中国计划出版社,1999.

[56] 袁青青,杨连武. 火灾报警及消防联动系统施工[M].2 版.北京：电子工业出版社,2010.

[57] 杜文锋,等.消防燃烧学[M].北京：中国人民公安大学出版社,2006.

[58] 谢中明,等.消防工程[M].北京：化学工业出版社,2011.

[59] 程远平,李增华.消防工程学[M].北京：中国矿业大学出版社,2002.

[60] 徐晓楠,等.消防基础知识[M].北京：化学工业出版社,2006.

[61] 濮容生,何军,杨国飞.消防工程[M].北京：中国电力出版社,2007.

[62] 郑学智,等.油罐灭火系统的设计与应用[M].北京：中国石化出版社,1999.